全国高等职业教育园林类专业"十三五"规划教材

# 园林工程

（第 2 版）

主　编　吴业东　房　黎
副主编　孙海龙　于立宝　张永玉　薛晓娜
主　审　张　霞

黄河水利出版社
·郑州·

## 内容提要

本教材以园林工程现场施工员工作过程为导向，按照园林工程现场施工员工作任务和职责来组织教材编写内容。全书共分九个项目，分别为园林工程基础、园林土方工程施工、园林给排水工程施工、园林建筑小品施工、园林假山工程施工、园林水景工程施工、园林铺装工程施工、园林绿化工程施工、园林工程施工组织与管理。

本教材适用于高职高专园林工程技术、园林技术、环境艺术设计等相关专业的园林工程课程教学，也可作为各类培训班的培训教材，并可供行业从业人员参考学习。

**图书在版编目(CIP)数据**

园林工程/吴业东，房黎主编．—2版．—郑州：黄河水利出版社，2016.4

全国高等职业教育园林类专业“十三五”规划教材

ISBN 978-7-5509-1337-0

Ⅰ.①园…　Ⅱ.①吴…　②房…　Ⅲ.①园林-工程施工-高等职业教育-教材　Ⅳ.①TU986.3

中国版本图书馆CIP数据核字(2016)第064263号

策划编辑：李洪良　王志宽　　电话：0371-66026352　66024331

出 版 社：黄河水利出版社

地址：河南省郑州市顺河路黄委会综合楼14层　　邮政编码：450003

发行单位：黄河水利出版社

发行部电话：0371-66026940、66020550、66028024、66022620(传真)

E-mail：hhslcbs@126.com

承印单位：河南承创印务有限公司

开本：787 mm×1 092 mm　1/16

印张：20.75

字数：479千字　　印数：1—3 100

版次：2011年10月第1版　　印次：2016年4月第1次印刷

2016年4月第2版

定价：39.00元

# 出版说明

近年来,随着社会的进步和人们生活水平的提高,人类对生存环境的质量要求越来越高,园林作为生态环境建设的重要组成部分和提高人类生存环境质量的重要凭借手段,越来越受到环境决策者和建设者的重视,特别是在城市,生态园林建设已成为解决社会快速发展所带来的环境问题的主要方式之一,因而以服务和改造室内外环境为基本内容的园林专业也随之迅速发展,新观念、新技术不断涌现,社会对园林工程专业高端技能型人才的要求也不断提高。

为了配合全国高等职业教育园林类专业的教学改革与教材建设规划,按照国家对高等职业教育园林专业人才培养目标定位和市场对园林专业人才专业知识及实践技能的要求,在对现有园林工程专业教材出版情况进行深入调研并充分征求了各课程主讲老师意见的基础上,我社组织出版了这套"全国高等职业教育园林类专业'十三五'规划教材"。教材的编写立足于高起点、出精品,本着知识传授与能力培养并重的原则,以培养园林高级专业技术人才为目标,着重加强职业教育的技能培养特色,重点突出实验、实训教学环节。

本系列教材的编写和出版得到了全国多所园林类高等职业院校的大力支持,我们特别邀请了多所高等院校相关专业的老师对稿件进行了严格审查把关。正是由于他们的辛勤工作和无私奉献,才使得这些教材能够在最短的时间内付梓,并有效保证了教材的整体水平和质量。在此,对推进此次教材编写与出版工作的各院校领导、参编和审稿的老师表示衷心的感谢和诚挚的敬意。

诚然,人才的培养需要教育者长期坚持不懈的努力,好的教材也需要经过时间的考证和实践的检验。希望各院校在使用这些教材的过程中提出改进意见与建议,以便再版时不断修改和完善。

**黄河水利出版社**

# 出版说明

# 再版前言

园林工程施工技术和组织管理技术是园林绿化行业从业人员职业技能的重要组成部分,本教材所对应的工作岗位为园林工程现场施工员,是以园林工程现场施工员所应具备的基本能力为依据来组织编写内容的。本书为第2版,与第1版的区别如下:

(1)改变第1版将园林工程施工技术与组织管理融合编写的做法,将园林工程施工组织与管理作为独立项目来编写,在各项目中去掉园林工程组织与管理内容,增加项目九园林工程施工组织与管理,包括编制园林工程施工组织设计、园林工程项目管理、园林工程竣工预验收三个任务。

(2)调整项目二园林土方工程施工内容,增加土方工程施工内容,详细介绍土方工程量计算和土方工程施工知识。

全书共分九个项目,分别为园林工程基础、园林土方工程施工、园林给排水工程施工、园林建筑小品施工、园林假山工程施工、园林水景工程施工、园林铺装工程施工、园林绿化工程施工、园林工程施工组织与管理。

本教材由杭州万向职业技术学院张霞教授担任主审,由杭州万向职业技术学院吴业东统稿。本书编写分工如下:项目一、项目四由浙江广厦建设职业技术学院张永玉编写;项目二、项目三由黑龙江林业职业技术学院孙海龙编写;项目五、项目八由黑龙江农业职业技术学院于立宝编写;项目六、项目九由河南林业职业学院房黎编写;项目七由黄河园林集团有限公司薛晓娜编写。

由于时间仓促和编者水平有限,本书不足之处在所难免,恳请读者提出宝贵意见,以便修订改正。

编　者

2015 年 9 月

# 目　录

# 项目一　园林工程基础

## 教学目标

了解园林工程、园林施工图的基本概念,掌握园林工程专业施工图的组成、各自作用和识别办法,能熟练地识读一般难度的园林工程施工图。

## 任务一　认识园林工程

**能力目标**

能正确理解和表述园林工程。

**知识目标**

掌握园林工程的含义、特点、包含的内容、发展进程和学习园林工程的基本方法。

### 任务描述

作为园林工程施工人员,在进行园林工程施工时,必须明确工作所在的行业——园林、工作内容——园林工程的施工、施工的必备工具——园林施工图。图1-1是某城市公园园林施工图的目录,按一定顺序罗列了园林工程各个分项工程的图纸,其是施工、预算的唯一依据。一套符合国家设计规范和制图规范、体现设计构思、充分考虑现场施工条件、与现场基本吻合的图纸是施工的前提条件之一。

### 任务分析

通过对图纸目录的分析可以知道,要进行园林项目的工程施工,首先要清楚以下几个方面的问题:

(1)能明确表述自己工作所在的行业——园林。

(2)能明确表述岗位的内容——园林工程及其特点、包含内容。

(3)能明确表述园林工程施工的唯一依据——园林施工图。

(4)熟悉园林施工图的组成。

(5)在实践中学习园林工程的方法。

## 图纸目录

第 1 页　共 2 页

| 工程名称 | ××××××植物园 | 工程编号 | CF0401 | 概算造价 | | 建筑面积 | 61 504.8 $m^2$ | 方案设计人 | 园林负责人 | 建筑负责人 | 设备负责人 | 完成日期 |
|---|---|---|---|---|---|---|---|---|---|---|---|---|
| | | | | | | | | | | | | 2004年　月 |
| 项目名称 | 植物园一期工程 | 委托单位 | | | | 规划面积 | | 工程主持人 | 结构负责人 | 电气负责人 | 工程预算人 | |

| 序号 | 图号 | 图名 | 图幅 | | | | | | | | |
|---|---|---|---|---|---|---|---|---|---|---|---|
| 1 | 总0-0 | 一期工程位置图 | A1 | 28 | 结4-02 | 花架基础剖面 | A2 | 52 | 园3-02 | 月季园、牡丹园、岩石园放线图 | A1 |
| 2 | 总施-01 | 总平面图1：500 | $1\frac{1}{2}$A1 | | | | | 53 | 园3-03 | 月季园、牡丹园、岩石园施工详图1 | A2 |
| 3 | 总施-02 | 定放线点坐标图1：500 | $1\frac{1}{2}$A1 | 29 | 建5-01 | 茶室设计说明 | A2 | 54 | 园3-04 | 月季园、牡丹园、岩石园施工详图2 | A2 |
| 4 | 总施-03 | 竖向设计图1：500 | $1\frac{1}{2}$A1 | 30 | 建5-02 | 茶室平面图 | A2 | 55 | 园3-05 | 月季园、牡丹园、岩石园施工详图3 | A2 |
| 5 | 总施-04 | 种植设计图1：500 | $1\frac{1}{2}$A1 | 31 | 建5-03 | 茶室立面图 | A2 | | | | |
| 6 | 总施-05 | 园路系统图1：500 | $1\frac{1}{2}$A1 | 32 | 结5-01 | 茶室基础平面图 | A2 | 56 | 园4-01 | 银杏广场总平面图 | A2 |
| 7 | 路施-01 | 园路做法一 | A2 | 33 | 结5-02 | 茶室屋顶结构图 | A2 | 57 | 园4-02 | 银杏广场铺装及座椅做法详图 | A2 |
| 8 | 路施-02 | 园路做法二 | A2 | | | | | 58 | 园4-03 | 银杏广场景墙做法详图 | A2 |
| | | | | 34 | 建6-01 | 主入口大门平、立面图 | A2 | | | | |
| 9 | 建1-01 | 公共卫生间设计说明及门窗表 | A2 | 35 | 建6-02 | 管理室设计说明 | A2 | 59 | 园5-01 | 落水墙平、立面 | A2 |
| 10 | 建1-02 | 公共卫生间平面图 | A2 | 36 | 建6-03 | 管理室平、立面图 | A2 | 60 | 园5-02 | 落水墙详图 | A2 |
| 11 | 建1-03 | 公共卫生间层顶平面图及剖面图 | A2 | 37 | 结6-01 | 主入口大门基础平面图 | A2 | | | | |
| 12 | 建1-04 | 公共卫生间立面图 | A2 | 38 | 结6-02 | 入口大门梁板结构图 | A2 | 61 | 园6-01 | 儿童活动场平面图及索引图 | A2 |
| 13 | 结1-01 | 公共卫生间结构设计说明 | A2 | | | | | 62 | 园6-02 | 儿童活动场放线图 | A2 |
| 14 | 结1-02 | 公共卫生间基础平面图 | A2 | 39 | 建7-01 | 张拉膜平、立面图 | A2 | 63 | 园6-03 | 儿童活动场详图一 | A2 |
| 15 | 结1-03 | 公共卫生间结构平面图 | A2 | | | | | 64 | 园6-04 | 儿童活动场详图二 | A2 |
| | | | | 40 | 建8-01 | 儿童温室平、立面图 | A2 | 65 | 园6-05 | 儿童活动场详图三 | A2 |
| 16 | 建2-01 | 景亭详图（一） | A2 | | | | | 设计补充及变更 | | | |
| 17 | 建2-02 | 景亭详图（二） | A2 | 41 | 园1-01 | A广场平面索引图1：150 | A1 | 序号 | 图号 | 图名 | 图幅 |
| 18 | 建2-03 | 景亭详图（三） | A2 | 42 | 园1-02 | A广场放线图1：150 | A1 | | | | |
| | | | | 43 | 园1-03 | B广场放线及做法详图 | A1 | | | | |
| 19 | 建3-01 | 牡丹亭详图（一） | A2 | 44 | 园1-04 | A广场做法详图 | A2 | | | | |
| 20 | 建3-02 | 牡丹亭详图（二） | A2 | 45 | 园1-05 | B广场做法详图 | A2 | | | | |
| 21 | 建3-03 | 牡丹亭详图（三） | A2 | | | | | | | | |
| | | | | 46 | 园2-01 | 荷花池平面索引图 | A1 | | | | |
| 22 | 建4-01 | 花架平面 | A2 | 47 | 园2-02 | 荷花池平面放线图 | A1 | | | | |
| 23 | 建4-02 | 花架正立面、顶平面 | A2 | 48 | 园2-03 | 荷花池做法详图 | A2 | | | | |
| 24 | 建4-03 | 花架侧立面 | A2 | 49 | 园2-04 | 荷花池做法详图 | A2 | | | | |
| 25 | 建4-04 | 花架详图（一） | A2 | 50 | 园2-05 | 荷花池做法详图 | A2 | | | | |
| 26 | 建4-05 | 花架详图（二） | A2 | | | | | | | | |
| 27 | 结4-01 | 花架基础平面 | A2 | 51 | 园3-01 | 月季园、牡丹园、岩石园平面图集索引图 | A1 | | | | |

图 1-1　图纸目录

## 图纸目录

第 1 页　共 2 页

| 工程名称 | ××××××植物园 | 工程编号 | CF0401 | 概算造价 | | 建筑面积 | 61 504.8 $m^2$ | 方案设计人 | 园林负责人 | 建筑负责人 | 设备负责人 | 完成日期 |
|---|---|---|---|---|---|---|---|---|---|---|---|---|
| | | | | | | | | | | | | 2004年　月 |
| 项目名称 | 植物园一期工程 | 委托单位 | | | | 规划面积 | | 工程主持人 | 结构负责人 | 电气负责人 | 工程预算人 | |

| 序号 | 图号 | 图名 | 图幅 | 序号 | 图号 | 图名 | 图幅 |
|---|---|---|---|---|---|---|---|
| 66 | 园7-01 | 次入口区平面图及索引 | A1 | 71 | 水施-01 | 给、排水总平面图 | $1\frac{1}{2}$A1 |
| 67 | 园7-02 | 次入口区平面放线图 | A2 | 72 | 电施-01 | 电气系统图 | A2 |
| 68 | 园7-03 | 景墙做法 | A3 | 73 | 电施-02 | 电气总平面图 | $1\frac{1}{2}$A1 |
| 69 | 园7-04 | 景墙及花坛做法详图 | A4 | | | | |
| 70 | 园7-05 | 花箱做法详图 | A5 | | | | |

设计补充及变更

| 序号 | 图号 | 图名 | 图幅 |
|---|---|---|---|
| | | | |

续图 1-1

## 任务咨询

园林建设总是与园林工程分不开的,从小的花坛、喷泉、亭、架的营造,到大的公园、环境绿地、风景区的建设,都涉及多种工程技术。

### 一、园林工程的含义

**(一)园林**

园林指在一定地域内运用工程技术和艺术手段,通过因地制宜地改造地形、整治水系、栽种植物、营造建筑和布置园路等方法创作而成的优美的游憩境域。

**(二)园林工程**

园林工程是指园林中除园林建筑工程外的室外工程。园林工程是一门研究园林工程原理、工程设计和施工养护技术的学科,是以工程原理、技术为基础介绍园林建设的专业课程。研究的中心是如何在最大限度地发挥园林综合功能(社会、经济、生态等)的前提下,解决园林中的工程设施、构筑物与园林景观之间的矛盾统一问题。其根本任务就是应用工程技术表现园林技术,使地面上的工程构筑物和园林景观融为一体。

**(三)园林施工图**

1. 含义

园林施工图是用于指导园林工程施工的技术性图样。它详尽、准确、清晰地表示出工程区域范围内总体设计及各项工程设计、施工要求和施工做法等内容。

2. 作用

和人们用语言和文字描述一项工程的做法比起来,设计图样显得更加精细确切和形象化。有了设计图样,虽然设计者不在现场,工程仍可按照设计者的意图建设起来。特别是在大面积、大规模地进行园林施工的情况下,如果没有施工图纸,那么施工人员就不可能掌握设计意图来开展大规模施工工作。此外,通过设计图纸可以计算出整个工程所需的人工和材料,可以使工程建设有计划、有秩序地进行。因此,有人把施工图称作"工程上的语言"。

园林施工图是施工的唯一依据。它是由设计人员按照国家对这项工程的要求而制定的具体措施。因此,施工人员一定要看得懂图纸,才能够了解这项工程的具体做法,避免错误施工,造成不能保证工程质量和返工浪费的现象。

3. 包含内容

园林施工包含的内容很多,按照工程进行的顺序,包括整理地形、挖池子、筑假山、建亭子、砌花坛、修道路,还要栽植大量的树木和花草,最后才能布置出美丽如画的风景。要布置出这样的美景,一般来说,一套园林施工图应包含以下内容:

(1)封面、目录和施工说明。

(2)园林施工图总图。

包含以下内容:总平面图(如果内容不复杂,可与索引图、道路及广场铺装图合并)、放样定位图、竖向设计图。

往往还包含以下内容:设施及标识系统布置图、种植设计图、工程设计图(给排水工程施工图、电气工程施工图)等。

(3)园林施工图详图。

包含以下内容:园林建筑施工图(园林工程作为一门学科是不包括园林建筑工程的,但是园林施工图中包括园林建筑施工图)、景墙及挡墙施工图、假山施工图、水景施工图、园林道路铺装施工图、景观小品施工图等。

(4)物料表。

## 二、园林工程的特点

### (一)技术与艺术的统一

园林中的工程构筑物,除满足一般工程构筑物的结构要求外,其外在形式应同园林意境相一致,并给人以美感。

### (二)规范性

园林建设所涉及的各项工程,从设计到施工均应符合我国现行的工程设计、施工规范。如园林给排水工程,应符合给排水设计施工规范。

### (三)时代性

不同时期的园林形式,尤其园林建筑形式总是与当时的工程技术水平相适应的。今天随着西方现代景观设计倾向的影响,新技术、新材料、高科技已经逐步进入园林工程中的各个领域,如集声、光、机、电于一体的大型音乐喷泉。

### (四)协作性

园林工程的建设,在设计上往往需要园林、建筑、结构、给排水、电力等多工种的设计人员共同完成,在建设上也需要多部门、不同专业的施工人员协同完成。

## 三、园林工程包含的内容

一个园林工程施工项目从动工到建设完成,涉及诸多工程与技术,包括土方工程、给排水工程、花坛砌体与挡墙工程、水景工程(理水、驳岸、护坡、喷泉)、园路铺装工程、假山工程、种植工程、照明与户外音响工程。此外,有些园林施工项目往往包括园林建筑工程。

## 四、学习园林工程的基本方法

园林工程是一门实践性和技术性很强的课程,要变图纸为现实,化平面为立体。既要掌握工程的基本原理和技能,又要将园林艺术与工程融为一体,使工程园林化。本课程要求学生在具备较熟练的识图能力的基础上,通过以下方法,学好园林工程知识:

(1)广泛阅读各种施工项目的平、立、剖面图纸,熟练掌握读图的办法,培养空间想象能力。

(2)随时随地观察分析所见的园林工程,就地分析,可知得失。

(3)多到施工现场去观察,多向有经验的施工师傅、施工经理提问。

(4)施工完毕后做好项目总结和回访工作,听取各方面意见,尤其是对各种投诉,提出解决办法,做好收尾工作,避免下次再犯。

## 任务实施

(1)正确表述园林的含义。
(2)正确表述园林工程的含义。
(3)正确表述园林工程包含的内容。
(4)正确表述园林施工图的含义。
(5)正确表述园林施工图包含的内容。
(6)正确表述园林施工图的作用。
(7)正确表述学习园林工程的基本方法。

## 任务考核标准

| 序号 | 考核项目 | 考核内容 | 评价标准 | 得分 |
|---|---|---|---|---|
| 1 | 表述园林的含义 | 准确 | 10 | |
| 2 | 表述园林工程的含义 | 准确 | 10 | |
| 3 | 表述园林工程包含的内容 | 翔实、准确 | 20 | |
| 4 | 表述园林施工图的含义 | 准确 | 10 | |
| 5 | 表述园林施工图包含的内容 | 翔实、准确 | 20 | |
| 6 | 表述园林施工图的作用 | 准确 | 10 | |
| 7 | 表述学习园林工程的基本方法 | 翔实 | 20 | |

# 任务二　园林施工图识读

**能力目标**

能够读懂园林施工图中的封面、目录、施工说明、总平面图、竖向设计图、索引图、道路及广场铺装图、放样定位图、设施及标识系统布置图、种植设计图、工程设计图和各类详图,深刻理解设计意图,为各分项工程的施工做好准备。

**知识目标**

熟悉园林景观施工图的常用图例符号与文字符号,了解园林景观施工图的阅读程序,掌握园林景观施工图中各类图纸的识读方法。

## 任务描述

园林施工图是用于指导园林工程施工的技术性图样,是施工的唯一依据,它描绘了园林景物的造型、色彩、体量、尺度、平面和空间布局、构造的做法等重要元素。要开展后续土方工程、排水工程、建筑小品、假山工程、水景工程、铺装工程、绿化工程、供电工程的施工,营造出符合设计意图的园林作品,就必须先读懂并吃透园林施工图。

## 任务分析

要读懂并吃透园林施工图需要按一定程序进行图纸的阅读和理解。按照一定的步骤,可以在最短时间内领悟设计意图,准备施工方案。一般阅读顺序和要点如下:

(1)工程制图和识图基本知识的准备。

(2)封面、目录、施工说明的阅读、分析和理解。

(3)总平面图(含索引图、道路及广场铺装图)的阅读、分析和理解。

(4)放样定位图的阅读、分析和理解。

(5)竖向设计图的阅读、分析和理解。

(6)设施及标识系统布置图的阅读、分析和理解。

(7)种植设计图的阅读、分析和理解。

(8)工程设计图的阅读、分析和理解。

(9)园林施工图详图(包括园路铺装、景墙及挡墙、假山、水景、园林建筑与小品施工图)的阅读、分析和理解。

## 任务咨询

### 一、园林制图和识图基本知识

#### (一)图纸幅面、标题栏与会签栏

《建筑制图标准》(GB/T 50104—2010)对施工图常用图纸幅面进行了规定,见图1-2、表1-1。

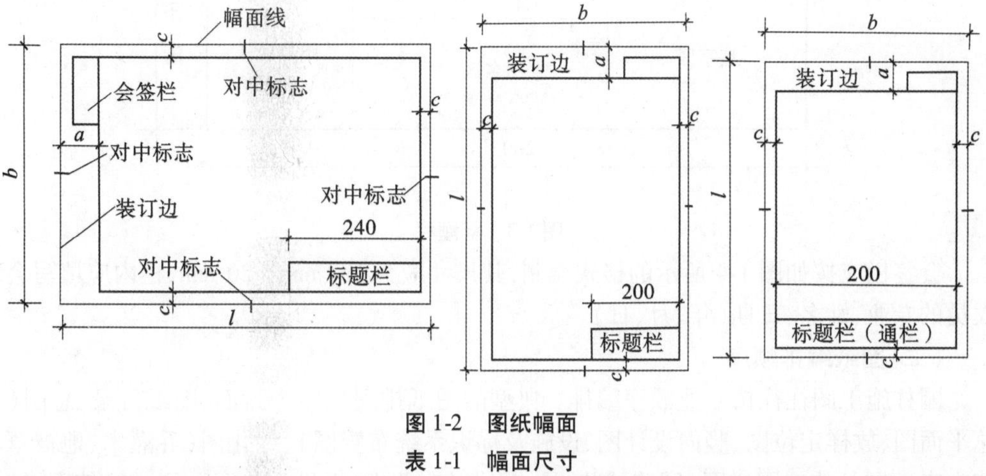


图1-2　图纸幅面

表1-1　幅面尺寸

| 尺寸代号 | 幅面代号 | | | | |
|---|---|---|---|---|---|
| | A0 | A1 | A2 | A3 | A4 |
| $b \times l$ | 841×1 189 | 594×841 | 420×594 | 297×420 | 210×297 |
| $c$ | 10 | | | 5 | |
| $a$ | 25 | | | | |

如果图样过长，则可以采用加长的图纸，图纸幅面尺寸见表1-2。

**表1-2　加长的图纸幅面尺寸**　（单位：mm）

| 幅面尺寸 | 长边尺寸 | 长边加长后尺寸 |
|---|---|---|
| A0 | 1 189 | 1 486、1 635、1 783、1 932、2 080、2 230、2 378 |
| A1 | 841 | 1 051、1 261、1 471、1 682、1 892、2 102 |
| A2 | 594 | 743、891、1 041、1 189、1 338、1 486、1 635、1 783、1 932、2 080 |
| A3 | 420 | 630、841、1 051、1 261、1 471、1 682、1 892 |

**注**：有特殊需要的图纸，可采用 $b \times l$ 为 841 mm × 891 mm 与 1 189 mm × 1 261 mm 的幅面。

标题栏典型格式如图1-3所示，根据工程需要确定其尺寸、格式及分区。签字区应包含实名列和签名列。涉外工程的标题栏内，各项主要内容的中文下方应附有译文，设计单位的上方或左方，应加"中华人民共和国"字样。

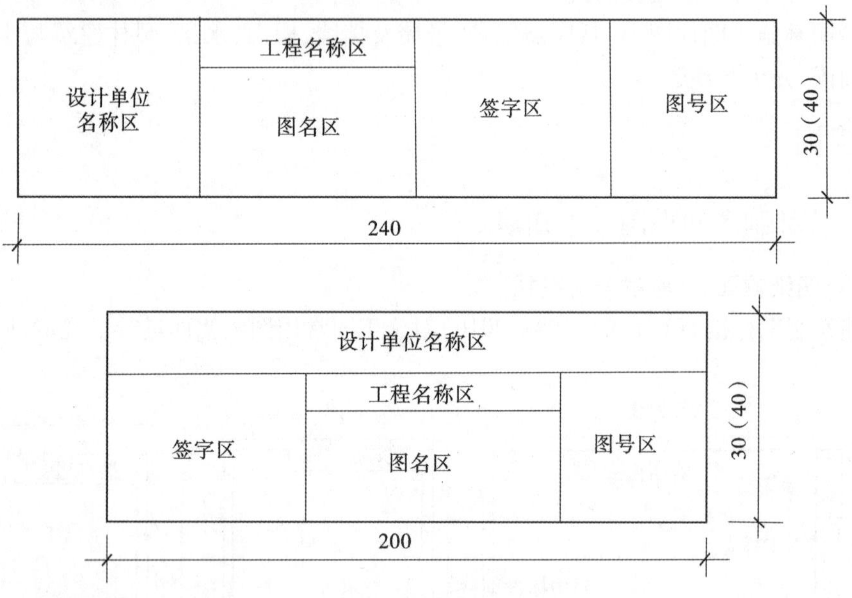


**图1-3　标题栏**

会签栏应按如图1-4所示的格式绘制，其尺寸应为100 mm×20 mm，栏内应填写会签人员的专业、姓名、日期（年、月、日）。

**（二）图纸编排顺序**

园林施工图往往按专业顺序编排。典型的图纸排列顺序为封面、图纸目录、总图（含总平面图、放样定位图、竖向设计图、设施及标识系统布置图）、绿化图（乔灌木、地被草坪苗木表）、园林施工图详图（园路铺装、景墙及挡墙、假山、水景施工图）、园林建筑图、结构图（如果不复杂，可以与建筑图纸合并）、给水排水图、电气图。

园林施工图中各专业图纸往往要标注图别以区分不同图纸类别，总图的图别为"总施"；绿化图的图别为"绿施"；园林施工图详图的图别为"园施"；园林建筑图的图别为"建施"；结构图的图别为"结施"；给水排水图的图别为"水施"；电气图的图别为"电施"。

图别相同的图纸则按图纸内容的主次关系、逻辑关系有序排列，使用图别＋序号进行

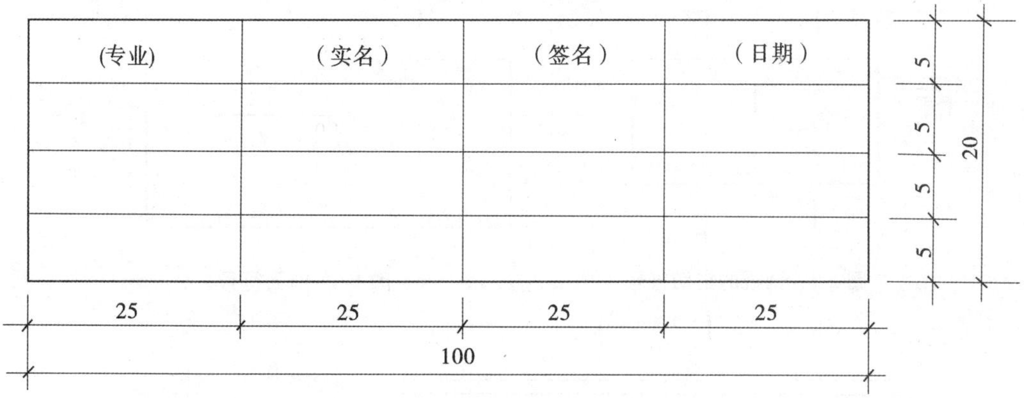


图 1-4　会签栏

编号，如总平面图、放样定位图、竖向设计图、设施及标识系统布置图等“总施”图纸可以依次编号为“总施－01”、“总施－02”、“总施－03”、“总施－04”。

**（三）图样比例**

图纸上的图样是按一定的比例将实物缩小或放大到图纸上进行表达的，比例的大小是指其比值的大小，1∶50 大于 1∶100。

图样比例标写在图名后以阿拉伯数字表示，其规格应比图名小一号或二号，写于图名右侧，数字的底线应取平，如：

平面图 1∶100

图样比例根据图样的用途与被绘对象的复杂程度进行确定，见表 1-3。

表 1-3　图样比例

| | |
|---|---|
| 常用比例 | 1∶1、1∶2、1∶5、1∶10、1∶20、1∶50、1∶100、1∶150、1∶200、1∶500、1∶1 000、1∶2 000、1∶5 000、1∶10 000、1∶20 000、1∶50 000、1∶100 000、1∶200 000 |
| 可用比例 | 1∶3、1∶4、1∶6、1∶15、1∶25、1∶30、1∶40、1∶60、1∶80、1∶250、1∶300、1∶400、1∶600 |

**（四）剖（断）符号**

剖视的剖切符号带有方向性，以粗划呈┏表示，而断面符号则不带方向性，常用在节点详图上以粗线表示。剖（断）符号采用阿拉伯数字按顺序连续编号，编号所在的一侧为该剖（断）面的剖视方向，如图 1-5、图 1-6 所示。

带方向性的剖面应将邻近可见的有关立面画全，而断面仅表示所切范围的画面，如图 1-7所示。

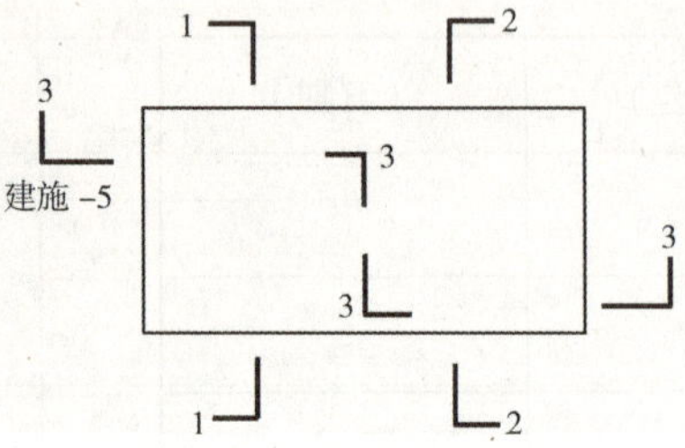


图 1-5　剖视的剖切符号

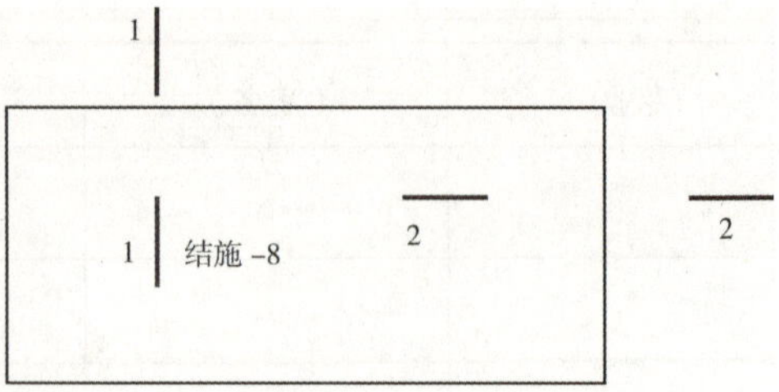


图 1-6　断面符号

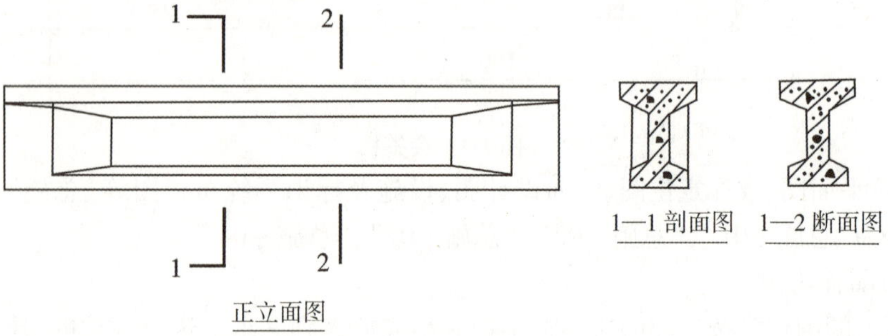


图 1-7　剖面和断面

（五）索引符号与详图编号

图样中的某一局部或构件，如需另见详图，则以索引符号索引。索引符号由直径为 10 mm 的圆和水平直径组成，圆及水平直径均以细实线绘制，见图 1-8。索引出的详图，如采用标准图，则在索引符号水平直径的延长线上加注该标准图册的编号。

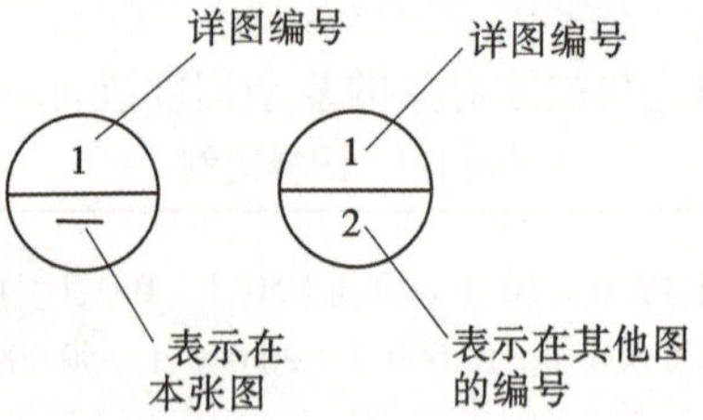


图 1-8　索引符号

索引符号如用于索引剖视详图，则在被剖切的部位绘制剖切位置线，并以引出线引出索引符号，引出线所在的一侧应为剖切后观察的方向，见图 1-9。

索引出的详图，位置和编号以详图符号表示，采用直径 14 mm 的粗线圆圈，见图 1-10。

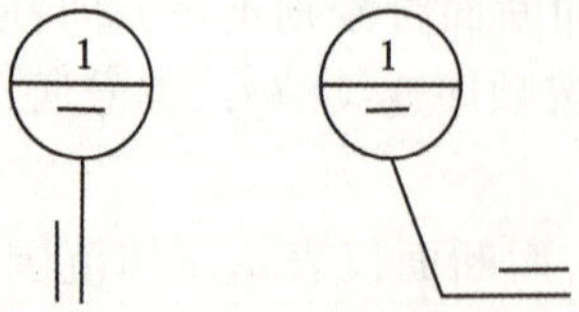


图 1-9　索引剖视详图

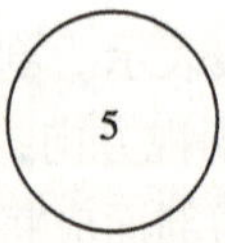


图 1-10　详图符号

### (六)立面编号

为表示立面在平面图上的位置,应在平面图上用内视符号注明视点位置、方向及立面编号(见图1-11)。符号中的圆圈用直径8~12 mm的细实线绘制。立面编号采用拉丁字母或阿拉伯数字。

图1-11　内视符号

### (七)引出线

工程材料和文字说明往往需要引出线引出进行标注。引出线以细实线绘制,文字说明宜注写在水平线的上方,也可注写在水平线的端部,见图1-12。

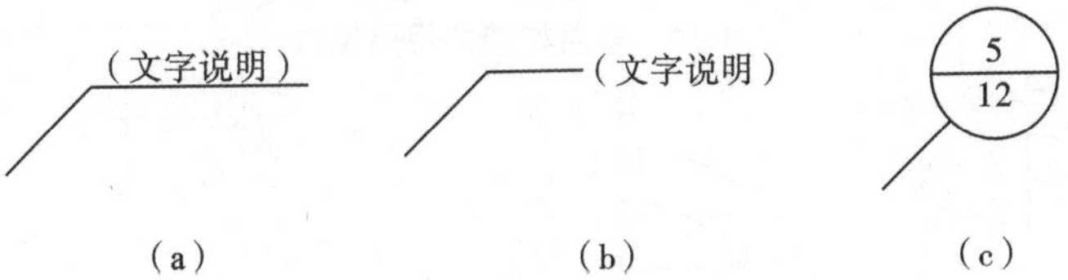


图1-12　引出线

同时引出几个相同部分的引出线,应互相平行或画成集中于一点的放射线,见图1-13。

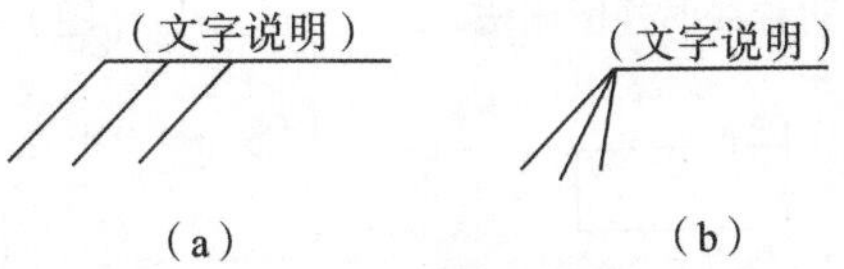


图1-13　共用引出线

施工图详图中的多层构造和多层管道共用引出线通过被引出的各层,引出线说明的顺序为由上至下,与被说明的层次相互一致;如层次为横向排序,则由上至下的说明顺序与由左至右的层次相互一致(见图1-14)。

### (八)其他制图符号

构配件的图样有1条对称线时,可只画该视图的一半;有2条对称线时,可只画该视图的1/4,并画出对称符号(见图1-15)。对称符号由对称线和两端的两对平行线组成,用细单点长画线绘制(见图1-16)。

较长的图样,如沿长度方向的形状相同或按一定规律变化,可断开省略绘制,断开处以折断线表示连接符号,以及需连接的部位。两部位相距过远时,在折断线两端靠图样一侧标注相同的大写拉丁字母表示连接编号(见图1-17)。

典型指北针的形状如图1-18所示,指针头部应注“北”或“N”。

### (九)定位轴线

园林建筑的定位轴线一般有编号,编号注写在轴线端部的圆内,圆应用细实线绘制,直径为8~10 mm。平面图上定位轴线的横向编号用阿拉伯数字按从左至右顺序编写,竖

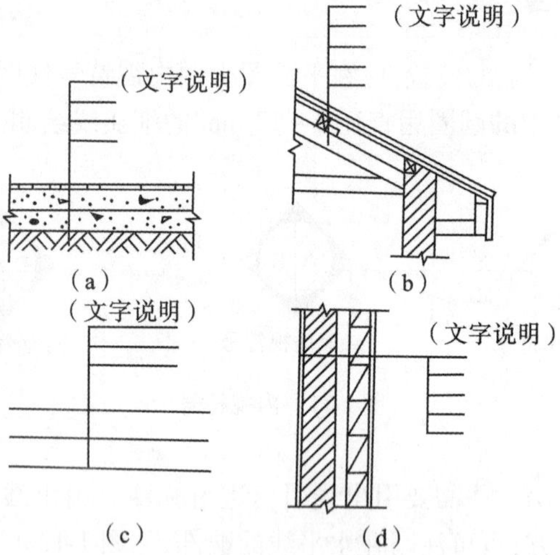


图 1-14　多层构造共用引出线

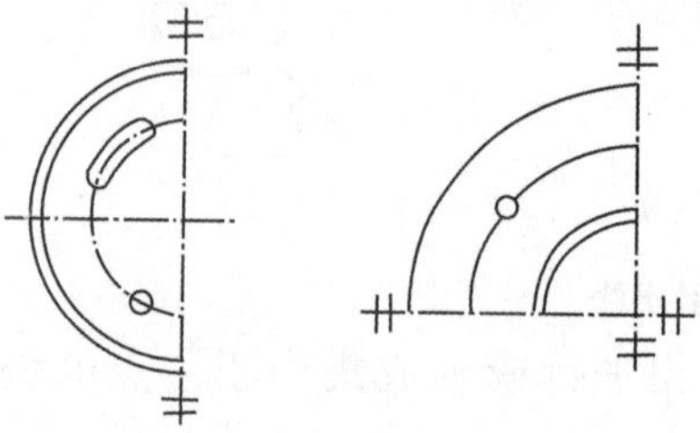

图 1-15　有对称线时视图画法

图 1-16　对称符号

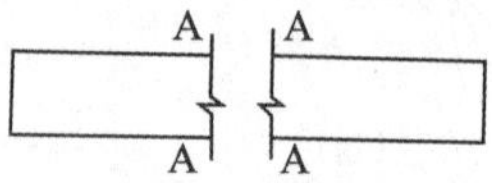


A—连接编号

图 1-17　连接符号

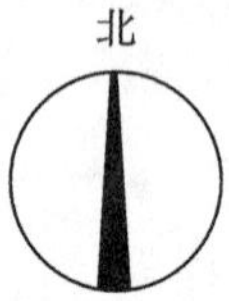


图 1-18　指北针

向编号用大写拉丁字母按从下至上顺序编写(见图 1-19)。拉丁字母的 I、O、Z 不得用作轴线编号。

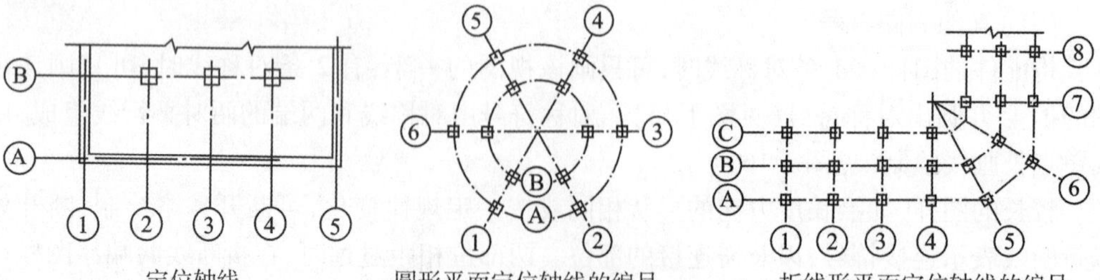


定位轴线　　圆形平面定位轴线的编号　　折线形平面定位轴线的编号

图 1-19　定位轴线的编号

### (十)尺寸标注

图样上的尺寸包括尺寸界线、尺寸线、尺寸起止符号和尺寸数字(见图 1-20)。

半径的尺寸线应一端从圆心开始,另一端画箭头指向圆弧。半径数字前加注半径符

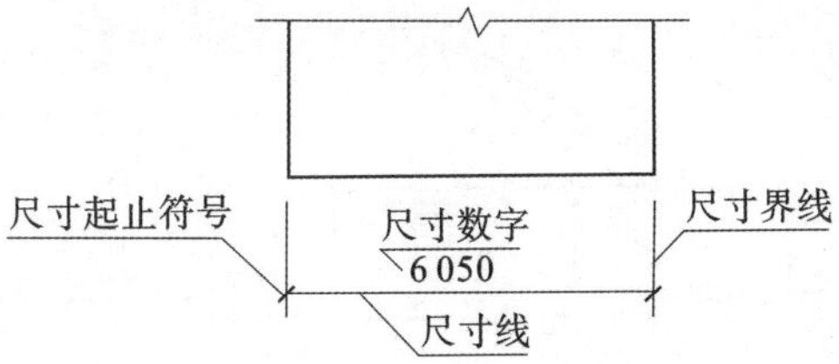


图 1-20　尺寸的组成

号"R"(见图 1-21)。

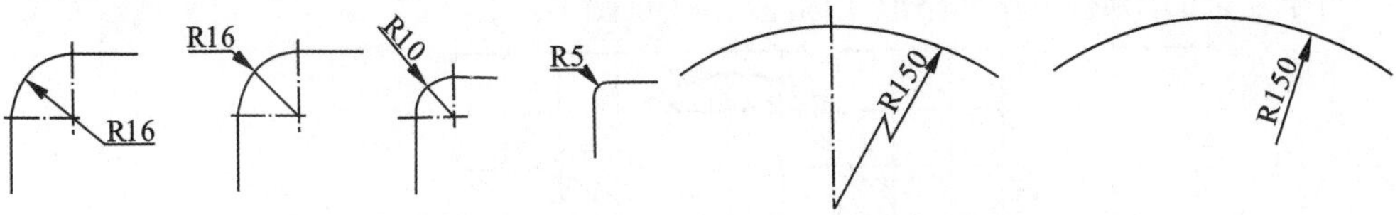


小圆弧半径的标注形式　　大圆弧半径的标注方法

图 1-21　半径标注方法

标注圆的直径尺寸时,直径数字前加直径符号"ϕ"(见图 1-22)。

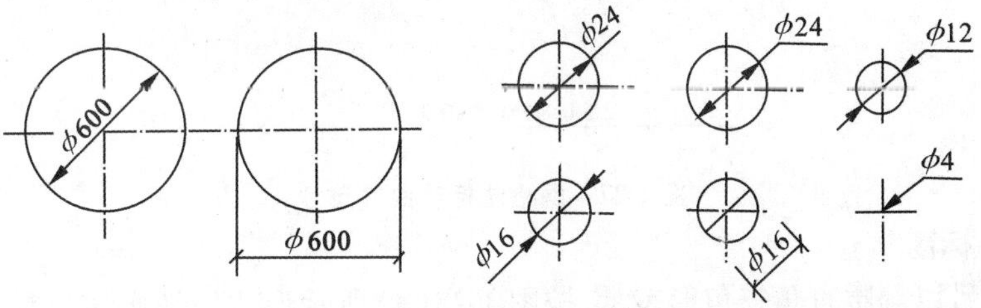


圆直径的标注方法　　小圆直径的标注方法

图 1-22　直径标注方法

角度的尺寸线以圆弧表示,该圆弧的圆心应是该角的顶点,角的两条边为尺寸界线,尺寸起止符号以箭头表示(见图 1-23)。

标注圆弧的弧长时,尺寸线以与该圆弧同心的圆弧线表示,尺寸界线垂直于该圆弧的弦,尺寸起止符号用箭头表示,弧长数字上方应加注圆弧符号"⌒"(见图 1-24)。

标注圆弧的弦长时,尺寸线以平行于该弦的直线表示,尺寸界线应垂直于该弦,尺寸起止符号用中粗斜短线表示(见图 1-25)。

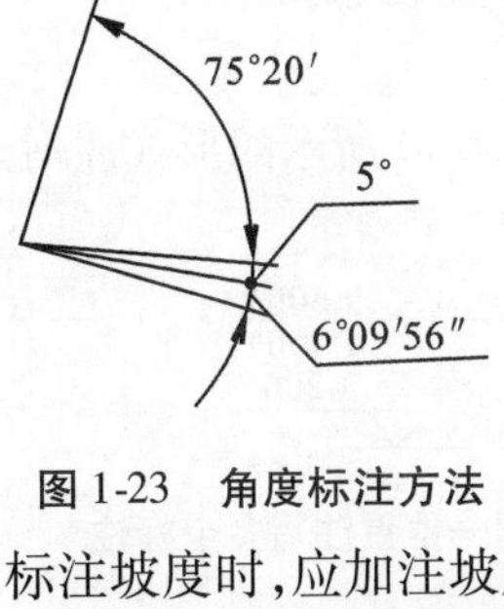


图 1-23　角度标注方法

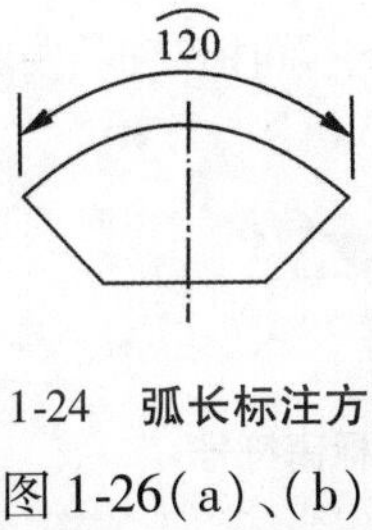


图 1-24　弧长标注方法

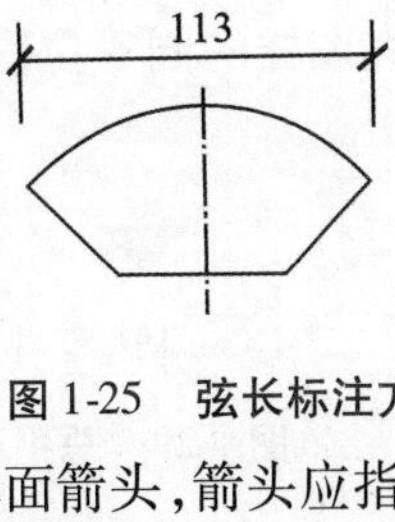


图 1-25　弦长标注方法

标注坡度时,应加注坡度符号(见图 1-26(a)、(b)),符号为单面箭头,箭头应指向下坡方向。坡度也可用直角三角形形式标注(见图 1-26(c))。

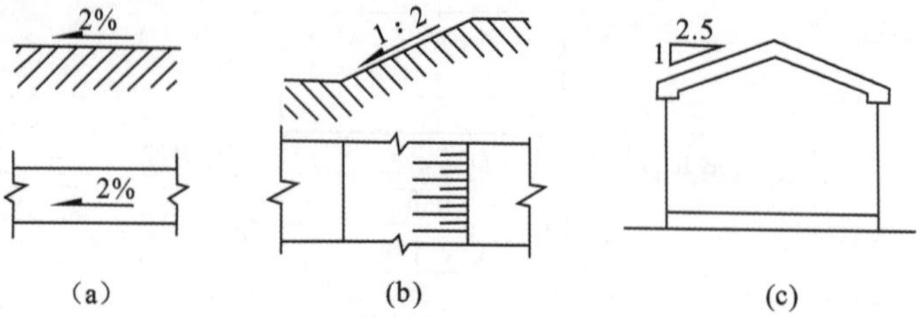


图 1-26　坡度标注方法

对于复杂的图形,可用网格形式标注尺寸(见图 1-27)。

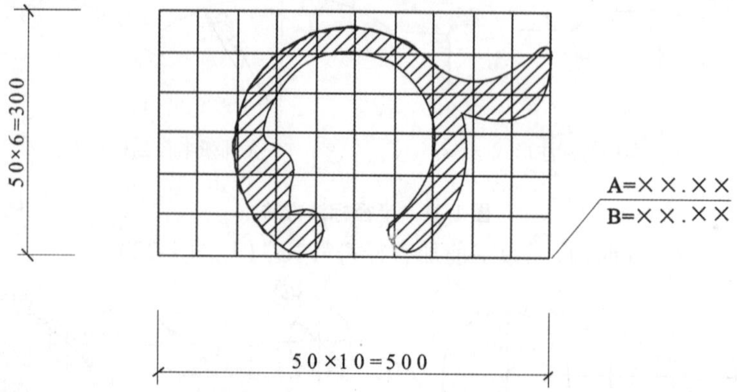


图 1-27　网格法标注曲线尺寸

(十一)标高

标高符号以等腰直角三角形表示,按图 1-28(a)所示形式用细实线绘制。标高符号的尖端应指至被注高度的位置。尖端一般应向下,也可向上。标高数字应注写在标高符号的左侧或右侧(见图 1-28(b))。

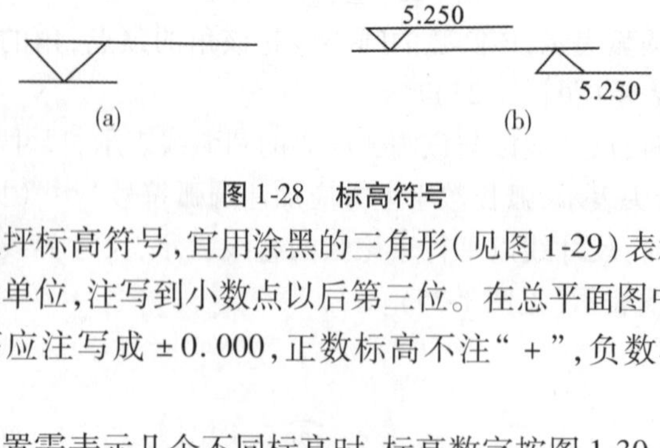


图 1-28　标高符号

总平面图室外地坪标高符号,宜用涂黑的三角形(见图 1-29)表示。

标高数字以米为单位,注写到小数点以后第三位。在总平面图中,可注写到小数点以后第二位。零点标高应注写成 ±0. 000,正数标高不注“ + ”,负数标高应注“ - ”,例如 3. 000、-0. 600。

在图样的同一位置需表示几个不同标高时,标高数字按图 1-30 所示的形式注写。

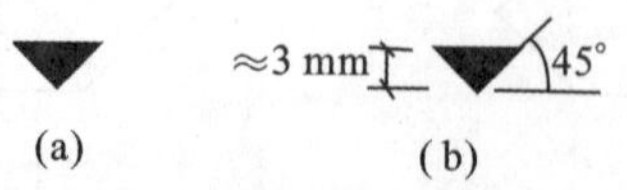


图 1-29　总平面图室外地坪标高符号

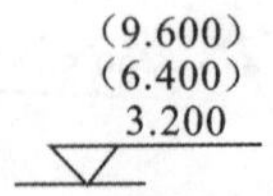


图 1-30　同一位置注写多个标注

## （十二）常用图例

常见剖面中的园林工程材料图例见表1-4。

**表1-4　常见剖面中的园林工程材料图例**

| 序号 | 名称 | 图例 | 备注 |
|---|---|---|---|
| 1 | 自然土壤 |  | 包括各种自然土壤 |
| 2 | 夯实土壤 |  | |
| 3 | 砂、灰土 | 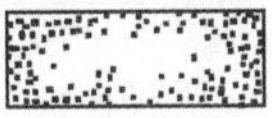 | 靠近轮廓线绘较密的点 |
| 4 | 砂砾石、碎砖三合土 | 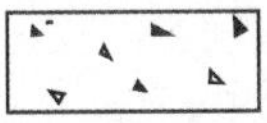 | |
| 5 | 石料 | 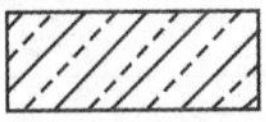 | |
| 6 | 毛石 | 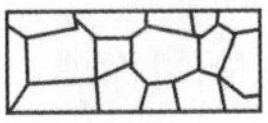 | |
| 7 | 普通砖 | 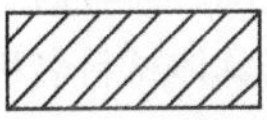 | 包括实心砖、多孔转、砌块等砌体。断面较窄，不易绘出图例线时，可涂红 |
| 8 | 耐火砖 | 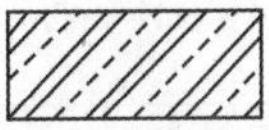 | 包括耐酸砖等砌体 |
| 9 | 空心砖 | 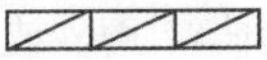 | 指非承重砖砌体 |
| 10 | 饰面砖 |  | 包括铺地砖、马赛克、陶瓷锦砖、人造大理石等 |
| 11 | 焦渣、矿渣 | 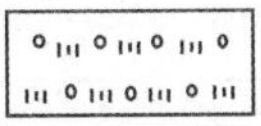 | 包括水泥、石灰等混合而成的材料 |
| 12 | 混凝土 | 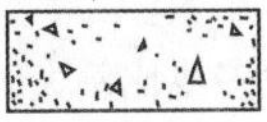 | 1. 本图例指能承重的混凝土及钢筋水泥土<br>2. 包括各种强度等级、骨料、添加剂的混凝土<br>3. 在剖面图上画出钢筋时，不画图例线<br>4. 断面图形小，不易画出图例线时，可涂黑 |
| 13 | 钢筋混凝土 | 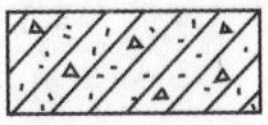 | |
| 14 | 多孔材料 |  | 包括水泥珍珠岩、沥青珍珠岩、泡沫混凝土、非承重加气混凝土、软木、蛭石制品等 |
| 15 | 纤维材料 |  | 包括矿棉、岩棉、玻璃棉、麻丝、木丝板、纤维板等 |

续表 1-4

| 序号 | 名称 | 图例 | 备注 |
| --- | --- | --- | --- |
| 16 | 泡沫塑料材料 | 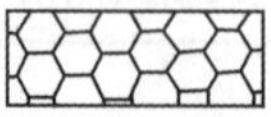 | 包括聚苯乙烯、聚乙烯、聚氨酯等多孔聚合物类材料 |
| 17 | 木材 | 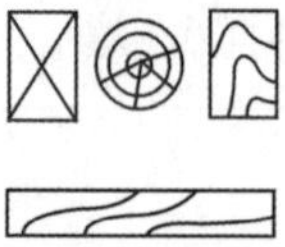 | 1. 上图为横断面,上左图为垫木、木砖或木龙骨<br>2. 下图为纵断面 |
| 18 | 胶合板 | 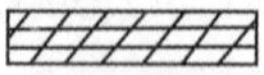 | 应注明为×层胶合板 |
| 19 | 石膏板 | 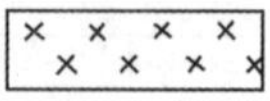 | 包括圆孔、方孔石膏板,防水石膏板等 |
| 20 | 金属 | 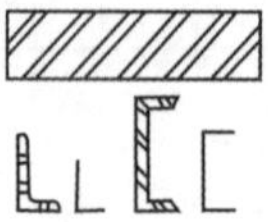 | 1. 包括各种金属<br>2. 图形小时,可涂黑 |
| 21 | 网状材料 |  | 1. 包括金属、塑料网状材料<br>2. 应注明具体材料名称 |
| 22 | 液体 |  | 应注明具体液体名称 |
| 23 | 玻璃 |  | 包括平行玻璃、磨砂玻璃、夹丝玻璃、钢化玻璃、中空玻璃、夹层玻璃、镀膜玻璃等 |
| 24 | 橡胶 |  | |
| 25 | 塑料 |  | 包括各种软、硬塑料及有机玻璃等 |
| 26 | 防水材料 |  | 构造层次多或比例大时,采用上面的图例 |
| 27 | 粉刷 | 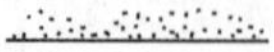 | 本图例采用较稀的点 |

总平面图中常见图例见表 1-5。

**表 1-5　总平面图中常见图例**

| 序号 | 名称 | 图例 | 备注 |
| --- | --- | --- | --- |
| 1 | 新建建筑物 |  | 1. 需要时，可用▲表示出入口，可在图形内右上角用点数或数字表示层数<br>2. 建筑物外形（一般以 ±0.000 高度处的外墙定位轴线或外墙面线为准）用粗实线表示。需要时，地面以上建筑用中粗实线表示，地面以下建筑用细虚线表示 |
| 2 | 原有建筑物 |  | 用细实线表示 |
| 3 | 计划扩建的预留地或建筑物 |  | 用中粗虚线表示 |
| 4 | 拆除的建筑物 | 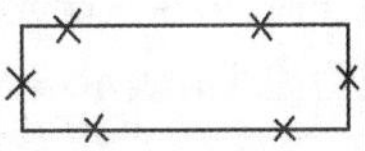 | 用细实线表示 |
| 5 | 建筑物下面的通道 | 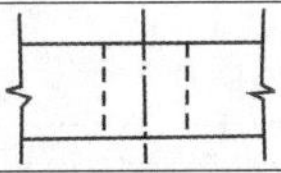 | |
| 6 | 散状材料露天堆场 | 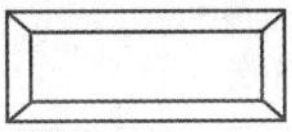 | 需要时可注明材料名称 |
| 7 | 其他材料露天堆场或露天作业场 | 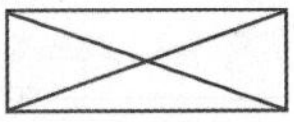 | |
| 8 | 铺砌场地 | 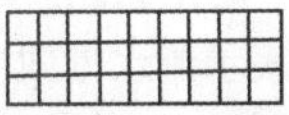 | |
| 9 | 水池、坑槽 | 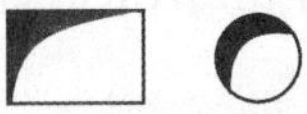 | 也可以不涂黑 |
| 10 | 围墙及大门 | 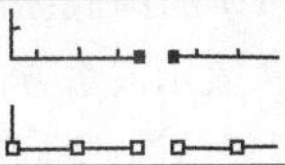 | 上图为实体性质的围墙，下图为通透性质的围墙，若仅表示围墙时不画大门 |
| 11 | 挡土墙 |  | 被挡土在“突出”的一侧 |
| 12 | 挡土墙设围墙 |   | |
| 13 | 台阶 |  | 箭头指向表示向下 |
| 14 | 坐标 | 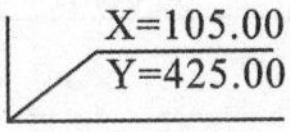<br>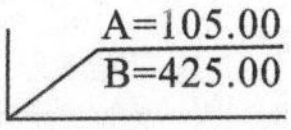 | 上图表示测量坐标<br>下图表示建筑坐标 |

**续表 1-5**

| 序号 | 名称 | 图例 | 备注 |
|---|---|---|---|
| 15 | 方格网交叉点标高 | -0.50 \| 77.85<br>78.35 | “78.35”为原地面标高<br>“77.85”为设计标高<br>“ -0.50”为施工高度<br>“ -”表示挖方(“ +”表示填方) |
| 16 | 填方区、挖方区、未平整区及零点线 | 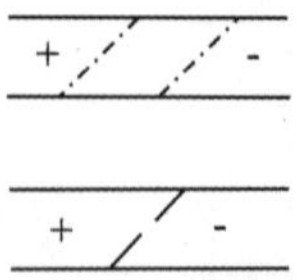 | “ +”表示填方区<br>“ -”表示挖方区<br>中间为未平整区<br>点划线为零点线 |
| 17 | 填挖边坡 | 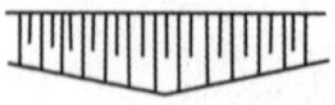 | 1. 边坡较长时,可在一端或两端局部表示<br>2. 下边线为虚线时表示填方 |
| 18 | 护坡 | 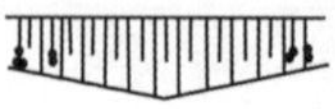 | |
| 19 | 分水脊线和谷线 | 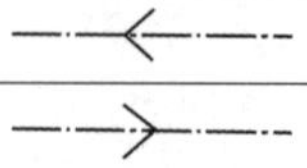 | 上图表示脊线<br>下图表示谷线 |
| 20 | 地表排水方向 |  | |
| 21 | 截水沟或排水沟 |  | “1”表示 1% 的沟底纵向坡度,“40.00” 表示变坡点间距离,箭头表示流水方向 |
| 22 | 排水明沟 | 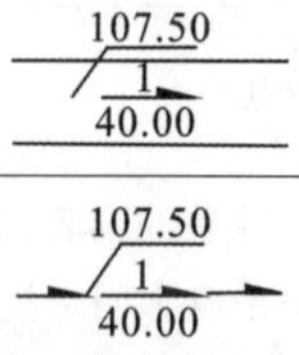 | 1. 上图用于比例较大的图面,下图用于比例较小的图面<br>2. “1”表示 1% 的沟底纵向坡度,“40.00”表示变坡点间距离,箭头表示流水方向<br>3. “107.50”表示沟底标高 |
| 23 | 铺砌的排水明沟 | 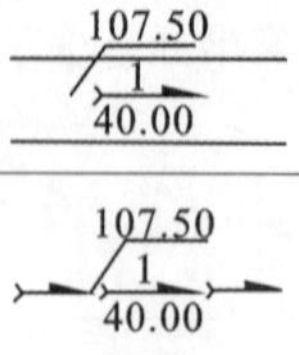 | 1. 上图用于比例较大的图面,下图用于比例较小的图面<br>2. “1”表示 1% 的沟底纵向坡度,“40.00”表示变坡点间距离,箭头表示流水方向<br>3. “107.50”表示沟底标高 |
| 24 | 雨水口 |  | |
| 25 | 消火栓井 |  | |
| 26 | 拦水(闸)坝 | 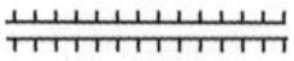 | |
| 27 | 室内标高 | 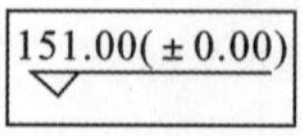 | |
| 28 | 室外标高 | ●143.00 ▼143.00 | 室外标高也可采用等高线表示 |

常见管线图例见表 1-6。

**表 1-6　常见管线图例**

| 序号 | 名称 | 图例 | 备注 |
| --- | --- | --- | --- |
| 1 | 管线 | ——代号—— | 管线代号按国家现行有关标准的规定标注 |
| 2 | 地沟管线 | ——代号——<br>⊢—代号⊢— | 1. 上图用于比例较大的图面,下图用于比例较小的图面<br>2. 管线代号按国家现行有关标准的规定标注 |
| 3 | 管桥管线 | —+—代号—+— | 管线代号按国家现行有关标准的规定标注 |
| 4 | 架空电力、电信线 | —○—代号—○— | 1.“○”表示电杆<br>2. 管线代号按国家现行有关标准的规定标注 |

### (十三)定位坐标

总平面图上采用的定位坐标网有两种:一种是测量坐标网,以 X、Y 表示;另一种是施工坐标网,以 A、B 表示。如为施工方便起见,可以自编施工定位坐标,方法如下:利用现有 X、Y 测量坐标,选择某点作为施工坐标 A、B 的 0 起点,如图 1-31 所示,但要在图中注明。

也可以建筑物墙角或某一固定标志作为起点$\left(\begin{matrix}A=0.00\\B=0.00\end{matrix}\right)$,方向一般为垂直指北针,如有困难则注明角度即可。

如景观的范围较小,则可以建筑物或围墙为基准,用尺寸线表示。弧形线或曲面应有圆心及半径,圆心注上坐标以便施工定位。如半径较大,图面内不能容纳,则可采用折线表示,如图 1-32 所示。

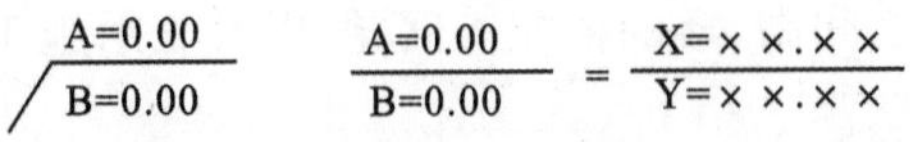


图 1-31　自编施工定位坐标

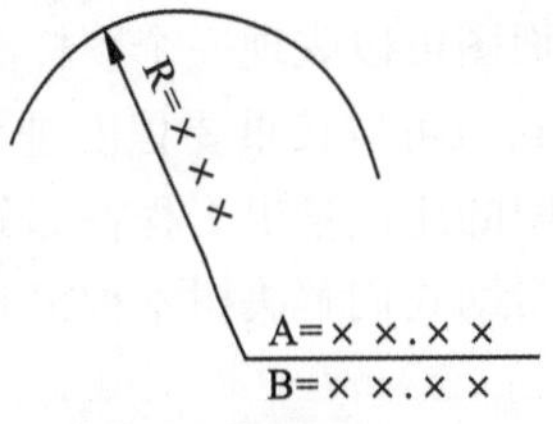


图 1-32　弧线定位

## 二、学看平面、立面、剖面图

地形、水体、植物和建筑及构筑物是构成园林实体的四大要素。园林中景物的平面、立面是以上这些要素的水平面(或水平剖面)和立面的正投影所形成的视图(见图 1-33)。

平面图可以表现一个构造物或者园林设计平面上的形状、设计构造内容或布局(见

图 1-33　平面、立面示意

图 1-34）。

立面图可以表现一个图样上的形状、设计构造内容，可按方位进行命名（如东立面、西立面），也可以按重要程度进行命名（如正立面、侧立面），见图 1-34。施工中可以根据图中注明的比例量出工程各部分的高、长、宽等具体尺寸。在绿化种植的施工图中，立面图可以帮助我们解决树木种植时，树与树之间高、矮的搭配等问题，以及表示施工要达到的效果。

剖面图是指构造物被一假想的铅垂面剖切后，沿某一剖切方向投影得到的视图（见图 1-35）。剖面图可以表现一个物体的内部构造情况。为了便利施工，施工图也采用了剖面图的方法来表示工程内部的具体构造情况，以及表明内部构造的尺寸。

通常剖面图的剖切位置应在平面图上用剖切符号标出，在剖切位置上沿正反两个剖视方向均可得到反映同一构造物的剖面图（见图 1-36），但沿某一方向剖面图只能作出一个，因此当构造物比较复杂时，往往用多个剖面图进行表示（见图 1-37、图 1-38）。

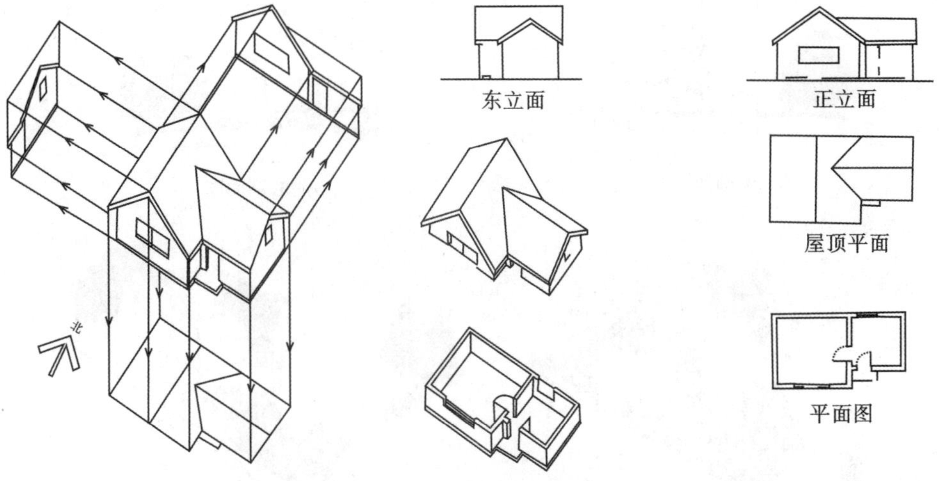


图 1-34　园林构造物平面、立面

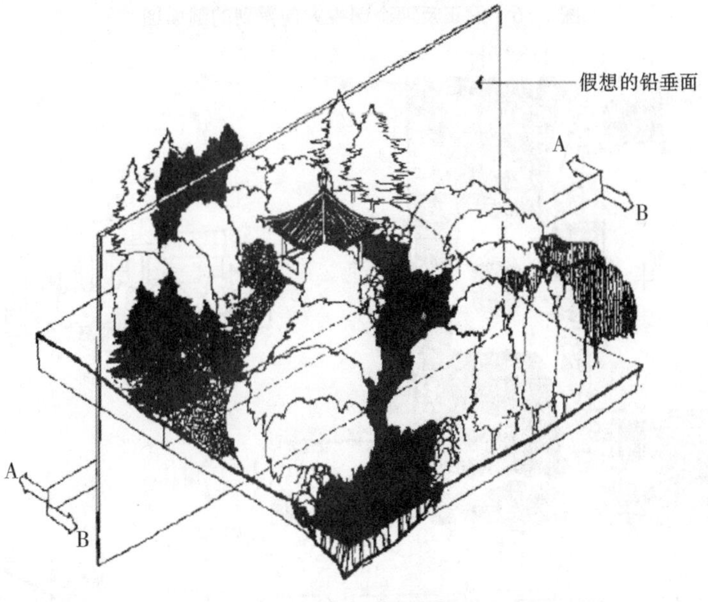


图 1-35　剖面的形成

## 三、学看园林施工图的封面、目录和施工说明

### （一）学看封面

园林施工图封面是整套施工图的第一张图纸，典型的园林施工图封面包括以下内容：工程名称、建设单位、设计单位、图纸设计时间、工程项目编号。施工单位、设计单位、建设单位通过封面能够清楚地区分不同的工程，便于图纸整理、归档。作为施工方，在正式阅读图纸前需先阅读封面，了解工程名称、建设单位、设计单位，为项目管理过程中的沟通工作做好准备。

### （二）学看目录

图纸目录紧接着封面，按施工说明—总施—绿施—园施—建施—结施—水施—电

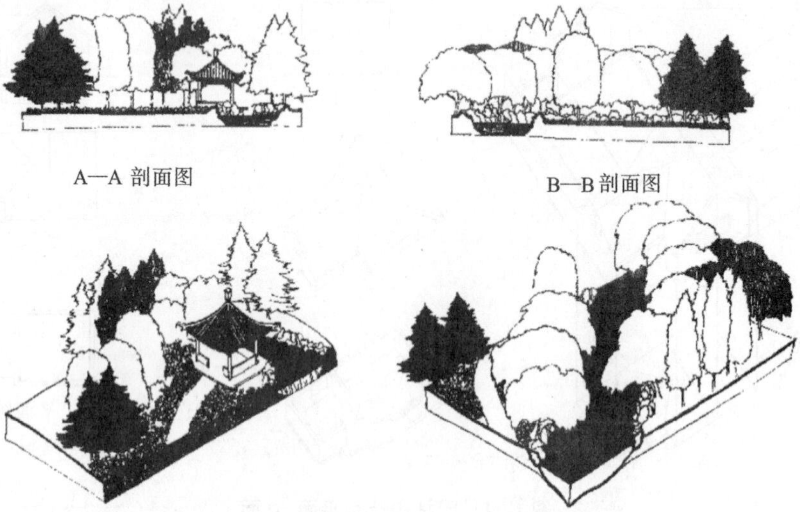


图 1-36　沿正反两个剖视方向得到的剖面图

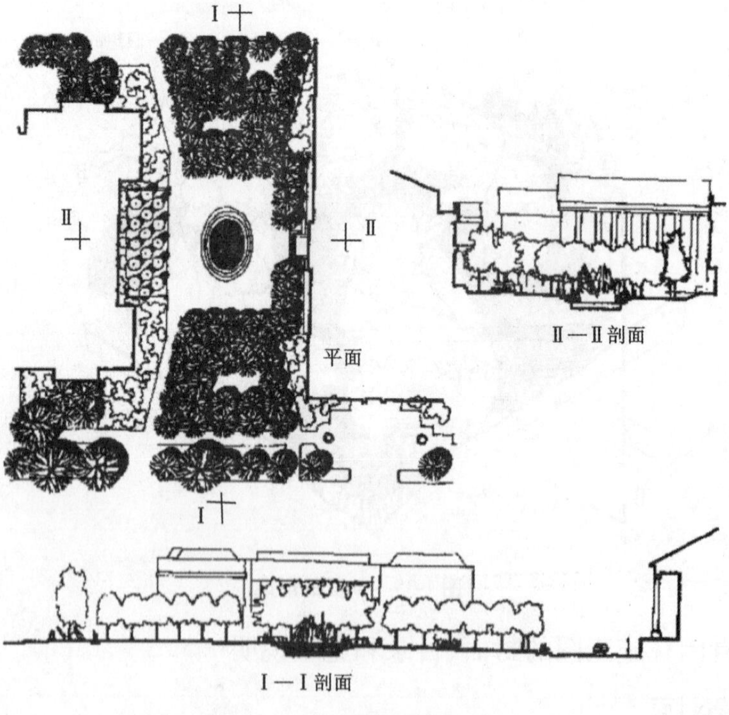


图 1-37　多个剖面图进行表示

施一物料表的顺序,罗列整套施工图所包含的图纸。内容通常以列表的形式表现,包括序号、图号、图名、图幅、张数、备注等,见图 1-39。

**(三)学看施工说明**

施工说明主要对施工图中未能详细表达或不易用图形表达的内容,用文字、数字或图表加以说明。

施工总说明往往排列在图纸目录后,包括以下内容和阅读要点。

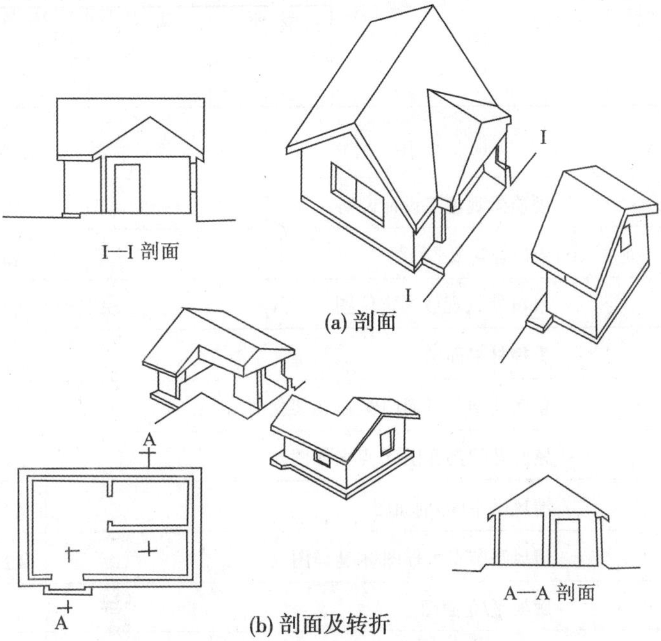


图 1-38 园林构造物的剖面表示

(1)概述:工程简介,设计范围,总体规划,布局说明。

(2)设计依据:各种标准、规范及甲方提供的有关设计数据等。

(3)材料及设备选型的要求:对各部分材料的材质要求及建议,包括饰面材料、木材、钢材、防水疏水材料、种植土及铺装材料等。

(4)标高及标注单位:应说明图纸文件中采用的标注单位,采用的是相对坐标还是绝对坐标,如为相对坐标,须说明采用的依据以及与绝对坐标的关系。

(5)设计及特殊构造处理的说明。

(6)施工要求的说明:强调需注意工种配合及对气候有要求的施工部分。

(7)土方平衡的说明。

(8)经济技术指标:总占地面积、绿化景观面积、铺装面积、水体面积及绿化率、工程总造价等技术经济指标。

除施工总说明外,绿施、建施、结施、水施、电施等各个专业图纸之前可能有专项施工说明,有时施工图纸中还应该配有适当的文字说明,见图 1-40。

## 四、学看园林施工图总图

### (一)施工总平面图、索引图、道路及广场铺装图

1. 施工总平面图的用途

园林施工总平面图主要反映新建园林内部所有构成物的位置、平面形状、总尺寸、标高及道路、地形、绿化、水体、园林建筑等布置和周边环境的关系,是绿施、建施、结施、水施、电施等专业图纸布置、设计的依据。

2. 施工总平面图的内容

施工总平面图包括的内容如下:

| 专业 | 实名 | 签名 | 日期 |
|---|---|---|---|
| | | | |
| | | | |
| | | | |

| 序号 | 图号 | 图名 | 图幅 | 张数 | 备注 |
|---|---|---|---|---|---|
| 1 | 园施-1.00 | 硬质景观施工设计说明 | A2 | | |
| 2 | 园施-1.01 | 入口处景观平面图 | A2 | | |
| 3 | 园施-1.02 | 入口处景观放样定位图 | A2 | | |
| 4 | 园施-1.03 | 香樟林平面图 | A2 | | |
| 5 | 园施-2.01 | 紫藤花架各平面图/紫藤花架立面图 | A2 | | |
| 6 | 园施-2.02 | 紫藤花架剖面图/节点大样图 | A2 | | |
| 7 | 园施-3.01 | 清风亭平/立/剖面图 | A2 | | |
| 8 | 园施-3.02 | 清风亭节点大样图/木凳详图 | A2 | | |
| 9 | 园施-4.01 | 廊架平/立面图 | A2 | | |
| 10 | 园施-4.02 | 英语角铺装做法详图 | A2 | | |
| 11 | 电施-1.01 | 入口处景观照明平面图 | A2 | | |
| 12 | 电施-1.02 | 英语角照明平面图 | A2 | | |
| 13 | 电施-1.03 | 香樟林照明平面图 | A2 | | |
| 14 | 电施-1.04 | 紫藤花架照明平面图 | A3 | | |
| | | | | | |
| | | | | | |
| | | | | | |
| | | | | | |
| | | | | | |
| | | | | | |
| | | | | | |

| | | | | |
|---|---|---|---|---|
| 杭州万向职业技术学院<br>园林景观设计工作室 | 杭州万向职业技术学院园林景观设计 | 项目负责 | 姜 宁 | |
| | 图纸目录 | 设 计 | 杨 明 | |
| | | 校 对 | 章俐笑 | |
| | | 审 核 | 娄 敏 | |

杭州万向职业技术学院园林景观设计工作室 出图专用章

图 1-39　图纸目录示例

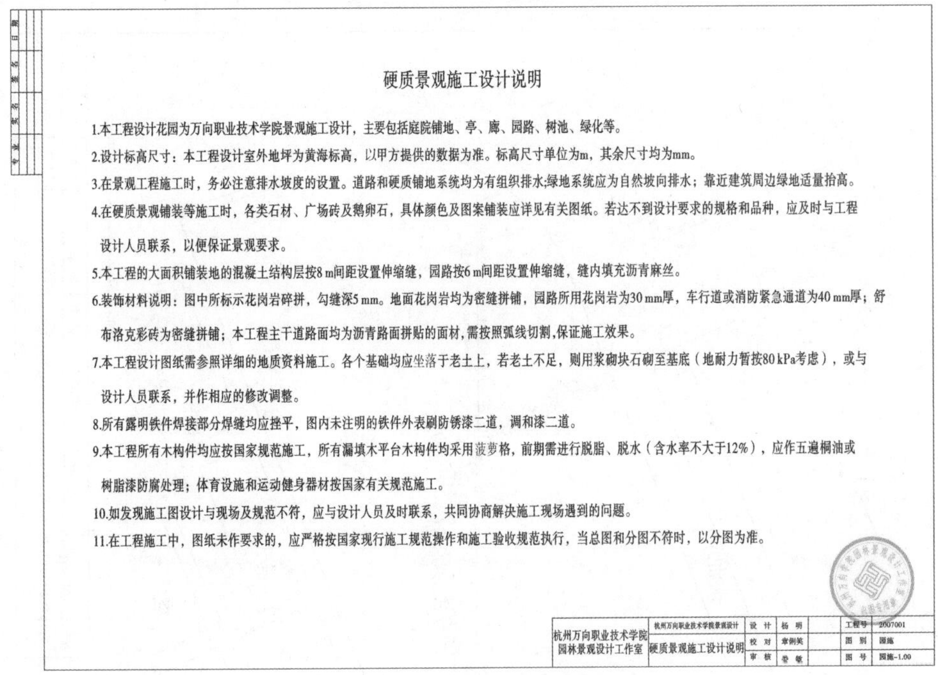

硬质景观施工设计说明

1.本工程设计花园为万向职业技术学院景观施工设计，主要包括庭院铺地、亭、廊、园路、树池、绿化等。

2.设计标高尺寸：本工程设计室外地坪为黄海标高，以甲方提供的数据为准。标高尺寸单位为m，其余尺寸均为mm。

3.在景观工程施工时，务必注意排水坡度的设置。道路和硬质铺地系统均为有组织排水;绿地系统应为自然坡向排水；靠近建筑周边绿地适量抬高。

4.在硬质景观铺装等施工时，各类石材、广场砖及鹅卵石，具体颜色及图案铺装应详见有关图纸。若达不到设计要求的规格和品种，应及时与工程设计人员联系，以便保证景观要求。

5.本工程的大面积铺装地的混凝土结构层按8 m间距设置伸缩缝，园路按6 m间距设置伸缩缝，缝内填充沥青麻丝。

6.装饰材料说明：图中所标示花岗岩碎拼，勾缝深5 mm。地面花岗岩均为密缝拼铺，园路所用花岗岩为30 mm厚，车行道或消防紧急通道为40 mm厚；舒布洛克彩砖为密缝拼铺；本工程主干道路面均为沥青路面拼贴的面材，需按照弧线切割，保证施工效果。

7.本工程设计图纸需参照详细的地质资料施工。各个基础均应坐落于老土上，若老土不足，则用浆砌块石砌至基底（地耐力暂按80 kPa考虑），或与设计人员联系，并作相应的修改调整。

8.所有露明铁件焊接部分焊缝均应挫平，图内未注明的铁件外表刷防锈漆二道，调和漆二道。

9.本工程所有木构件均应按国家规范施工，所有漏填木平台木构件均采用菠萝格，前期需进行脱脂、脱水（含水率不大于12%），应作五遍桐油或树脂漆防腐处理；体育设施和运动健身器材按国家有关规范施工。

10.如发现施工图设计与现场及规范不符，应与设计人员及时联系，共同协商解决施工现场遇到的问题。

11.在工程施工中，图纸未作要求的，应严格按国家现行施工规范操作和施工验收规范执行，当总图和分图不符时，以分图为准。

| | | | | | | |
|---|---|---|---|---|---|---|
| 杭州万向职业技术学院园林景观设计工作室 | 杭州万向职业技术学院景观设计 | 设计 | 杨明 | | 工程号 | 2007001 |
| | 硬质景观施工设计说明 | 校对 | 章俐英 | | 图别 | 园施 |
| | | 审核 | 尝敏 | | 图号 | 园施-1.00 |

**图 1-40　文字说明示例**

(1)指北针(或风玫瑰图)、绘图比例(比例尺)。

(2)用地尺寸、红线范围等。图纸一般用粗点划线结合文字,明确标注出设计范围。

(3)文字说明,景区景点、建筑物或者构筑物的名称标注,图例表。

(4)建筑物、构筑物(地下车库、人防工程、蓄水池等隐蔽工程)定位的施工坐标或相互关系尺寸、名称或编号、层数。

(5)场地及建筑出入口位置。

(6)道路、铺装的位置、尺度,主要点的坐标、标高以及定位尺寸。

(7)小品主要控制点坐标及其定位、定形尺寸。

(8)地形、水体的主要控制点坐标、标高及控制尺寸。

(9)植物种植区域轮廓。

如果图纸内容不复杂,则施工总平面图包含以下两方面内容,如果内容复杂则往往单列。

(1)索引图。

(2)道路及广场铺装图:结合详图说明铺装的范围、纹样、色彩、表层质感及材料、做法。道路系统要满足消防通道的设计要求,注意各级行车道及人行道的等级区分。

图 1-41 为施工总平面图示例。

### 3. 施工总平面图的阅读要点

阅读施工总平面图时需要注意如下问题。

1)图纸比例

施工总平面图一般采用 1:500、1:1 000、1:2 000 的比例绘制,或者用比例尺指明。

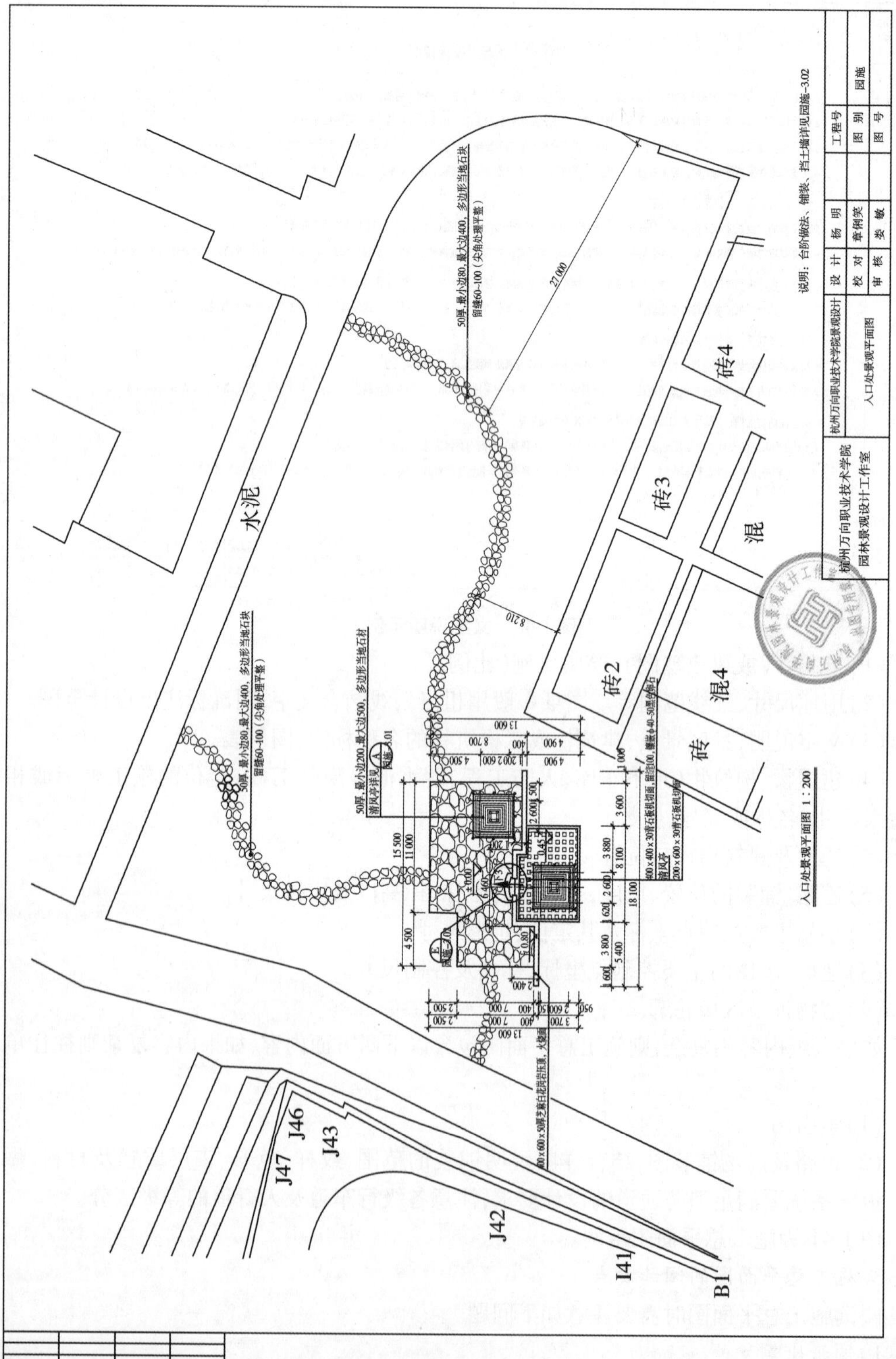


图 1-41 施工总平面图示例

2）图纸方向

图纸一般按上北下南方向绘制，具体由指北针（或风玫瑰图）指明。

3）图例

本项目施工总平面图中代表建筑物、构筑物、道路以及植物等的图例见表1-5、表1-6。如果由于某些原因另行设定图例时，在总图上可以找到专门绘制的图例表。

4）单位

施工总平面图中的坐标、标高、距离以米为单位，并应至少取至小数点后两位。建筑物、构筑物、道路方位角（或方向角）和道路转向角的度数，注写到秒。道路纵坡度、场地平整坡度、排水沟沟底纵坡度宜以百分比计。

5）标高

施工总平面图中标注的标高为绝对标高，如标注相对标高，则会注明相对标高与绝对标高的关系。

需要注意以下标高：建筑物室内地坪标高；图中±0.000处标高；不同高度的地坪标高；建筑物室外散水标高；建筑物四周转角或两对角的散水坡脚处标高；构筑物有代表性的标高；道路路面中心交点及变坡点的标高；挡土墙墙顶和墙脚标高；路堤、边坡坡顶和坡脚标高；排水沟沟顶和沟底标高；场地平整控制位置标高；铺砌场地的铺砌面标高。

4.施工总平面图的阅读方法

首先，要认真观察图面，根据已经掌握的识图知识和施工总平面图图例知识，详细观察施工总平面图的整体规划和细部布置情况。

其次，根据指北针（或风玫瑰图）、绘图比例（比例尺）确定所有景物的位置和朝向，仔细核对图面上的有关尺寸是否准确，并进行有关的推导和计算。

再次，根据总平面图中标注的标高，判断整个场地的平整和排水组织情况。

最后，要将绿化、道路铺装、园林建筑、小品、水系、地形综合起来，判断有无矛盾之处。

**（二）放样定位图**

1.放样定位图的用途

放样定位图又可称为施工放线图、施工放样图。放样定位图配合施工总平面图，确定内部所有景物的大小、位置，用于在场地中放线测设、确定施工标高。

对施工总平面图，尤其是无法用标注尺寸准确定位的自由曲线园路、广场、水体等，会给出放线详图，用放线网表示，并标注控制点坐标和网格间距。圆弧、圆则给出圆心坐标。

2.放样定位图的内容

在施工总平面图的基础上，放样定位图包括以下内容：

（1）道路、广场铺装、园林建筑小品、水体、假山等具体的位置和平面形状。

（2）测量坐标网、坐标值，场地施工坐标网、坐标值。

（3）坐标原点、坐标轴、主要点的相对坐标。

（4）放线网格一般取2 m×2 m～10 m×10 m。横线为A，从下向上排列为正；竖线为B，从左向右排列为正。

（5）标高（等高线高程、建筑物室内地坪标高、±0.000处标高、铺装铺砌面标高、道路路面中心交点及变坡点标高、构筑物有代表性的标高等）。

图1-42为放样定位图示例。

图 1-42 放样定位图示例

3. 放样定位图的阅读要点

1) 坐标网格

坐标分为测量坐标和施工坐标。测量坐标为绝对坐标,测量坐标网应画成交叉十字线,坐标代号用 X、Y 表示。施工坐标为相对坐标,相对零点通常选用已有建筑物的交叉点或道路的交叉点,为区别于绝对坐标,施工坐标用大写英文字母 A、B 表示。

放线用坐标网格,既可以采用测量坐标,也可以采用施工坐标(平面图上有测量和施工两种坐标系统时,应在附注中注明两种坐标系统的换算公式)。

2) 坐标标注

坐标直接标注在图上,如图面无足够位置,也有用列表标注的情况。如坐标数字的位数太多,会将前面相同的位数省略,其省略位数在附注中加以说明。

建筑物、构筑物、道路等要注意下列部位的坐标:建筑物、构筑物的定位轴线(或外墙线)或其交点;圆形建筑物、构筑物的中心;挡土墙墙顶外边缘线或转折点。

4. 放样定位图的阅读方法

首先,熟悉施工总平面图,了解图上各个物体的含义,确定指北针、比例尺。

其次,观察坐标网格,确定测量和施工坐标系统及换算公式,确定坐标原点(放线坐标原点往往选用建筑等已有固定标志物的明显部位),确定网格间距。

再次,观察景物定位坐标,主要景物用坐标定位;规则图形、构筑物用尺寸定位;不规则图形或稍小的景物用放线网格定位。表示建筑物、构筑物位置的坐标,往往需要注其三个角的坐标;如果建筑物、构筑物与坐标轴线平行,则注其对角坐标。

最后,根据标高,确定各个景物的高程,通过计算确定高差关系、推算坡度等。做好竖向设计图阅读的衔接工作。

**(三)竖向设计图**

1. 竖向设计图的用途

竖向设计指的是在一块场地中进行垂直于水平方向的布置和处理,也就是地形高程设计,是地形处理的依据。工程简单时,竖向设计图与施工总平面图或放样定位图合并。

2. 竖向设计图的内容

在施工总平面图的基础上,竖向设计图包括以下内容:

(1)场地坐标网、坐标值。

(2)建筑物、构筑物室内外设计标高及出入口标高。

(3)所有景点的代表性标高。

(4)园内场地、道路的起点、变坡点、转折点和终点等的设计标高、纵坡度、纵坡向。

(5)雨水口位置。

(6)水景的池底和常水面标高。

(7)水体驳岸、岸顶、岸底标高。

(8)池底标高,水面最低、最高水位及常水位。

(9)等高线、标高与排水方向。

(10)挡土墙、护坡等构筑物的坡顶和坡脚的设计标高。

(11)剖面图剖切位置、代表性剖面。

图 1-43 为竖向设计图示例。

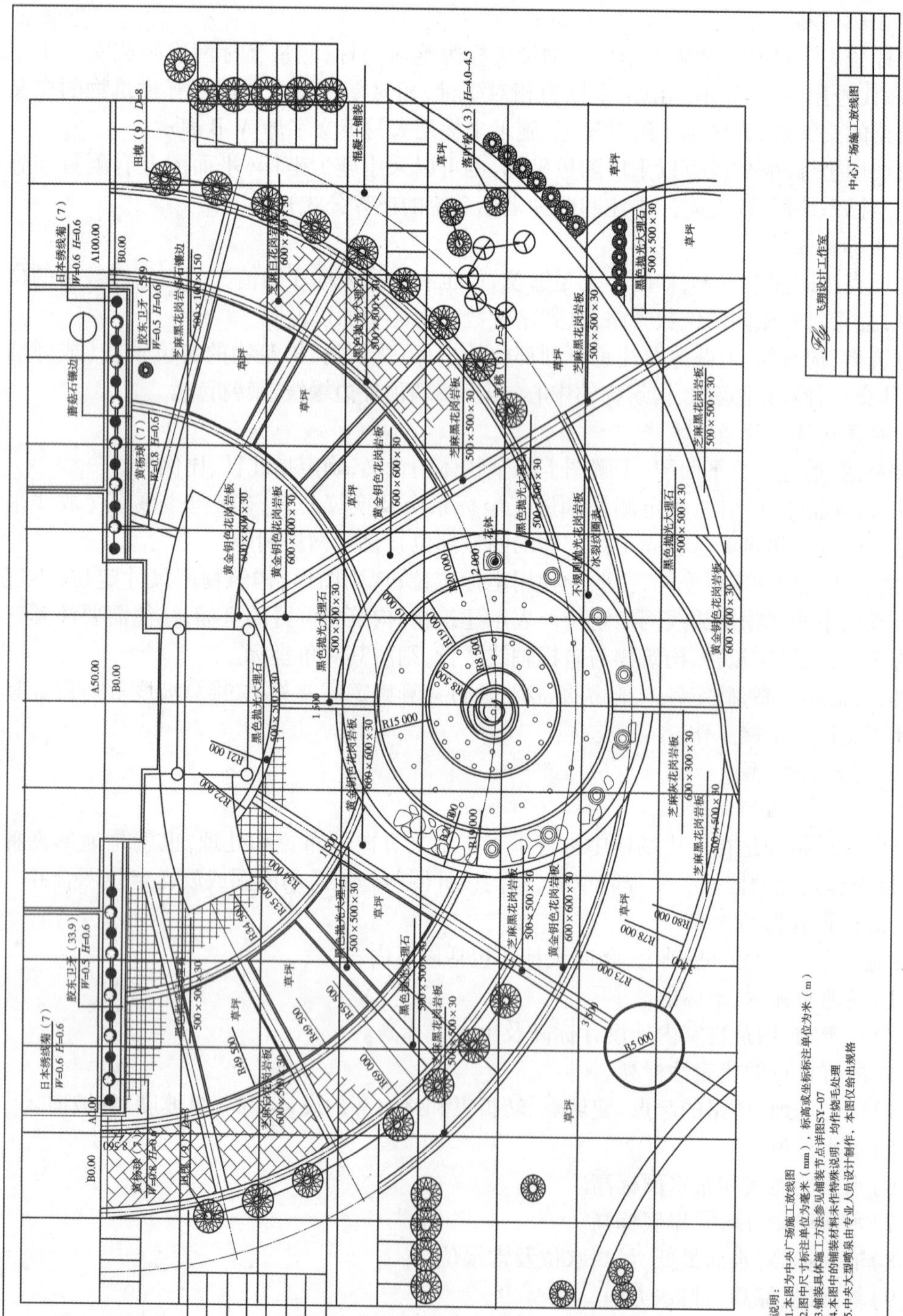


图1-43 竖向设计图示例

3. 竖向设计图的阅读要点

(1)竖向设计图中标高的计量单位通常为米,如果有特殊要求的话,会在设计说明中注明。

(2)设计等高线的等高距一般取0.25～0.5 m,当地形较为复杂时,根据放样网格确定等高线具体位置。

(3)最高点或者某些特殊点的坐标及该点的标高,如道路的起点、变坡点、转折点和终点等的设计标高(道路在路面中、阴沟在沟顶和沟底);纵坡度、纵坡距、纵坡向、平曲线要素、竖曲线半径、关键点坐标;建筑物、构筑物室内外设计标高;挡土墙、护坡或土坡等构筑物的坡顶和坡脚的设计标高;水体驳岸、岸顶、岸底标高,池底标高,水面最低、最高水位及常水位。

(4)重点地区、坡度变化复杂的地段的地形往往会附代表性剖面,并标注标高、比例尺等。

(5)坐标网格一般采用与施工放线图相同的坐标系统,间距取决于施工的需要以及图形的复杂程度。对于局部的不规则等高线,可以单独作出施工放线图,或者在竖向设计图中局部缩小网格间距,提高放线精度。竖向设计图的标注方法同施工放线图,针对地形中最高点、建筑物角点或者特殊点进行标注。

(6)地表排水方向和排水坡度。用箭头"↙↙"表示排水方向,并在箭头上标注排水坡度,对于道路或者铺装等区域除要标注排水方向和排水坡度外,还要标注坡长,一般排水坡度标注在坡度线的上方,坡长标注在坡度线的下方,如$\frac{0.3\%}{L=45.23}$表示坡长为45.23 m,坡度为0.3%。

4. 竖向设计图的阅读方法

第一,看图名、指北针、比例尺和设计说明,了解设计内容、所处方位和设计范围。

第二,看等高线及其标高的含义,参考剖面图确定全园的地形起伏变化。

第三,看各个景物上的标高,通过计算,推算出其与周边景物的高差关系,作为施工的依据。

第四,看排水方向,确定施工后的排水形式。

第五,看定位网格和坐标,确定施工放样的依据。

**(四)设施及标识系统布置图**

1. 设施及标识系统布置图的用途

设施及标识系统布置图是指在一块场地中,对各种景观设施、小品(通常包括园椅、垃圾桶、饮水机、路标和导游牌、宣传栏、雕塑)的平面布置进行定位的图纸。

2. 设施及标识系统布置图的内容

在施工总平面图的基础上,设施及标识系统布置图包括以下内容:

(1)景观设施、小品的图例。

(2)景观设施、小品的平面布置。

(3)景观设施、小品的采购、制作等问题的说明。

3. 设施及标识系统布置图的阅读方法

首先,看图名、指北针、比例尺和设计说明,了解设计内容、所处方位和设计范围。

其次,看图例,确定各种图例所代表的景观设施、小品。

再次,看景观设施、小品在平面中的位置、数量、朝向。

最后,对照说明,确定各个景观设施、小品的采购、施工措施。

**(五)种植施工图**

1.种植施工图的用途

种植施工图是确定一块场地中所有植物(乔木、灌木、地被、草本花卉、水生植物、草坪)的平面位置、数量、规格、配置形式、种植施工方法的图纸,是种植工程采购、预算、施工的依据。

2.种植施工图的内容

在施工总平面图的基础上,种植施工图包括以下内容:

(1)种植说明。

(2)图纸标注(说明各种植物的平面位置、形态、配置形式、数量)。

(3)苗木表。

(4)定位网格。

种植施工图示例见图1-44~图1-46。

3.种植施工图的阅读要点

1)种植说明

种植说明中往往罗列了施工流程、施工准备工作、苗木准备、苗木定植、养护工作、其他应说明的内容等,施工前应先进行阅读,对施工要求做到心中有数。

2)苗木表

苗木表的内容一般包括苗木的名称(中文名、拉丁名)、规格、数量与单位、形态、株行距、种植密度。

单棵种植的乔木、灌木、单生竹类、藤本,需要罗列名称、规格(高度、冠幅、胸径或地径,有时候还包括泥球径)、数量与单位、形态和出圃年龄。

成片种植的丛生竹类灌木、地被、草本花卉、水生植物、草坪,需要罗列名称、规格(高度、冠幅)、数量与单位、种植面积、种植密度。

3)定位网格

定位网格的表示方法同放样定位图,施工中借助网格定出种植点、种植边界的位置。

4)植物的表示

(1)现状植物的表示。

如果现场有保留植物,需要在施工图中明确标注,以便与设计新栽植物进行区分。应做好保留植物和新栽植物的衔接。

(2)新栽植物的表示。

植物的表示可以用不同图例进行区分和标注,也可以只使用一种图例而用文字进行标注。

如果使用不同图例进行标注,则应在图纸上对照图例表,确定图纸中每种植物的位置、种类、数量。如果使用一种图例,则直接从标注文字中可以读出植物的位置、种类和数量。

| 专业 | 实名 | 签名 | 日期 |
|---|---|---|---|
| | | | |
| | | | |
| | | | |

**种植说明**

一、苗木表中所列的规格为最低标准，进场苗木实际规格原则上不应低于该标准。但是可以根据现场的实际施工情况和所成景观的实际效果，在苗圃能提供的苗木规格的前提下，适当调整苗木规格和种植密度。调整的内容必须经甲方和设计方同意方可实施。

二、重点苗木要求树型优美，移栽时只能疏枝，不能截枝，保持应有的树冠骨架。

三、树木在进行栽植时要注意高矮搭配、疏密相间，做到自然协调。

四、某些乔木要控制分枝点（分枝点是指苗木从地面到第一分枝点的主干高度），尤其是道路的两边。花卉及某些灌木规格控制苗龄，苗龄指苗木的实际生长年龄。

五、苗木栽植的具体要求：

1.选经移栽过的苗，栽植施工厚成活率高，成型快。

2.根系发达、完整、主根短直，有较多侧根须根，起苗后大根无破裂。

3.苗干粗壮、通直（藤本除外），有一定的适合高度、不徒长。

4.主侧枝分布均匀，树冠丰满。

5.大乔木，如香樟、栾树、合欢等需带蓬种植，切忌"杀头"处理，乔木需要去顶梢的，需要保留4–5个分枝，枝长度不小于50 cm。

6.无病虫害和机械损伤。

7.特殊苗木的选择需设计人员的参与。

六、土壤要求：

1.整理地形、翻地、松土30–40 cm并根据设计要求处理地形，除去直径25 cm以上的石块、垃圾。乔木坑槽的有效土层至少为1.2 m，灌木0.8 m。

2.为让新种苗木长势更好，设计在绿地内平均加10 cm的营养土，局部乔木下要求施足基肥，切忌回填建筑渣土。种植土要根据植物对酸碱度的不同需求局部进行改良。

七、苗木栽植：

1.挖穴规格必须严格要求，种植穴直径应比苗木土球大40–100 cm，加深20–40 cm。

2.乔木坑槽的有效土层至少为100 cm，灌木为60 cm、地被为30 cm。

3.回填土应是较好的栽植土，需分层填实。

4.种植物施肥：灌木、草坪3 kg/100 m²。乔木每株30 g尿素。

5.苗木移植时应按规格要求带足泥球，尤其是在大树移植时应严格遵循有关规定操作。

6.栽植后，乔木和大灌木均应用支架加固并用草绳或麻布卷干，一次浇足水。

7.绿化种植施工完毕后，应进行日常的护养管理，锄草、修剪、病虫害防治、施肥等。

**乔灌木苗木表**

| 编号 | 植物名称 | 苗木规格（cm） | | | | 数量(株) | 备注 | 单价(元) | 总价(元) |
|---|---|---|---|---|---|---|---|---|---|
| | | 胸径 | 冠幅 | 树高 | 型号 | | | | |
| 1 | 香樟 | ф30–40 | P700–800 | H1500–1600 | 泥球径90 | 2 | 满冠 | 10000 | 20000 |
| 2 | 白玉兰 | ф25–35 | P500–600 | H1100–1200 | 泥球径80 | 1 | 满冠 | 1650 | 1650 |
| 3 | 白玉兰 | ф15–25 | P400–500 | H1000–1100 | 泥球径70 | 2 | 满冠 | 1000 | 2000 |
| 4 | 桂花 | D25–30 | P400–500 | H250–300 | 泥球径80 | 1 | 满冠 | 10000 | 10000 |
| 5 | 桂花1 | D20–25 | P200–250 | H200–250 | 泥球径60 | 2 | 满冠 | 2000 | 4000 |
| 6 | 桂花2 | D15–20 | P150–200 | H200–250 | 泥球径50 | 3 | 满冠 | 1000 | 3000 |
| 7 | 广玉兰 | ф20–25 | P250–300 | H1000–1100 | 泥球径80 | 4 | 满冠 | 1000 | 4000 |
| 8 | 广玉兰1 | ф15–20 | P200–250 | H900–1000 | 泥球径70 | 3 | 满冠 | 900 | 2700 |
| 9 | 无患子 | ф15–20 | P200–250 | H450–500 | 泥球径80 | 4 | 满冠 | 1200 | 4800 |
| 10 | 无患子1 | ф12–15 | P150–200 | H400–450 | 泥球径70 | 2 | 满冠 | 1000 | 2000 |
| 11 | 枫杨 | ф20–25 | P350–400 | H1100–1200 | 泥球径80 | 1 | 满冠 | 300 | 300 |
| 12 | 枫杨1 | ф15–20 | P300–350 | H1000–1000 | 泥球径70 | 1 | 满冠 | 160 | 160 |
| 13 | 红枫 | D13–15 | P250–300 | H225–250 | 泥球径40 | 2 | | 1300 | 2600 |
| 14 | 红枫1 | D10–13 | P200–250 | H200–225 | 泥球径30 | 3 | | 500 | 1500 |
| 15 | 樱花 | D15–20 | P250–300 | H300–350 | 泥球径50 | 3 | | 600 | 1800 |
| 16 | 樱花1 | D10–15 | P200–250 | H250–300 | 泥球径40 | 9 | | 400 | 3600 |
| 17 | 枫香 | ф20–25 | P400–450 | H200–250 | 泥球径70 | 4 | | 200 | 800 |
| 18 | 美人蕉 | D12–15 | P100–150 | H200–230 | 泥球径30 | 3 | 满冠 | 20 | 60 |
| 19 | 美人蕉1 | D10–12 | P50–100 | H50–200 | 泥球径30 | 8 | 满冠 | 15 | 120 |
| 20 | 芭蕉 | D15–20 | P200–250 | H250–280 | 泥球径40 | 3 | 满冠 | 24 | 72 |
| 21 | 银杏 | ф15–20 | P150–200 | H450–500 | 泥球径80 | 3 | 满冠 | 1500 | 4500 |
| 22 | 银杏1 | ф10–15 | P100–150 | H400–450 | 泥球径70 | 3 | | 900 | 2700 |
| 23 | 紫藤 | D20–25 | P250–300 | H280–300 | 泥球径70 | 2 | | 400 | 800 |
| 24 | 朴树 | ф20–25 | P200–250 | H700–800 | 泥球径70 | 3 | | 200 | 600 |
| 25 | 剑麻 | D5–10 | P30–50 | H50–80 | 泥球径20 | 8 | | 10 | 80 |
| 26 | 垂丝海棠 | D15–20 | P200–250 | H300–350 | 泥球径50 | 3 | | 900 | 2700 |
| 27 | 垂丝海棠1 | D10–15 | P150–200 | H200–250 | 泥球径40 | 9 | | 600 | 5400 |
| 28 | 盘槐 | ф10–15 | P250–300 | H150–200 | 泥球径50 | 2 | | 320 | 640 |
| 29 | 梅花 | D10–15 | P150–200 | H200–250 | 泥球径50 | 3 | | 250 | 750 |
| 30 | 棕榈 | ф20–25 | P150–200 | H500–600 | 泥球径50 | 5 | | 300 | 1500 |
| 31 | 女贞 | ф20–25 | P250–300 | H400–450 | 泥球径70 | 3 | | 550 | 1650 |
| 32 | 紫薇 | D8–10 | P100–120 | H150–200 | 泥球径30 | 5 | | 750 | 3750 |
| 33 | 鸡爪槭 | D15–20 | P180–200 | H180–200 | 泥球径40 | 1 | | 2500 | 2500 |
| 34 | 鸡爪槭1 | D12–15 | P150–180 | H150–180 | 泥球径30 | 3 | | 1400 | 4200 |
| 35 | 合欢 | ф15–20 | P200–250 | H350–400 | 泥球径60 | 3 | | 450 | 1350 |
| 36 | 栀子花 | D10–15 | P100–150 | H120–150 | 泥球径30 | 6 | | 20 | 120 |
| 37 | 木莲 | D20–25 | P250–300 | H450–500 | 泥球径70 | 2 | | 500 | 1000 |
| 38 | 黄山栾树 | ф20–25 | P200–250 | H400–450 | 泥球径70 | 2 | | 700 | 1400 |
| 39 | 喷雪花 | D5–10 | P100–150 | H100–150 | 泥球径30 | 3 | | 50 | 150 |
| 总价 | | | | | | | | | 106812 |

**地被草坪苗木表**

| 编号 | 植物名称 | 苗木规格（cm） | | | 数量(株) | 面积(m²) | 备注 | 单价(元) | 总价(元) |
|---|---|---|---|---|---|---|---|---|---|
| | | 胸径 | 冠幅 | 树高 | | | | | |
| 1 | 青皮竹 | D3–5 | P10–20 | H500–600 | 72 | 8 | 8–9枝/m² | 25 | 1800 |
| 2 | 南天竹 | D2–5 | P25–30 | H100–120 | 150 | 4.7 | 叉7–8枝 | 10 | 200 |
| 3 | 结香 | D2–3 | P50–60 | H120–130 | 8 | 1.6 | 3–4株/m² | 20 | 160 |
| 4 | 月季 | D2–4 | P20–30 | H90–120 | 23 | 4.5 | 5–6叉 | 14 | 322 |
| 5 | 花叶蔓长春 | | | H200–300 | 33 | 1.1 | 20–30株/m² | 5 | 165 |
| 6 | 八角金盆 | D2–3 | P50–60 | H70–90 | 27 | 5.5 | 4–6株/m² | 9 | 243 |
| 7 | 金丝桃 | D2–3 | P40–50 | H60–70 | 33 | 6.6 | 4–6株/m² | 8 | 264 |
| 8 | 小叶栀子 | | P30–50 | H30–50 | 13 | 4.3 | 2–3株/m² | 12 | 156 |
| 9 | 茶花 | D10–15 | P50–60 | H120–130 | 12 | 7.4 | 1–2株/m² | 60 | 720 |
| 10 | 桃叶珊瑚 | D2–3 | P30–40 | H80–100 | 24 | 7.3 | 3–4株/m² | 16 | 384 |
| 11 | 八仙花 | D3–5 | P50–60 | H50–60 | 17 | 4.15 | 3–4株/m² | 10 | 170 |
| 12 | 凤尾竹 | D2–3 | P20–30 | H60–70 | 20 | 2 | 9–10枝/m² | 15 | 300 |
| 13 | 蔷薇 | D3–5 | P20–30 | H100–150 | 28 | 4 | 6–7株/m² | 25 | 700 |
| 14 | 鸢尾 | | P15–20 | H5–10 | 24 | 2.4 | 9–10株/m² | 5 | 120 |
| 15 | 石蒜 | | | H20–30 | 36 | 1.3 | 20–30球/m² | 2 | 72 |
| 16 | 二月兰 | | | H30–35 | 85 | 2.3 | 30–40株/m² | 2 | 170 |
| 17 | 地被石竹 | | | H20–30 | 20 | 1.97 | 9–10株/m² | 5 | 100 |
| 18 | 香娟 | | | H30–35 | 23 | 2.3 | 9–10株/m² | 10 | 230 |
| 19 | 红花继木 | D5–10 | P40–50 | H50–60 | 24 | 12 | 1–2株/m² | 20 | 480 |
| 20 | 红花酢浆草 | | | | 160 | 1.6 | 80–100丛/m² | 0.5 | 80 |
| 21 | 麦冬 | | | | 200 | 2.5 | 40–80kg/m² | 1.2 | 240 |
| 22 | 爬山虎 | | | H200–300 | 27 | 1.5 | 16–18枝/m² | 3 | 81 |
| 23 | 吉祥草 | | | | 390 | 3.9 | 50–100kg/m² | 0.5 | 195 |
| 24 | 木槿 | D5–8 | P70–80 | H120–140 | 8 | 2.3 | 2–3株/m² | 30 | 240 |
| 25 | 棣棠 | D3–5 | P30–40 | H80–100 | 22 | 5.4 | 3–4株/m² | 40 | 880 |
| 26 | 牡丹 | D3–5 | P30–40 | H80–100 | 6 | 0.6 | 8–10株/m² | 50 | 300 |
| 27 | 红叶石楠 | D5–8 | P70–80 | H40–50 | 9 | 4.8 | 1–2株/m² | 25 | 225 |
| 28 | 铺地柏 | D5–10 | P70–80 | H40–50 | 11 | 5.1 | 1–2株/m² | 50 | 550 |
| 29 | 孝顺竹 | D2–3 | P40–50 | H100–120 | 40 | 4.2 | 8–9枝/m² | 20 | 800 |
| 30 | 紫茉莉 | | P40–50 | H20–30 | 30 | 0.2 | 60–70丛/m² | 3 | 90 |
| 31 | 一串红 | | | H20–30 | 30 | 0.2 | 50–60株/m² | 1 | 30 |
| 32 | 太阳花 | | | | 35 | 0.2 | 60–70丛/m² | 2 | 70 |
| 33 | 贴梗海棠 | D3–5 | P50–60 | H100–120 | 7 | 0.4 | 2–3株/m² | 45 | 315 |
| 34 | 云南黄馨 | D2–5 | P80–100 | H80–100 | 12 | 9.1 | 1–2株/m² | 16 | 192 |
| 35 | 大花六道木 | D2–3 | P80–100 | H100–120 | 12 | 10.6 | 1–2株/m² | 25 | 300 |
| 36 | 葱兰 | | | | 640 | 6.4 | 50–100kg/m² | 0.7 | 448 |
| 37 | 木芙蓉 | D3–5 | P80–100 | H120–150 | 20 | 7.5 | 1–2株/m² | 15 | 300 |
| 38 | 夹竹桃 | D2–5 | P80–100 | H15–200 | 55 | 19.5 | 2–3株/m² | 20 | 1100 |
| 39 | 早熟禾草 | | | | | 110 | | 5.5 | 605 |
| 40 | 火棘 | D2–4 | P80–100 | H100–120 | 10 | 5.5 | 1–2株/m² | 11 | 110 |
| 41 | 映山红 | D3–5 | P80–100 | H100–120 | 16 | 5.5 | 2–3株/m² | 20 | 320 |
| 42 | 美人茶 | D2–5 | P60–80 | H120–140 | 33 | 11 | 2–3株/m² | 70 | 2310 |
| 43 | 箬竹 | D2–3 | P50–70 | H100–120 | 16 | 5.2 | 2–3株/m² | 10 | 160 |
| 总价 | | | | | | | | | 16673 |

概算总价=土方总价+乔木总价+地被总价=13500+106812+16673=136985（元）

| 杭州万向职业技术学院<br>园艺094 | 小庭院植物种植设计<br>种植说明、苗木表 | 姓名 | | 绿施–01 |
|---|---|---|---|---|

图1-44　种植施工图示例(1)

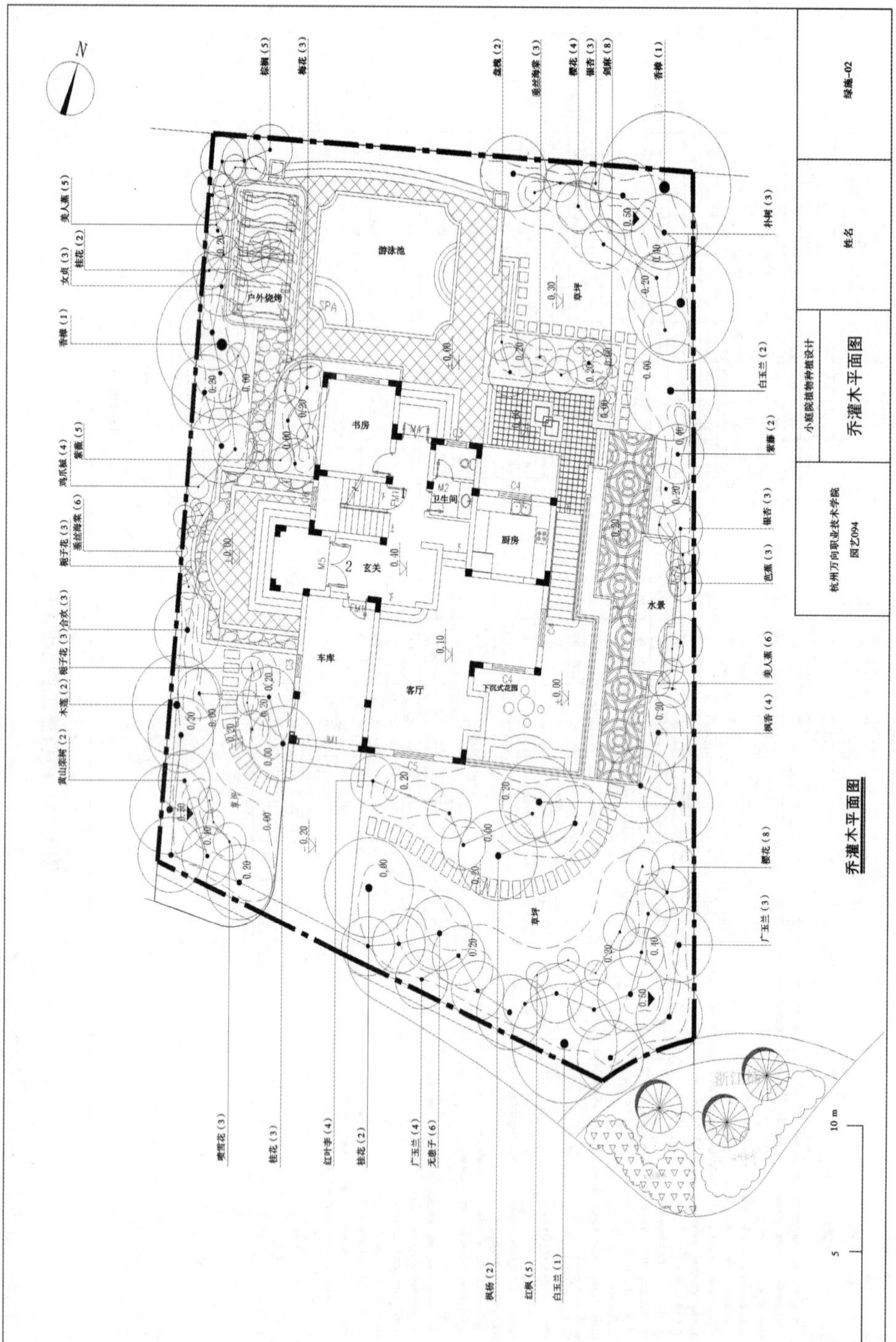


图1-45 种植施工图示例(2)

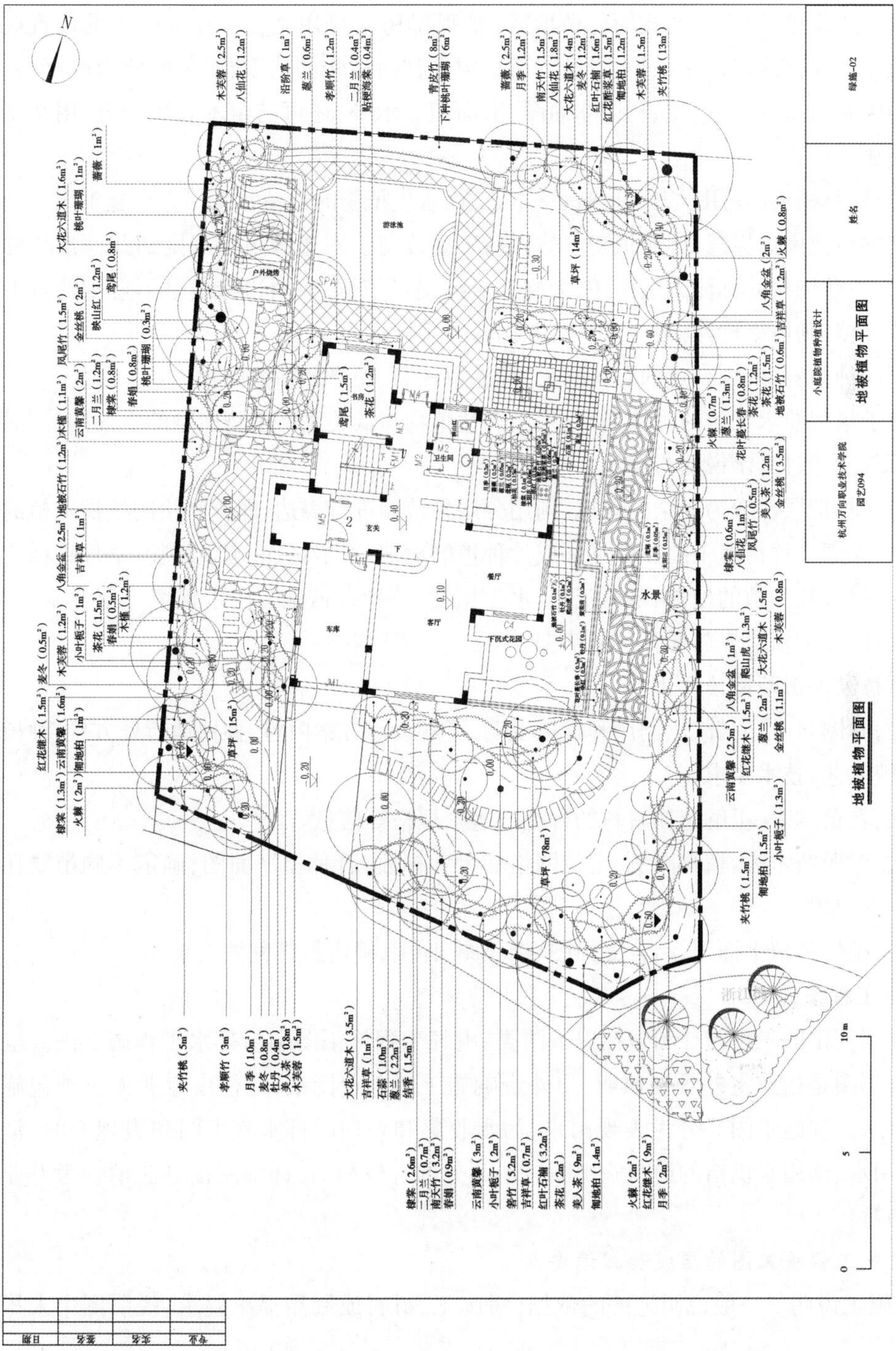

图 1-46　种植施工图示例(3)

①行列式栽植:对于行列式的种植形式(如行道树、树阵等),可用尺寸标注出株行距、始末树种植点与参照物的距离。

②自然式栽植:对于自然式的种植形式(如孤植树),可用坐标标注种植点的位置或采用种植点连线标注法标注种类、数量。孤植树往往对植物的造型、规格的要求较严格,在施工图中有清楚的表达。除利用立面图、剖面图表示外,还可与苗木表相结合,用文字来加以描述。

③片植、丛植:往往用于表达地被、草本花卉、水生植物的栽植状态。应在施工图上绘出清晰的种植范围边界线,标明植物名称、规格、密度等。对边缘线呈规则的几何形状的片状种植,往往用尺寸标注方法标注,为施工放线提供依据;而对边缘线呈不规则的自由线的片状种植,则用坐标网格进行定位,并结合文字标注。

④草皮种植:草皮用打点的方法表示,标注草坪名、规格及种植面积。

⑤对于景观要求细致的种植局部,采用表达植物高低关系和植物造型的立面图、剖面图、参考图,或通过文字说明与标注。

⑥对于种植层次较为复杂的区域,则用分层种植图进行表达,即分别绘制按棵种植的上层乔木、大灌木种植施工图和中下层成片种植的地被、草本花卉、水生植物、草坪种植施工图;中下层成片种植的地被、草本花卉、水生植物、草坪种植施工图中保留上层乔木、大灌木,作为成片种植边界放样定位的依据。

4.种植施工图的阅读方法

首先,看图名、指北针、比例尺和种植说明,了解设计方案内容、种植地所处方位、种植范围、种植工艺、技术要求。

其次,看苗木表,了解植物材料的种类、数量、规格等信息。

再次,对照苗木表、植物图例、定位网格和尺寸标注,看种植平面图,确定不同植物在平面图中的位置。

最后,根据种植平面图,结合立面图、剖面图、详图,确定最终种植效果。

**(六)工程设计图**

园林工程中的工程设计图包括以下两类:电气工程施工图和给排水工程施工图。电气工程施工图是指导室外景观照明、户外音响施工的专业图纸,往往由专业人员外包施工。给排水工程施工图又分为表现雨水、污水收集和处理的排水施工图和表现灌溉、消防、日常用水、饮用水供给的给水施工图。本部分内容较简略,详细阅读办法请参考专业规范和书籍。

1.电气工程施工图的组成和阅读要点

(1)施工说明。一般说明施工的依据,对施工、材料或制品提出要求,说明图中未尽的事宜等。

(2)照明平面图。照明平面图是电气施工的主要图纸,它主要表明电源进户线的位置、规格、穿线管径,配电盘的位置、编号,配电线路的位置、敷设方式,配电线的规格、根数、穿管管径,各种电器的位置(如灯具的位置)、种类、数量、安装方式,各开关、插销的位置,各支路的编号及要求等。

(3)供电系统图。供电系统图是根据用电量和配电方式画出的,它是表明场地内配电系统的组成及连接的示意图。从图中可以看到电源线的型号、敷设方式,全园用电的总容量,干线、支线的连接与分支情况,配电箱、开关、熔断器的型号与规格,以及配电导线的型号、截面、采用管径及敷设方式等。

(4)电气详图。一般采用标准图,主要表明线路敷设,灯具、电气安装及防雷接地,配电箱制作和安装的详细做法及要求。

图1-47为电气工程施工图示例。

2.给排水工程施工图的组成和阅读要点

给排水工程施工图一般由基本图和详图组成。基本图包括管道平面图、剖面图、系统轴测图、原理图及说明等。详图表示各局部的详细尺寸、施工要求。

给排水工程施工图表示场地的给水工程设施(如给水管网等)和排水工程设施(如排水管网等),主要包括管道总平面图、纵断面图和详图。

给排水工程施工图阅读要点如下:

(1)给排水的设备装置和管道、线路多采用国家标准规定的统一图例符号表示。因此,在阅读时,要首先熟悉常用的给排水工程施工图的图例符号所代表的内容。

(2)给排水管道布置纵横交叉,在平面图上很难表明它们的空间走向,所以常用轴测图投影的方法画出管道系统的立面布置图,用以表明各管道的空间布置状况。这种图称为管道系统轴测图,简称系统图。识读时应把系统图和平面图对照识读。

(3)给排水管道系统图的图例线条较多,识读时要根据流线图确定流动方向。

(4)在给排水工程施工图中,都不标注管线的长度。管线的长度在备料时只需用比例尺在图中近似量出,在安装时则以实测图为依据。

图1-48为给排水工程施工图示例。

## 五、学看园林施工图详图

(1)园林施工图详图的用途。园林施工图详图是园林施工总平面图中各个区域或节点的详细图纸,详细交代各个区域或节点平面、立面、剖面的定位、细部构造、尺寸、材料、做法。

(2)园林施工图详图的内容。

①景观分区平面图:各景观分区有区域性平面图,形式同施工总平面图,是施工总平面图局部的放大,详细表现局部区域内景物的内容、详细尺寸、标高、材料、详图索引、放线网格。图上有与总平面图方位一致的指北针,可选用较小的放线网格定位,放线网格可为1 m×1 m、2 m×2 m或3 m×3 m等。通过图上的详图索引,在细部详图中表现各节点的细部构造、尺寸、材料、做法。

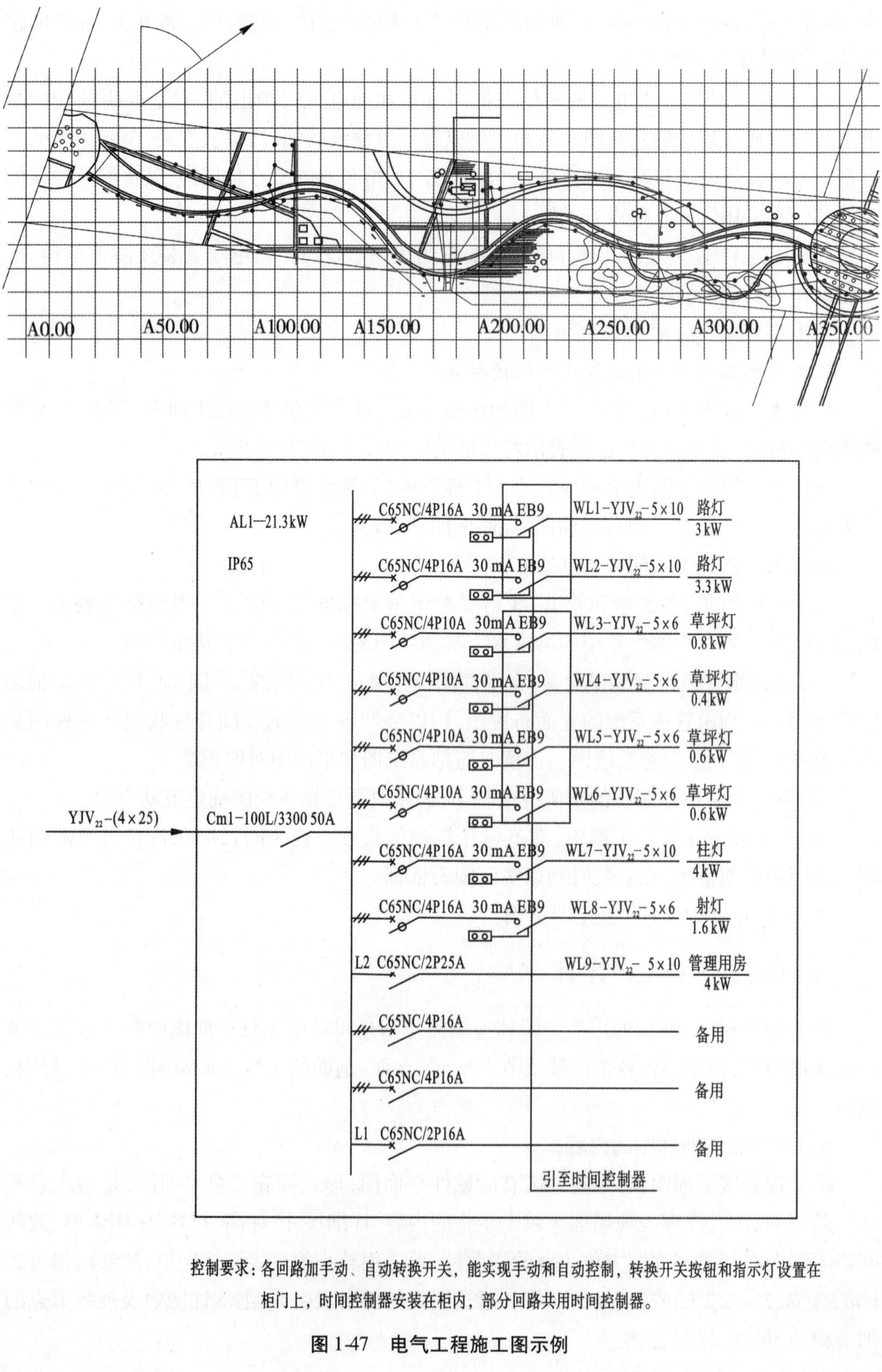


**控制要求：**各回路加手动、自动转换开关，能实现手动和自动控制，转换开关按钮和指示灯设置在柜门上，时间控制器安装在柜内，部分回路共用时间控制器。

图 1-47　电气工程施工图示例

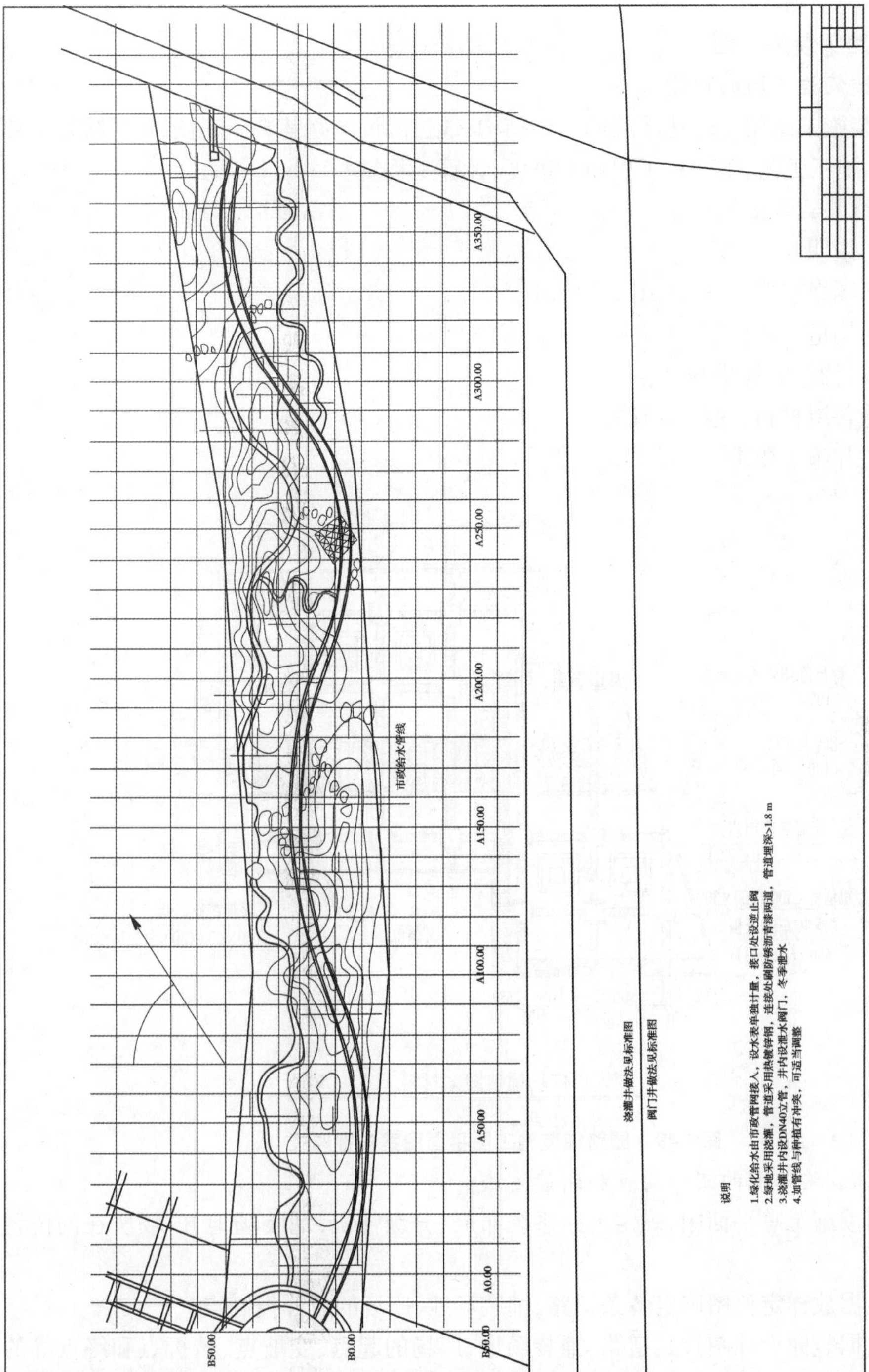


图 1-48　给排水工程施工图示例

②细部详图:包括园路铺装施工图,景墙及挡墙施工图,假山施工图,水景施工图,园林建筑、小品施工图。

**(一)园路铺装施工图**

1. 园路铺装施工图的用途

园路铺装施工图用于表达园路的面层结构,通过阅读园路铺装施工图,可以确定需要购买的材料、施工工艺、工期和工程施工进度,计算工程量。

2. 园路铺装施工图的内容

(1)施工说明。

(2)平面图案布置形式(见图1-49)。

(3)断面构造形式(见图1-50)。

(4)图案、构造的规格和尺寸。

(5)构造各层材料(见图1-51)。

(6)做法和施工要求。

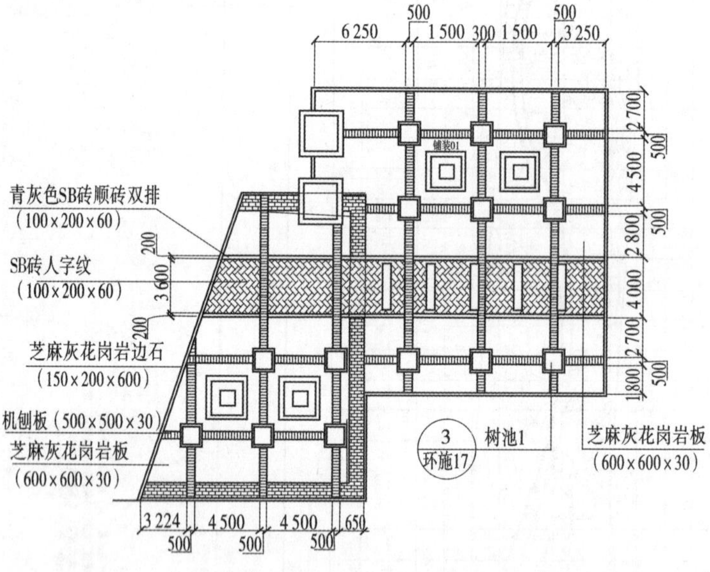


西入口广场铺装图案材料　1∶150

图1-49　园路铺装施工图平面图案布置形式

3. 园路铺装施工图的阅读要点和阅读方法

第一,阅读施工总平面图,确定道路系统布局、分级情况,铺装场地、广场所在的位置和平面形状。

第二,根据放样定位图确定各条道路、铺装场地、广场的放样控制点。

第三,根据竖向设计图找到道路、铺装场地、广场的起点、变坡点、转折点和终点等的设计标高、纵坡度、纵坡向、排水形式与方向。

第四,看园路铺装施工说明,了解施工技术要求。

第五,根据景观分区平面图找到园路铺装施工图中的平面详图,确定图案、尺寸、材

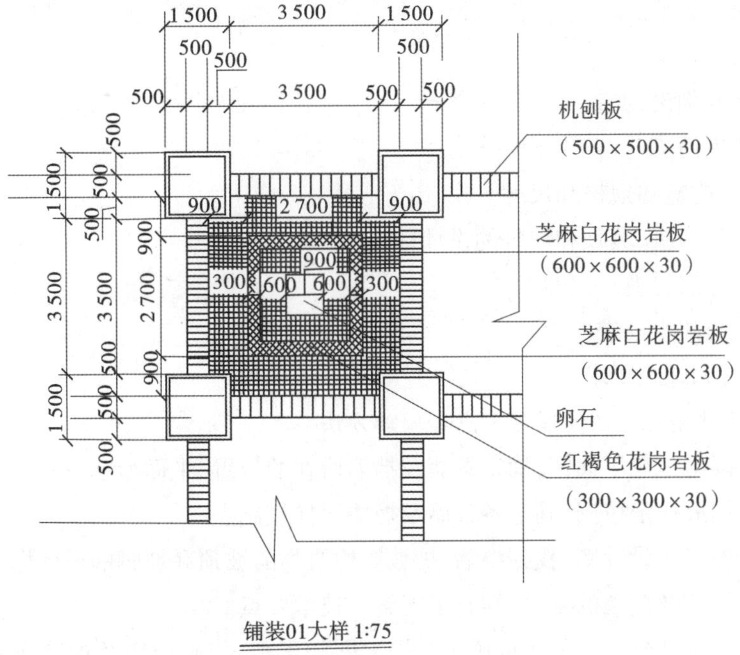


图 1-50　园路铺装施工图断面构造形式

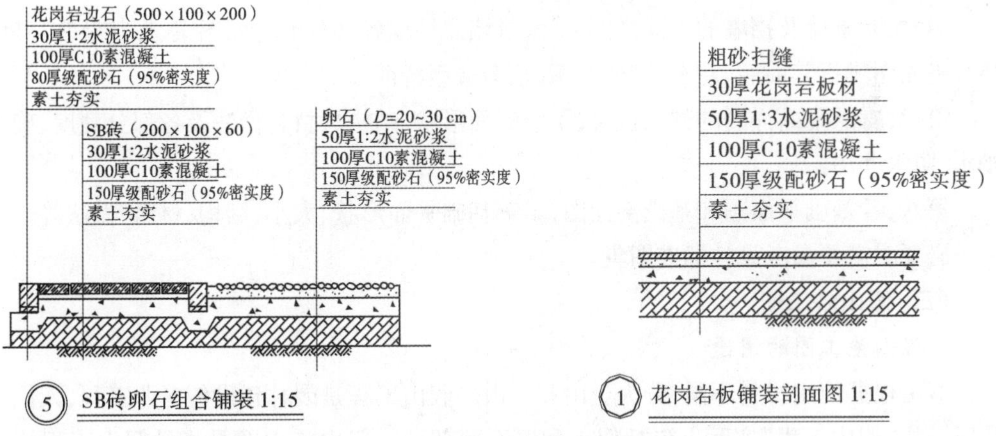


图 1-51　园路铺装施工图构造各层材料

料、规格、拼接方式。

第六，对照平面详图的剖切位置看铺装断面图，确定断面构造和构造各层材料。

## （二）景墙及挡墙施工图

### 1. 景墙及挡墙施工图的用途

景墙及挡墙施工图用于表达景墙及挡墙的荷载、平面形状、立面形式和图案、断面形式、内部构造、排水防水措施。通过阅读景墙及挡墙施工图，可以确定需要购买的材料、施工工艺、工期和工程施工进度，计算工程量。

### 2. 景墙及挡墙施工图的内容

（1）施工说明。

(2)平面布置形式。

(3)立面布置形式。

(4)断面或剖面构造。

(5)基础平面。

(6)图案、构造的规格和尺寸。

(7)墙顶和墙脚、坡顶和坡脚的设计标高。

(8)构造各层材料。

(9)排水与防水要求。

(10)做法和施工要求。

3.景墙及挡墙施工图的阅读要点和阅读方法

第一,阅读施工总平面图,确定景墙及挡墙所在的位置、平面形状。

第二,根据放样定位图,确定各景墙及挡墙放样控制点。

第三,根据竖向设计图,找到挡墙、护坡等构筑物的坡顶和坡脚的设计标高。

第四,看景墙及挡墙的施工说明,了解施工技术要点。

第五,根据景观分区平面图或施工总平面图的索引,找到挡墙及护坡施工图,看景墙及挡墙的平面详图,确定图案、尺寸、材料、规格、拼接方式。

第六,看景墙及挡墙的立面详图,了解景墙及挡墙各部分的立面图案、形状及其高度,结合平面图辨析其前后、左右、高低关系,领会造型特征。

第七,对照平面详图的剖切位置,了解断面形状、结构、材料、做法及各部分高度,确定排水、防水办法。

第八,看基础平面图和基础剖面图,了解基础平面形状、大小、结构、材料、做法等。

必要时需要参考设计标准图集。

**(三)假山施工图**

1.假山施工图的用途

假山根据使用材料不同,分为土山和石山。假山工程是园林建设的专业工程,人们通常所说的“假山工程”实际上包括假山和置石两部分。假山施工图是指导假山工程施工的技术性文件。

2.假山施工图的内容

(1)平面图:表示假山的平面布置、各部分的平面形状、周围地形和假山所在总平面图中的位置。

(2)立面图:表示山体的立面造型及主要部位高度,与平面图配合,可反映出峰、峦、洞、壑的相互位置。为了完整地表现山体各面形态,便于施工,一般应绘出前、后、左、右四个方向的立面图。

(3)剖面图:表示假山某处内部构造及结构形式、断面形状、材料、做法和施工要求。

(4)基础平面图:表示基础的平面位置及形状。

(5)基础剖面图：表示基础的构造和做法，当基础构造简单时可同假山剖面图绘制在一起或用文字说明。

假山施工图中，由于山石素材形状奇特，施工中难以完全符合设计尺寸要求，因此没有必要也不可能将各部分尺寸一一标注，一般采用坐标方格网法控制山石规格和方位。方格网的绘制，平面图以长度为横坐标，宽度为纵坐标；立面图以长度为横坐标，高度为纵坐标；剖面图以宽度为横坐标，高度为纵坐标。网格的大小根据所需精度而定，对要求精细的局部，可以用较小的网格示出。坐标网格的比例应与图中比例一致。

图 1-52 为假山施工图示例。

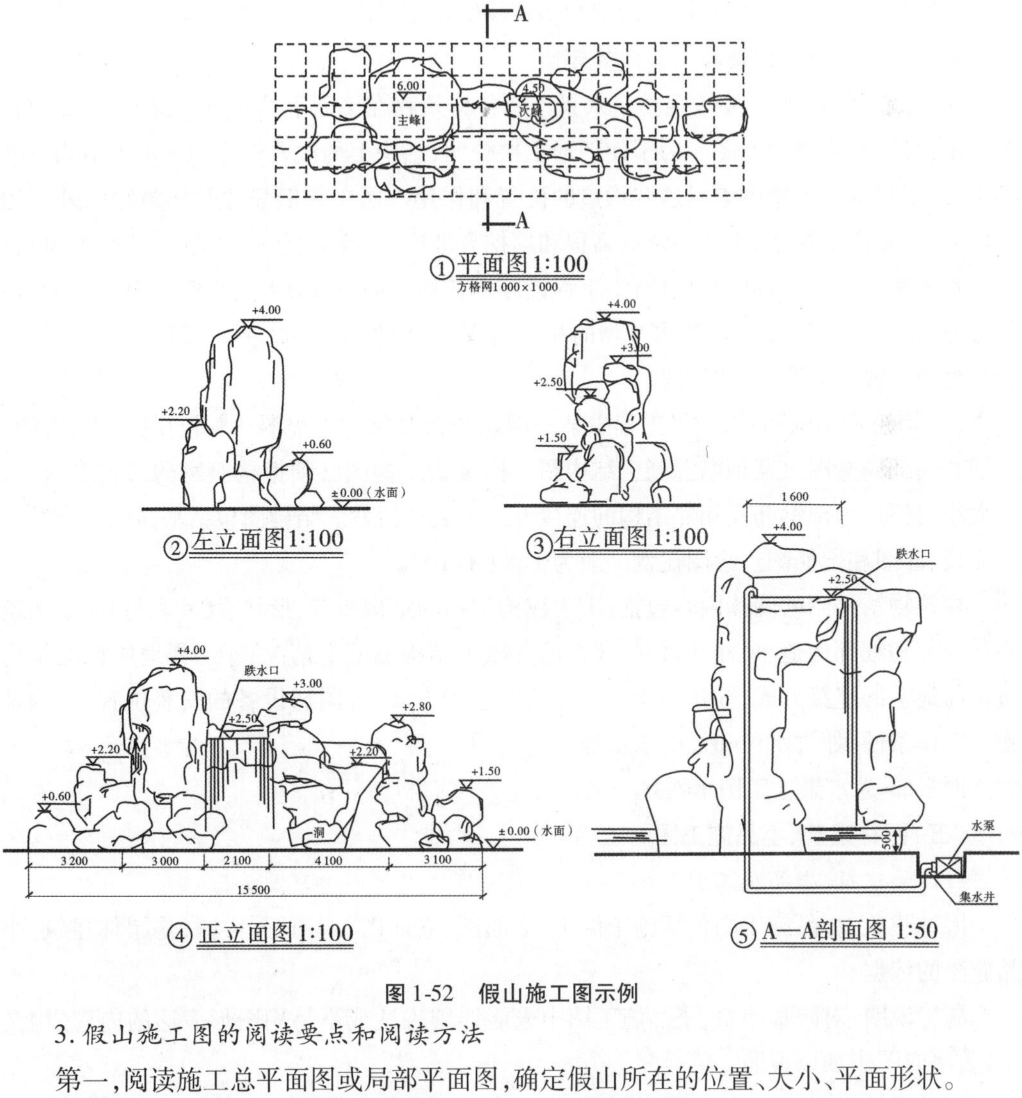


**图 1-52　假山施工图示例**

3. 假山施工图的阅读要点和阅读方法

第一，阅读施工总平面图或局部平面图，确定假山所在的位置、大小、平面形状。

第二，看施工说明，了解假山具体的工程材料和技术要求。

第三，看平面图，根据定位网格，确定假山具体的平面形状、大小和不同石块的标高。

第四，看立面图，从立面图中了解山体各部分的立面形状及其高度，结合平面图辨析其前后层次及布局特点,领会造型特征。

第五,看剖面图,对照平面图的剖切位置、定位网格,了解断面形状、结构、材料、做法及各部分高度。

第六,看基础平面图和基础剖面图,了解基础平面形状、大小、结构、材料、做法等。

**(四)水景施工图**

1. 水景施工图的用途

水景施工图主要表现各种水景工程的施工方法。

2. 水景施工图的内容

水景施工图主要包括水体平面图和构筑物结构图。

3. 水景施工图的阅读要点和阅读方法

(1)水体平面图:主要表现整个水景工程各构筑物在平面上的布置情况,以平面布置图为主,必要时配置立面图。为了使图形主次分明,结构上的次要轮廓和细部构造均省略不画,或用图例或示意图表示这些构造的位置和作用。图中一般只注写构筑物的外形轮廓尺寸、主要定位尺寸、主要部位的高程和填挖方坡度。绘图比例一般为1:200~1:500。

水体平面图的阅读内容包括:①工程设施所在地区的地形现状、河流及流向、水面、地理方位(指北针)等;②工程各构筑物的相互位置、主要外形尺寸、主要高程;③工程构筑物与地面交线、填挖方的边坡线。

(2)构筑物结构图:以水景工程中某一构筑物为对象的工程图。其包括结构布置图,分部和细部构造图以及钢筋混凝土结构图。构筑物结构图必须把构筑物的结构形状、尺寸大小、材料、内部钢筋及相邻结构的连接方式等表达清楚。结构图包括平面图、立面图、剖面图、详图和配筋图。绘图比例一般为1:5~1:100。

构筑物结构图的阅读内容包括:①工程构筑物的结构布置、形状、尺寸和材料;②构筑物各分部和细部构造、尺寸和材料;③钢筋混凝土结构的配筋情况;④工程地质情况及构筑物与地基的连接方式;⑤相邻构筑物之间的连接方式;⑥附属设备的安装位置;⑦构筑物的工作条件,如常水位和最高水位等。

图1-53为水景施工图示例。

**(五)园林建筑、小品施工图**

1. 园林建筑、小品施工图用途

园林建筑、小品施工图包括施工说明、平面图、立面图、剖面图、详图,是园林建筑、小品施工的依据。

施工说明:对园林建筑、小品施工图中未能详细表达或不易用图形表达的内容,用文字、数字或图表加以说明。

园林建筑、小品平面图:是理解相应剖面和立面的基础。园林建筑、小品平面图主要表现园林建筑、小品整体的平面形状,内部布置、门窗开设及坐落朝向。它是施工过程中定位放线、砌筑墙体、安装门窗以及进行内部装饰及预算编制的重要依据,也是进行结构

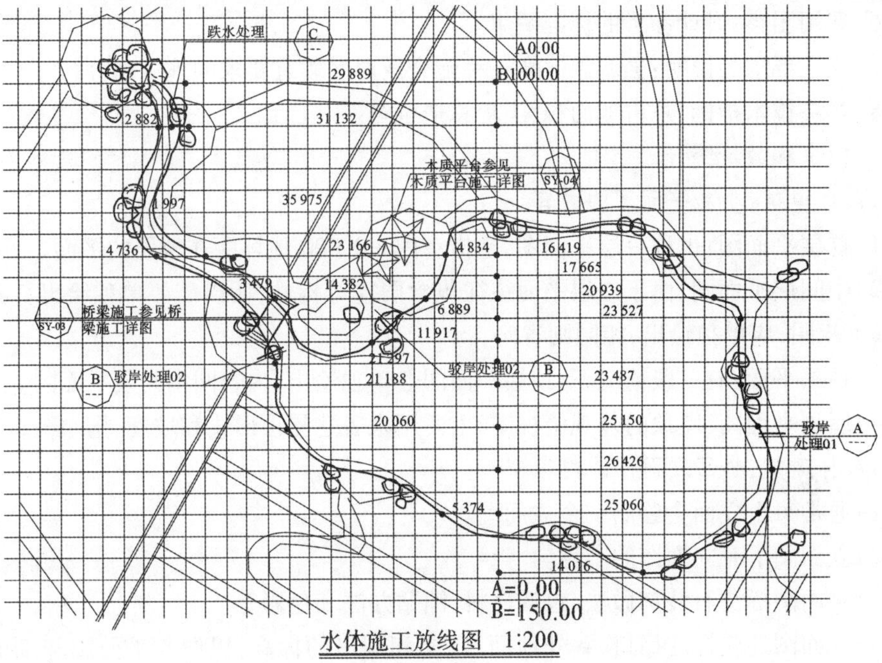


图1-53 水景施工图示例

和设备专业设计的依据，是施工过程中经常用到的图纸之一。

园林建筑、小品立面图：主要用于表示园林建筑、小品的体型和外观形象、装饰做法及有关尺寸，是园林建筑、小品立面各个构成元素的展示平台。

园林建筑、小品剖面图：对施工有重要参考意义。剖面图与平面图配合，可以在立体的层面上把园林建筑、小品的整个空间清晰地展现出来。剖面图主要表示园林建筑、小品的内部结构、分层情况、竖向交通系统、各层高度、总高度及室内外高差以及在垂直方向上的相互关系等内容。在施工中，它可作为高程控制、砌筑内墙、铺设楼板、楼梯台阶施工、屋顶施工、内部装修等工作的依据。

园林建筑、小品详图：也叫大样图或节点图，可以将平面图、立面图、剖面图中没有表达清楚的细部构造、尺寸、材料、做法表示清楚。

2. 园林建筑、小品施工图的内容

1）施工说明的内容

（1）工程概述。

（2）设计依据：各种标准、规范及甲方提供的有关设计数据等。

（3）材料及设备选型的要求：对各部分材料的材质要求及建议；一般说明的材料包括饰面材料、木材、钢材、防水疏水材料、铺装材料等。

（4）标高及标注单位：应说明图纸文件中采用的标注单位，采用的是相对坐标还是绝对坐标，如为相对坐标，须说明采用的依据及其与绝对坐标的关系。

（5）设计及特殊构造处理的说明。

(6)选用图集:设计参考的标准图集。

(7)施工要求的说明:强调需注意工种配合及对气候有要求的施工部分。

(8)经济技术指标:总占地面积、工程总造价等。

(9)门窗和数量统计。

2)园林建筑、小品平面图的内容

(1)首层平面图:也称一层平面图,是指室内±0.000地坪所在楼层的平面。

(2)中间层平面图:由于二层平面往往包含雨篷等构件,所以需要单独绘出。其他各层如果不相同,应单独绘出,相同则省略。

(3)顶层平面图:一般情况下,顶层平面图会单独绘出,内容同中间层平面图。

(4)屋顶平面图:屋顶的外观俯视图,主要用来表达屋顶形式和坡度、排水组织等。

3)园林建筑、小品立面图的内容

(1)通常每个立面会绘制一个立面图。

(2)立面图下有立面图的名称。

(3)立面图标注有装饰做法,包括材料、铺贴办法和色彩等。

(4)立面图还应标注檐口、室外地面、门窗和洞口的标高,以便与平面图和剖面图对应阅读。

4)园林建筑、小品剖面图的内容

(1)剖切位置和剖切方向:往往选择竖向较复杂的部位进行剖切。

(2)剖面的数量:能够完整准确地反映建筑竖向的变化,数量根据复杂程度确定。

5)园林建筑、小品详图的内容

通常包括外墙剖面、基础、地面、台阶、檐口、屋面、楼梯、细部装饰等。

3. 园林建筑、小品施工图的阅读方法

1)施工说明的阅读

直接阅读说明文字即可。

2)园林建筑、小品平面图的阅读

首先,要观察园林建筑、小品的整体布局和各个部位的平面控制尺寸,从首层平面图入手,建立一个比较清晰的轮廓概念,进一步观察其他各层与首层的共同之处和不同之处,必要时可以在图纸上做出相应的标记。

其次,观察平面布局和细部尺寸、交通系统组织、门窗设置。

再次,观察标高,是否存在同一层的楼地面高程不同的问题,并把平面图上的标高与剖面图相应的位置进行比较。

最后,台阶、坡道等采用标准图集推荐的做法时,往往把这些部位的构造做法在首层平面图中进行标注,而不另外绘制详图。当发现首层平面图中没有标注时,应及时查阅有关详图是否作了说明,若无说明,应当联系设计单位补充设计。

3)园林建筑、小品立面图的阅读

首先,通过观察园林建筑、小品的各个立面,建立对园林建筑、小品整体形象的基本概念，这一点在整个施工过程中十分重要。

其次，认真和仔细地了解园林建筑、小品立面细部的凸凹变化，表面装饰材料的种类、规格和色彩，在选材时应当充分听取设计者的意见并要得到业主乃至规划部门的认可。

再次，配合剖面图，仔细观察立面图中标注的有关门窗洞口及其他部位的标高，进一步了解整个园林建筑、小品的空间构成。

最后，如果园林建筑、小品立面比较复杂，应当详细地掌握有关细部装饰构件的具体情况，配合园林建筑、小品详图作出准确的判断和理解，发现不明确的地方，应当及时向设计者咨询。

4）园林建筑、小品剖面图的阅读

首先，在了解园林建筑、小品平面图的基础上，通过观察剖面图，准确地建立整个园林建筑、小品的空间概念。施工的过程实际上就是把图纸上的平面描述用不同的园林建筑、小品材料和构件，通过合理的施工手段，变成立体的，具有优良实用价值、良好的物理性、可靠的安全性和美学价值的园林建筑、小品实物。

其次，要配合平面图和立面图对园林建筑、小品的一些特殊部位进行认真细致的观察和理解，这些部位主要有屋檐、屋顶、台阶、地面等。充分地了解这些部位的空间变化，就能够在施工过程中给以足够的重视，避免出现偏差。

需要注意的是，在同一部位，园林建筑、小品图上标注的高程与结构图上标注的高程是不同的，即所谓的园林建筑标高和结构标高之差。由于园林建筑、小品的完成面需要在构件的表面来完成，因此园林建筑标高和结构标高之间的差值就是该部位装饰面层的构造厚度。由于园林建筑内部不同的部位采用的装饰材料种类较多，其构造厚度也不一样，因此一定要认真和准确地识读各个部位的面层构造做法及需要的尺寸，并认真地进行核对。

5）园林建筑、小品详图的阅读

首先，应当在充分了解园林建筑、小品的平、立、剖面图的基础上，准确地认清有关详图的出处，看设计者提供的详图是否完整，是否能够满足施工的深度要求。

其次，仔细地观察所有的详图，看内容是否清晰和明确，所提供的构造做法是否合理和可行，有关细部尺寸与空间尺寸是否相互适应。

如果采用标准图集提供的通用做法来作为园林建筑、小品细部施工的依据，要认真阅读有关标准图集的图形和文字说明。在一般情况下，标准图集为了突出通用性，往往会在某些部位作出合理范围的界定（如平屋顶屋面排水坡度为3%～5%），或只是标出有关构造层次的功能（如保温层），在具体设计时，对这些问题应当给出唯一和确定的答案，不能含糊其词。

图1-54、图1-55为园林建筑小品施工图示例。

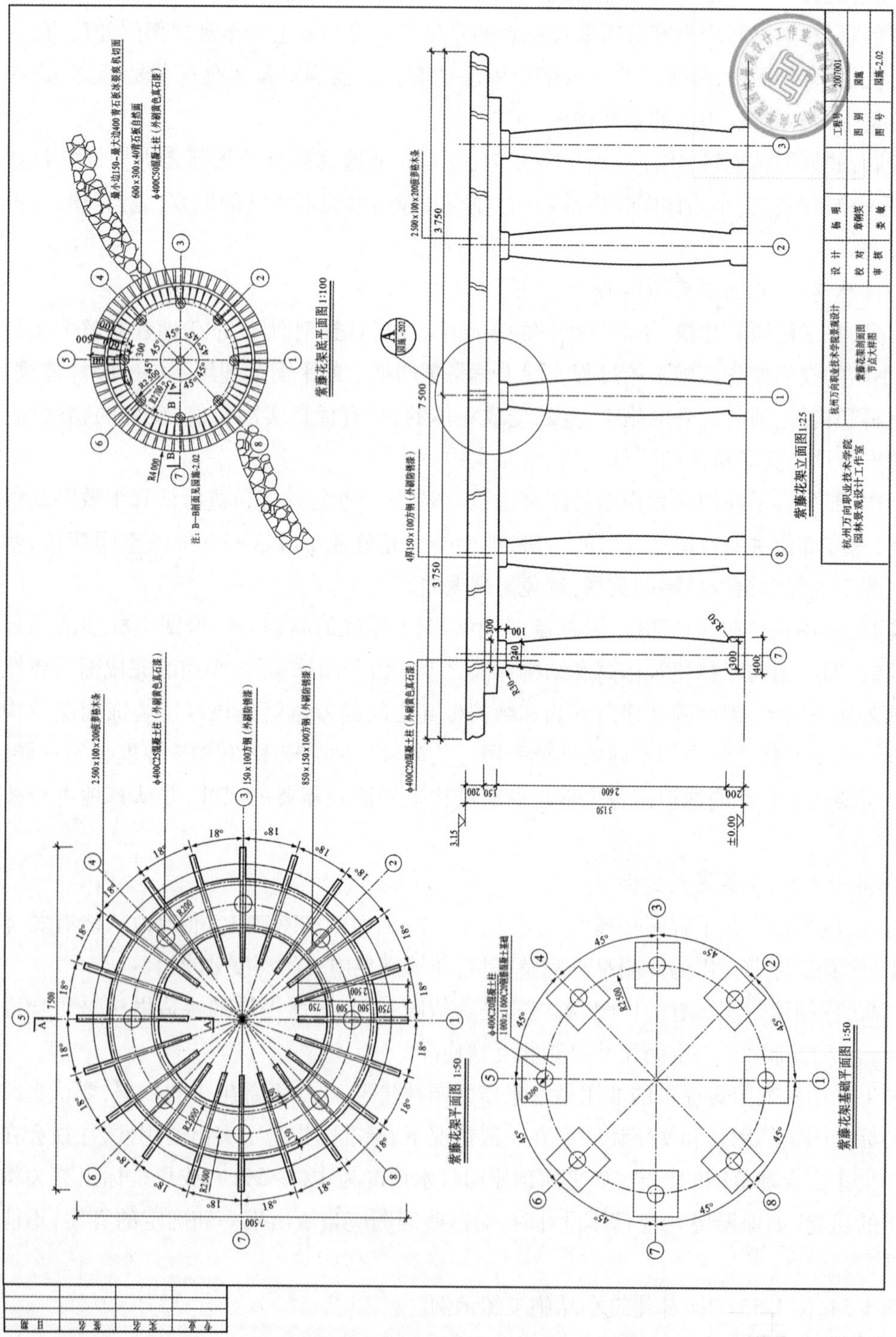


图 1-54　园林建筑、小品施工图示例(1)

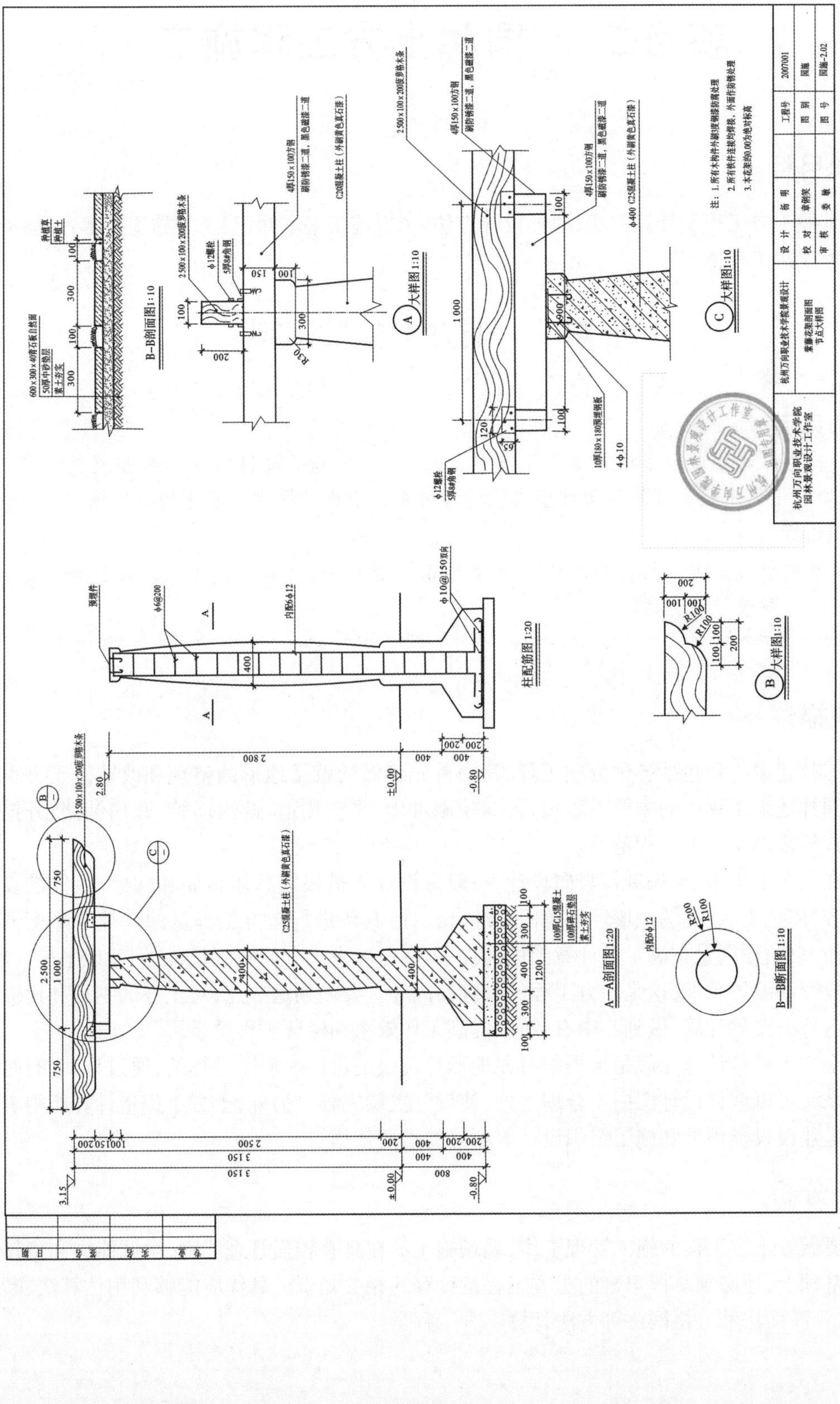


图1-55　园林建筑、小品施工图示例(2)

# 项目二　园林土方工程施工

## 教学目标

掌握土方工程量计算方法、地形设计方法、土方施工基本知识、土方施工技术，能够指导地形改造工程施工。

## 任务一　土方工程量计算

**能力目标**

能够根据不同地形计算土方工程量，为土方工程施工提供技术和数据支持。同时，通过土方工程量计算为园林竖向设计和地形改造设计提供方案比较的依据。

**知识目标**

掌握计算土方工程量的估算法、断面法和方格网法，并能针对不同地形选择合适的土方工程量计算方法。

### 任务描述

园林建设工程包括各种分项工程，其中首先要做的就是地形的整理和改造。土方工程是园林建设工程中的主要工程项目，如挖湖堆山、平整场地、挖沟埋管、开槽铺路、开挖种植穴等都属于土方工程范畴。

在土方工程中，首先进行竖向设计，一般由设计人员根据总体布局和构思、具体的设计内容、用地现状、现场土壤性质等因素综合设计；其次进行土方工程量的计算与平衡调配工作，总的原则是在满足设计意图的前提下，尽量减少土方的施工量，做到就地平衡，以节约投资和缩短工期，这是土方工程的关键性问题。要做到这一点，对土方的挖填和运输都应进行必要的计算，做到心中有数，以提高工作效率和保证工程质量。

土方工程量计算一般是根据附有原地形等高线的设计地形图进行的，通过计算，有时反过来又可以修订设计图中不合理之处，使设计更臻完善。另外，土方工程量计算所得资料又是建设投资预算和施工组织设计等项目的重要依据。

### 任务分析

要做好土方工程的施工管理工作，现场施工员在具有较强管理能力、协调能力和责任心的基础上，还必须掌握丰富的土方工程量计算的相关知识。具体应能够利用估算法、断面法、等高面法和方格网法等方法计算土方工程量。

## 任务咨询

土方工程量的计算工作，按其要求精度不同，可分为估算和计算两种。估算一般用于规划阶段，而施工设计时，土方工程量则必须精确计算。计算土方工程量的方法很多，常用的方法有估算法、断面法和方格网法。

### 一、估算法

原地形和设计地形经常会出现一些类似几何体的地形单体，如类似锥体的山丘，类似棱台的池塘等。可采用相近的几何体体积公式计算这些地形单体的体积来得到土方工程量（见图2-1、表2-1）。这种方法简易便捷，但精度不够，一般多用于规划阶段。

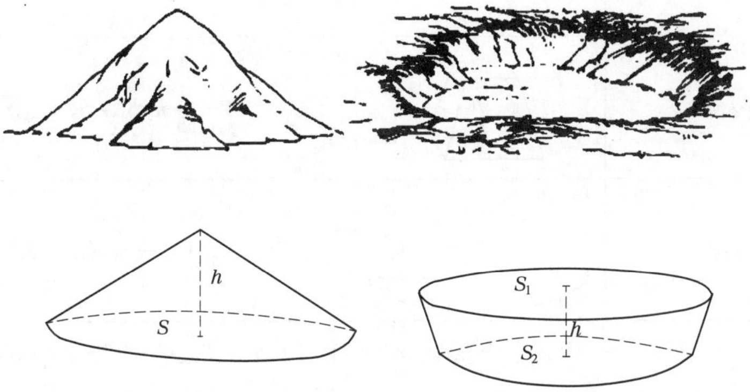


(a)　(b)

**图2-1　估算法示意图**

### 二、断面法

以若干相互平行的截面将拟计算的土体截成若干段，分别计算每段的体积，然后将各段体积累加，即可求得该土体的总土方工程量。其计算公式如下：

$$V = \frac{1}{2}(S_1 + S_2)L$$

式中　$S_1$，$S_2$——断面面积，$m^2$；

$L$——相邻两断面间的距离，m。

此法的计算精度取决于截取断面数量的多少，多则精，少则粗。

根据所取断面方向的不同可分为垂直断面法、水平断面法（等高面法）。

**（一）垂直断面法**

垂直断面法适用于带状土体的土方工程量计算，如带状山体、沟渠、路槽等。

当$S_1$和$S_2$的面积相差较大或两断面间距大于50 m时，计算结果的误差较大。遇到这种情况时，改用下面的计算公式：

$$V = \frac{L}{6}(S_1 + S_2 + 4S_0)$$

**表 2-1 用体积公式估算土方工程量**

| 序号 | 几何体名称 | 几何体形状 | 体积公式 |
|---|---|---|---|
| 1 | 圆锥 | 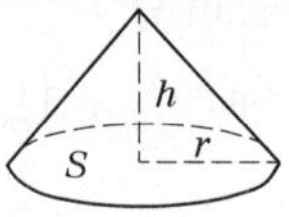 | $V=\frac{1}{3}\pi r^2 h$ |
| 2 | 圆台 | 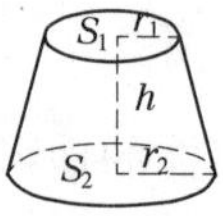 | $V=\frac{1}{3}\pi h(r_1^2+r_2^2+r_1r_2)$ |
| 3 | 棱锥 | 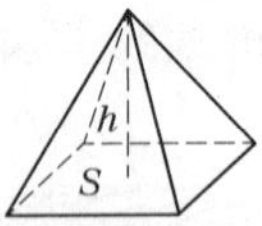 | $V=\frac{1}{3}Sh$ |
| 4 | 棱台 | 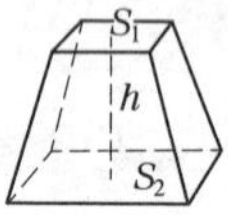 | $V=\frac{1}{3}h(S_1+S_2+\sqrt{S_1S_2})$ |
| 5 | 球缺 | 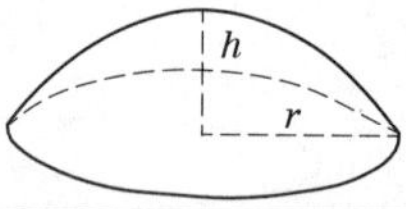 | $V=\frac{1}{6}\pi h(h^2+3r^2)$ |

注：$V$——体积；$r$——半径；$S$——底面积；$h$——高；$r_1$，$r_2$——上、下底半径；$S_1$，$S_2$——上、下底面积。

式中 $S_0$——中间断面面积，$m^2$。

$S_0$有以下两种求法。

(1)用棱台中截面面积计算公式：

$$S_0=\frac{1}{4}(S_1+S_2+2\sqrt{S_1S_2})$$

(2)用 $S_1$及 $S_2$各相应边的算术平均值求 $S_0$。

**(二)水平断面法(等高面法)**

该法沿等高线取断面，等高距就是相邻断面的高。该法适合大面积自然山水地形的土方工程量计算，或在局部平整场地时使用。

其土方工程量计算公式如下：

$$V=\frac{S_1+S_2}{2}\times h+\frac{S_2+S_3}{2}\times h+\cdots+\frac{S_{n-1}+S_n}{2}\times h+\frac{S_n\times h}{3}$$

$$=(\frac{S_1+S_n}{2}+S_2+\cdots+S_{n-1})\times h+\frac{S_n\times h}{3}$$

式中 $V$——土方体积，$m^3$；

$S_1,S_2,\cdots,S_n$——断面面积，$m^2$；

$h$——等高距，m。

用断面法求土方体积，比较烦琐的工作是断面面积的计算。断面面积的计算可用求积仪法、CAD 法、方格网法等。

计算过程中，最好采用列表汇总的方法把计算结果随时记载下来，以免遗漏和重复，也便于检查、校核和汇总。计算汇总表的格式见表2-2。

表2-2　断面法土方计算汇总表

| 断面编号 | 填方面积($m^2$) | 挖方面积($m^2$) | 断面间距 | 平均面积($m^2$) | | 土方体积($m^3$) | |
|---|---|---|---|---|---|---|---|
| | | | | 填方 | 挖方 | 填方 | 挖方 |
| | | | | | | | |
| | | | | | | | |
| | | | | | | | |
| 合计 | | | | | | | |

## 三、方格网法

方格网法的工作程序如下。

### （一）划分方格网

在附有等高线的施工现场地形图上作方格网以控制施工场地，并对角点进行编号，方向可取正南北方向或根据场地具体情况而定。方格边长取决于所要求的计算精度和地形变化的复杂程度，园林工程中一般用10～40 m。

### （二）确定各角点的原地形高程

在地形图上用插入法求出各角点的原地形高程，或把方格网各角点测设到地面上，然后测出高程，记录在图上。

用插入法求高程的方法如下：

设$H_x$为欲求角点的原地面高程，过此点作相邻两等高线间最小水平距离$L$，则：

$$H_x = H_a \pm \frac{xh}{L}$$

式中　$H_a$——低边等高线的高程；

$x$——角点至低边等高线的距离；

$h$——等高距。

用插入法求某点地面高程通常有3种情况（见图2-2）。

（1）待求点标高$H_x$在两等高线之间。

$$h_x : h = x : L \qquad H_x = \frac{xh}{L} \qquad H_x = H_a + \frac{xh}{L}$$

（2）待求点标高$H_x$在低边等高线的下方。

$$h_x : h = x : L \qquad H_x = \frac{xh}{L} \qquad H_x = H_a - \frac{xh}{L}$$

（3）待求点标高$H_x$在高边等高线的上方。

$$h_x : h = x : L \qquad H_x = \frac{xh}{L} \qquad H_x = H_a + \frac{xh}{L}$$

### （三）确定各角点的设计高程

依设计意图（如场地与周围环境的高程关系、场地的景观与功能要求、场地的坡向、

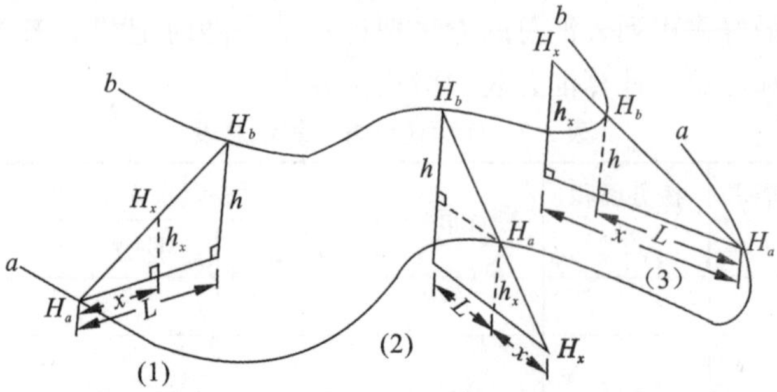


图 2-2　用插入法求某点高程示意图

坡度值等)确定各角点的设计高程,或通过设计等高线用插入法求出各角点的设计高程。

如要求土方就地平衡,则可通过平整标高反推出设计高程。设计中,可取原地面高程的平均值作为平整标高。平整标高的含义就是,在保证土方就地平衡的条件下,将一块高低不平的地面挖高、垫低,使地面水平,这个水平地面的高程就是平整标高。它是根据平整前和平整后土方量相等的原理求出的。当平整标高求得后,再通过地形设计坡度算出各角点的设计高程。

**(四)求施工标高**

计算公式为

$$施工标高 = 原地形高程 - 设计高程$$

计算结果正者为挖方,负者为填方。

**(五)求零点线**

零点是指不挖不填的点,零点的连线即为零点线,它是填方与挖方的界定线。识别是否有零点存在,只要看一下方格内是否同时存在填方和挖方即可,如果同时存在,则说明一定有零点。为此,应将此方格的零点求出,并标于方格网上,再将零点相连,即可分出填方、挖方区域。

零点可通过下式求得:

$$x = \frac{h_1}{h_1 + h_2} \times a$$

式中　$x$——零点距 $h_1$ 一端角点的水平距离,m;

$h_1, h_2$——方格相邻两角点的施工标高绝对值,m;

$a$——方格边长,m。

**(六)土方计算**

根据零点线可计算填方、挖方的面积,而施工标高又为计算提供了挖方和填方的高度。依据这些条件,便可选择适当的公式逐一求出各方格内挖方或填方的工程量。

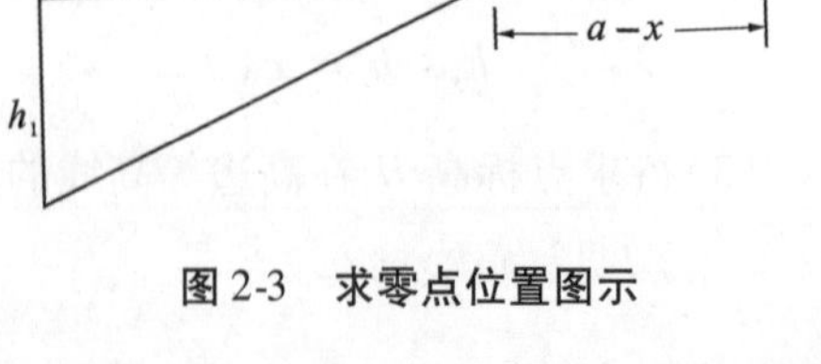


图 2-3　求零点位置图示

## 四、土方平衡与调配

土方平衡与调配是指在计算出土方的施工标高、填方区和挖方区的面积及其土方量的基础上,划分出土方调配区,计算各调配区的土方量、土方的平均运距,确定土方的最优调配方案,给出土方调配图。

**(一)土方平衡**

土方平衡就是要使挖方量和填方量基本相等。土方平衡的关键是:在保证完全体现设计意图的同时,尽可能减少土方施工量和不必要的搬运量。

土方平衡的方法很简单,就是将已经求出的挖方总量和填方总量相互比较,若两者相近,则可认为达到了土方平衡的要求;若两者差距太大,则是土方不平衡,应当调整地形设计,或进土,或出土。

**(二)土方调配**

土方调配的原则是:就近挖方,就近填方,使土方转运距离最短。在进行土方调配时,一个区域挖出的土,优先调运到与其距离最近的填方区;近处填满后,余下的土方才向稍远的填方区倒运。

## 任务实施

如图 2-4 所示,某公园为了满足游人游园活动的需要,拟将一块地平整为三坡向两面坡的"T"字形广场,要求广场具有 1.5% 的纵坡和 2% 的横坡,土方就地平衡,试求其设计高程,计算其土方工程量并进行土方平衡与调配。

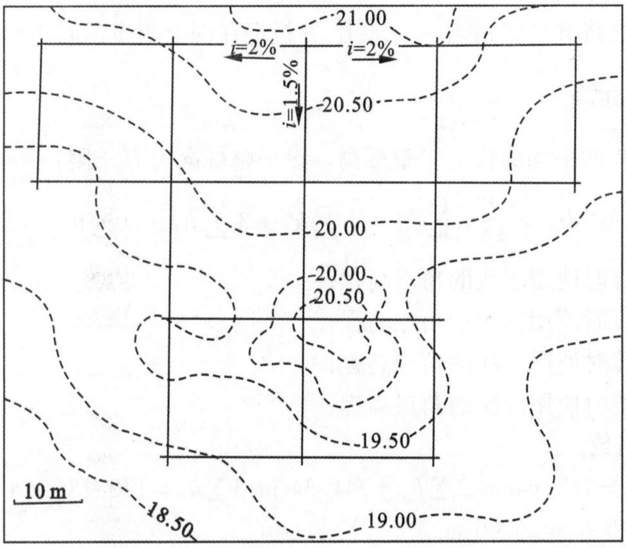


**图 2-4　某公园"T"字形广场的方格网**

### 一、划分方格网

按正南北方向划分边长为 20 m 的方格网,将角点编号为 1-1、1-2、2-2 等,并将编号写在角点的左下角(见图 2-5)。

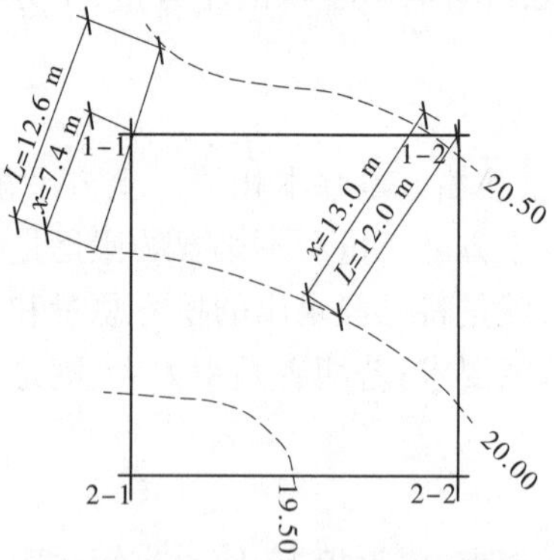


图 2-5　求角点 1 - 1 原地形高程示意图

## 二、确定各角点的原地形高程

用插入法求角点 1 - 1 的原地形高程：如图 2-5 所示，过角点 1 - 1 作相邻两等高线间距离最短的线段 $L$。用三棱比例尺量得 $L=12.6$ m，$x=7.4$ m，等高距 $h=0.5$ m，代入插入法求高程公式，得

$$H_x = 20.00 + \frac{7.4 \times 0.5}{12.6} = 20.29(\mathrm{m})$$

用同样的方法将其余各角点一一求出，并标记在图上角点的右下角。

## 三、求平整标高

取原地面高程的平均值作为平整标高。设平整标高为 $H_0$，则：

$$H_0 = \frac{1}{4N}(\sum h_1 + 2\sum h_2 + 3\sum h_3 + 4\sum h_4)$$

式中　$h_1$——计算时使用一次的角点高程；

$h_2$——计算时使用二次的角点高程；

$h_3$——计算时使用三次的角点高程；

$h_4$——计算时使用四次的角点高程；

$N$——方格数。

经运算：$\sum h_1 = 117.64$ m，$2\sum h_2 = 241.34$ m，$3\sum h_3 = 120.18$ m，$4\sum h_4 = 162.84$ m，$N=8$，代入上式，得 $H_0 \approx 20.06$ m。

## 四、确定各角点的设计高程

将图 2-4 所示广场按所给条件画成立体图，如图 2-6 所示。

图 2-6 中角点 1 - 3 最高，设其设计高程为 $x$，则依据给定的坡向、坡度和方格边长，可以算出其他各角点的假定设计高程。以角点 1 - 2 为例，角点 1 - 2 在角点 1 - 3 的下坡，水平距离 $L=20$ m，设计坡度 $i=2\%$，则根据坡度公式（$i=h/L$），角点 1 - 2 的高差 $h=iL=0.02\times20=0.4$(m)。所以，角点 1 - 2 的假定设计高程为($x-0.4$)m。

在纵向方向的角点 2 - 3，因其设计坡度为 1.5%，所以该点比角点 1 - 3 低 0.3 m，其

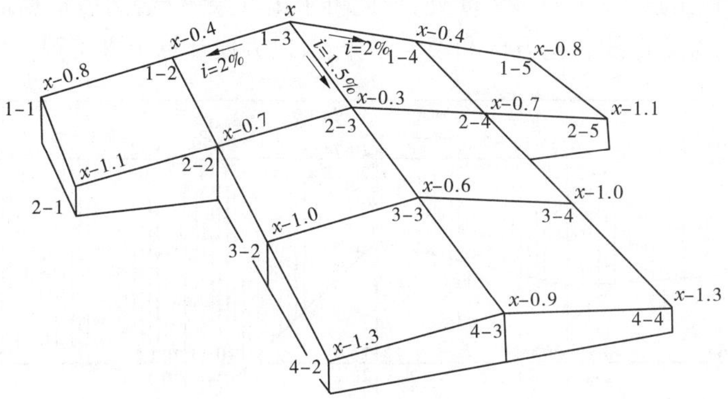


图 2-6　广场立体图

假定设计高程则为$(x-0.3)$m。依此类推，可将其余各角点的假定设计高程用$(x-高差)$表示，将这些角点的假定设计高程代入求$H_0$的公式，得$H_0=x-0.675$。

前面已求得$H_0\approx20.06$ m，代入上式，$20.06=x-0.675$，得$x\approx20.74$ m。

求出了角点 1－3 的设计高程，方格网上其余角点的设计高程也可求得了，将结果标记在图上角点的右上角（见图 2-7）。

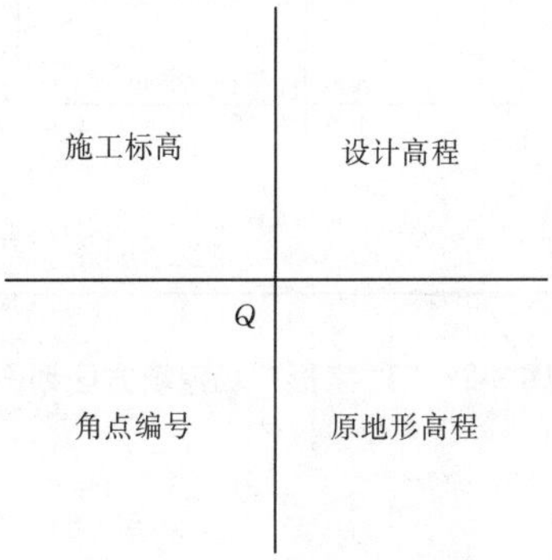


图 2-7　方格网标注位置

## 五、求施工标高

施工标高＝原地形高程－设计高程。将计算所得结果标记在图上角点的左上角（见图 2-7），得数为正时，标“＋”，表示该角点需要挖方；得数为负时，标“－”，表示该角点需要填方。

## 六、求零点线

在相邻两角点中，如施工标高一个为正数，一个为负数，则它们之间必有零点存在。

以方格Ⅰ的角点 1－1 和 2－1 为例，求其零点，角点 1－1 的施工标高为＋0.35 m，角点 2－1 的施工标高为－0.27 m，取绝对值代入求零点公式，即：

$$h_1=0.35,\quad h_2=0.27,\quad a=20$$

$$x=0.35\times20/(0.35+0.27)=11.29(\mathrm{m})$$

零点位于距角点 1－1 11.29 m 处，依此可求出其余零点，然后根据地形特点将零点连接成零点线，按零点线将挖方区和填方区分开，以方便计算土方工程量（见图 2-8）。

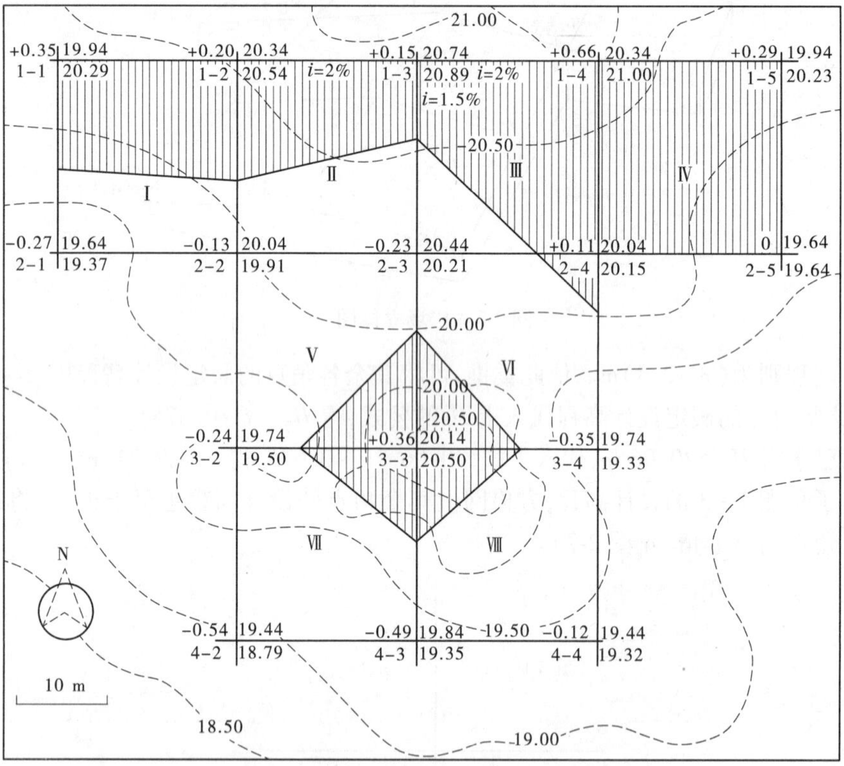


**图 2-8 "T"字形广场挖填方区划图**

## 七、计算土方工程量

零点线为计算提供了填方、挖方的面积，而施工标高又为计算提供了挖方和填方的高度。依据这些条件，便可选择适当的公式求出各方格的土方工程量（见表 2-3）。

例如，方格Ⅳ四个角点的施工标高全为"＋"号，是挖方，用公式 1 计算：

$$V_{\text{Ⅳ}} = \frac{a^2 \times \sum h}{4} = \frac{400}{4} \times (0.66 + 0.29 + 0.11 + 0) = 106(\text{m}^3)$$

方格Ⅰ中两点为挖方，两点为填方，用公式 2 计算：

$$+V_{\text{Ⅰ}} = \frac{a(b+c) \times \sum h}{8}$$

其中

$$a = 20\ \text{m}, b = 11.25\ \text{m}, c = 12.25\ \text{m}$$

**表 2-3　方格网计算土方量公式**　　　　（单位：$m^3$）

| 序号 | 挖填情况 | 平面图式 | 立体图式 | 计算公式 |
|---|---|---|---|---|
| 1 | 四点全为填方（或挖方）时 | 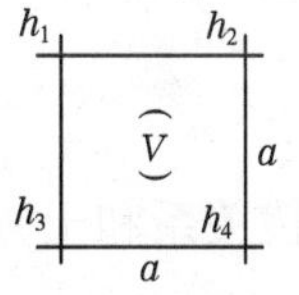 | 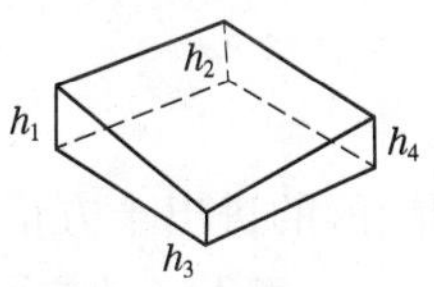 | $\pm V=\frac{a^2\times\sum h}{4}$ |
| 2 | 两点填方、两点挖方时 | 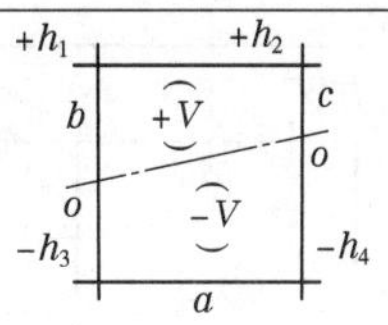 | 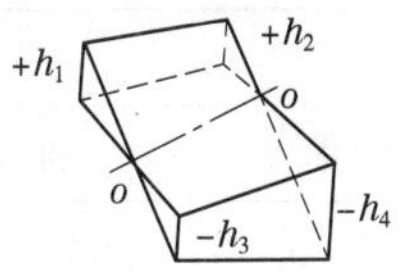 | $\pm V=\frac{a(b+c)\sum h}{8}$ |
| 3 | 三点填方（或挖方）、一点挖方（或填方）时 | 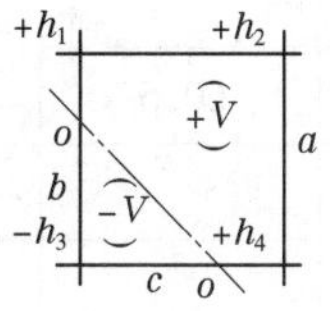 | 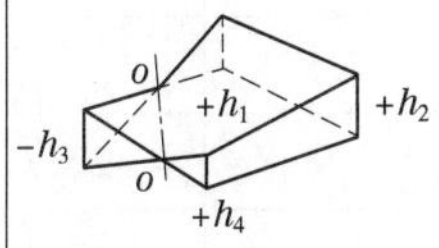 | $\pm V=\frac{b\times c\times\sum h}{6}$<br>$\pm V=\frac{(2a^2-b\times c)\sum h}{10}$ |
| 4 | 相对两点为填方（或挖方），其余两点为挖方（或填方）时 | 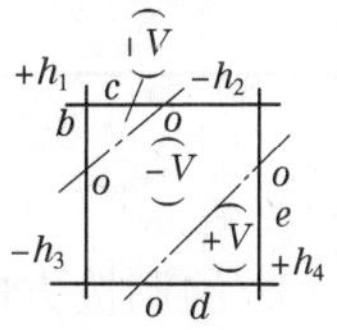 | 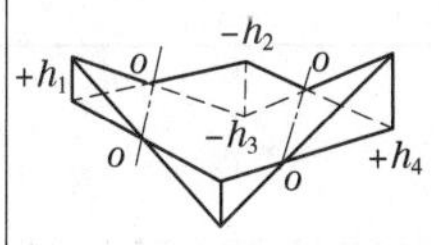 | $\pm V=\frac{b\times c\times\sum h}{6}$<br>$\pm V=\frac{d\times e\times\sum h}{6}$<br>$\pm V=\frac{(2a^2-b\times c-d\times e)\sum h}{12}$ |

所以

$$+V_{\mathrm{I}}=\frac{20\times(11.25+12.25)\times0.55}{8}=32.3(m^3)$$

$$-V_{\mathrm{I}}=\frac{20\times(8.75+7.75)\times0.4}{8}=16.5(m^3)$$

同法可将其余各个方格的土方工程量逐一求出，并将计算结果逐项填入土方量计算表（见表 2-4）。

**表 2-4　土方量计算表**　　　　（单位：$m^3$）

| 方格编号 | 挖方 | 填方 | 备注 |
|---|---|---|---|
| Ⅰ | 32.3 | 16.5 | |
| Ⅱ | 17.6 | 17.9 | |
| Ⅲ | 58.5 | 6.3 | |
| Ⅳ | 106 | | |
| Ⅴ | 8.8 | 39.2 | |
| Ⅵ | 8.2 | 31.2 | |
| Ⅶ | 6.1 | 88.5 | |
| Ⅷ | 5.2 | 60.5 | |
| 合计 | 242.7 | 260.1 | 缺土 17.4 |

## 八、绘制土方平衡表及土方调配图

土方平衡表和土方调配图是土方施工中必不可少的图纸资料，是编制施工组织设计的重要依据。

### （一）土方平衡表

从表2-5中可以看出各调配区的进出土方量、调拨关系和土方平衡情况。

表2-5　土方平衡表　（单位：$m^3$）

| 挖方区 | | 填方区 | | | | | |
|---|---|---|---|---|---|---|---|
| | | Ⅰ | Ⅱ | Ⅲ | Ⅳ | 弃土 | 合计 |
| | | 73.6 | 37.5 | 88.5 | 60.5 | | 260.1 |
| A | 49.9 | 6.5 | | 43.4 | | | |
| B | 165.1 | 67.1 | 37.5 | | 60.5 | | |
| C | 27.7 | | | 27.7 | | | |
| 进土 | 17.4 | | | 17.4 | | | |
| 合计 | 260.1 | | | | | | |

### （二）土方调配图

由图2-9能更清楚地看到各区的土方盈缺情况，土方的调拨方向、数量以及距离。

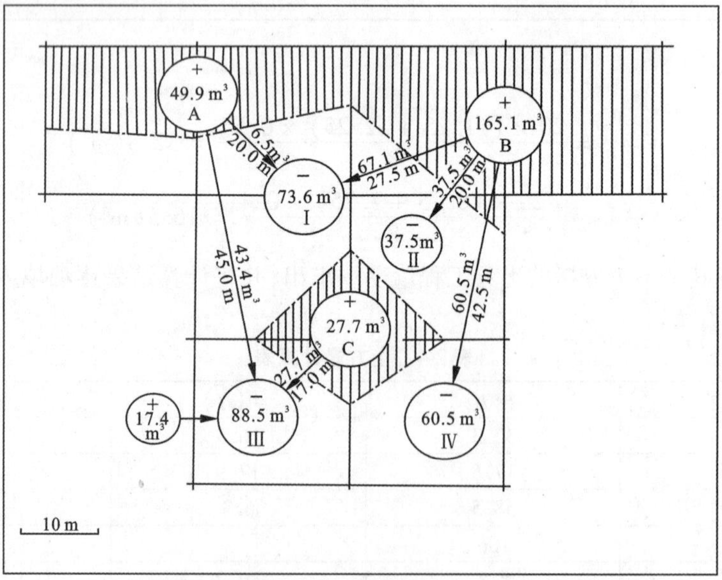


图2-9　土方调配图

## 任务考核标准

| 序号 | 考核项目 | 考核内容 | 评价标准 | 得分 |
|---|---|---|---|---|
| 1 | 情感态度、团队协作 | 出勤、分工、合作、积极性等 | 10 | |
| 2 | 施工准备工作 | 翔实、准确 | 20 | |
| 3 | 测量放样工作 | 精确 | 10 | |
| 4 | 施工工艺 | 切合实际 | 20 | |
| 5 | 现场管理工作 | 细致、翔实 | 20 | |
| 6 | 竣工验收的准备工作 | 细致、翔实 | 20 | |

## 拓展提高

### 园林用地竖向设计

竖向设计是指在一块场地上进行垂直于水平面的布置和处理。在建园过程中，原地形往往不能完全符合建园的要求，所以在充分利用原地形的基础上必须进行适当的改造。竖向设计的任务就是从最大限度地发挥园林的综合功能出发，统筹安排园内各种景点、设施和地貌景观之间的关系，使地上设施和地下设施之间、山水之间、园内与园外之间在高程上有合理的关系。因此，园林用地的竖向设计就是园林中各个景点、各种设施及地貌在高程上如何创造出高低变化和协调统一的设计。

一、竖向设计的内容

**(一)地形设计**

地形设计是竖向设计的一项主要内容。地形骨架的"塑造"，山水布局，峰、峦、坡、谷、河、湖、泉、瀑等地貌小品的设置，它们之间的相对位置、高低、大小、比例、尺度、外观形态、坡度的控制和高程关系等都要通过地形设计来解决。

**(二)园路、广场、桥涵和其他铺装场地的设计**

图纸上应以设计等高线表示出道路(或广场)的纵横坡和坡向、道桥连接处及桥面标高。在小比例图纸中则用变坡点标高来表示园路的坡度和坡向。

在寒冷地区，冬季冰冻、多积雪。为安全起见，广场的纵坡应小于7%，横坡不大于2%；停车场的最大坡度不大于2.5%；一般园路的坡度不宜超过8%。超过规定值时应设台阶，台阶应集中设置。为了保证游人行走安全，应避免设置单级台阶。另外，为方便伤残人员使用轮椅和游人推童车游园，在设置台阶处应附设坡道。

**(三)建筑和其他园林小品**

建筑和其他园林小品(如纪念碑、雕塑等)应标出其地坪标高及与周围环境的高程关系，大比例图纸中建筑应标注各角点标高。在坡地上的建筑，应确定是随形就势还是设台筑屋；在水边的建筑物或小品，则要标明其与水体的关系。

**(四)植物种植在高程上的要求**

在规划过程中,公园基地上可能会有些有保留价值的老树。其周围的地面依设计如须增高或降低,应在图纸上标注出保护老树的范围、地面标高和适当的工程措施。

植物对地下水很敏感,有的耐水,有的不耐水。规划时应为不同树种创造不同的生活环境。

水生植物种植时,应注意不同的水生植物对水深有不同要求,有湿生、沼生、水生等多种。例如荷花适宜生活于水深0.6~1 m的水中。

**(五)排水设计**

在地形设计的同时要考虑地面水的排除。

一般规定无铺装地面的最小排水坡度为1%,而铺装地面则为5%,但这只是参考限值,具体设计时还要根据土壤性质和汇水区的大小、植被情况等因素而定。

**(六)管道综合**

园内各种管道(如供水、排水、供暖及煤气管道等)的布置,难免有些地方会出现交叉,在规划上就须按一定原则,统筹安排各种管道交叉时合理的高程关系,以及它们和地面上的构筑物或园内乔灌木的关系。

## 二、竖向设计的方法

竖向设计的方法有多种,如等高线法、断面法、模型法等。园林建设中常用等高线法。

**(一)等高线法**

此法在园林设计中使用最多,一般地形测绘图都是用等高线或点标高表示的。在绘有原地形等高线的底图上用设计等高线进行地形改造或创作,在同一张图纸上便可表达原地形、设计地形状况及公园的平面布置、各部分的高程关系。这大大方便了在设计过程中进行方案比较及修改,也便于进一步的土方计算工作,因此它是一种比较好的设计方法。

应用等高线进行公园的竖向设计时,首先应了解等高线的基本性质。

1. 等高线的概念

等高线是一组垂直间距相等、平行于水平面的假想面,与自然地貌相交切所得到的交线在平面上的投影。给这组投影线标注上数值,便可用它在图纸上表示地形的高低陡缓、峰峦位置、坡谷走向及溪池的深度等内容。

2. 等高线的性质

(1)在同一条等高线上的所有点,其高程都相等。

(2)每一条等高线都是闭合的。由于图界或图框的限制,在图纸上不一定每根等高线都能闭合,但实际上它们还是闭合的。

(3)等高线的水平间距的大小,表示地形的缓或陡。如疏则缓,密则陡。等高线的间距相等,表示该坡面的角度相同,如果该组等高线平直,则表示该地形是一处平整过的同一坡度的斜坡。

(4)等高线一般不相交或重叠,只有在悬崖处,等高线才可能出现相交的情况。在某些垂直于地平面的峭壁、地坎或挡土墙驳岸处,等高线才会重合在一起。

(5)等高线在图纸上不能直穿横过河谷、堤岸和道路等;由于以上地形单元或构筑物在高程上高出或低于周围地面,所以等高线在接近低于地面的河谷时转向上游延伸,而后穿越河床,再向下游走出河谷;如遇高于地面的堤岸或路堤,等高线则转向下方,横过堤顶再转向上方,而后走向另一侧。

3. 用设计等高线进行竖向设计

用设计等高线进行竖向设计时,经常要用到两个公式,其一是用插入法求两相邻等高线之间任意点高程的公式;其二是坡度公式(见图2-10):

$$i = h/L$$

式中　$i$——坡度(%);

$h$——高差,m;

$L$——水平间距,m。

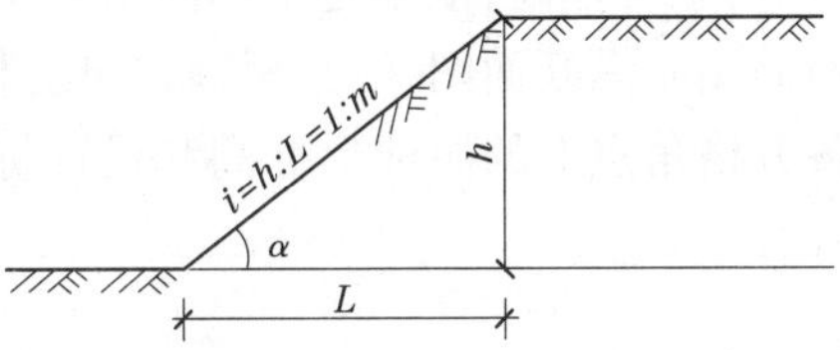


图2-10　坡度标注图示

4. 等高线在竖向设计中的具体应用

1)陡坡变缓坡或缓坡改陡坡

等高线间距的疏密表示地形的缓陡。在设计时,如果高差 $h$ 不变,可以改变等高线间距 $L$ 来减缓或增加地形的坡度。

2)平垫沟谷

在园林建设过程中,有些沟谷地段须垫平。平垫这类场地的设计,可以用平直的设计等高线和拟平垫部分的同值等高线连接。其连接点就是不挖不填的点,也叫“零点”;这些相邻点的连线,叫“零点线”,也就是垫土的范围。如果平垫工程不需按某一指定坡度进行,则设计时只需将拟平垫的范围在图上大致框出,再以平直的同值等高线连接原地形等高线即可,一如前述做法。如要将沟谷部分依指定的坡度平整成场地时,则设计等高线应互相平行,间距相等。

3)削平山脊

将山脊铲平的设计方法和平垫沟谷的方法相同,只是设计等高线所切割的原地形方向相反。

4)平整场地

园林中的场地包括铺装的广场、建筑地坪及各种文体活动场地和较平缓的种植地段,如草坪、较宽的种植带等。非铺装场地对坡度要求不那么严格,目的是垫洼平凸,将坡度理顺,而地表坡度则任其自然起伏,排水通畅即可。铺装地面的坡度则要求严格,各种场地因其使用功能不同对坡度的要求也各异。通常为了排水,最小坡度应大于5%,一般集散广场坡度在1% ~7%,足球场在3% ~4%,篮球场在2% ~5%,排球场在2% ~5%,这类场地的排水坡可以是沿长轴的两面坡或沿短轴的两面坡,也可以设计成四面坡,这取决于周围环境条件。一般铺装场地都采取规则的坡面。

5)园路设计等高线的计算和绘制

园路的平面位置,纵、横坡度,转折点的位置及标高经设计确定后,便可按坡度公式确定设计等高线在图面上的位置、间距等,并处理好它与周围地形的竖向关系。

**(二)断面法**

断面法是用许多断面表示原地形和设计地形的状况的方法。此法便于计算土方工程量。应用断面法设计园林用地,首先要有较精确的地形图。

断面的取法:可以沿所选定的轴线取设计地段的横断面,断面间距视所要求精度而定。也可以在地形图上绘制方格网,方格边长可依设计精度确定,设计方法是在每一方格角点上,求出原地形标高,再根据设计意图求该点的设计标高。将各角点的原地形标高和设计标高进行比较,求得各点的施工标高,依据施工标高沿方格网的边线绘制出断面图,沿方格网长轴方向绘制的断面图叫纵断面图,沿其短轴方向绘制的断面图叫横断面图。

从断面图上可以了解各方格角点上的原地形标高和设计标高,这种图纸便于土方工程量计算,也方便施工。

**(三)模型法**

模型法即采用泥土、砂、泡沫等材料制作成缩小的模型的方法。此方法表现直观、形象、具体。但制作费工费时,投资较大。此外,大的模型不便搬动。如需保存,还需要专门的放置场所。

## 三、竖向设计和土方工程量

竖向设计是否合理,不仅影响着整个公园的景观和建成后的使用管理,而且直接影响着土方工程量,和公园的基建费用息息相关。一项好的竖向设计应该是以能充分体现设计意图为前提,而其土方工程量最小的设计。

影响土方工程量的因素很多,主要应注意以下几方面:

(1)整个园基的竖向设计是否遵循"因地制宜"这一至关重要的原则。公园地形设计应顺应自然,充分利用原地形,宜山则山,宜水则水。应因势利导地安排内容,设置景点,必要之处也可进行一些改造。这样做可以减少土方工程量,降低基建费用。

(2)园林建筑和地形的结合情况。园林建筑、地坪的处理方式,以及建筑和其周围环境的联系,直接影响着土方工程。从图2-11看,(a)的土方工程量最大,(b)其次,(d)再次,(c)最小。可见,园林中的建筑如能紧密结合地形,建筑体型或组合能随形就势,就可以少动土方。

(3)园路选线对土方工程量的影响。园路路基一般有几种类型,在山坡上修筑路基,大致有三种情况:全挖、半挖半填、全填(见图2-12(a)、(b)、(c))。在沟谷低洼的潮湿地段或桥头引道等处,道路的路基需修成路堤(见图2-12(d));有时道路通过山口或陡峭地形,为了减小道路坡度,路基往往做成路堑(见图2-12(e))。

(4)多搞小地形,少搞或不搞大规模挖湖堆山。杭州植物园分类区小地形处理就是这方面的佳例,其用降低路面标高的方法丰富地形(见图2-13)。

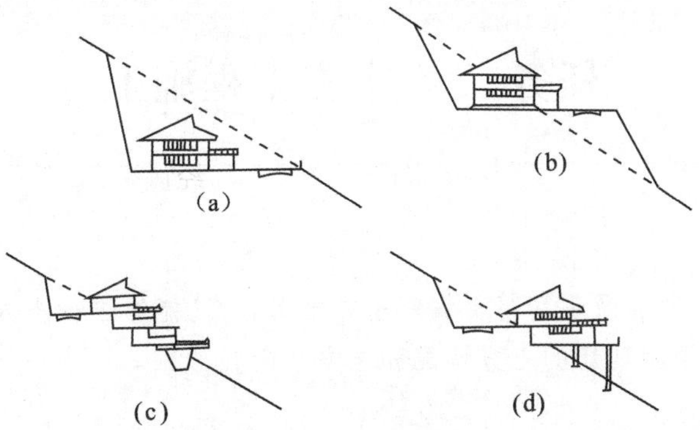


图 2-11　建筑与地形的结合

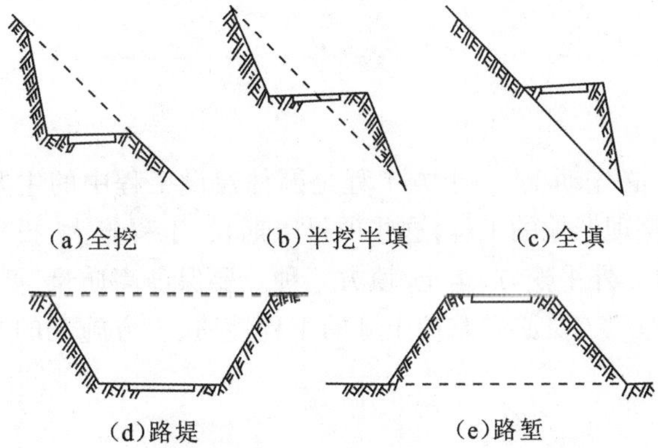


图 2-12　道路与地形的结合

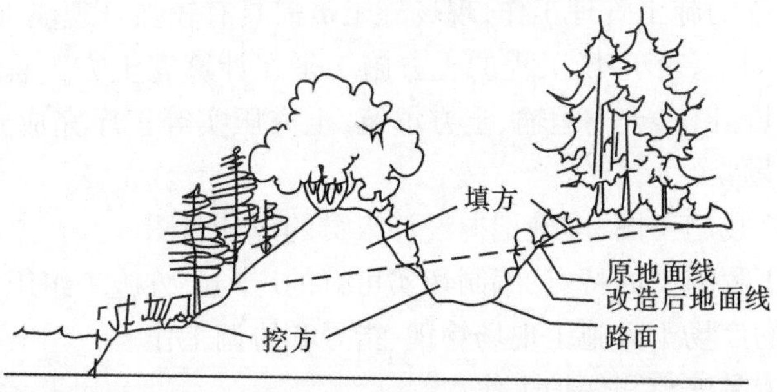


图 2-13　用降低路面标高的方法丰富地形

(5)缩短土方调配运距，减少搬运。土方调配运距长是设计时可以解决的问题，即在设计土方调配图时，应考虑周全，将调配运距缩到最短；而搬运多则属于施工管理问题，往往是由于运输道路不好或施工现场管理混乱，卸土不到位，甚至卸错地方造成的。

(6)管道布线和埋深要合理，重力流管要避免逆坡埋管。

## 复习提高

根据本校地形条件，设计出一块地形平整的广场，要求广场具有 2% 的纵坡，土方就地平衡，试求其设计标高并计算其土方工程量。

# 任务二　土方工程施工

**能力目标**

能够根据施工项目及现场情况编制土方施工方案，能够进行土方工程施工以及现场管理工作，能够控制现场的土方调配和土方平衡。

**知识目标**

掌握土方施工的基本知识、影响土方施工的因素、挖方工程特点、土方施工方法。

## 任务描述

所谓“大凡园筑，必先动土”。土方工程是园林建设工程中的主要工程项目，尤其是大规模的挖湖堆山、整理场地的工程，这些项目工期长、工程量大、投资大且艺术要求高。土方工程施工的内容无外乎挖方、运土、填方三种。要保证高质量、低成本按期完成该项工程建设任务，现场施工人员必须掌握土壤的工程性质、土方施工的基本知识、定点放线的技术等。

## 任务分析

要做好土方工程的施工管理工作，现场施工员需具有较强管理能力、协调能力和责任心。某公园拟建的“T”字形广场工程的土方施工是在计算完土方工程量之后，按照清理场地、定点放线、土方开挖、土方运输、土方填筑、土方压实等工序完成施工任务。具体应解决好以下几个问题：

(1)正确识别广场施工图，准确把握设计人员的设计意图。

(2)根据土方工程施工的特点，编制切实可行的广场土方施工组织方案。

(3)进行有效的广场土方施工现场管理、指导和协调工作。

(4)做好广场成品修整和保护工作。

(5)做好竣工验收的准备工作。

## 任务咨询

园林用地设计地形的实现必然要依靠土方施工来完成。任何建筑物、构筑物、道路及广场等工程的修建，都要在地面做一定的基础，挖掘基坑、路槽等，这些工程都是从土方施工开始的。在园林中地形的利用、改造或创造，如挖湖堆山、平整场地都要依靠土方施工来完成。土方工程，一般来说在园林建设中是一项大工程，而且在建园中它又是先行的项目。它完成的速度和质量，直接影响着后续工程，所以它和整个建设工程的进度关系密切。为了使土方工程能多快好省地完成，必须做好土方工程的设计和施工的安排。

## 一、土方施工基本知识

### （一）土方工程的种类及其施工要求

土方工程根据其使用期限和施工要求，可分为永久性和临时性两种，但不论是永久性还是临时性的土方工程，都要求具有足够的稳定性和密实度，使工程质量和艺术造型都符合原设计的要求。同时，在施工中还要遵守有关的技术规范和原设计的各项要求，以保证工程的稳定和持久。

### （二）土壤的工程分类

土壤的种类繁多，分类方法也很多，如按土的沉积年代、颗粒级配、密度等进行分类，然而在土方工程施工中，常按土的开挖难易程度将土分为八类，见表2-6。

**表2-6　土壤的工程分类**

| 类别 | 土的名称 | 密度（$kg/m^3$） | 开挖方法 |
|---|---|---|---|
| Ⅰ类（松软土） | 砂、粉土、冲积砂土、种植土、泥炭（淤泥） | 600～1 500 | 用锹、锄头挖掘 |
| Ⅱ类（普通土） | 粉质黏土、潮湿的黄土、加有碎石及卵石的砂土等 | 1 100～1 600 | 用锹、锄头挖掘，少许用镐翻松 |
| Ⅲ类（坚土） | 软及中等密实黏土、重粉质黏土、粗砾石、干黄土、含碎石及卵石的黄土、压实的填筑土等 | 1 800～1 900 | 主要用镐，少许用锹、锄头，部分用撬棍 |
| Ⅳ类（砂砾坚土） | 重黏土、含碎石及卵石的黏土、粗卵石、密实的黄土、天然级配砂土等 | 1 900 | 先用镐、撬棍，然后用锹挖掘，部分用楔子和大锤 |
| Ⅴ类（软石） | 硬石炭纪黏土、中等密实度的页岩、软的石灰岩等 | 1 200～2 700 | 用镐或撬棍、大锤，部分用爆破法 |
| Ⅵ类（次坚石） | 泥岩、砂岩、砾岩、坚实的页岩、泥灰岩等 | 2 200～2 900 | 用爆破法，部分用风镐 |
| Ⅶ类（坚石） | 大理岩、粗中花岗岩、砂岩、石灰岩等 | 2 500～2 900 | 用爆破法 |
| Ⅷ类（特坚石） | 安山岩、玄武岩、坚实的细粒花岗岩、石英岩等 | 2 700～3 300 | 用爆破法 |

### （三）土壤的工程性质

土壤的工程性质对土方工程的施工有直接影响，它与工程的稳定性、施工方法、工程量及工程投资有很大关系，直接涉及工程设计、施工技术和施工组织的安排。因此，需要对土壤的这些性质进行研究并掌握它。以下是土壤的几种主要的工程性质。

1. 土壤密度

土壤密度指单位体积内天然状况下的土壤质量，单位为 $kg/m^3$。土壤密度的大小直接影响着施工的难易程度，密度越大，挖掘越难。在施工中，施工技术和定额应根据具体的土壤类别来制定。

2. 土壤的自然倾斜角（安息角）

土壤自然堆积，经沉落稳定后的表面与地平面所形成的夹角（见图 2-14），即为土壤的自然倾斜角。在工程设计时，为了使工程稳定，其边坡坡度数值应参考相应土壤的自然倾斜角的数值，土壤自然倾斜角还受其含水量的影响，见表 2-7。

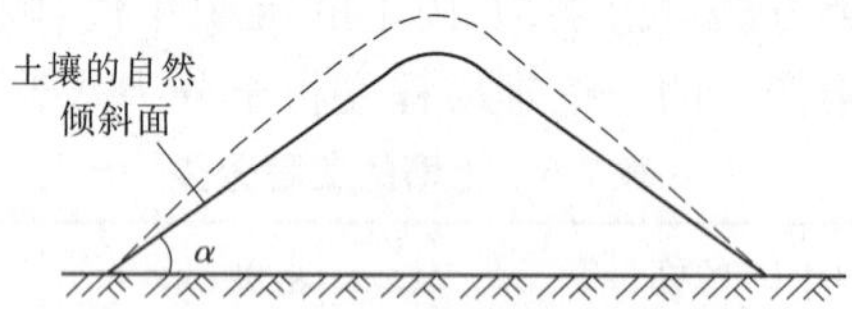


图 2-14　土壤的自然倾斜角

表 2-7　土壤的自然倾斜角

| 土壤名称 | 不同含水量的土壤的自然倾斜角(°) | | | 土壤颗粒尺寸 (mm) |
|---|---|---|---|---|
| | 干的 | 潮的 | 湿的 | |
| 砾石 | 40 | 40 | 35 | 2 ~ 20 |
| 卵石 | 35 | 45 | 25 | 20 ~ 200 |
| 粗砂 | 30 | 32 | 27 | 1 ~ 2 |
| 中砂 | 28 | 35 | 25 | 0.5 ~ 1 |
| 细砂 | 25 | 30 | 20 | 0.05 ~ 0.5 |
| 黏土 | 45 | 35 | 15 | 0.001 ~ 0.005 |
| 壤土 | 50 | 40 | 30 | |
| 腐殖土 | 40 | 35 | 25 | |

3. 土壤含水量

土壤含水量是土壤孔隙中的水和土壤颗粒质量的比值。

土壤含水量在 5% 以内的称干土，在 30% 以内的称潮土，大于 30% 的称湿土。土壤含水量的多少，对土方施工的难易也有直接的影响，土壤含水量过小，土质过于坚实，不易挖掘；含水量过大，土壤易泥泞，也不利于施工，无论是用人力还是用机械施工，工效均较低。以黏土为例，含水量在 30% 以内时最易挖掘，若含水量过大，其本身性质发生很大变化，并丧失稳定性，此时无论是填方还是挖方，其坡度都显著下降，因此含水量过大的土壤不宜做回填之用。

4. 土壤的相对密实度

土壤的相对密实度用来表示土壤在填筑后的密实程度，可用下列公式表达：

$$D = \frac{\varepsilon_1 - \varepsilon_2}{\varepsilon_1 - \varepsilon_3}$$

式中　$D$——土壤相对密实度；

$\varepsilon_1$——填土最松散状况下的孔隙比；

$\varepsilon_2$——碾压或夯实后的孔隙比；

$\varepsilon_3$——最密实情况下的孔隙比。

在填方工程中，土壤的相对密实度是检查土壤施工中密实程度的标准，为了使土壤达到设计要求的密实度，可以采用人力夯实或机械压实。一般采用机械压实，其密实度可达95%，采用人力夯实密实度在87%左右。大面积填方如堆山等，通常不加夯压，而是借土壤的自重慢慢沉落，久而久之也可达到一定的密实度。

5. 土壤的可松性

土壤经过挖掘后，其原有紧密结构遭到破坏，体积必然增大，只有经过一段时间，由于上层土压力的作用以及雨水浸润，或经过夯实后，土壤颗粒再度结合，才能基本密实。土壤的这种特性称为可松性。这一性质与土方工程的挖土和填土量的计算及运输等都有很大关系。

## 二、土方施工准备工作

在造园施工中，因为土方工程是一项比较艰巨的工作，所以准备工作和组织工作不仅应先行，而且要做得周全仔细，否则因为场地大或施工点分散，容易造成窝工甚至返工，而影响工效。

### （一）准备工作

施工以前，要做以下工作：

（1）审阅土方设计图。

（2）收集与施工现场有关的资料，如地质、市政、气象资料等。

（3）了解施工单位情况，如人力、装备、效率等。

（4）做土方施工的组织设计，进度、方法、人员、设备安排以及场地布置图，完成以上工作后进场。

### （二）清理场地

在施工场地范围内，凡有碍工程的开展或影响工程稳定的地面物或地下物都应清理，例如不需要保留的树木、废旧建筑物或地下构筑物等。

1. 场地树木及其他设施清理

凡土方开挖深度不大于500 mm，或填方高度较小的土方施工，现场及排水沟中的树木，必须连根拔除，清理树墩除用人工挖掘外，直径在500 mm以上的大树墩可用挖掘机铲除或用爆破法清除。有关树木的伐除，特别是大树的伐除应慎之又慎，凡能保留者尽量设法保留。

2. 建筑物和地下构筑物的拆除

应根据其结构特点进行工作，并遵照建筑施工安全技术规范的规定进行操作，注意保护文物古迹。

3. 管线及其他异常物体

如果施工场地内的地面、地下或水下发现有管线通过或其他异常物体，应事先请有关部门协同查清，未查清前，不可动工，以免发生危险或造成其他损失。

## (三)排水

场地积水不仅不便于施工,而且也影响工程质量,在施工之前,应该设法将施工场地范围内的积水或水位过高的地下水排走。

### 1. 排除地面积水

场地内低洼地区的积水必须排除,在施工前,根据施工区地形特点在场地周围挖好排水沟、截水沟、挡土水坝等(在山地施工为防山洪,在山坡上方应做截洪沟),使场地内排水通畅,而且场外的水也不致流入。

在低洼处或挖湖施工时,除挖好排水沟外,必要时还应加筑围堰或设防水堤,为了排水通畅,排水沟的纵坡不应小于0.3%。沟的边坡值不应小于1∶1.5,沟底宽及深不小于50 cm。

### 2. 地下水的排除

排除地下水的方法很多,但一般多采用明沟引至集水井,并用水泵排出,因为明沟较简单经济。一般按排水面积和地下水位的高低来安排排水系统,先定主干渠和集水井的位置,再定支渠的位置和数目,土壤含水量大、要求排水迅速的,支渠分布应密些,其间距约1.5 m,反之可疏。

挖湖施工中应先挖排水沟,排水沟的深度应深于水体挖深。排水沟可一次挖掘到底,也可以依施工情况分层挖掘,具体采用哪种方式可根据出土方向决定(见图2-15、图2-16)。

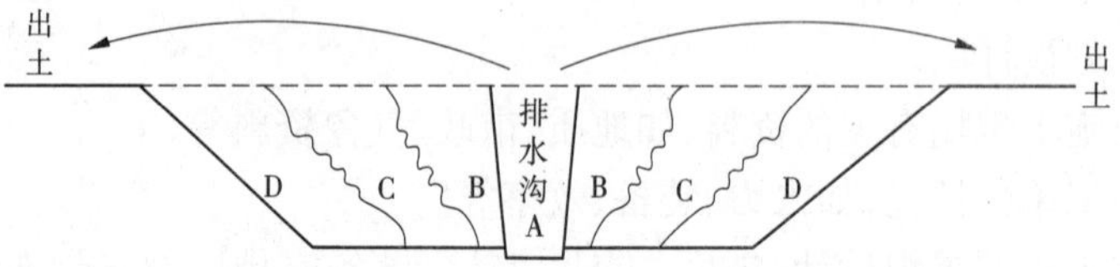


**图2-15　排水沟一次挖掘到底,双向出土挖湖施工示意图**

(开挖顺序为A、B、C、D)

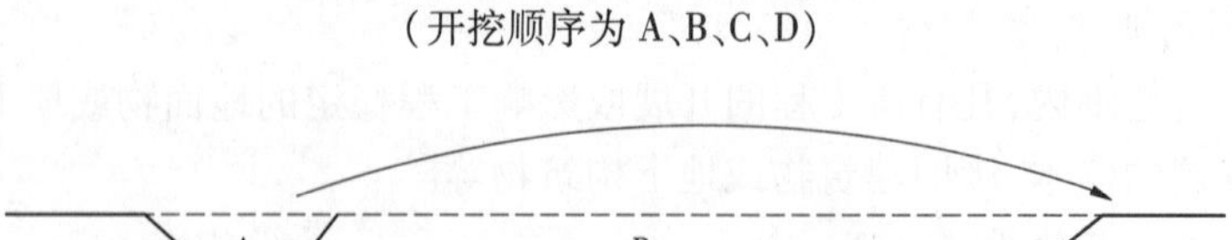


**图2-16　排水沟分层挖掘,单向出土挖湖施工示意图**

(A、C、E为排水沟,开挖顺序为A、B、C、D、E、F)

## (四)定点放线工作

在清场之后,为了确定施工范围及挖土或填土的标高,应按设计图纸的要求,用测量仪器在施工现场进行定点放线工作。这一步工作很重要,为使施工充分表达设计意图,测设时应尽量精确。

1. 平整场地的放线

用经纬仪将图纸上的方格测设到地面上，并在每个交点处立桩木，边界上的桩木依图纸要求设置。

桩木侧面须平滑，下端削尖，以便打入土中，桩上应表示出桩号(施工图上方格网的编号)和施工标高(挖土用"+"号，填土用"-"号)(见图2-17)。

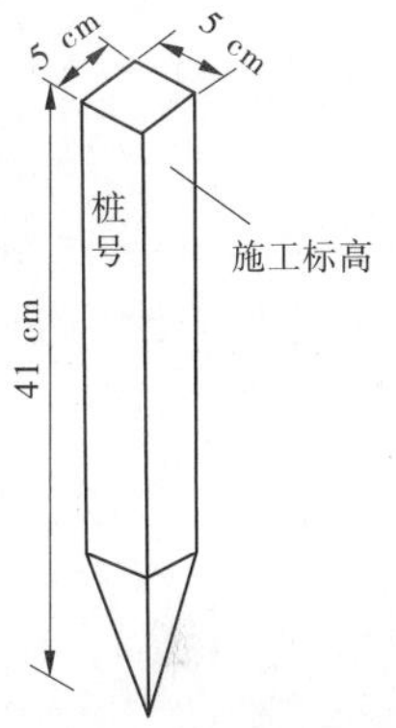


图2-17　桩木规格与标记

2. 自然地形的放线

挖湖堆山，首先确定堆山或挖湖的边界线，但将这样的自然地形放到地面上去是较难的，特别是在缺乏永久性地面物的空旷地上，在这种情况下应先在施工图上打方格网，再把方格网放到地面上，而后把设计等高线和方格网的交点一一标到地面上并立桩，桩木上也要标明桩号及施工标高(见图2-18)。

1)山体放线

山体放线有两种方法。一种是一次性立桩，适用于较低的山体，一般最高处不高于5 m。堆山时由于土层不断升高，桩木可能被土埋没，所以桩的长度应大于每层填土的高度。一般用长竹竿做标高桩，在桩上把每层的标高定好，不同层可用不同颜色标志，以便识别。另一种方法是分层放线，分层设置标高桩，这种方法适用于较高的山体(见图2-19)。

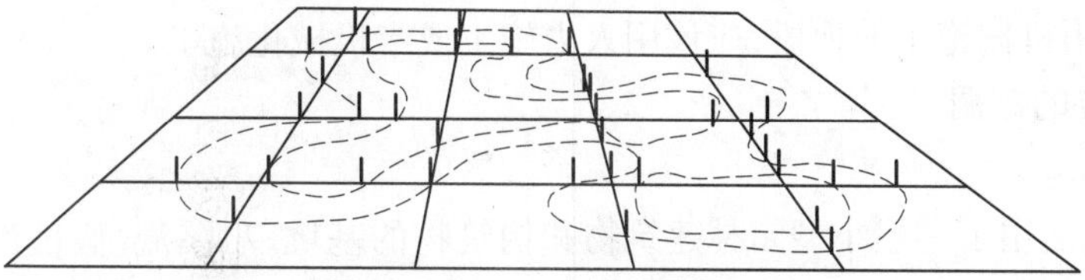

图2-18　自然地形放线

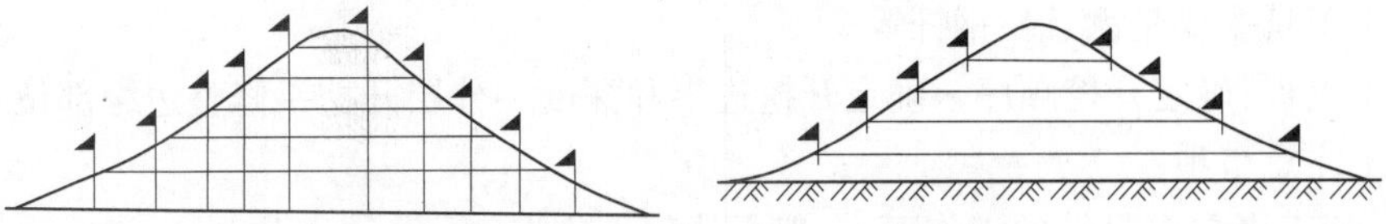

图2-19　山体放线的立桩方法

2)水体放线

水体放线工作和山体放线基本相同，但由于水体挖深一般较一致，而且池底常年隐没在水下，放线可以粗放些，但水体底部应尽可能整平，不留土墩，这对养鱼和捕鱼有利。如果水体打算栽植水生植物，还要考虑所栽植物的适宜深度。岸线和岸坡的定点放线应该准确，这是因为它不仅是水上部分，与造景有关，而且和水体岸坡的稳定有很大的关系。为了施工的精确，可以用边坡样板来控制边坡坡度。

3)沟渠放线

开挖沟渠时，用立桩放线的方法，在施工中桩木容易被移动甚至被破坏，从而影响了校核工作。所以,应使用龙门板(见图 2-20)。龙门板构造简单,使用也方便。每隔 30 ~ 100 m 设龙门板一块,其间距视沟渠纵坡的变化情况而定。板上应标明沟渠中心线位置,沟上口、沟底的宽度等。板上还要设坡度板,用坡度板来控制沟渠纵坡。

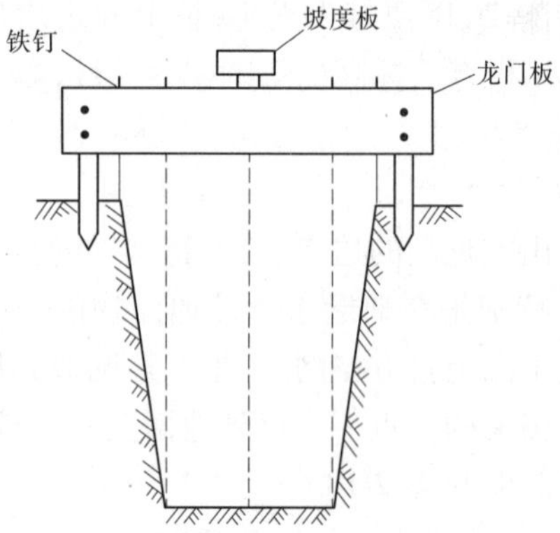


图 2-20　龙门板

## 三、土方施工

土方施工包括挖、运、填、压四项内容。其施工方法可采用人力施工,也可采用机械化或半机械化施工。这要根据场地条件、工程量和当地施工条件决定。在规模较大、土方较集中的工程中,采用机械化施工较经济;但对工程量不大、施工点较分散的工程,或因场地限制,不便采用机械施工的地段,应该用人力施工或半机械化施工。

### (一)土方的挖掘

#### 1. 人力施工

人力施工适用于一般小型园林建筑物和构筑物的基坑、小溪流、假植沟、带状种植沟和小范围整地的挖方工程。人力施工不但要组织好劳动力,而且要注意安全和保证工程质量。

施工工具主要是锹、镐、钢钎等。

施工流程:确定开挖顺序→确定开挖边界和深度→分层开挖→修整边缘部位→清底。

施工注意事项:

(1)施工者要有足够的工作面,一般平均每人应有 4 ~6 $m^2$。

(2)开挖土方附近不得有重物及易塌落物。

(3)在挖土过程中,随时注意观察土质情况,要有合理的边坡,必垂直下挖者,松软土下挖深度不得超过 0.7 m,中等密度土不得超过 1.25 m,坚硬土不得超过 2 m,超过以上数值的,须设支撑板或保留符合规定的边坡。

(4)挖方工人不得在土壁下向里挖土,以防坍塌。

(5)在坡上或坡顶施工者,要注意坡下情况,不得向坡下滚落重物。

(6)施工过程中注意保护基桩、龙门板或标高桩。

#### 2. 机械施工

主要施工机械有推土机、挖掘机、铲车等。在园林施工中挖掘机应用较广泛,例如在挖掘水体时,先将土方挖出堆置于水体四周,再运走或堆置地形,最后人工修整岸坡。

用挖掘机挖湖堆山效率较高,但应注意以下几个方面:

(1)挖土前应识图或了解施工对象的情况,在动工之前应向挖掘机手介绍拟施工地段的地形情况及设计地形的特点,最好结合模型,使之一目了然。另外,施工前还要了解实地定点放线情况,如桩位、施工标高等。这样施工起来司机心中有数,能得心应手、随心所欲地按照设计意图去塑造地形。这一点对提高施工效率有很大帮助,这一步工作做得好,在修饰山体(或水体)时便可以省去许多人力、物力。

(2)注意保护表土。在挖湖堆山时,先用挖掘机将施工地段的表层熟土(耕作层)挖出,倒运到施工场地外围,待地形整理好,再把表土铺回来,这样做较麻烦费工,但对公园的植物生长却有很大好处。

(3)桩点和施工放线要明显。挖掘机施工时进进退退,其活动范围较大,施工地面高低不平,加上进车或退车时司机视线存在某些死角,所以桩木和施工放线很容易受破坏。为了解决这一问题,应加高桩木的高度,在桩木上可做醒目标志(如挂小彩旗或在桩木上涂明亮的颜色),以引起施工人员的注意。施工期间,施工人员应该经常到现场,随时随地用测量仪器检查桩点和放线情况,掌握全局,以免挖错(或堆错)位置。

**(二)土方的运输**

一般竖向设计都力求土方就地平衡,以减少土方的搬运量。土方运输是一项较艰巨的劳动,人工运土一般都是短途的小搬运。车运人挑,这在有些局部或小型施工中还经常采用。运输距离较长的,最好使用机械化或半机械化运输。不论是车运还是人挑,运输路线的组织都很重要,卸土地点要明确,施工人员随时指挥,避免混乱和窝工。如果使用外来土垫地堆山,运土车辆应设专人指挥,卸土的位置要准确,否则乱堆乱卸,必然会给下一步施工增加许多不必要的工作,从而浪费了人力、物力。

**(三)土方的填筑**

填土应该满足工程的质量要求,土壤的质量要根据填方的用途和要求加以选择,在绿化地段土壤应满足种植植物的要求,而作为建筑用地则以保证将来地基的稳定为原则。利用外来土垫地堆山,对土质应该检定放行,劣质土及受污染的土壤,不应放入园内,以免将来影响植物的生长和妨害游人健康。

(1)大面积填方应该分层填筑,一般每层厚200~500 mm,有条件的应层层压实。

(2)在斜坡上填土,为防止新填土方滑落,应先把土坡挖成台阶状,然后再填方(见图2-21)。这样可保证新填土方的稳定。

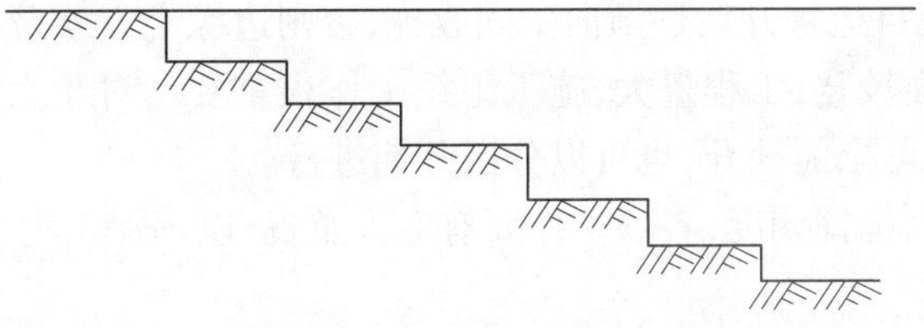

**图2-21　斜坡填土做台阶后填方**

(3)挈土或挑土堆山，土方的运输路线和下卸应以设计的山头为中心，结合来土方向进行安排。一般以环形路线为宜，车辆或人挑满载上山，土卸在路两侧，空载的车(人)沿路线继续前行下山，车(人)不走回头路，不交叉穿行(见图 2-22(a))，所以不会造成拥挤。随着卸土的进行，山势逐渐升高，运土路线也随之升高，这样既组织了人流，又使土山分层上升，部分土方边卸边压实，有利于山体的稳定，山体表面也较自然。如果土源有几个来向，运土路线可根据设计地形特点安排几个小环路，小环路以人流车辆不相互干扰为原则(见图 2-22(b))。

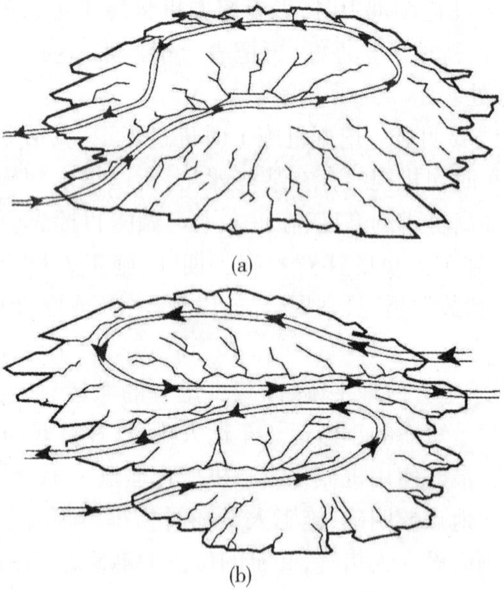

(a)　(b)

**图 2-22　堆山土方运输路线示意图**

**(四)土方的压实**

人力夯压可用夯、硪、碾等工具，机械碾压可用压路机或拖拉机带动的铁碾。小型的夯压机械有内燃式平板夯、手扶汽油冲击夯、蛙式夯等。填土压实时，应使回填土的含水量在最优含水量范围之内。如果土壤过分干燥，需先洒水湿润后再行压实。

在压实过程中应注意以下几点：

(1)压实工作必须分层进行。

(2)压实工作要注意均匀。

(3)压实松土时夯压工具应先轻后重。

(4)压实工作应自边缘开始逐渐向中间收拢，否则边缘土方外挤易引起坍落。

土方工程施工面较宽，工程量大，施工组织工作很重要。对于大规模的工程，根据施工力量和条件，工程可全面铺开，也可以分区分期进行。

施工现场要有人指挥调度，各项工作要有专人负责，以确保工程按期按计划高质量地完成。

## 任务实施

(1)清理现场。在公园拟建的“T”字形广场上,清理地面上的障碍物,包括树木、构筑物、建筑垃圾及生活垃圾等。

(2)定点放线。用经纬仪将图2-4所示的方格测设到地面上,地面上方格的边长为20 m。在每个方格角点处钉上木桩,木桩一侧标出1-1、1-2、2-1、2-2等编号,要求与图上方格网的角点编号一致,另一侧标出已计算出的每个角点的施工标高。

(3)挖土。在地面上用白灰标记出填方区与挖方区,用挖掘机或人工进行挖土作业。挖土时,由上而下逐层进行。施工中注意保护表土。

(4)运土与填土。根据“T”字形广场土方调配图,分区进行土方的运输,可采用人力推车或小型机械进行运输作业。在施工现场,施工人员要认真组织运输路线,按照不同填方区先远后近、由上而下逐层进行填土,避免发生卸土出错和窝工现象。填土要分层填筑,每层厚300 mm。

(5)压土。填土后要及时压实,如土壤过分干燥,可先洒水湿润,再进行压实,以保证土壤的压实质量。压实自边缘开始逐渐向中间收拢,且压实均匀。检查设计标高及坡度是否达到要求。

注意:如无大型施工实训场,可找一小块类似图2-4所示的场地,以砂子代替土方进行地形改造。

## 任务考核标准

| 序号 | 考核项目 | 考核内容 | 评价标准 | 得分 |
|---|---|---|---|---|
| 1 | 情感态度、团队协作 | 出勤、分工、合作、积极性等 | 10 | |
| 2 | 施工准备工作 | 翔实、准确 | 20 | |
| 3 | 测量放样工作 | 精确 | 10 | |
| 4 | 施工工艺 | 切合实际 | 20 | |
| 5 | 现场管理工作 | 细致、翔实 | 20 | |
| 6 | 竣工验收的准备工作 | 细致、翔实 | 20 | |

## 拓展提高

### 地形地貌

地形是指地面上的高低起伏及外部形态,如长方形、圆形、梯形等。地貌是指地球自然表面的高低起伏形态,如山地、丘陵、平地、洼地等。园林地形是园林范围内的地形,其发生的高低起伏的变化称为小地形。在园林范围内起伏较小的地形称微地形,包括沙丘上微弱的起伏和波纹等。

## 一、地形的形式

### （一）平坦地形

园林中坡度比较平缓的用地统称为平地。平地可作为集散广场、交通广场、草地、建筑等方面的用地，以接纳和疏散人群，组织各种活动或供游人游览和休息。平地在视觉上空旷、宽阔，视线遥远，景物不被遮挡，具有强烈的视觉连续性。平坦地面能与水平造型互相协调，使其很自然地同外部环境相吻合，并与地面垂直造型形成强烈的对比，使景物突出。在使用平坦地形时要注意以下几点：

（1）为排水方便，要人为地把平地变成3%～5%的坡度，形成大面积的平地有一定的起伏。

（2）在有山水的园林中，山水交界处应有一定面积的平地作为过渡地带，临山的一边应以渐变的坡度和山体相接，近水的一旁以缓慢的坡度形成过渡带，徐徐伸入水中，形成冲积平原的景观。

（3）在平地上可挖地堆山，可用植物分割、做障景等手法处理，打破平地单调乏味，防止一览无余。

### （二）凸地形

凸地形的表现形式有土丘、丘陵、山峦以及小山峰。凸地形在景观中可作为焦点物或具有支配地位的要素，特别是当其被低矮的设计形状环绕时，更是如此。从情感上来说，上山与下山相比较，前者能产生对某物更强的尊崇感。因此，一些教堂、寺庙、宫殿、政府大厦以及其他重要的建筑物（如纪念碑、纪念性雕塑等），常常耸立在地形的顶部，给人以严肃崇敬之感。

### （三）脊地

脊地总体上呈线状，与凸地形相比较，形状更紧凑、更集中，可以说是更“深化”的凸地形。脊地可限定户外空间边缘，调节其坡上和周围环境中的小气候。在景观中，脊地可被用来转换视线在一系列空间中的位置，或将视线引向某一特殊焦点。脊地在外部环境中的另一作用是充当分隔物，犹如一道墙体将各个空间和谷地分隔开来，使人感到有“此处”和“彼处”之分。从排水角度而言，脊地的作用就像一个“分水岭”，降落在脊地两侧的雨水，各自流到不同的排水区域。

### （四）凹地形

凹地形在景观上可被称为碗状洼地，呈现小盆地。凹地形在景观中通常作为一个空间，是一个具有内向性和不受外界干扰的空间，给人一种分割感、封闭感和私密感（见图2-23）。凹地形是景观中的基础空间，适宜于开展多种活动，当其与凸地形相连接时，可完善地形布局。

凹地形还有一个潜在的功能，就是充作一个永久性的湖泊、水池，或者充作一个暴雨之后暂时用来蓄水的蓄水池。

凹地形在调节气候方面也有很重要的作用，它可躲避掠过空间上部的狂风。当阳光直接照射到其斜坡上时，受热面大，空气流动小，可使地形内的温度升高。因此，凹地形与同一地区内的其他地形相比更暖和，风沙更少，具有宜人的小气候。

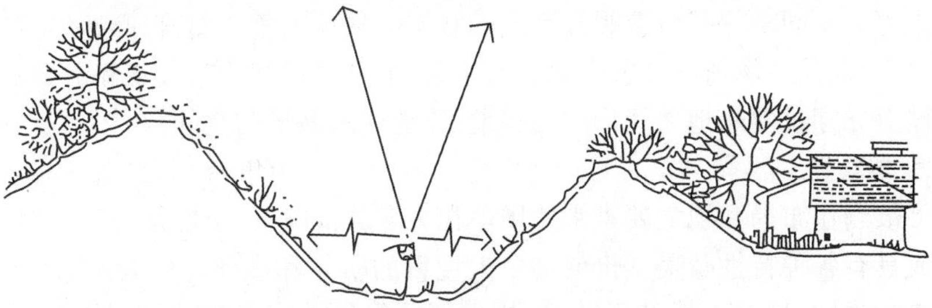

图 2-23　凹地形所形成的封闭和私密性空间

### (五)谷地

谷地是指地面低洼并向某一方向倾斜的山谷、河谷等。谷地综合了某些凹地形和脊地的特点。它与凹地形相似,在景观中也是一个低地,是景观中的基础空间,适合安排多种项目和内容。它与脊地相似,也呈线状,具有方向性。

## 二、地形的功能和作用

### (一)分隔空间

地形可以不同的方式创造和限制外部空间。平坦地形仅是一种缺乏垂直限制的平面因素,视觉上缺乏空间限制。而斜坡的地面较高点则占据了垂直面的一部分,并且能够限制和封闭空间。斜坡越陡越高,户外空间感就越强烈。地形除限制空间外,它还能影响一个空间的气氛。平坦、起伏平缓的地形能给人美的享受和轻松感,而陡峭、崎岖的地形极易在一个空间中让人产生兴奋的感受。

地形不仅可制约一个空间的边缘,还可制约其走向。一个空间的总走向,一般都是朝向开阔视野。地形一侧为一片高地,而另一侧为一片低地时,空间就可形成一种朝向较低、更开阔一方,而背离高地的走向。

### (二)控制视线

地形能在景观中将视线导向某一特定点,影响某一固定点的可视景物和可见范围,形成连续观赏或景观序列,或完全封闭通向令人不悦的景物的视线。为了能在环境中使视线停留在某一特殊焦点上,我们可在视线的一侧或两侧将地形增高,在这种地形中,视线两侧的较高的地面犹如视野屏障,封锁了分散的视线,从而使视线集中到景物上。

### (三)影响旅游线路和速度

地形可被用在外部环境中,影响行人和车辆运行的方向、速度和节奏。在园林设计中,可用地形的高低变化、坡度的陡缓以及道路的宽窄、曲直变化来影响和控制游人的游览线路及速度。在平坦的土地上,人们的步伐稳健持续,无需花费什么力气。而在变化的地形上,随着地面坡度的增加,或障碍物的出现,游览也就越发困难。为了上、下坡,人们就必须使出更多的力气,游览时间也就延长,中途的停顿休息也就逐渐增多。对于步行者来说,在上、下坡时,其平衡性受到干扰,每走一步都格外小心,最终导致尽可能地减少穿越斜坡的行动。

### (四)改善小气候

地形可影响园林某一区域的光照、温度、风速和湿度等。从采光方面来说,朝南的坡面一年中大部分时间都保持较温暖和宜人的状态。从风的角度而言，凸地形、脊地或土丘等，可以阻挡刮向某一场所的冬季寒风。反过来，地形也可被用来收集和引导夏季风。夏季风可以被引导穿过两高地之间形成的谷地、洼地或马鞍形的空间。

**（五）美学功能**

地形可被当作布局和视觉要素来使用。在大多数情况下，土壤是一种可塑性物质，它能被塑造成具有各种特性及美学价值的令人悦目的实体和虚体。作为地形的土壤，我们可将其塑造为柔软、具有美感的形状，这样它便能轻易地捕捉视线，并使其穿越于景观。借助于岩石和水泥，地形可被筑成具有清晰边缘和平面的挺括形状。地形的美学功能可使一个设计具有明显不同的视觉特性和视觉感。

地形不仅可被组合成各种不同的形状，而且还能在阳光和气候的影响下产生不同的视觉效应。阳光照射某一特殊地形，并由此产生的阴影变化，一般都会产生一种令人赏心悦目的效果。当然，这些情形每一天、每一个季节都在发生变化。此外，降雨和降雾所产生的视觉效应，也能改变地形的外貌。

## 三、地形处理

**（一）地形处理应考虑的因素**

*1. 考虑原有地形*

自然风景类型甚多，有山岳、丘陵、草原、沙漠、江、河、湖、海等景观，在这样的地段上，主要是利用原有的地形，或只须稍加人工点缀和润色，便能成为风景名胜。这就是“自成天然之趣，不烦人工之事”的道理。考虑利用原有地形时，选址是很重要的。有了良好的自然条件可以借用，能取得事半功倍的效果。

*2. 根据园林分区处理地形*

在园林绿地中，可开展的活动内容很多。不同的活动，对地形有不同的要求。如游人集中的地方和体育活动的场所，要求地形平坦；划船游泳，需要有河流湖泊；登高眺望，需要有高地山岗；文娱活动需要有许多室内外活动场地；安静休息和游览赏景则要求有山林、溪流等。在园林建设中必须考虑不同分区有不同地形，而地形变化本身也能形成灵活多变的园林空间，创造出景区的园中园，比用建筑创造的空间更具有生气，更有自然野趣。

*3. 要有利于园林地面排水*

园林绿地每天有大量游人，雨后绿地中不能有积水，这样才能尽快供游人活动。园林中常用自然地形的坡度进行排水。因此，在创造一定起伏的地形时，要合理安排分水和汇水线，保证地形具有较好的自然排水条件。园林中每块绿地应有一定的排水方向，可直接流入水体或是由铺装路面排入水体，排水坡度允许有起伏，但总的排水方向应该明确。

*4. 要考虑坡面的稳定性*

如果地形起伏过大，或坡度不大但同一坡度的坡面延伸过长，则会引起地表径流，产生滑坡。因此，地形起伏应适度，坡长应适中。一般来说，坡度小于1%的地形易积水，地表面不稳定；坡度介于1% ~5%的地形排水较理想，适合于大多数活动内容的安排，但当同一坡面过长时，显得较单调，易形成地表径流；坡度介于5% ~10%的地形排水良好，而且具有起伏感；坡度大于10%的地形只能局部小范围地加以利用。

5.要考虑为植物栽培创造条件

城市园林用地不适合植物生长,因此在进行园林设计时,要通过利用和改造地形,为植物的生长发育创造良好的环境条件。城市中较低洼的地形,可挖土堆山,抬高地面,以适宜多数乔灌木的生长。利用地形坡面,可创造一个相对温暖的小气候条件,满足喜温植物的生长等。

**(二)地形处理的方法**

(1)巧借地形。利用环抱的土山或人工土丘挡风,创造向阳盆地和局部的小气候,阻挡风雨的侵袭;利用起伏地形,适当加大高差至超过人的视线高度(1 700 mm),按“俗则屏之”的原则进行“障景”;以土代墙,利用地形“围而不障”,以连绵起伏的土山代替景墙以“隔景”。

(2)巧改地形。建造平台园地或在坡地上修筑道路或建造房屋时,采用半挖半填式进行改造,可起到事半功倍的效果。

(3)土方的平衡与园林造景相结合。尽可能就地平衡土方,挖池与堆山相结合,开湖与造堤相配合,使土方就近平衡,相得益彰。

(4)安排与地形风向有关的旅游服务设施等有特殊要求的用地,如风帆码头、烧烤场等。

# 项目三　园林给排水工程施工

## 教学目标

掌握园林给排水工程施工特点、给排水施工基本知识、给排水施工技术，能够进行给排水工程施工的现场管理工作。

## 任务一　园林给水工程施工

**能力目标**

能够编制给水工程施工方案，能够进行给水工程施工以及现场管理工作，能够协助验收人员完成给水工程验收工作。培养学生运用给水的基本知识进行简单的园林给水设计、施工管理的能力。

**知识目标**

了解园林给水工程的特点、水源与水质的特点，掌握园林给水管网的布置原则、形式和要点，并熟练掌握园林给水工程施工技术。

### 任务描述

园林绿地是人们休闲的场所，同时又是园林植物比较集中的地方，故必须满足人们活动、植物生长及水景用水所必需的水质、水量和水压的要求。园林给水工程通常由取水工程、净水工程和输配水工程组成。

园林给水工程大多数属于隐蔽工程，所以要想高质量、低成本地按期完成该项工程建设任务，在拥有高素质施工队伍的前提下，现场施工员在施工管理上必须认真做好施工过程的记录；在材料方面要确认管件的质量符合要求；在施工方面要注意以下几点：竣工标高、埋深不宜过大，处理好接口部位，认真进行水压试验，回填土使用优质土并切实压固，水表或止水阀门安装位置要稍高一些，避免积水。

### 任务分析

要做好园林给水工程的施工管理工作，现场施工员在具有较强管理能力、协调能力和责任心的基础上，还必须掌握丰富的给水工程施工的专业知识、给水工程施工组织与管理和工程竣工验收的相关知识。具体应解决好以下几个问题：

（1）正确识别给水工程施工图，准确把握设计人员的设计意图。

（2）在掌握园林给水工程基本知识后能够编制切实可行的给水工程施工组织方案。

（3）在掌握给水管网布置的知识基础上进行有效的给水施工现场管理、指导工作。

(4)做好给水工程成品修整和保护工作。

(5)做好给水工程竣工验收的准备工作。

## 任务咨询

园林是供游人休憩游览的场所,同时又是园林植物较集中的地方。由于游人活动的需要、植物养护管理及造景用水的需要等,园林中不但用水量很大,而且对水质和水压都有较高的要求。

### 一、园林给水基本知识

#### (一)给水工程的组成

完整的给水工程由取水工程、净水工程和输配水工程三个部分组成,并用水泵联系,组成一个供水系统。

1. 取水工程

取水工程是从水源取水的工程,通常由取水构筑物、管道、机电设备等组成。园林用水也可以从城市给水管网中直接取用。

2. 净水工程

原水通常不能直接使用,需要根据各类用水对水质的不同要求分别进行处理。净水工程是通过各种措施对原水进行净化、消毒处理,去除水中有害杂质、提高水质的工程。

3. 输配水工程

输配水工程是为了将足够的水量输送和分配到各用水地点,并保证水压和水质的工程,包括敷设的输配水管道,建造的泵站以及水塔、高位水池等调节构筑物。水塔、高位水池常设于地势较高的地点,借以调节用水量并保证管网中的水压。

#### (二)园林用水分类

1. 生活用水

生活用水指人们日常用水,如办公室、餐厅、内部食堂、茶室、小卖部、消毒饮水器及卫生设备等的用水。生活用水对水质要求很高,直接关系到人身健康,其水质标准应符合《生活饮用水卫生标准》(GB 5749—2006)的要求。

2. 养护用水

养护用水包括植物灌溉、动物笼舍的冲洗及夏季广场园路的喷洒用水等,这类用水对水质的要求不高,但用水量大。

3. 造景用水

造景用水指园林中各种水体(溪涧、湖泊、池沼、瀑布、跌水、喷泉等)的用水。其对水质要求不高,人工造景的水体一般采用循环水,来补充减少的水量。

4. 消防用水

消防用水对水质没有特殊要求,一般将消防用水与生活用水综合考虑。按国家建筑规范规定,所有建筑都应单独设消防给水系统。

#### (三)园林给水的特点

(1)园林用水遍布全园,用水点较分散。

(2)用水点分布于高低起伏的地形上,高程变化大。

(3)水质可根据用途不同分别处理。

(4)用水高峰时间可以错开。

(5)生活用水较少,其他用水较多。

**(四)水源与水质**

1. 水源

园林中的水源有地表水、地下水和城市自来水。

1)地表水

地表水来源于大气降水,包括江、河、湖、水库和浅井中的水。由于地表水直接与大气相接触,长期暴露于地面上,因此容易受到周围环境污染。个别水源甚至受到各种污染源的污染,水质较差。但地表水水量充沛,取用方便。地表水如比较清洁或受污染较轻,可直接用于植物养护或水景水体用水,作为生活用水时必须经过净化和严格消毒。

2)地下水

地下水是由大气降水渗入地层,或者河水通过河床渗入地下而形成的。地下水一般水质澄清、分布面广,并且不易受污染,水质较好。地下水通常可直接使用,作为生活用水时也仅需作必要的消毒,不再净化处理。

3)城市自来水

城市给水管网中的水已经净化消毒,一般能满足各类用水对水质的要求。

2. 水质

园林用水的水质要求,可因其用途不同分别处理。养护用水只要无害于动植物、不污染环境即可。但生活用水(特别是饮用水)则必须经过严格净化消毒,水质须符合国家颁布的《生活饮用水卫生标准》(GB 5749—2006)的要求。

## 二、给水管网的布置

公园给水管网的布置除要了解园内用水的特点外,公园四周的给水情况也很重要,它往往影响管网的布置方式。一般市区小公园的给水可由一点引入。但对较大型的公园,特别是地形复杂的公园,为了节约管材,减少水头损失,有条件的最好多点引入。

**(一)给水管网的布置原则**

(1)按照总体规划布局的要求布置管网,在大型公园或风景区建设时,可以考虑管网的分步建设。

(2)干管布置方向应按供水主要流向延伸,而供水流向取决于最大的用水点和用水调节设施(如高位水池和水塔)位置,即管网中干管输水与它们距离最近。

(3)管网布置必须保证供水安全可靠,干管一般按主要道路布置,宜布置成环状,但应尽量避免在园路和铺装场地下敷设。

(4)力求以最短距离敷设管线,以降低管网造价和供水能量费用。

(5)在保证管线安全不受破坏的情况下,干管宜随地形敷设,避开复杂地形和难于施工的地段,以减少土方工程量。在地形高差较大时,可考虑分压供水或局部加压,不仅能节约能量,还可以避免地形较低处的管网承受较高压力。

(6)为保证消火栓处有足够的水压和水量,应将消火栓与干管相连接,消火栓的布置应先考虑主要建筑。

**(二)设计管网的准备工作**

(1)收集平面图、竖向设计图、水文地质等资料。

(2)调查公园的水源、用水量及用水规律。

(3)了解公园中各种建筑对水的需求。

**(三)给水管网的基本布置形式**

1. 树枝状管网

如图3-1(a)所示,树枝状管网是指从供水点到用水点的管线布置成树枝状,从树干到树梢越来越细,其优点是布置方式简单,管线短,投资省,适用于用水量不大、用水点较分散的情况,对分期发展的公园有利。但供水可靠性较差,一旦管网局部发生事故或需检修,影响用水面较大。另外,当管网末端用水量减小,管中水流缓慢甚至停流而造成“死水”时,水质容易变坏。

2. 环状管网

如图3-1(b)所示,环状管网的干管和支管呈环状布置,使管网供水能互相调剂。其突出优点是供水安全可靠,当管网中局部管段出现故障时,也不致影响供水,管网无死角,水可以经常沿管网流动,水质不易变坏。但这种布置形式较费管材,投资较大,主要用于对供水连续性要求较高的区域。

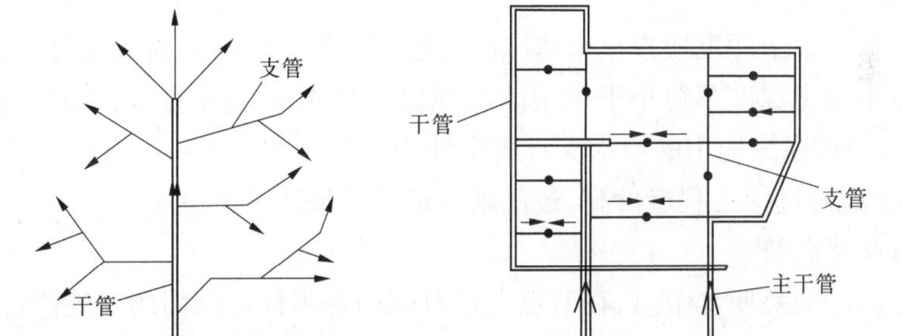


**图3-1　给水管网基本布置形式**

3. 混合管网

在实际工程中,给水管网往往同时存在以上两种布置形式,称为混合管网(见图3-2)。在初期工程中,对连续性供水要求较高的局部地区、地段可布置成环状管网,其余采用树枝状管网,然后再根据改扩建的需要增加环状管网在整个管网中所占的比例。

**(四)管网的布置要点**

(1)管网布置应力求经济与满足最佳水力条件。

①干管应靠近主要用水点。

②干管应靠近调节设施(如高位水池或水塔)。

③管道应力求短而直。

(2)管网布置应便于检修维护。

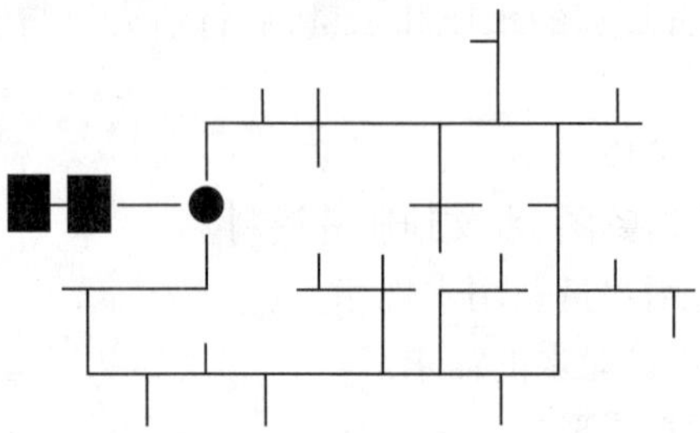

图3-2　混合管网

①干管应尽量埋设于绿地下，减少对道路、广场和水体的穿越。

②在阀门、仪表、附件等处应留有检查井。

③给水管网应有不小于0.3%的坡度，坡向指向泄水阀门井，以便于放空检修。

④在保证不受冻的情况下，干管宜随地形起伏敷设，避开复杂地形和难于施工的地段，以减少敷设土石方工程量和便于检修。

(3)管网布置应保证使用安全，避免损坏和受到污染。

①给水管网和其他管道应按规定保持一定安全距离，避免出现被污染的情况。

②管道埋深及敷设应符合规定，避免受冻、受压和不均匀沉降的影响。

③穿越道路、广场、河流、水面以及其他构筑物等障碍物时应设置必要的防护措施。

### (五)管网布置的一般规定

1. 管道埋深

给水干管的覆土深度应根据土壤冰冻深度、车辆荷载、管道材质及管道交叉等因素确定。管顶最小覆土深度不得小于土壤冰冻线以下0.4 m，行车道下的管线覆土深度不宜小于0.7 m，埋设在绿地中的给水支管最小埋深不宜小于0.5 m。当然，管道也不宜埋得过深或过浅，埋得过深工程造价高，过浅则管道易遭破坏。

2. 阀门及消火栓

给水管网的交点叫作节点，在节点上设有阀门等附件。阀门的安装位置如下：从给水干管的引入管段上、水表前和立管、环形管网的节点处，配水管起端，接有3个及3个以上配水点的支管、水池、水箱等处。阀门除安装在支管和干管的连接处外，要求每500 m直线距离设一个阀门。

为了检修管理方便，室外给水管道上的阀门宜设阀门井。

在给水管网设计时应同时设计消防给水系统。设置在给水管网上的消火栓，按规定其间距不应超过120 m，保护半径不应大于150 m；设有消火栓的室外给水管网管径不应小于100 mm。室外消火栓应沿道路设置，为了便于消防车补给水，距车行道不应超过2 m，距建筑外墙不宜小于5 m。

## 三、给水管材和管网附属设施

### (一)给水管材、管件及阀门

在给水工程中，管网投资占工程费的50%~80%，而在管道工程总投资中，管材费用至少占1/3以上。管材对水质有影响，管材的抗压强度影响管网的使用寿命。管网属于地下永久性隐蔽工程设施，要求有很高的安全可靠性。目前常用的给水管材有下列几种。

1. 铸铁管

铸铁管分为灰铸铁管和球墨铸铁管。灰铸铁管具有经久耐用、耐腐蚀性强、使用寿命长等优点，但质地较脆，不耐震动和弯折，重量大。灰铸铁管是以往使用最广的管材，但运用中易发生爆管，不适应城市的发展，已逐渐被球墨铸铁管代替。球墨铸铁管在抗压、抗震性能上有很大提高。

2. 钢管

钢管有焊接钢管和无缝钢管两种，焊接钢管又分为镀锌钢管（白铁管）和非镀锌钢管（黑铁管）。钢管有较好的机械强度，耐高压、震动，重量较轻，单管长度长，接口方便，有强的适应性，但耐腐蚀性差，防腐造价高。镀锌钢管就是防腐处理后的钢管，它防腐、防锈、不使水质变坏，并延长了使用寿命，是生活用水的主要给水管材。

3. 钢筋混凝土管

钢筋混凝土管防腐能力强，不需任何防腐处理，有较好的抗渗性和耐久性，但水管重量大，质地脆，装卸和搬运不便。其中自应力钢筋混凝土管后期会膨胀，可使管疏松，不用于主要管道；预应力钢筋混凝土管能承受一定压力，在国内大口径输水管中应用较广，但由于接口问题，易爆管、漏水。为克服这些缺陷现采用预应力钢筒混凝土管（PCCP），它是将钢筒和预应力钢筋混凝土管复合而成的，具有抗震性好、使用寿命长、不宜腐蚀、抗渗漏的特点，是较理想的大水量输水管材。

4. 塑料管

塑料管种类比较多，常用的有 UPVC、PPR、PE 管等，是目前采用较多的一种供水管道。其具有表面光滑、不易结垢、水头损失小、耐腐蚀、重量轻、加工连接方便等特点，但管材强度低，性质脆，抗外压和冲击性差。塑料管多用于小管径，一般在 DN200 mm 以内，同时不宜安装在车行道下。生活用水主要选择 PPR 管和 PE 管，UPVC 管主要用于喷灌。

5. 其他管材

玻璃钢管价格高，才刚刚起步。石棉水泥管易破碎，已逐渐被淘汰。

6. 管件

给水管的管件种类很多，不同的管材有些差异，但分类差不多，有接头、弯头、三通、四通、管堵以及活性接头等。每类又有很多种，如接头分内接头、外接头、内外接头、同径或异径接头等（见图 3-3）。

7. 阀门

阀门的种类很多，园林给水工程中常用的阀门按阀体结构形式和功能可分为截止阀、闸阀、蝶阀、球阀、电磁阀等。按照驱动力分为手动、电动、液动和气动 4 种方式，按照承受压力分为高压、中压、低压 3 类。园林中大多为中低压阀门，以手动为主。

**（二）管网附属设施**

1. 地下龙头

地下龙头一般用于绿地浇灌，它由阀门、弯头及直管等组成，通常用 DN20 mm 或 DN25 mm。一般把部件放在井中，埋深 300 ~ 500 mm，周边用砖砌成井，大小根据管件多少而定，以能人为操作为宜，一般内径（或边长）为 300 mm 左右。地下龙头的服务半径为

**图 3-3 部分管件图**

50 m 左右，在井旁应设出水口，以免附件积水。

2. 阀门井

阀门用来调节管线中的流量和水压，主管和支管交接处的阀门常设在支管上。一般把阀门放在阀门井内，其平面尺寸由水管直径及附件种类和数量决定，一般阀门井内径为 1 000 ~ 2 800 mm，井口内径一般为 600 ~ 800 mm，井深由水管埋深决定。

3. 排气阀井和排水阀井

排气阀装在管线的较高部位，用以排除管内空气。排水阀设在管线最低处，用以排除管道中的沉淀物和检修时放空存水。

4. 其他

给水管网附属设施较多，有水泵站、泵房、水塔、水池等。

## 任务实施

接到任务后，应根据相关知识中所涉及的内容，对给水施工图进行分析，然后制订给水施工方案，具体实施如下。

### 一、材料的选用

(1)给水铸铁管及管件规格、品种应符合设计要求，管壁薄厚均匀，内外光滑整洁，不得有砂眼、裂纹、飞刺和疙瘩。承插口的内外径及管件应造型规矩，并有出厂合格证。

(2)镀锌碳素钢管及管件，管壁内外镀锌均匀，无锈蚀。内壁无飞刺，管件无偏扣、乱扣、方扣、丝扣不全、角度不准等现象。

(3)阀门无裂纹,开关灵活严密,铸造规矩,手轮无损坏,并有出厂合格证。

(4)地下消火栓、地下闸阀、水表品种和规格应符合设计要求,并有出厂合格证。

(5)捻口水泥一般采用不小于32.5级的硅酸盐水泥和膨胀水泥(采用石膏矾土膨胀水泥或硅酸盐膨胀水泥)。水泥必须有出厂合格证。

(6)其他材料:石棉绒、油麻绳、青铅、铅油、麻线、机油、螺栓、螺母、防锈漆等。

## 二、施工主要器具

(1)机具:套丝机、砂轮切割机、电焊机、试压泵、氧割(焊)设备等。

(2)工具:手动液压铸铁管剪切器、手锤、捻口凿、钢锯、剁斧、大锤、撬杠、手拉葫芦、管钳、大绳、铁锹、铁镐等。

(3)其他:水平尺、钢卷尺等。

## 三、现场施工

园林给水工程施工工艺流程:安装准备—清扫管膛—管材、管件、阀门、消火栓等就位—管道连接—灰口养护—水压试验—管道加固—管道冲洗—管槽回填。

### (一)安装准备

#### 1.定点放线

清除场地内有碍管线施工的设施及建筑垃圾等。根据管线平面布置图,利用相对坐标,按图示方位打桩放线,先确定用水点的位置,再确定管道位置。放线时,先定出管线走向中心线,后定出待开挖的沟槽边线。如管线为曲线,可按方格网法放线。

#### 2.沟槽开挖

确定沟槽的位置、宽度和深度以后,采用机械挖槽。用机械挖槽后,当天不能下管时,沟底可留出0.2 m左右不挖,待铺管前用人工清挖。沟槽应在各接口处挖成较大的工作坑,以便管道安装作业,其他地方可尽可能地挖窄一些。沟槽断面可选梯形或矩形,宽度一般可按管道外径加上0.4 m确定,深度应满足管网泄水要求,并在最大冻土层深度以下,以免将来产生冻裂隐患。沟槽开挖时必须按设计要求保证槽床至少有0.2%的坡度,坡向指向泄水点。开挖的管槽底面应平整、紧实,具有均匀的密实度。工作坑尺寸见表3-1。

**表3-1　工作坑尺寸**

| 管径(mm) | 工作坑尺寸(m) | | | |
|---|---|---|---|---|
| | 宽度 | 长度 | | 深度 |
| | | 承口前 | 承口后 | |
| 75~250 | 管径+0.6 | 0.6 | 0.2 | 0.3 |
| 250以上 | 管径+1.2 | 1.0 | 0.3 | 0.4 |

**(二)清扫管膛**

将管道内的杂物清理干净,并检查管道有无裂缝和砂眼。管道承口内部及插口外部飞刺、铸砂等应预先铲掉,沥青漆用喷灯或气焊烤掉,再用钢丝刷除去污物。

**(三)管材、管件、阀门、消火栓等就位**

1.散管和下管

将检查并疏通好的管子散开摆好,其承口迎着水流方向,插口顺着水流方向。下管时将管子从地面放到沟槽内。当管径较小、重量较轻时,可采用人工下管;当管径较大、重量较重时,一般采用机械下管。下管时应谨慎操作,以保证人身安全。操作前,必须对沟壁情况、下管工具、绳索、安全措施等认真检查。

2.管道对口和调直稳固

下至沟底的铸铁管对口时,可将管子插口稍抬起,然后用撬杠在另一端用力将管子插口推入承口,再用撬杠将管子校正,使管子接口处间隙均匀,并保持管子呈直线,管子两侧用土固定。

管子铺设并调直后,在接口以外的部分,应及时覆土,以防管子发生位移和捻口时震松已捻管口。稳管时,每根管子应对准中心线,接口的转角应符合施工规范要求。

**(四)管道连接**

以给水铸铁管连接方法为例说明。

铸铁管一般采用大锤和剁斧进行断管,也可用手动液压铸铁剪切器切断。注意,要为管道连接提供合格的管材。插口装入承口前,应将承口内部和插口外部清理干净。

铸铁管全部放稳后,暂在接口间隙内填塞干净的油麻或麻绳等,防止泥土及杂物进入。如接口填麻丝时,应将堵塞物拿掉,填油麻的深度为承口总深的1/3,填油麻应密实均匀,以保证接口环形间隙均匀。打麻时,应先将麻拧成麻辫,麻辫直径约为承插口环形间隙的1.5倍,长度约为周长的1.3倍。打锤要用力,凿凿相压,直到发出金属声。

**(五)灰口养护**

接口完毕,应用湿泥或草袋将接口处周围覆盖好,并用松土埋好后进行养护。天气炎热时还应盖上湿草袋并勤浇水,防止热胀冷缩损坏接口,气温在5 ℃以下时要注意防冻。接口一般养护3~5天即可。

**(六)水压试验**

对已安装好的管道应进行水压试验,试验压力值按设计要求及施工规范确定。

**(七)管道加固**

用水泥砂浆或混凝土支墩将管道的弯头、三通、变径、堵头以及间隔一定距离的直线管段压实或支撑固定。

**(八)管道冲洗**

管道安装完毕,验收前应进行冲洗,并做消毒处理,使水质达到规定要求,同时做好管道冲洗验收记录。

**(九)管槽回填**

管道安装完成并经水压试验合格后,可分两步进行管槽回填。

(1)部分回填。部分回填是指管道以上约100 mm范围内的回填。一般采用砂土或筛过的原土回填,位于管底有效支撑角范围用粗中砂回填密实。管道两侧分层踩实,不能用石块或砖砾等杂物单侧回填。

(2)全部回填。全部回填采用符合要求的原土分层轻夯或踩实。每次填土高度为100~150 mm,直至高出地面100 mm左右。填土到位后对整个管槽进行水夯,以免出现局部下陷,影响绿化效果。

用机械回填管沟时,机械不得在管道上方行走。距管顶0.5 m范围内,回填土不允许含有直径大于100 mm的块石或冻结的大土块。

## 四、成品保护

(1)给水管材、管件、阀门及消火栓搬运、堆放要避免碰撞损伤。

(2)在管道安装过程中,管道未捻口前应对接口处做临时封堵,中断施工或工程完工后,凡开口的部位必须有封闭措施,以免污物进入管道。

(3)管道支墩、挡墩应严格按设计或规范要求设置。

(4)刚打好口的管道,不能随意踩踏、冲撞和重压。

(5)阀门井、水表井要及时砌好,以保证管件安装后不受损坏。

(6)管道穿园内主要道路基础时要加套管或设管沟。

(7)埋地管道要避免受外荷载破坏而产生变形。水压试验要密切注意系统最低点的压力不可超过管道附件的承受能力,试压完毕后要排尽管内水。泄水时,必须先打开上部的排气阀;天气寒冷时,一定要及时泄水,防止受冻。

(8)地下管道回填土时,为防止管道中心线产生位移或损坏管道,应用人工先在管子周围填土夯实,并应在管道两边同时进行,直至管顶0.5 m以上时,在不损坏管道的情况下,方可用机械夯实。

(9)给水管道相互交叉时,其净距不小于0.15 m;与污水管平行时,间距取1.5 m;与污水管或输送有毒液体管道交叉时,给水管道应敷设在上面,且不应有接口重叠,当给水管敷设在下面时,应采用钢管或钢套管。

(10)修筑管网附属设施:园林施工中遇到最多的是阀门井和消火栓,应按照设计图纸进行施工。

## 五、应注意的质量问题

(1)埋地管道断裂。原因是管基处理不好,或填土夯实方法不当。

(2)阀门井深度不够,地下消火栓的顶部出水口距井盖底部距离小于400 mm。原因是埋地管道坐标及标高不准。

(3)管道冲洗数遍,水质仍达不到设计要求和施工规范规定。原因是管膛清扫不净。

(4)水泥接口渗漏。原因是水泥标号不够或过期,接口未养护好,捻口操作不认真,未捻实。

## 任务考核标准

| 序号 | 考核项目 | 考核内容 | 评价标准 | 得分 |
|---|---|---|---|---|
| 1 | 情感态度、团队协作 | 出勤、分工、合作、积极性等 | 10 | |
| 2 | 施工准备工作 | 翔实、准确 | 20 | |
| 3 | 测量放样工作 | 精确 | 10 | |
| 4 | 施工工艺 | 切合实际 | 20 | |
| 5 | 现场管理工作 | 细致、翔实 | 20 | |
| 6 | 竣工验收的准备工作 | 细致、翔实 | 20 | |

## 拓展提高

### 硬聚氯乙烯给水管道安装

#### 一、管材及配件的性能

(1)施工所使用的硬聚氯乙烯给水管管材、管件应分别符合《给水用硬聚氯乙烯(PVC－U)管材》(GB/T 10002.1—2006)及《给水用硬聚氯乙烯(PVC－U)管件》(GB/T 10002.2—2003)的要求。如发现有损坏、变形、变质迹象或其存放超过规定期限时,使用前应进行抽样复验。

(2)管材插口与承口的工作面,必须表面平整,尺寸准确,既要保证安装时容易插入,又要保证接口的密封性能。

(3)硬聚氯乙烯给水管道上所采用的阀门及管件,其压力等级不应低于管道工作压力的1.5倍。

(4)当管道采用橡胶圈接口(R－R接口)时,所用的橡胶圈不应有气孔、裂缝和接缝等。

(5)当使用橡胶圈作接口密封材料时,橡胶圈内径与管材插口外径之比宜为0.85～0.9,橡胶圈断面直径压缩率一般采用40%。

#### 二、管材及配件的运输及堆放

(1)硬聚氯乙烯管材及配件在运输、装卸及堆放过程中严禁抛扔或激烈碰撞,应避免阳光暴晒。若存放期较长,则应放置于棚库内,以防变形和老化。

(2)硬聚氯乙烯管材、配件堆放时,应放平垫实,堆放高度不宜超过1.5 m;承插式管材、配件堆放时,相邻两层管材的承口应相互倒置并让出承口部位,以免承口承受集中荷载。

(3)管道接口所用的橡胶圈应按下列要求保存:

①橡胶圈宜保存在温度低于40 ℃的室内,不应长期受日光照射,距一般热源距离不

应小于1 m。

②橡胶圈不能和能溶解橡胶的溶剂(油类、苯等)以及对橡胶有害的酸、碱、盐等物质存放在一起。

③橡胶圈在保存及运输中,不应使其长期受挤压,以免变形。

④当管材出厂时,若配套使用的橡胶圈已放入承口内,可不必取出保存。

## 三、硬聚氯乙烯给水管道的安装

(1)管道铺设应在沟底标高和管道基础质量检查合格后进行,在铺设管道前要对管材、管件、橡胶圈等重新进行一次外观检查,发现有问题的管材、管件均不得使用。

(2)管道的一般铺设过程是:管材放入沟槽—接口—部分回填—试压—全部回填。在条件不允许、管径不大时,可将2或3根管在地面上接好,再平稳放入沟槽内。

(3)在沟槽内铺设硬聚氯乙烯给水管道时,如设计未规定采用基础的形式,可将管道铺设在未经扰动的原土上。管道安装后,铺设管道时所用的临时垫块应及时拆除。

(4)管道不得铺设在冻土上,在铺设管道和管道试压过程中,应防止沟底冻结。

(5)管材在吊运及放入沟时,应采用可靠的软带吊具,平稳下沟,不得与沟壁或沟底激烈碰撞。

(6)在昼夜温差变化较大的地区,应采取措施,防止因温差产生应力而破坏管道及接口。橡胶圈接口不宜在 -10 ℃以下施工。

(7)在安装法兰接口的阀门和管件时,应采取防止造成外加拉应力的措施。口径大于100 mm的阀门下应设支墩。

(8)管道转弯的三通和弯头处是否设置支墩及支墩的结构形式由设计决定。管道的支墩不应设置在松土上,其后背应紧靠原状土,如无条件,应采取措施保证支墩的稳定;支墩与管道之间应设橡胶垫片,以防止管道破坏。在无设计规定的情况下,管径小于100 mm的弯头、三通可不设置支墩。

(9)管道在铺设过程中可以有适当的弯曲,但曲率半径不得小于管径的300倍。

(10)在硬聚氯乙烯管道穿墙处,应设预留孔或安装套管,在套管范围内管道不得有接口。硬聚氯乙烯管道与套管间应用非燃烧材料填塞。

(11)管道安装和铺设工程中断时,应用木塞等将管口封闭,防止杂物进入。

(12)硬聚氯乙烯给水管道橡胶圈接口适用于管外径为63~315 mm的管道连接。

(13)橡胶圈连接应遵守下列规定:

①检查管材、管件及橡胶圈质量。

②清理干净承口内橡胶圈沟槽、插口端工作面及橡胶圈,不得有土或其他杂物。

③将橡胶圈正确安装在承口的橡胶圈沟槽区中,不得装反或扭曲,为了安装方便,可先用水浸湿橡胶圈。

④橡胶圈连接须在插口端倒角,并应画出插入长度标线,然后再进行连接。切断管材时,应保证断口平整且垂直于管轴线。

⑤用毛刷将润滑剂均匀地涂在装嵌在承口处的橡胶圈和管插口端外表面上,但不得将润滑剂涂到承口的橡胶圈沟槽内;润滑剂可采用V型脂肪酸盐,禁止用黄油或其他油

类作润滑剂。

⑥将连接管道的插口对准承口，保证插入管段的平直，用手动葫芦或其他拉力机械将管一次插入至标线。若插入阻力过大，切勿强行插入，以防橡胶圈扭曲。

## 复习提高

图 3-4 是某给水施工图，请分析一下，然后从以下几个方面考虑制订一个切实可行的园林给水工程施工方案。

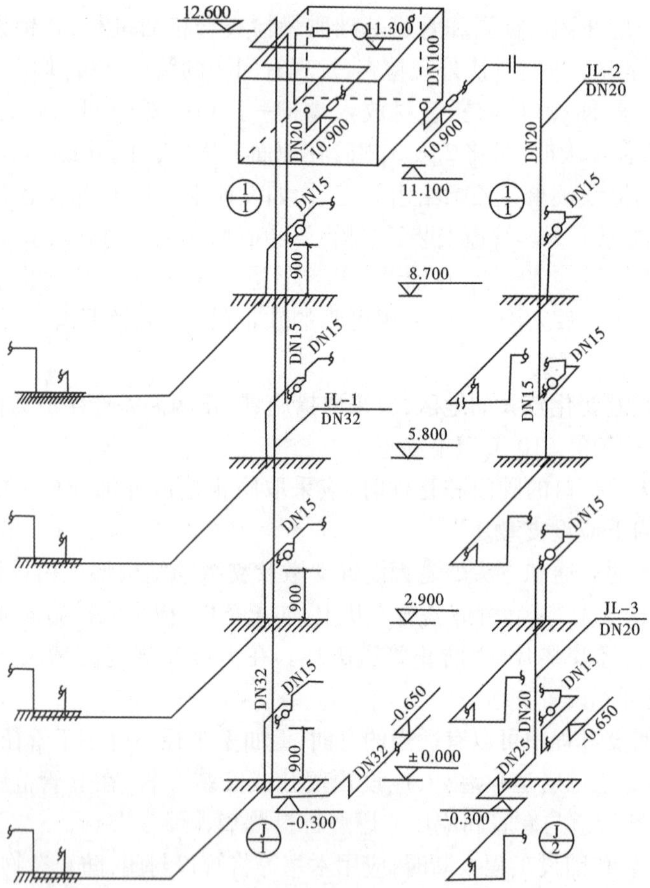


图 3-4　给水施工图

(1)熟悉设计图纸：熟悉管线的平面布局、管段的节点位置、不同管段的管径、管底标高、阀门井以及其他设施的位置等。

(2)清理施工场地：清除场地内有碍管线施工的设施和建筑垃圾等。

(3)施工定点放线。

(4)抽沟挖槽：根据给水管的管径确定挖沟的宽度。

(5)基础处理：水管一般可直接埋在天然地基上，不需要作基础处理；遇岩基或承载力达不到要求的地基土层，应作垫砂或基础加固等处理。

(6)管道安装。

(7)覆土填埋:管道安装完毕,通水检验管道渗漏情况后再填土,填土前用砂土填实管底和固定管道,不使水管悬空和移动,防止在填埋过程中压坏管道。

(8)修筑管网附属设施。

# 任务二　园林排水工程施工

**能力目标**

能够编制园林排水工程施工方案,能够根据施工图进行园林排水工程施工以及现场管理,能够协助验收人员完成园林排水工程验收。培养学生运用排水的基本知识进行简单的园林排水设计、施工管理的能力。

**知识目标**

了解园林排水工程的特点,掌握园林排水方式和要点,熟练掌握排水工程的工艺流程和验收标准。

## 任务描述

园林中为满足游人及管理人员生活的需要,每天都会产生生活污水。由于园林造景的需要,利用地形起伏创造环境空间,这样会导致一些天然降水不能排出。为保持环境,应及时收集和排出这些污水,给游人创造一个良好的环境空间。园林排水工程的主要任务就是排出生活污水和天然降水。

图3-5是典型的排水施工图,从图中可以看出排水工程大多数属于隐蔽工程,雨水主要采用地面排水与明沟排水,而污水则可以通过管道排放。所以,要想高质量、低成本地按期完成该项工程建设任务,在拥有高素质施工队伍的前提下,现场施工员在施工管理上必须认真做好施工过程的记录,同时还要掌握排水工程的特点、排水的方式、排水系统的组成、排水管网的设计、排水工程施工与管理技术。

## 任务分析

通过对施工图纸的分析我们知道,要做好该项工程的施工管理工作,现场施工员在具有较强管理能力、协调能力和责任心的基础上,还必须掌握丰富的排水工程施工的专业知识、排水工程施工组织与管理和工程竣工验收的相关知识。具体应解决好以下几个问题:

(1)正确识别排水工程施工图,准确把握设计人员的设计意图。

(2)编制切实可行的排水工程施工组织方案。

(3)进行有效的排水施工现场管理、指导和协调工作。

(4)做好排水工程成品修整和保护工作。

(5)做好排水工程竣工验收的准备工作。

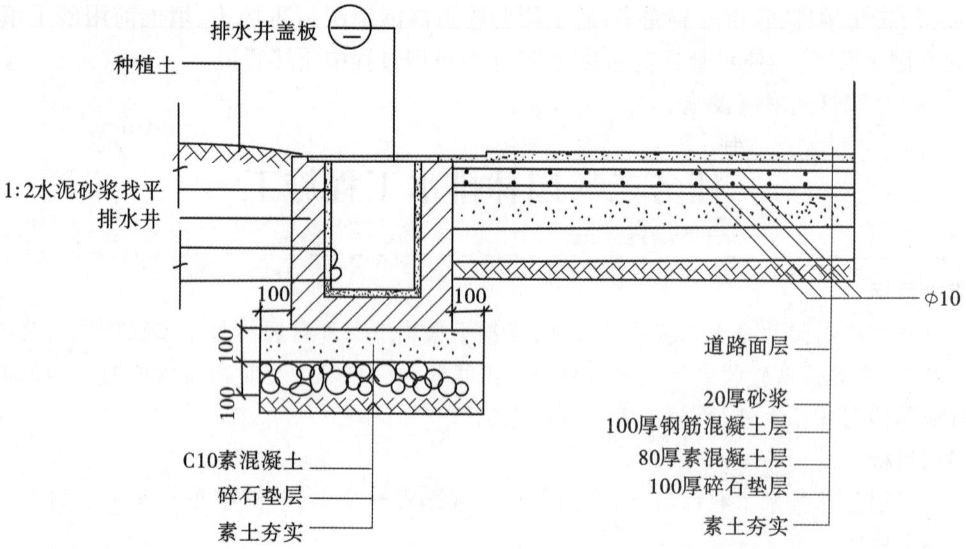


图 3-5　某景观排水施工图

## 任务咨询

### 一、园林排水概述

#### (一)污水的分类

人类的生活和生产活动都需要大量的水。水在使用过程中受到不同程度的污染,改变了原有的化学成分和物理性质,就称为污水或废水。污水也包括雨水和冰雪融化水。按照来源不同,污水可分为三类:生活污水、工业废水和天然降水。

1. 生活污水

在园林中生活污水主要指从办公楼、小卖部、餐厅、茶室、公厕等排出的水。生活污水含有较多的有机物,如蛋白质、动植物脂肪、碳水化合物、尿素和氨氮等,还含有肥皂和合成洗涤剂,以及常在粪便中出现的病原微生物等,这类污水需要经过处理后才能排入水体,进行绿地灌溉或再利用。

2. 工业废水

工业废水指工业生产过程中排放的废水,可分为生产污水和生产废水两类。园林中一般没有。

3. 天然降水

天然降水即大气降水,包括液态降水(如雨、露)和固态降水(如雪、冰雹、霜等)。前者通常主要指降雨,降落的雨水一般比较清洁,但是其形成的径流大,若不及时排走,则会积水为害。在降雨初期,雨水冲刷了地表的各种污物,污染程度较高,需要进行控制和处理后再排放。降水一部分渗入土壤,另一部分进入园林水体和城市排水系统。

#### (二)排水系统的体制

将园林中生活污水、工业废水和天然降水收集、输送和排放所采用的不同排除方式所形成的排水系统，称为排水体制，又称排水制度。可分为合流制和分流制两种类型。

1. 合流制排水系统

合流制排水系统指将生活污水、工业废水和天然降水混合在同一个管渠内排除的系统，又分为直排式合流制、截流式合流制和全处理式合流制。

2. 分流制排水系统

分流制排水系统指将生活污水、工业废水和雨水分别在两个或两个以上各自独立的管渠内排除的系统。它又可分为完全分流制、不完全分流制两种排水系统。

**(三)园林排水的特点**

(1)主要是排除雨水和少量生活污水。

(2)园林中为满足造景需要，可利用地形起伏特点，为有利于地面水的排除，可将雨水直接排入水体中，形成山水相依的格局。

(3)园林可采用多种方式排水，不同地段可根据其具体情况采用适当的排水方式。

(4)排水设施应尽量结合造景。

(5)排水的同时还要考虑土壤渗透吸收到足够的水分，以利于植物生长，干旱地区尤应注意保水。

## 二、园林排水方式

**(一)地面排水**

地面排水主要用来排除降水。在园林竖向设计时，不但要考虑造景的需要，也要考虑园林排水的要求，尽量利用地形将降水排入水体，以降低工程造价。应合理利用园林中地形条件，通过竖向设计将谷、涧、沟、园路等加以组织，划分排水区域，并就近排入园林水体或城市雨水管道。

**(二)管渠排水**

管渠排水指利用明沟、管道、盲沟等设施进行排水的方式。

1. 明沟排水

明沟排水主要采用土质明沟，其断面形式有梯形、三角形和方形等，沟内可植草种花，也可任其生长杂草，在某些地段根据需要也可砌砖、石或混凝土明沟，断面形式常采用梯形或方形(见图3-6)。

2. 管道排水

在园林中的某些局部，如低洼的绿地、铺装的广场及休息场所，建筑物周围的积水以及污水，需要或只能利用敷设管道的方式进行排除。其优点是不妨碍地面活动、卫生和美观，排水率高。但其造价也高，且检修困难。

3. 盲沟排水

盲沟是一种地下排水渠道，又叫暗沟、盲渠。它主要用于排除地下水，降低地下水位，适用于一些要求排水良好的活动场地，如体育场、儿童游戏场或地下水位过高影响不耐水植物生长的区域和开展游园活动的地段。

(1)盲沟排水的优点：取材方便，可进行废物利用，造价低廉；不需要检查井或雨水井等排水构筑物，地面不留“痕迹”，从而保持了绿地或其他活动场地的完整性。

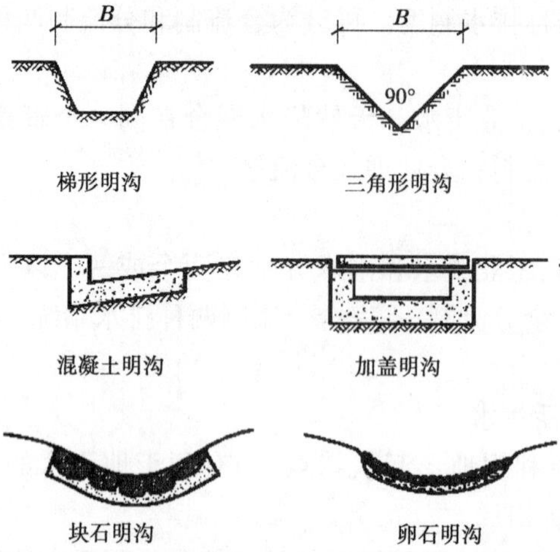


图 3-6　各种形式的排水明沟

（2）布置形式：取决于地形及地下水的流动方向（见图 3-7）。常见的形式有：自然式，适用于地势周边高、中间低的山坞状园林地形；截流式，适用于四周或一侧较高的园林地形；箅式，适用于谷地或低洼积水较多处；耙式，适用于一面坡的地形。

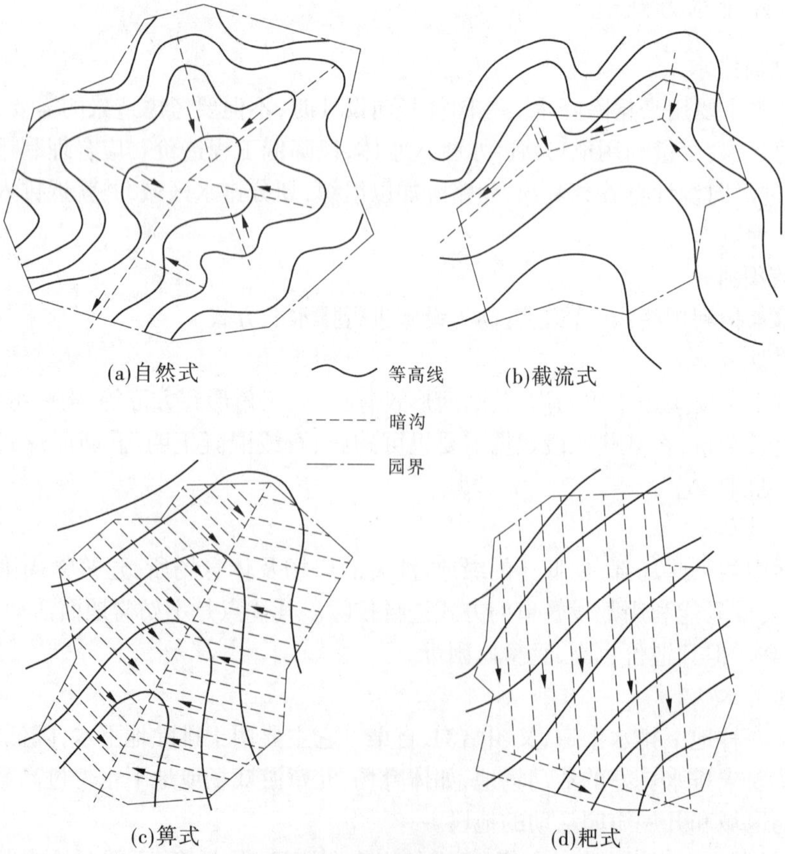


图 3-7　盲沟布置形式

(3)盲沟的埋深和间距：盲沟的埋深主要取决于植物对地下水位的要求、根系破坏的影响、土壤质地、冰冻深度及地面荷载情况等因素(见表3-2)，通常在1.2～1.7 m；支管间距主要取决于土壤种类、排水量和要求的排水速度，一般为8～24 m，对排水要求高的场地，应多设支管。

**表3-2　土壤类型与埋深的关系**

| 土壤类型 | 埋深(m) |
| --- | --- |
| 砂质土 | 1.2 |
| 壤土 | 1.4～1.6 |
| 黏土 | 1.4～1.6 |
| 泥炭土 | 1.7 |

(4)盲沟纵坡坡度：盲沟沟底纵坡坡度应不小于0.5%，只要地形条件许可，纵坡坡度应尽可能取大些，以利于地下水的排除。

(5)盲沟的构造：因透水材料多种多样，故类型也多。常用材料及构造形式见图3-8。

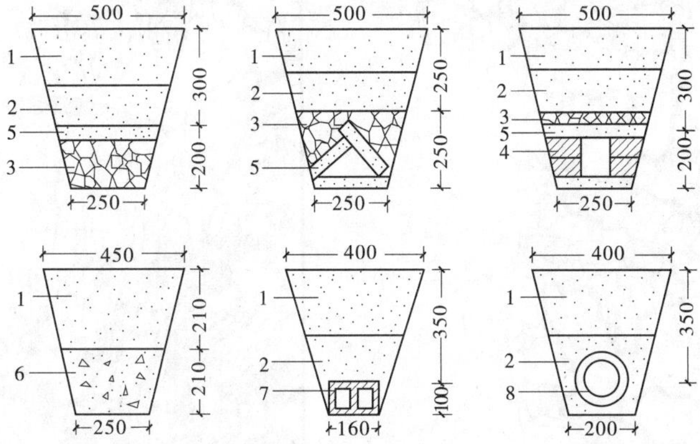


1—土；2—砂；3—石块；4—砖块；5—预制混凝土盖板；
6—碎石及砖块；7—砖块干叠排水管；8—各种盲沟排水管

**图3-8　排水盲沟的几种构造**

## 三、水土保持

在利用地面排除雨水时，最突出的问题是产生地表径流，冲刷植被和土壤。造成地表冲蚀的原因主要是地表径流的流速过大，冲蚀了地表土层。解决这个问题可以从以下几个方面着手。

### (一)地形设计时充分考虑排水要求

(1)注意控制地面坡度，使之不至于过陡。地面越陡，土壤越不透水，雨水排除越迅速，冲蚀就越可能发生。

(2)同一坡度(即使坡度不大)的坡面不宜延伸过长，应该有起伏变化，以缓冲或阻碍径流速度，同时也丰富了园林地貌景观。

(3)在地面水汇流线上,应利用道路、山谷线等拦截和组织排水。

### (二)利用地被植物

利用植被护坡,可以减少或防止对表土的冲蚀。乔、灌、草结合的植物种植方式更有利于保护地表土壤。

### (三)采取工程措施

在纵坡坡度较大的汇水线上以及较陡的出水口处,由于此处地表径流速度很大,采取上述措施难以达到地表不被冲刷的目的,需采取工程措施进行护坡。

1."谷方"

地表径流在谷线或山洼处汇集,形成大流速径流,为了防止其对地表的冲刷,在汇水线上布置一些山石,借以减缓水流的冲力,达到降低其流速、保护地表的作用。这些山石就叫"谷方"。作为"谷方"的山石须具有一定体量,且应深埋浅露,才能抵挡径流冲击。"谷方"如布置自然得当,可成为优美的山谷景观;雨天,流水穿行于"谷方"之间,辗转跌宕,又能形成生动有趣的水景(见图3-9)。

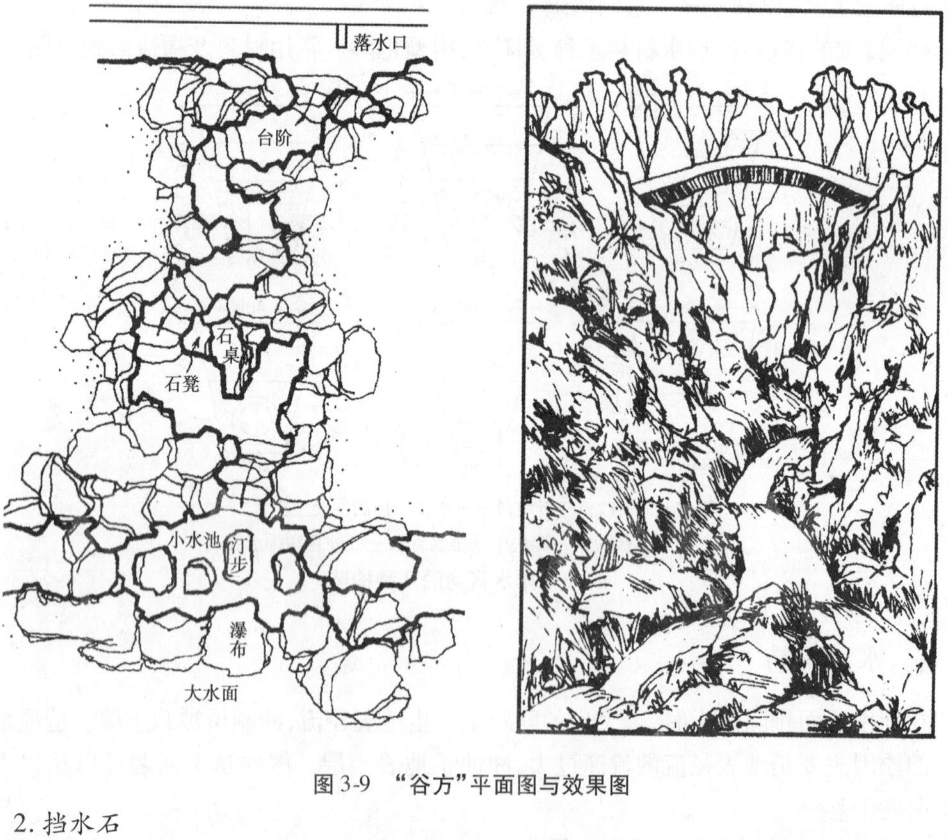


图3-9　"谷方"平面图与效果图

2.挡水石

道路是组织雨水排放的最有力的设施。无论是平地还是坡地,都可以通过道路来拦截和汇集一定量的雨水,并通过道路两侧设置的边沟、雨水口等设施来组织雨水排放。在利用道路边沟排水时,在坡度变化较大处,由于水的流速大,表土层往往被严重冲刷,甚至损坏路基。为了减少冲刷,在台阶两侧或陡坡处设置山石等阻挡水流,减缓水流的速度,这种置石就叫作挡水石(见图3-10)。

图3-10　挡水石

3. 护土筋

护土筋的作用与"谷方"或挡水石相仿,一般沿道路两侧坡度较大或边沟沟底纵坡较陡的地段敷设,用砖或其他块材成行排列埋置于土中,使之露出地面3～5 cm,每隔一定距离(10～20 m)设置3～4道,与道路中线呈一定角度,如鱼骨状排列于道路两侧。护土筋设置的疏密主要取决于坡度的陡缓,坡陡多设,反之则少设(见图3-11)。

4. 出水口

利用地面或明渠排水,在排出水体时,为了保护岸坡,结合造景,出水口应做适当处理,常见的如"水簸箕"。"水簸箕"是一种敞口排水槽,槽身的加固可采用三合土、浆砌块石(或砖)或混凝土。排水槽上下口高差大的,可在下口前端设栅栏起消力和拦污作用,或在槽底设置消力阶,或将槽底做成礓礤状(连续的浅阶),或在槽底砌消力块。有时"水簸箕"可以和道路结合,作为爬山的一条蹬道,做法上更追求自然的形式(见图3-12)。

## 四、雨水管渠的布置

公园绿地应尽可能利用地形排除雨水,但在局部地区,如广场、主要建筑周围或难于利用地面排水的局部,可以设置雨水管,或设置明渠排水。园林绿地中多有大量水体,可根据分散和直接的原则,将这些管渠分别接入附近水体或城市雨水管,不必做完整的雨水管网系统。

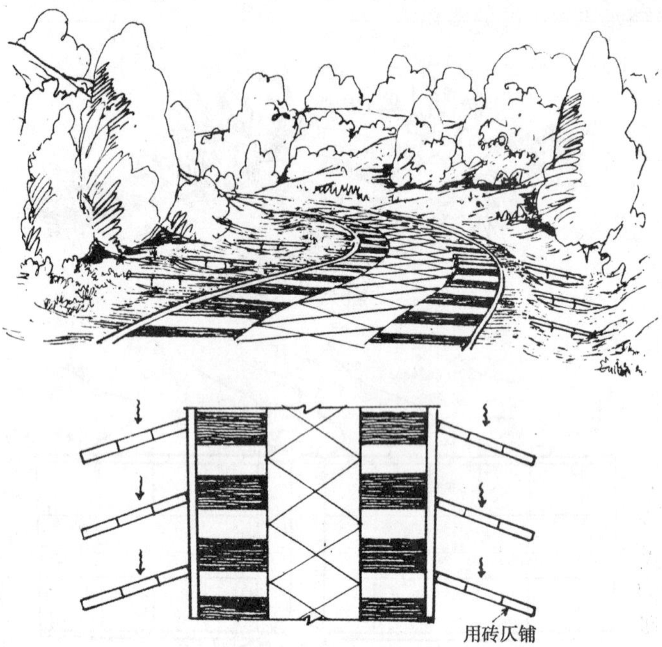


图 3-11　护土筋

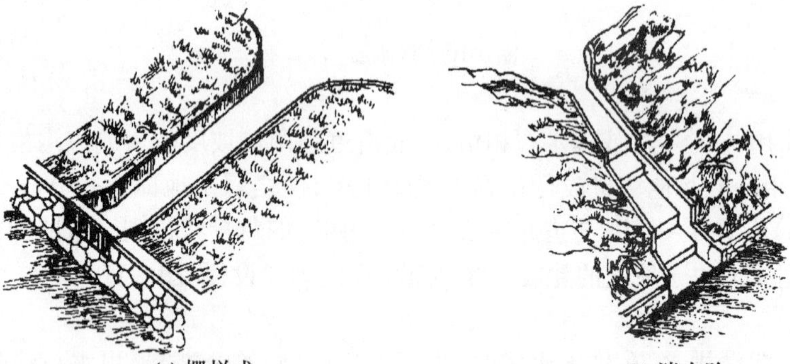

(a) 栅栏式　(b) 消力阶

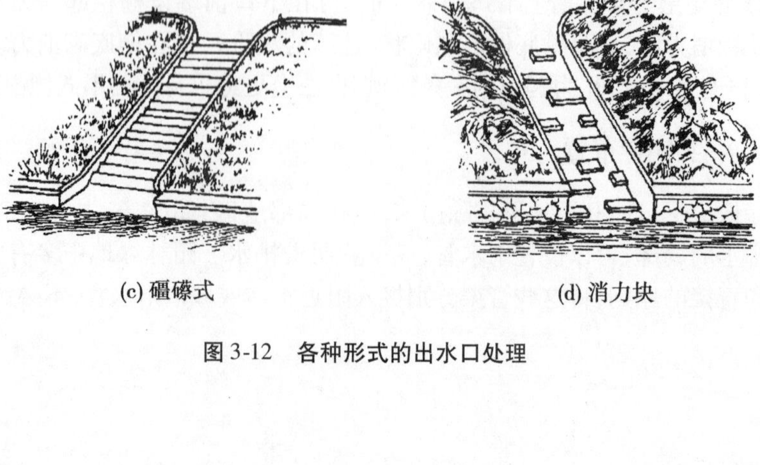

(c) 礓礤式　(d) 消力块

图 3-12　各种形式的出水口处理

### (一)雨水管渠的布置规定

1. 管道的最小覆土深度

雨水管的最小覆土深度由雨水井连接管的坡度、冰冻深度和外部荷载情况决定,一般不小于0.7 m。

2. 最小坡度

(1)雨水干管的最小坡度见表3-3。

(2)道路边沟的最小坡度不小于0.002。

(3)梯形明渠的最小坡度不小于0.000 2。

表3-3　雨水管道各种管径最小坡度

| 管径(mm) | 200 | 250 | 300 | 350 | 400 | 450 | 500 | 600 | ≥700 |
|---|---|---|---|---|---|---|---|---|---|
| 最小坡度 | 0.005 | 0.004 | 0.003 | 0.002 5 | 0.002 | 0.001 8 | 0.001 5 | 0.001 2 | 0.001 |

3. 最小容许流速

(1)各种管道在自流条件下的最小容许流速不得小于0.75 m/s。

(2)各种明渠的最小容许流速不得小于0.4 m/s(个别地方可酌减)。

4. 最小管径及沟槽尺寸

(1)雨水管最小管径不小于300 mm,一般雨水口连接管最小管径为200 mm,最小坡度为0.01。由于公园绿地的径流中挟带泥沙及枯枝落叶较多,容易堵塞管道,故最小管径限值可适当放大。

(2)梯形明渠为了便于维修和排水通畅,渠底宽度不得小于30 cm。

(3)梯形明渠,用砖石或混凝土块铺砌的一般采用1∶0.75～1∶1的边坡。边坡在无铺装情况下,根据其土壤性质可采用表3-4的数值。

表3-4　梯形明渠的边坡

| 明渠土质 | 边坡 | 明渠土质 | 边坡 |
|---|---|---|---|
| 粉砂 | 1∶3～1∶3.5 | 砂质黏土和黏土 | 1∶1.25～1∶1.5 |
| 松散的细砂、中砂、粗砂 | 1∶2～1∶2.5 | 干砌块石 | 1∶1.25～1∶1.5 |
| 细实的细砂、中砂、粗砂 | 1∶1.5～1∶2.0 | 浆砌块石及浆砌砖 | 1∶0.5～1∶1 |
| 黏质砂土 | 1∶1.5～1∶2.0 | | |

5. 排水管渠的最大设计流速

(1)管道:金属管为10 m/s,非金属管为5 m/s。

(2)明渠:水流深度为0.4～1.0 m时,可按表3-5采用。

表 3-5　明渠最大设计流速

| 明渠类别 | 最大设计流速(m/s) | 明渠类别 | 最大设计流速(m/s) |
| --- | --- | --- | --- |
| 粗砂及贫砂质黏土 | 0.8 | 草皮护面 | 1.6 |
| 砂质黏土 | 1.0 | 干砌块石 | 2.0 |
| 黏土 | 1.2 | 浆砌块石及浆砌砖 | 3.0 |
| 石灰岩及中砂岩 | 4.0 | 混凝土 | 4.0 |

6. 雨水管渠布置要点

(1)尽量利用地表面的坡度汇集雨水,以使所需管线最短。在可以利用地面输送雨水的地方尽量不设置管道,使雨水能顺利地靠重力流排入附近水体。

(2)当地形坡度较大时,雨水干管应布置在地形低的地方;当地形平坦时,雨水干管应布置在排水区域的中间地带,以尽可能地扩大重力流的排除范围。

(3)应结合区域的总体规划进行考虑,如道路情况、建筑物情况、远景建设规划等。

(4)雨水口的布置应考虑到能及时排除附近地面的雨水,不致使雨水漫过路面而影响交通。

(5)为及时快速地将雨水排入附近水体,若条件允许,应尽量采用分散出水口的布置形式。

(6)在满足冰冻深度和荷载要求的前提下,管道坡度宜尽量接近地面坡度。

**(二)管渠排水常用管材**

1. 管材要求

在选择管材时,应综合考虑技术、经济等方面的因素,降低工程造价,具体有以下几点要求:

(1)必须具有足够的强度,以承受外部的荷载和内部的水压。

(2)耐水中杂物的冲刷和磨损,能抗腐蚀,避免因污水、雨水及地下水的酸碱腐蚀而破裂。

(3)防水性能好,以防止污水渗出或地下水渗入,而污染地下水或腐蚀其他管线和建筑物基础。

(4)内壁应整齐光滑,尽量减小水流阻力。

2. 常用管材

1)混凝土管、钢筋混凝土管、预应力钢筋混凝土管

混凝土管和钢筋混凝土管的管口通常为承插式、企口式和平口式。混凝土管多用于普通地段的自流管段,钢筋混凝土管多用于深埋或土质条件不良地段,为抵抗外力,当直径大于400 mm时,通常采用钢筋混凝土管。有压管段可采用钢筋混凝土管和预应力钢筋混凝土管。它们的优点是:取材、制造方便,强度高,造价低;缺点是:抗酸碱腐蚀性差,抗渗性较差,管节短(一般一节长1 m),节点多,施工复杂,在地震烈度大于Ⅷ度的地区及松土、杂土地区不宜敷设,管自重大,搬运施工不便。

2)陶土管

普通的陶土管是由塑性黏土焙烧而成的,通常管径为200~300 mm,有效长度为800

mm,耐酸的管径可做到800 mm,管节长一般为300 mm、500 mm、700 mm、1 000 mm等,适用于排除含酸碱废水。

带釉的陶土管具有内外壁光滑,水流阻力小,不透水性好,耐磨损、耐腐蚀等优点。缺点是质脆易碎,抗弯、抗拉强度低,不宜敷设于松土或埋深较大的土层中,由于管节短,接口多,施工难度和费用都较大。

3)金属管

常用的金属管有铸铁管和钢管。由于金属管材造价高,现很少使用,但在高内压、高外压及对抗渗漏要求较高的管段必须采用金属管。如泵站的进出水管,穿越铁路和河道的倒虹吸管,以及靠近给水管道或房屋基础、地震烈度大于Ⅷ度的地段、地下水位高或流砂严重的地段都采用金属管。

金属管质地坚固,强度高,抗渗、抗震性均较好,且内壁光滑,水流阻力小,每节管的长度大、接头少。但其造价高,抗酸碱及地下水侵蚀能力较差,在使用时应涂刷耐腐涂料并注意绝缘。

4)其他材料排水管

随着新型材料的不断研制,用于排水的管材也日益增多,如玻璃纤维混凝土管、强化塑料管、离心混凝土管、UPVC管等,这些管材都具有重量轻、不渗漏、耐腐蚀、内壁光滑等优点。目前,UPVC波纹管在园林中运用较多。

**(三)管道的接口形式**

排水管道的接口形式应根据管道材料、连接形式、排水性质、地下水位和地质条件等确定。排水管道的不透水性和耐久性,在很大程度上取决于敷设管道时接口的质量。管道接口应具有足够的强度,不透水,能抵抗污水或地下水的侵蚀并有一定的弹性。

1.接口形式及适用条件

室外排水管道最常用的为混凝土管和钢筋混凝土管,管口的形状有企口、平口、承插口,企口和平口又可直接连接或加套连接。根据接口的弹性,一般分为柔性、刚性和半柔性3种接口形式。

(1)柔性接口:柔性接口允许管道纵向轴线交错3～5 mm或交错一个较小的角度,而不致引起渗漏。常用的柔性接口有石棉沥青接口、沥青麻布接口、沥青砂浆灌口接口、沥青油膏接口。柔性接口施工复杂,造价较高。在地震区采用有其独特的优越性。

(2)刚性接口:刚性接口不允许管道有轴向的交错。但它比柔性接口施工简单,造价较低,因此采用较广泛。常用的刚性接口有水泥砂浆抹带接口、钢丝网水泥砂浆抹带接口、膨胀水泥砂浆抹带接口等。刚性接口抗震性能差,用在地基条件良好、有带形基础的无压管道上。

(3)半柔性接口:半柔性接口介于上述两种接口形式之间,适用条件与柔性接口类似。

2.几种常用的接口方法

(1)水泥砂浆抹带接口:在管的接口处用1:2.5(质量比)水泥砂浆抹成半椭圆形或其他形状的砂浆带,带宽120～150 mm,带厚30 mm。抹带前保持管口洁净。其一般适用于地基土质较好的雨水管道。企口管、平口管、承插管均可采用这种接口。

(2)钢丝网水泥砂浆抹带接口：将抹带范围的管外壁凿毛，抹 1∶2.5(质量比)水泥砂浆一层，厚 15 mm，中间铺设 20 号 10 mm×10 mm 钢丝网一层，两端插入基础混凝土中，上面再抹砂浆一层，厚 10 mm，带宽 200 mm。其适用于地基土质较好的一般污水管道和内压低于 0.05 MPa 的低压管道接口。

(3)石棉沥青卷材接口：石棉沥青卷材接口的做法是先将沥青、石棉、细砂按照 7.5∶1∶1.5的配合比制成卷材，并将接口处管壁刷净烤干，涂冷底油一层，再刷沥青油浆作黏合剂(厚 3～5 mm)，包上石棉沥青卷材，外面再涂 3 mm 厚的沥青砂浆。石棉沥青卷材带宽为 150～200 mm。其一般适用于无地下水的无压管道。

(4)沥青麻布接口：沥青麻布接口的做法为管口外壁涂冷底子油一遍，再在接口处涂 4 道沥青、裹 3 层麻布(或玻璃布)，再用 8 号铅丝绑牢。麻布宽度依次为 150 mm、200 mm、250 mm，搭接长均为 150 mm。其适用于无地下水、地基良好的无压管道。

(5)沥青砂浆灌口接口：沥青砂浆灌口接口的做法为先将管口刷净，用 M13 水泥砂浆捻缝，刷冷底子油一遍，然后用预制模具定型，再在模具上部开口灌沥青砂浆(一般沥青砂浆配合比为沥青∶石棉∶砂＝3∶2∶2)。该接口带宽 150～200 mm，厚 20～25 mm。其适用于无地下水、地基无严重不均匀沉陷的无压管道。

(6)石棉水泥接口：石棉水泥接口的做法为先将管口及套环刷净，接口用质量比为 1∶3水泥砂浆捻缝，套环接缝处嵌入油麻(宽 20 mm)，再在两边填石棉水泥。其适用于地基较弱、可能产生不均匀沉陷且位于地下水位以下的排水管道。

(7)沥青砂浆接口：洗净管口和套环，接口用质量比为 1∶3的水泥砂浆捻缝，灌沥青砂浆，两端用绑扎绳填实。其适用于地基不均匀地段，或地基经过处理后管道可能产生不均匀沉陷且位于地下水位以下的排水管道。

(8)沥青油膏接口：洗净管口和套环，接口用质量比为 1∶3的水泥砂浆捻缝，套环接缝处嵌入油麻两道，两边填沥青油膏。沥青油膏配合比为石油沥青∶重松节油∶废机油∶石灰棉∶滑石粉＝100∶11.1∶44.5∶11∶90。该接口的适用条件同沥青砂浆灌口接口。

**(四)排水管道基础**

1. 排水管道基础组成及形式

排水管道基础一般由地基、基础和管座等三个部分组成。管道的地基与基础要有足够的承载力和可靠的稳定性，否则排水管道可能产生不均匀沉陷，造成管道错口、断裂、渗漏等现象，导致对附近地下水的污染，甚至影响附近建筑物的基础。根据管道的性质、埋深、土壤的性质、荷载情况选择管道基础，常用的形式有素土基础、灰土基础、砂垫层基础、混凝土枕基和带形基础。

2. 基础选择

根据地质条件、布置位置、施工条件、地下水位、埋深及承载情况确定排水管道基础。

(1)土层干燥密实、管道不在车行道下、地下水位低于管底标高时，埋深为 0.8～3.0 m。在几根管道合槽施工时，可用素土或灰土做基础，但接口处必须做混凝土枕基。

(2)岩土和多石地层采用砂垫层基础，砂垫层厚度不宜小于 200 mm，接口处应做混凝土枕基。

(3)一般土层或各种混凝土层以及车行道下敷设的管道，应根据具体情况，采用 90°～

180°混凝土带形基础。

(4)地基松软或不均匀沉降地段,抗震烈度为Ⅷ度以上的地震区,管道基础和地基应采取相应的加固措施,管道接口应采用柔性接口。

3. 常用的管道基础

(1)砂土基础:包括弧形素土基础、砂垫层基础及灰土基础。

弧形素土基础是在原土基础上挖一弧形管槽(通常采用90°弧形管槽),管道落在弧形管槽里(见图3-13(a))。

砂垫层基础是在挖好的弧形管槽上,用带棱角的粗砂填10～15 cm厚的砂垫层(见图3-13(b))。

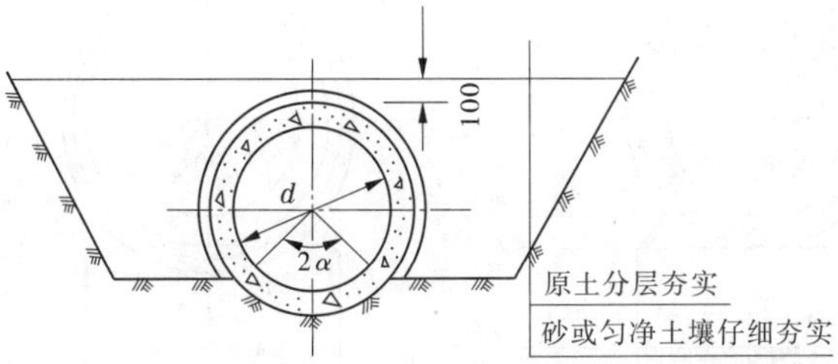


(a)弧形素土基础

注:①适用于干燥土壤。
②陶土管$d \leq 450$ mm,承插混凝土管 $D \leq 600$ mm。
③$2\alpha$按设计决定。

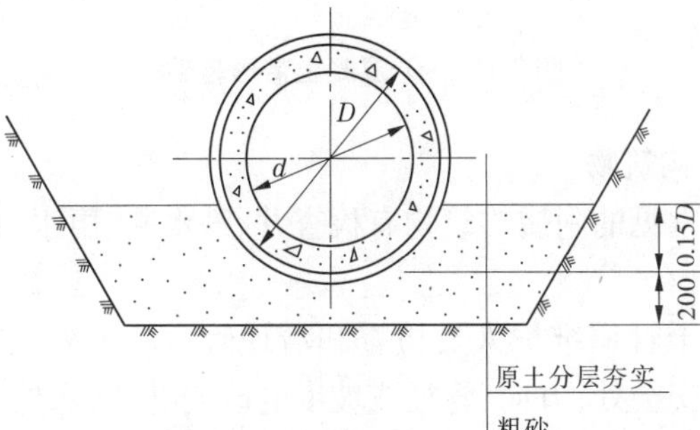


(b)砂垫层基础

注:①适用于岩石或多石土壤。
②陶土管$d \leq 450$ mm,承插混凝土管 $D \leq 600$ mm。

**图3-13　砂土混凝土管道基础**

灰土基础,即灰土的质量配合比(石灰: 土)为3: 7,基础采用弧形,厚150 mm,弧中心角为60°。

(2)混凝土枕基:混凝土枕基也称混凝土垫块,是设置在管道接口处的局部基础(见图3-14)。通常在管道接口下用C7.5或C10的混凝土做成枕状垫块。

(3)混凝土带形基础:混凝土带形基础是沿管道全长铺设混凝土的基础。按管座的形式不同分为90°、120°、135°、180°、360°等多种管座基础(见图3-15)。若采用这种基础,无地下水时直接在槽底老土上浇混凝土基础,有地下水时常在槽底铺10～15 cm厚的卵石或碎石垫层,然后在上面浇筑混凝土基础。

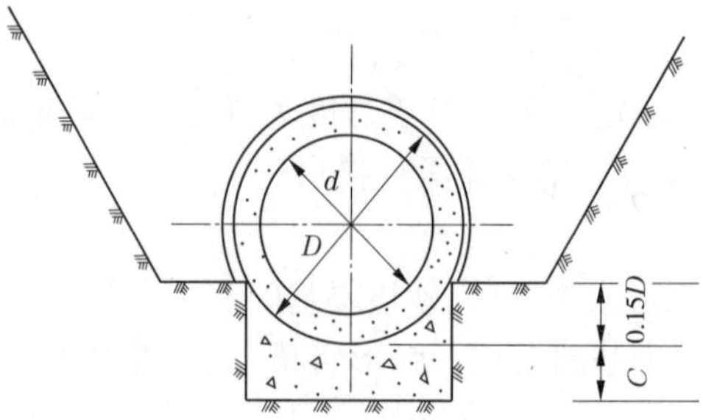


图 3-14　混凝土枕基

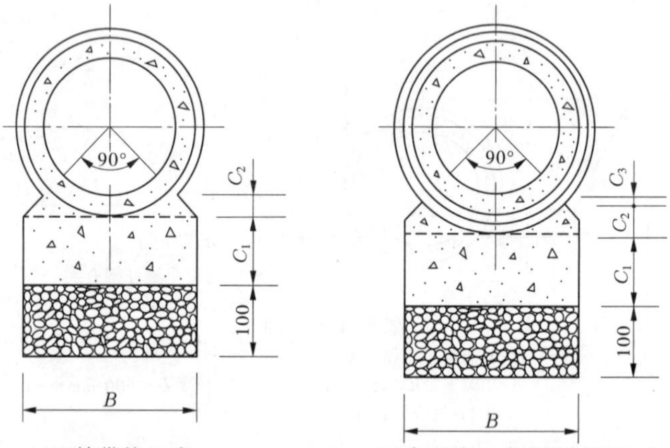


(a)抹带接口式　(b)套环接口式或承插接口式

图 3-15　90°混凝土带形基础

### (五)排水管网附属构筑物

在雨水排水管网中常见的附属构筑物有检查井、跌水井、雨水口和出水口等。

1. 检查井

检查井的功能是便于管道维护人员检查和清理管道。另外,它还是管段的连接点。检查井通常设置在管道交会处,方向、管径或坡度的改变处,跌水处,直线管道上每隔一定距离处。检查井主要由井基、井底、井身、井盖座和井盖等组成。井底材料一般采用 C10 或 C15 低标号混凝土,井身一般采用砖砌筑或混凝土、钢筋混凝土浇筑,井盖多为铸铁预制而成。

井与井之间的最大间距见表 3-6。

表 3-6　检查井的最大间距

| 管径(mm) | 最大间距(m) | | 管径(mm) | 最大间距(m) | |
|---|---|---|---|---|---|
| | 污水管道 | 雨水管道 | | 污水管道 | 雨水管道 |
| 200 ~ 400 | 40 | 50 | 1 100 ~ 1 500 | 100 | 110 |
| 500 ~ 700 | 60 | 70 | >1 500 且≤2 000 | 120 | 130 |
| 800 ~ 1 000 | 80 | 90 | >2 000 | 可适当加大 | |

2. 跌水井

跌水井是设有消能设施的检查井，一般在管道转弯处不宜设跌水井；在地形较陡处，为了保证管道有足够覆土深度常设跌水井，跌水水头在 1 m 以内的不做跌水设施，在 1 ~ 2 m 的宜做跌水设施，大于 2 m 必须做跌水设施。常用的跌水井有竖管式和溢流堰式两种类型(见图 3-16、图 3-17)。竖管式适用于直径等于或小于 400 mm 的管道，大于 400 mm 的管道中应采用溢流堰式跌水井。

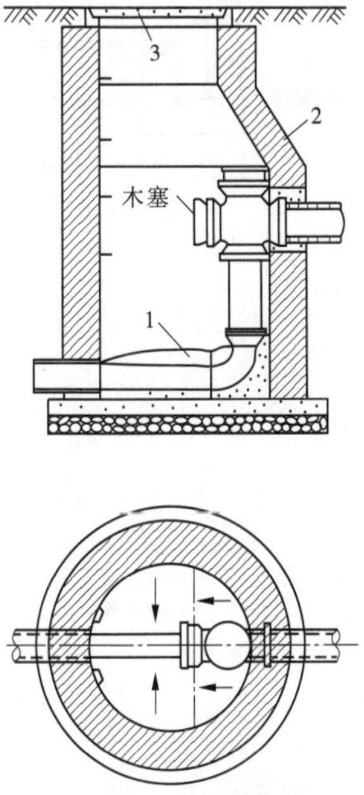


1—井底;2—井身;3—井盖

**图 3-16　竖管式跌水井**

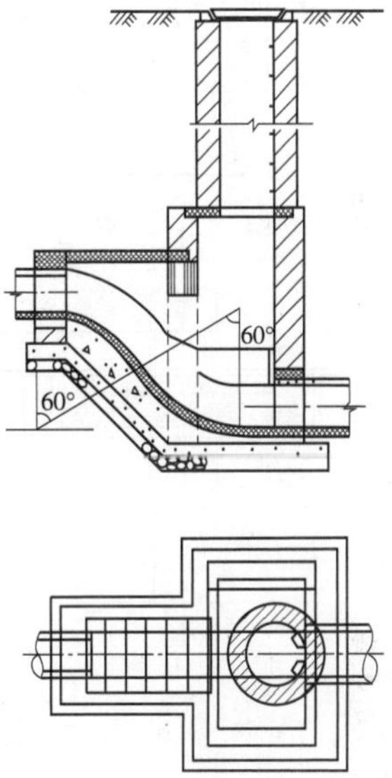


**图 3-17　溢流堰式跌水井**

3. 雨水口

雨水口通常设置在道路边沟或地势低洼处，是雨水排水管道收集地面径流的孔道。雨水口的设置位置应能保证快速有效地收集地面雨水。一般应设在交叉路口、路侧边沟的一定距离处以及设有道路边石的低洼地区，以防止雨水漫过道路而造成道路及低洼地区积水而妨碍交通。

雨水口的数量，通常应按汇水面积所产生的径流量和雨水口的泄水能力确定，一般一个平箅(单箅)雨水口可排泄 15 ~ 20 L/s 的地面径流量，雨水口设置时宜低于路面 30 ~ 40 mm，在土质地面上宜低于路面 50 ~ 60 mm。

雨水口设置的间距在直线上一般控制在 20 ~ 40 m(视汇水面积大小而定)。在路侧边沟上及路边低洼地点，雨水口的设置间距还要考虑道路的纵坡和路边的高度，同时应根据需要适当增加雨水口的数量。

雨水口的井筒可用砖砌筑或钢筋混凝土预制，井筒的深度一般不大于 1 m，在高寒地区井筒四周应设级配砂石层，用以缓冲冻胀；在泥沙量较大地区，连接管底部留有一定的高度，以沉淀泥沙。

雨水口的连接管最小管径为 200 mm，坡度一般为 1%，连接管长度不宜超过 25 m，连接在同一连接管上的雨水口一般不宜超过三个。

雨水口构造如图 3-18 所示。

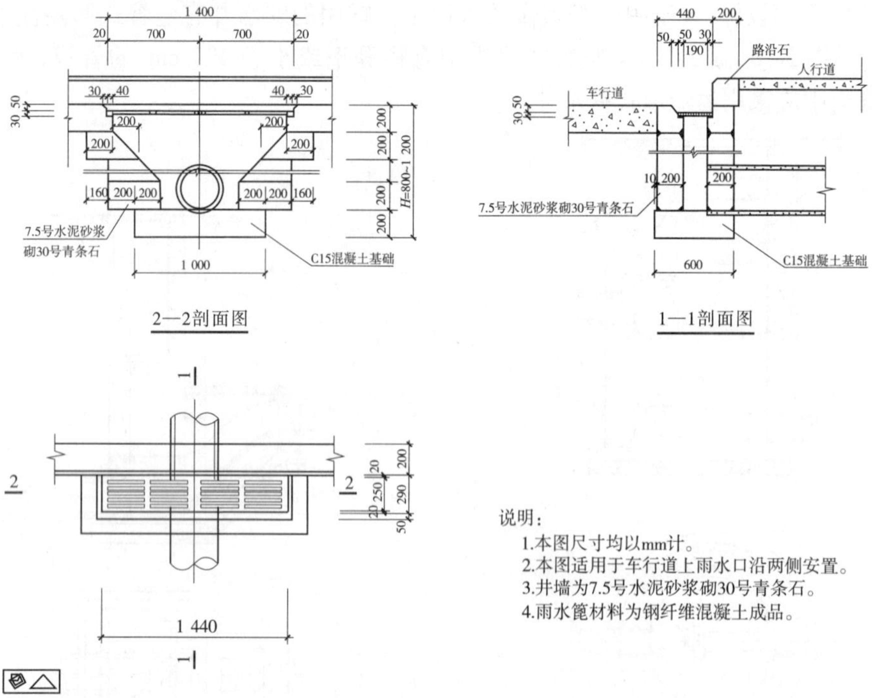


**图 3-18　雨水口构造**

4. 出水口

出水口是排水管道向水体排放污水、雨水的构筑物。排水管道出水口的位置设置应根据排水水质、下游用水情况、水文及气象条件等因素而定。另外，还应征得当地卫生监督机关、环保部门、水体管理部门的同意。

雨水排水口不低于平均洪水位，污水排水口应淹没在水体水面以下。常用出水口适用条件见表 3-7，构造见图 3-19。

**表 3-7　常用出水口适用条件**

| 名称 | 适用条件 |
| --- | --- |
| 一字出水口 | 排出管道与河渠顺接处，岸坡较陡时 |
| 八字出水口 | 排出管道排入河渠岸坡较平缓时 |
| 门字出水口 | 排出管道排入河渠岸坡较陡时 |
| 淹没出水口 | 排出管道末端标高低于正常水位时 |
| 跌水水口 | 排出管道末端标高高出洪水位较大时 |

园林中的雨水口、检查井和出水口，其外观应该作为园景的一部分来考虑。有的在雨水井的箅子或检查井盖上铸（塑）出各种美丽的图案花纹；有的则采用园林艺术手法，以

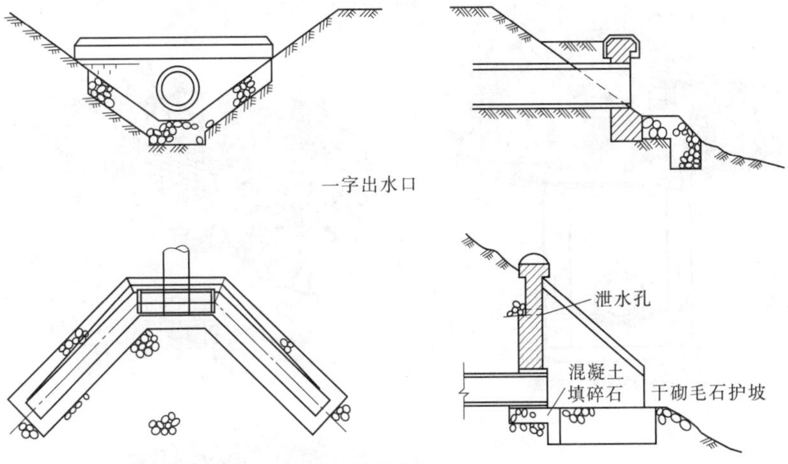


图 3-19　出水口构造

山石、植物等材料加以点缀。这些做法在园林中已很普遍,效果很好。但是不管采用什么方法进行点缀,都应以不妨碍这些排水构筑物的功能为前提。图 3-20 是排水构筑物的处理手法。

## 任务实施

接到任务后,应根据相关知识中所涉及的内容,对园林排水施工图进行分析,然后制订切实可行的施工方案并实施。

### 一、管沟放线

#### (一)管沟放线要求

管沟按设计图定位放线,并应符合如下要求:

(1)图纸会审时,应请设计、建设、监理单位明确管线坐标和标高的基准点。

(2)在施工现场,用经纬仪测定管道中心线控制桩,在管道设计标高的变坡点增设标高控制桩。

(3)在控制桩处钉龙门线板,龙门线板间距不大于 30 m。

(4)龙门线板的宽度应大于沟顶 300 mm,龙门线板顶应水平,并标示出管线中心、沟顶开挖宽度和标高,以及挖沟深度。

#### (二)工作面尺寸的要求

管道沟槽底部每侧的工作面宽度,管径小于或等于 500 mm 时,非金属管道为 400 mm,金属管道为 300 mm。

#### (三)管沟边坡坡度

管沟边坡坡度见表 3-8。

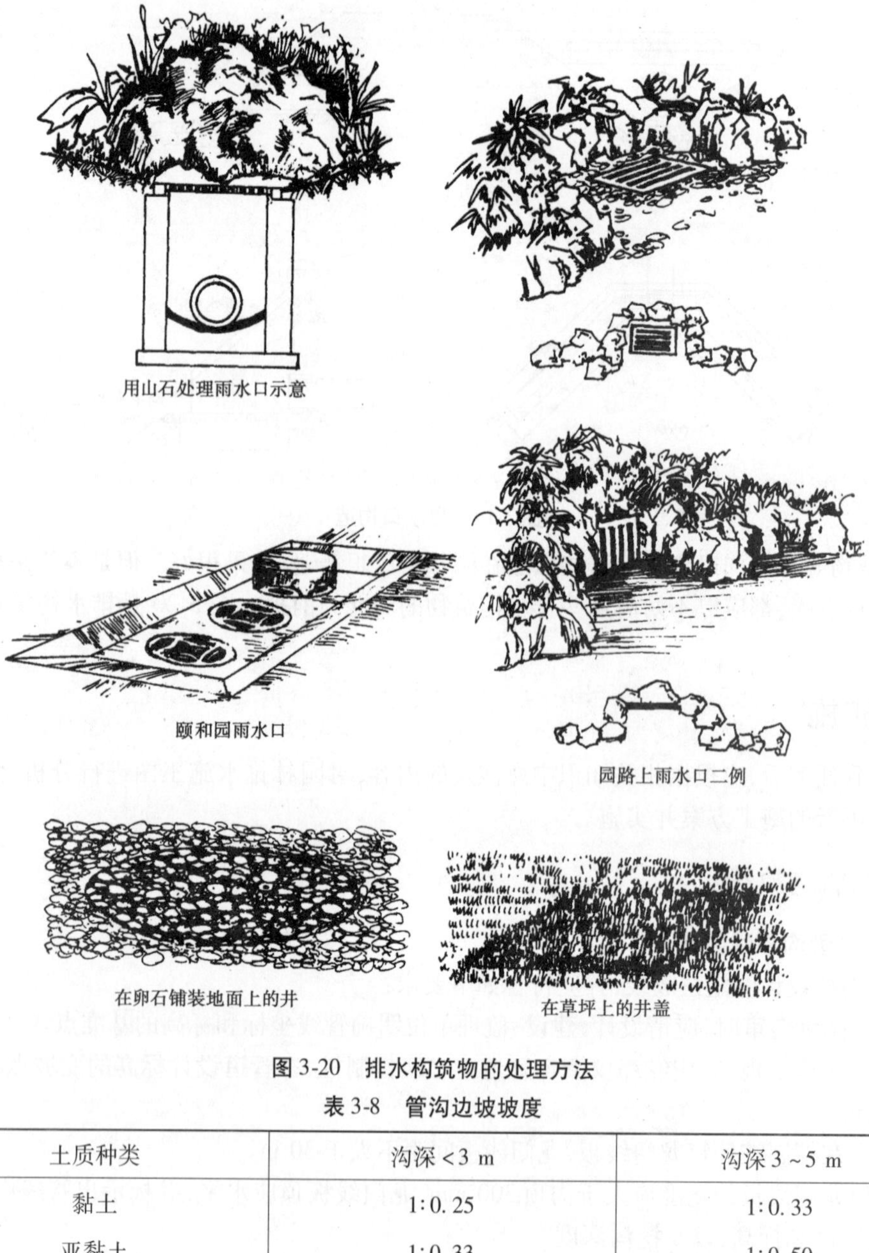


图 3-20　排水构筑物的处理方法

表 3-8　管沟边坡坡度

| 土质种类 | 沟深 <3 m | 沟深 3 ~5 m |
|---|---|---|
| 黏土 | 1∶0.25 | 1∶0.33 |
| 亚黏土 | 1∶0.33 | 1∶0.50 |
| 亚砂土 | 1∶0.50 | 1∶0.75 |
| 砂卵石 | 1∶0.75 | 1∶1.00 |

### （四）管道接口工作坑定位

管道接口工作坑应根据每根管子的长度定位。

管道接口工作坑可在管道铺设前测定位置开挖。铸铁管管道接口工作坑尺寸应符合表 3-9 的规定。

表3-9　铸铁管管道接口工作坑尺寸　（单位:mm）

| 管径 | A | B | C |
|---|---|---|---|
| 75～150 | 600 | 200 | 250 |
| 200～250 | 600 | 200 | 300 |
| 300～350 | 800 | 250 | 400 |

注:A为承管在沟中的长度,B为插管在沟中的长度,C为管沟深度。

## 二、施工流程

### (一)管道施工工艺流程

室外排水管道安装操作工艺流程如下:管道沟槽开挖—平基、管座施工—管节安装与铺设—沟槽回填。

1. 管道沟槽开挖

(1)开挖前进行放样并进行现场清理,确认地下管线、电缆及其他地下障碍物。根据管径大小、埋设深度和地质报告的土质情况,确定边坡坡度和开挖宽度。沟槽应使用挖掘机开挖,只有当挖深较小或避免对周围振动及探查时才用人工开挖。开挖时沿下游向上游施工。

(2)在开挖地下水位以下的土方前,应先修建排水井和排水槽,采取明沟排水井排水槽施工时,其沟、井应布置在管道沟槽范围以外,随着沟槽开挖,排水沟、井应及时降低深度,至少降低0.5 m。使用机械开挖时底部应预留200 mm,用人工清槽,不得超挖和扰动地基,如若超挖,用砂石将超挖部分回填密实。

(3)沟槽开挖土方,堆土高度不能超过1.5 m且距沟槽槽口边缘不宜小于1 m。

(4)当沟槽挖深较大时,应分层开挖,每层深度不宜超过3 m,多层间应留平台,并根据需要设置沟槽支撑,防止边坡坍塌,造成安全事故。

(5)沟槽开挖过程中应跟踪测量,控制槽底标高和宽度,槽底标高应符合设计要求,并且坡度正确。为确保管道平面位置准确,应控制沟槽中心线每侧的净宽不小于管道沟槽底部开挖宽度的一半。曲线管道更应在开挖沟槽施工中跟踪检查。

(6)当开挖沟槽中发现地下各类设施或文物时,应采取保护措施,并及时通知有关单位处理。

(7)基槽开挖应根据施工流水作业安排,分段开挖、分段安管。

(8)基槽开挖过程中,同时对检查井基坑开挖成型。

(9)当槽底局部遇有松软地基、流砂、溶洞、墓穴等时,应与设计单位商定处理措施。沟槽开挖报请监理检查验收合格后,方可进入下道工序施工。

2. 平基、管座施工

(1)管道基础类型常为砂石基础或混凝土基础,当设计选用砂石基础时,基础材料应采用中粗砂、天然级配砂石或级配碎石等,材料最大粒径不宜大于25 mm,砂或砂石基础应摊铺均匀、振捣密实,并且要求基础与管身和承插口外壁均匀接触。

(2)当设计选用混凝土基础时,应根据覆土厚度设计支撑角和基础厚度,决定是一次浇筑还是分两次浇筑平基、管座。在施工准备阶段,应对水泥、砂、碎石原材料进行检验并进行配合比设计,批准后方可使用。

(3)平基、管座模板可分一次或两次支设,每次支设宜略高于混凝土的浇筑高度,支立模板应支撑牢固,保证几何尺寸和不变形。清除模板中的沉渣异物,核实尺寸标高和管节中心位置后,方可进行混凝土浇筑。

(4)采用垫块法一次浇筑平基、管座时,必须先一侧灌注混凝土,当对侧的混凝土与灌注一侧混凝土高度相同时,两侧再同时浇筑,并保持两侧混凝土高度一致,用插入式振动器振捣密实。

(5)平基、管座分层浇筑时,先浇平基应比设计管外低 30 mm,并保持表面毛糙,在浇第二次混凝土时,先用同强度等级的混凝土砂浆将平基与管子接触的管下腋角部分填满,且两侧相贯通并捣实后,再浇混凝土,用插入式振动器振捣密实。

(6)管座基础留变形缝时,缝的位置与柔性接口相一致。在下列管段应设置柔性接口,留置变形缝:管道上覆土高度突变对管道作用的荷载变化较大的部位;管道天然地基与处理地基的连接部位;地基土质变化,地基支承强度改变较大的部位;管道与构筑物连接的管段,与相邻管段的接口处;管道与管道、管道与构筑物交叉处,穿越的管段。

3. 管节安装与铺设

(1)管节进场时,应将管子按设计的安装位置摆放,摆放的位置应选择使用方便、平整、坚实的场地,且便于起吊及运送。堆放时,必须垫稳,堆放高度应符合放置规定。

(2)管道安装前应对管道中心线、纵向排水坡度、管高程进行测量,并采取简单有效的龙门架形式控制,确定检查井位置后开始铺设管道。采用机械下管方案时,机械停放不能影响沟槽边坡的稳定。当附近有输电路线时,应保证安全作业距离。

(3)管道应在沟槽的地基、管基质量检验合格后方可进行安装,安装顺序为从下游开始,承口朝向施工前进方向,即插口插入的方向与流水方向一致。

(4)管节下入沟槽时,不得与槽壁支撑或槽下的管道相互碰撞,沟内运管不得扰动天然地基。

(5)管道安装时,应逐节调整管节的中心、管道流水面高程和纵坡,安装后的管节应进行复测校准。安装过程中,应随时清扫管道中的杂物。

(6)当沟槽中多于一排管道,管道合槽施工时,应先安装埋设较深的管道,当回填土方与邻近管道基础高度相同时,再安装相邻的管道。

(7)安装管节接头时,承口和插口部位应清扫干净,在接口前必须逐个检查橡胶圈,橡胶圈不得有割裂、破损、气泡等。安装时,套在插口上的圆形橡胶圈应平直、无扭曲,且均匀到位,放松外力后回弹不大于 10 mm,管口间的纵向间隙均匀,宽度应符合规范要求。

(8)管口接头应用水泥砂浆环向填缝,填缝水泥砂浆要求填满捣实,不得有裂缝现象。当管径大于或等于 700 mm 时,采用水泥砂浆将管道内接口纵向间隙部位抹平、压光,当管径小于 700 mm 时,填缝后应立即抹平。

(9)根据设计要求用钢丝网水泥砂浆或水泥砂浆进行接口抹带施工。在抹带宽度内应将管口外壁凿毛、洗净,分两层抹水泥砂浆带。当采用钢丝网水泥砂浆抹带时,钢丝网端头插入管座混凝土内 130 ~ 150 mm,分层抹压水泥砂浆抹带。抹带完成后,用平软材料覆盖,水泥凝固后即洒水养护,抹带不得有裂缝、空隙现象。

4. 沟槽回填

(1)管道沟槽回填前应注意以下事项:

①混凝土基础强度、接口抹带及接口水泥砂浆强度不小于5 N/$mm^2$。

②对压力管道而言,要进行水压试验,水压试验前,除接口处外,管道两侧及管顶以上回填高度不应小于500 mm,水压试验完毕并经检查合格后,应及时回填其余部分。

③对无压力管道而言,要进行闭水试验,合格后方可回填。

④对管道进行隐蔽工程验收,合格后,方可回填。

(2)管道填料应符合设计要求,还应符合下列要求:

①槽底至管顶上500 mm范围内,不得回填有机物、冻土及大于50 mm的砖、石等硬块;在抹带接口处,回填料应为细粒土。

②回填土的含水量,应按土的类别和采用的压实工具控制在最佳含水量附近。

(3)管道回填应分层对称回填,每层虚铺厚度不大于250 mm,采用机械碾压时虚铺厚度可为400 mm,回填料应均匀对称入槽,不得损伤管节和接口。

(4)沟槽回填土压实应在分层回填时逐层进行。压实时,管道两侧对称进行,两侧高差不应超过30 cm。

(5)分段回填压实时,相邻段的接茬应为梯形,且不得漏压漏夯。

(6)管道两侧回填土压实度应符合设计和规范要求,当管道沟槽位于路基范围内,且路基压实度大时,按路基压实度执行。对于不在路基范围内且没有修路计划的沟槽,回填土时,在管顶以上和管道结构外缘500 mm范围内应松填,其压实度不大于85%。

(7)回填土应高出地面200 mm,并呈拱形。当管道覆土较浅,回填土压实度达不到要求时,应与有关方面进行协商,采取处理措施。

(8)检查井、雨水口周围回填与管道回填同时进行,当不便同时进行时,应留台阶形接茬。井室周围回填压实时应沿井中心对称进行,且不得漏振漏夯,回填材料压实后应与井壁紧贴。

### (二)检查井、雨水口施工

1. 井坑土方开挖

井坑土方与管道沟槽一同开挖。管道沟槽开挖结束,根据设计放样并结合管节长度对井位进行微调,最终确定其位置,再机械开挖至设计井基高程。

2. 井基混凝土

井基基础与管道平基同时浇筑。为防止渗水,井基混凝土用平板振动器振捣密实。

3. 井身砌筑

(1)井身砌筑分为井室砌筑、收口段砌筑和井筒砌筑。砌筑砂浆采用M7.5水泥砂浆。

(2)砌筑墙体之前用水将砖浸透,砌筑墙体砂浆应满填满挤,上下搭砌,水平灰缝和竖向灰缝厚度宜为10 mm,并不得有竖向通缝。圆形检查井竖向灰缝,内侧不小于5 mm,外侧不大于13 mm。墙体宜采用三顺一丁组砌,但底皮与顶皮均应采用丁坡砌筑。

(3)井室段砌筑时,应特别注意墙体与管节衔接处的砂浆饱满,其空隙也可用细石混凝土嵌实，以防渗水。检查井接入管节的管口应与井室内壁平齐。检查井内的流槽，宜与井壁墙体同时砌筑，也可以后用混凝土浇筑。

(4)在井室砌筑时，应同时安装踏步，踏步位置应准确，埋置深度要符合设计要求，踏步处宜用细石混凝土灌砌，在砌筑砂浆或混凝土未达到规定抗压强度前不得踩踏。

(5)在砌筑检查井时，应同时安装预留支管，预留支管的管径、方向、高程应符合设计要求，不得翘曲，管与井壁衔接处应严密。预留支管不能同期施工的，应用低标号砌筑砂浆封口抹平。

(6)在砌筑检查井时，应随时检测直径尺寸和垂直度。砌筑收口段时，根据收口段高度和收口直径计算每皮应收进的尺寸，当四面收口时，每皮收进不宜大于 30 mm，当偏心收口时，每皮收进不应大于 50 mm。

(7)井筒段砌筑严格控制尺寸，内空净尺寸应与井座内空相符，并根据路面设计标高控制砌筑高度。

4. 井座井盖安装及井圈混凝土浇筑

(1)检查井砌筑至规定标高后，坐浆安砌井座。

(2)井座外壁井圈，用混凝土浇筑密实固定，顶面抹光。

5. 抹灰

检查井内外壁均用 1∶2防水水泥砂浆分层粉抹，压实压光。在进行井壁抹灰的同时做好流槽，流槽与管道内径平齐，高度至管道中心。

6. 雨水口施工

雨水口底面为 C10 现浇混凝土底板，厚 100 mm。待混凝土达到强度后，在底板面上先铺砂浆再砌砖，采用一顺一丁式砌筑。雨水口砌筑应做到墙面平直，边角整齐，宽度一致。

雨水口内外抹面可用 1∶2防水水泥砂浆由底板抹至设计标高，厚度为 200 mm。抹面时用水泥板搓平，待水泥砂浆初凝后及时磨光、养护。

将砌筑顶面用水冲洗干净，并铺 1∶2防水水泥砂浆，同时按设计标高找平，便可安装雨水箅子。安装就位后，四周用 1∶2防水水泥砂浆嵌牢，确保低于路面 5 ~ 20 mm。

7. 土方回填

(1)回填前，应对检查井、雨水口进行检查验收，符合要求并做好“隐蔽工程验收记录”后方可回填。

(2)回填时，先将井口盖好，在井墙和井筒周围同时回填，回填土应分层夯实，密实度根据路基路面要求而定，且不低于 95%。

(3)检查井回填宜与管道沟槽回填同时进行。

8. 外观要求

(1)井位置符合设计要求，不得歪扭。

(2)井圈与井墙吻合。

(3)井圈与道路中边线的距离符合要求。

(4)雨水支管的管口与井墙平齐。

(5)雨水口与检查井的连接管直顺、无错口，坡度符合要求。

**（三）进、出水口构筑物施工**

（1）进、出水口构筑物宜在枯水期施工。

（2）进、出水口构筑物的基础应建在原状土上，当地基松软或被扰动时，要按设计要求处理。

（3）端墙、翼墙基础和墙身按设计进行施工，并符合规范要求。

（4）护坦及铺底平整，排水通畅，不得倒坡。

**（四）无压力管道严密性试验（闭水试验）**

（1）污水、雨水合流管道及湿陷土、膨胀土地质区的雨水管道，管道接口养护达到要求后，回填前应采用闭水法进行严密性试验。

（2）进行管道闭水试验时，试验管段应符合下列要求：

①管道及检查井外观质量已验收合格；

②试验在管道未回填前进行，且沟槽内无积水；

③全部预留孔应封堵坚固，不得渗水；

④管道两端堵板承载力应大于水压力的合力。

（3）试验管段按井距分隔，长度不宜大于1 km。

（4）闭水试验各段灌满水后浸泡时间不应少于24 h。当试验水头达到规定水头时，观察管道的渗水量，至观测结束时应不断地向试验管段内补水，保持试验水头恒定。按规范进行计算的实测渗水量小于规范规定的允许水量时，管道严密性试验为合格，否则应进行返修处理。

## 任务考核标准

| 序号 | 考核项目 | 考核内容 | 评价标准 | 得分 |
|---|---|---|---|---|
| 1 | 情感态度、团队协作 | 出勤、分工、合作、积极性等 | 10 | |
| 2 | 施工准备工作 | 翔实、准确 | 20 | |
| 3 | 测量放样工作 | 精确 | 10 | |
| 4 | 施工工艺 | 切合实际 | 20 | |
| 5 | 现场管理工作 | 细致、翔实 | 20 | |
| 6 | 竣工验收的准备工作 | 细致、翔实 | 20 | |

## 拓展提高

### 园林喷灌系统

在当今园林绿地建设管理中，基本实现了灌溉用水的管道化和自动化。园林喷灌系统是自动化供水的一种常用方式。喷灌是利用机械加压把水压送到喷头，经喷头作用将水分散成细小水滴后均匀地降落到地面进行灌溉。喷灌近似于天然降水，对植物全株进行灌溉，可以洗去树叶上的尘土，增加空气湿度，而且节约用水，灌水均匀，有利于实现灌溉自动化，对盐碱土的改良也有一定作用，但基本建设投资高、耗能，工作时受风的影响较大。

喷灌系统布置与给水系统相似，由于是生产用水，其水源可以用自来水，也可以用地表水和地下水，同时整个喷灌区内可以分区分片供水，以减小主管道的管径，降低工程造价。

## 一、喷灌系统的组成与形式

### （一）喷灌系统的组成

（1）供水部分：水源、泵房、水泵、动力机械。

（2）输水部分：干管、支管、立管、阀门、弯头、三通活接等。

（3）喷洒部分：喷头。

另外，还有自动控制设备，如控制器、电磁阀、过滤器、加压泵等。

### （二）喷灌系统的形式

依喷灌方式，喷灌系统可分为移动式、固定式和半固定式3类。

#### 1. 移动式喷灌系统

要求喷灌区有天然水源（池塘、河流等），其动力（电动机或汽油发动机）、水泵、管道和喷头等是可以移动的，由于管道等设备不必埋入地下，所以节省投资，机动性强，但移动不方便，易损坏苗木，管理劳动强度大。其适用于水网地区的园林绿地、苗圃和花圃的灌溉。

#### 2. 固定式喷灌系统

这种系统有固定的泵站，供水的干管、支管均埋于地下，喷头固定于竖管上，也可临时安装。还有一种较先进的固定喷头，喷头不工作时，缩入套管中或检查井中，使用时打开阀门，水压力把喷头顶升到一定高度进行喷洒。喷灌完毕，关上阀门，喷头便自动缩入套管中或检查井中。这种喷头便于管理，不妨碍地面活动，不影响景观，高尔夫球场多用，园林中有条件的地方也可使用。

固定式喷灌系统的设备费较高，但操作方便，节省劳力，便于实现自动化和遥控操作。其适用于需要经常灌溉和灌溉期较长的草坪、大型花坛、花圃、庭院绿地等。

#### 3. 半固定式喷灌系统

这种系统的泵站和干管固定，支管及喷头可移动，优缺点介于上述两种系统之间。其适用于大型花圃或苗圃。

以上三种形式可根据喷灌区的情况酌情采用。

## 二、固定式喷灌系统设计

### （一）设计所依据的基本资料

#### 1. 地形图

比例尺为1/1 000～1/500的地形图，从中可了解灌区面积、位置、地势等情况。

#### 2. 气象资料

包括气温、雨量、湿度、风向、风速等，其中尤以风对喷灌影响最大。

3. 土壤资料

包括土壤的质地、持水能力、吸水能力和土层厚度等，主要用于确定灌溉制度和允许喷灌强度。

4. 植被情况

包括植被(或作物)的种类、种植面积、耗水量、根系深度等。

5. 水源条件

灌区水的来源(自来水或天然水源)。

6. 动力设备

包括柴油机、电动机、潜水泵。

**(二)喷洒方式和喷头组合形式**

喷头的喷洒方式有圆形喷洒和扇形喷洒两种。一般在管道式喷灌系统中，除了位于地块边缘的喷头采用扇形喷洒，其余均采用圆形喷洒。

喷头组合形式(也叫布置形式)，是指各喷头相对位置的安排。在喷头射程相同的情况下，不同的布置形式，其支管和喷头的间距也不同，见表3-10。

**表3-10　常用喷头组合形式及其有效控制范围**

| 名称 | 喷头组合图 | 喷洒方式 | 喷头间距$L$,支管间距$b$与喷头射程$R$的关系 | 有效控制面积$S$ | 适用条件 |
|---|---|---|---|---|---|
| 正方形 | 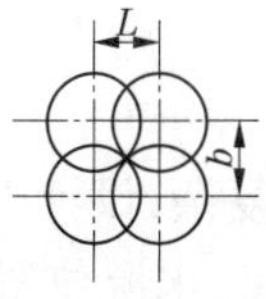 | 全圆 | $L=b=1.42R$ | $S=2R^2$ | 在风向改变频繁的地方效果较好 |
| 正三角形 | 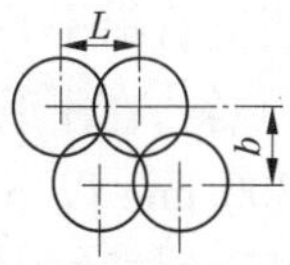 | 全圆 | $L=1.73R$<br>$b=1.5R$ | $S=2.6R^2$ | 在无风情况下喷灌均匀度最好 |
| 矩形 | 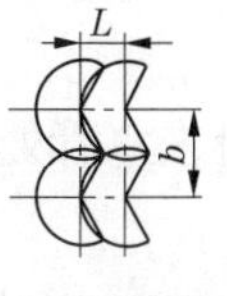 | 扇形 | $L=R$<br>$b=1.73R$ | $S=1.73R^2$ | 节省管材 |
| 等腰三角形 | 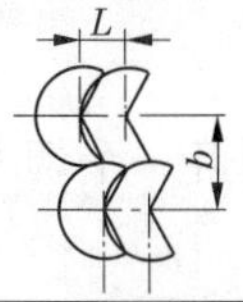 | 扇形 | $L=R$<br>$b=1.87R$ | $S=1.865R^2$ | 节省管材 |

风对喷灌有很大影响，在不同风速条件下，喷头组合间距如何选择最合理，是喷灌系统设计中一个尚待研究的课题。

**(三)管道布置及管径的确定**

1. 管线定位

首先对喷灌区进行勘查，根据水源和喷灌区的具体情况、用水量和用水特点，确定主干管的位置，支管一般与干管垂直。

2. 管径的确定

1）立管管径

立管即为支管与喷头的连接段，现在有的喷灌系统立管已缩入地下。它的管径确定以喷头上标注的为准，并且每个立管上均应设阀门，用以调节水量和水压。

2）支管管径

将支管上的所有喷头流量相加，计算支管的总流量，根据支管流量和管道经济流速两项指标查水力计算表，确定管径。

3）干管管径

干管总流量为喷灌区内干管供水范围内的所有喷头流量之和。根据干管的总流量和经济流速查水力计算表，求得干管管径。

**（四）喷灌系统设计的要点**

（1）根据水源及喷灌区的实际情况，确定供水部分的位置及主干管的位置，进行合理规划布局。

（2）确定适宜的喷头数量，以及接管直径、工作压力、覆盖半径、流量。

（3）确定支管位置、间距、布设的喷头位置。

（4）计算支管及干管流量，再根据经济流速查水力计算表，确定干管和支管管径。

（5）计算最不利点所需的压力。

（6）根据总流量和最不利点的压力确定配套动力。

以上是固定式喷灌系统设计的基本知识，喷灌系统的设计较复杂，设计中要考虑的问题很多。例如灌溉地块的形状、地形条件、常年的主要风向和风速、水源位置等对喷灌系统的布置都会产生影响。在坡地上，干管应尽量沿主坡向布置，使支管沿平行于等高线的方向伸展。这样，干管两侧的水头损失较均匀。支管适当向干管倾斜，在干管的低端应设泄水阀，以便于检修或冬季排空管内存水。管道埋深应距地面 800 mm 以下，以防破坏。喷灌系统的布置和风向关系密切，水的喷洒应该顺主风向。对不同的植被或作物，喷灌时雾化程度的要求也不同。

在小规模的喷灌工作中，如宅旁植被、花圃、花带或花坛等有自来水管处需喷灌时，可以临时接管，并在管上安装各种喷头或喷水器进行灌溉。

## 复习提高

自己查找一幅排水工程施工图，请根据施工图的设计要求，制订一个切实可行的排水施工组织方案。

# 项目四 园林建筑小品施工

## 教学目标

在掌握园林建筑小品施工特点、施工基本知识、施工技术、施工组织与管理、工程竣工验收的基础上,能够实施园林建筑小品施工的现场管理工作。

## 任务一 景亭施工

**能力目标**

能够编制景亭工程施工方案,能够进行景亭工程施工以及现场管理工作,能够协助验收人员完成景亭工程验收工作。

**知识目标**

掌握景亭施工的基本知识、影响景亭施工的因素、景亭工程特点、景亭工程组织与管理和工程竣工验收的基本知识。

### 任务描述

景亭(简称亭)是供游人休憩和观景的园林建筑。亭的特点是周围开敞,在造型上相对小而集中,因此亭常与山、水、植物结合起来组景,并作为园林中"点景"的一种手段。在造型上,亭要结合具体地形、自然景观和传统设计,并以其特有的娇美轻巧、玲珑剔透形象与周围的建筑、绿化、水景等结合而构成园林一景。亭的构造大致可分为亭顶、亭身、亭基三部分。其体量宁小勿大,形制也较细巧,用竹、木、石、砖、瓦等地方性传统材料均可修建。现在的亭更多地用钢筋混凝土或兼以轻钢、铝合金、玻璃钢、镜面玻璃、充气塑料等新材料组建而成。

图 4-1 是某公园景亭施工图,要求我们能够按照图纸的要求,结合所学的园林景亭设计施工管理的相关知识又快又好地完成此任务。所以,必须掌握景亭的种类及特点、景亭的结构、景亭的设计知识、景亭的施工知识,具有理解景亭施工图纸的能力,能组织简单的景亭施工和管理。

### 任务分析

通过对施工图纸的分析我们知道,要做好该项工程的施工管理工作,现场施工员在具有较强管理能力、协调能力和责任心的基础上,还必须掌握丰富的景亭工程施工的专业知识、景亭工程施工组织与管理和景亭工程竣工验收的相关知识。具体应解决好以下几个问题:

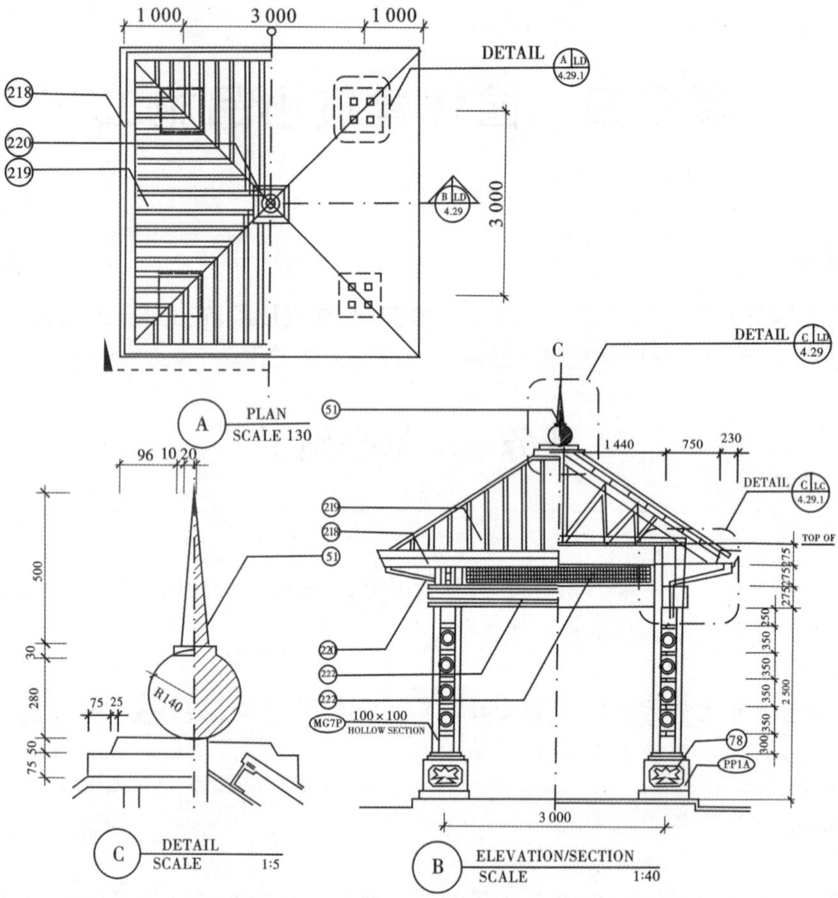


图 4-1　某公园景亭施工图

(1)正确认识景亭工程施工图,准确把握设计人员的设计意图。

(2)能利用所学景亭的基本知识,编制切实可行的景亭工程施工组织方案。

(3)掌握相关景亭的施工知识,进行有效的施工现场管理、指导和协调工作。

(4)做好景亭工程的成品修整和保护工作。

(5)做好景亭工程竣工验收的准备工作。

# 任务咨询

## 一、景亭

亭作为园林建筑中最基本的建筑单元,主要是为满足人们在旅游活动中的休憩、停歇、纳凉、避雨、极目眺望之需。其体量小巧,故也称之为园林建筑小品。

亭四面多开放,空间流动,内外交融,榭廊亦如此。解析了亭,也就能举一反三于其他楼阁殿堂。亭榭等体量不大,但在园林造景中作用不小,是室内的室外;而在庭院中则是室外的室内。选择要有分寸,大小要得体,即要有恰到好处的比例与尺度,只偏重某一方面是不允许的。任何作品只有在一定的环境下,它才是艺术、科学的。生搬硬套学流行,会失去神韵和灵性,就谈不上艺术性与科学性。

## 二、传统亭的类型与形式

### (一)按平面分

(1)正多边形。

正多边形尤其正方形是几何图形中最严谨、规整的图形,其轴线布局明确。常见多为三、四、五、六、八角形亭。

(2)长方形。

平面长阔比多接近于黄金分割1:1.6,由于亭与殿、阁、厅堂不同,其体量小巧,常可见其全貌,比例若过于狭长就不具有美感的基本条件了。同时,平面为长方形的亭多用面阔三间,进深四步架。

江南路亭——常用二间面阔;水榭——进深三间四步架或六步架。

梁架布局:亭尤以歇山亭榭与殿、阁、厅堂异曲同工,但更自由,江南多遵循古制。

(3)仿生形。

睡莲形,扇形(优美、华丽),十字形(对称、稳定),圆形(中心明确、向心感强),梅花形。

(4)多功能复合式。

### (二)按亭顶分

(1)攒尖式。

角攒易于表达向上、高峻、收集交汇的意境;圆攒易于表达向上之中兼有灵活、轻巧之感。

(2)歇山。

歇山亭顶易于表达强化水平趋势的环境。

(3)卷棚。

卷棚亭顶易于表现平远的气势。

(4)路顶与开口顶。

(5)单檐与重檐的组合。

### (三)按柱分(一般亭的体量随柱的增多而增加)

单柱——伞亭;双柱——半亭;三柱——角亭;四柱——方亭、长方亭;五柱——圆亭、梅花五瓣亭;六柱——重檐亭、六角亭;八柱——八角亭;十二柱——方亭、十二月份亭、十二时辰亭;十六柱——文亭、重檐亭。

### (四)按材料分

地方材料——木、竹、石、茅草亭;混合材料(结构)——复合亭,轻钢亭,钢筋混凝土亭(仿传统,仿竹、书皮、茅草塑亭);特种材料(结构)——塑料树脂、玻璃钢、薄壳充气软结构、波折板、网架亭。

### (五)按功能分

休憩,遮阳遮雨——传统亭、现代亭;观赏游览——传统亭、现代亭;纪念,文物古迹——纪念亭、碑亭;交通,集散组织人流——站亭、路亭;骑水——廊亭、桥亭;倚水——

楼台水亭;综合——多功能组合亭。

## 三、传统亭构造与具体做法

### (一)亭架构架做法

有伞法、大梁法、搭角梁法、扒梁法、抹角扒梁组合法、杠杆法、框圈法、井子交叉梁法。

### (二)亭顶构造

(1)出檐。

(2)封顶。

(3)挂落。

### (三)传统亭

(1)攒尖亭。

具有向上升华的趋势,能产生高峻之感。

(2)圆亭。

单檐圆亭都为攒尖式,重檐圆亭则不一定,圆亭易产生活泼明朗的气氛。

(3)重檐亭。

(4)正脊顶(悬山和歇山)亭(榭)。

(5)扇面亭。

常用于凸出的池岸、道路、曲廊等地形的转折处。

(6)半亭。

半亭是园林中极为活泼、极富个性的小品,又常做厅屋入口,貌似垂花门状。

(7)草亭。

可就地取材,做法亲切自然,充分利用地方材料。

(8)路顶亭和盝顶亭。

### (四)现代亭

(1)板亭。

包括伞板亭、荷叶亭,造型简洁清新,组合灵活。

(2)野菌亭。

(3)组合构架亭。

①竹、木组合构架亭。

自然趣味强,造价低,但易损坏,使用两年为限,可以先建竹木临时性过渡小品,成熟后再建成永久性建筑。

②混凝土组合构架亭。

可塑性好,节点易处理。但构架截面尺寸设计时不易权衡。

③轻钢—钢管组合构架亭。

施工方便,组合灵活,装配性强,单双臂悬挑均可成亭。

(4)波形板亭。

常可组合成韵律,表达一定的节奏感。

(5)软结构亭。

用气承薄膜结构作为亭顶或用彩色油布覆盖成顶。

## 任务实施

### 一、凉亭基础的做法

工艺流程：素土夯实—50 mm 厚碎石回填—100 mm 厚 C15 素混凝土垫层—钢筋混凝土独立基础。

**(一)素土夯实**

(1)基础开挖时，机械开挖应预留 10～20 cm 的余土使用人工挖掘。

(2)当挖掘过深时，不能用土回填。

(3)当挖土达到设计标高后，可用打夯机进行素土夯实，达到设计要求的素土夯实密实度。

**(二)50 mm 厚碎石回填**

(1)采用人工和机械结合施工，自卸汽车运 50 mm 厚碎石，再用人工回填平整。

(2)在铺筑碎石前，应将周边的浮土、杂物全部清除，并洒水湿润。

(3)摊铺碎石时无明显离析现象，或采用细集料作嵌缝处理。经过平整和整修后，人工压实，达到要求的密实度。

**(三)100 mm 厚 C15 素混凝土垫层**

(1)混凝土的下料口距离所浇筑的混凝土表面高度不得超过 2 m。

(2)混凝土的浇筑应分层连续进行，一般分层厚度为振捣器作用部分长度的 1.25 倍，最大不超过 50 cm。

(3)采用插入式振捣器时应快插慢拔，插点应均匀排列，逐点移动，按顺序进行，不得遗漏，做到振捣密实。

(4)浇筑混凝土时，应经常注意观察模板有无走动情况。当发现有变形、位移时，应立即停止浇筑，并及时处理好，再继续浇筑。

(5)混凝土振捣密实后，表面应用木抹子搓平。

(6)混凝土浇筑完毕后，应在 12 h 内加以覆盖和浇水，浇水次数应能使混凝土保持足够的润湿状态。养护期一般不少于 7 昼夜。

**(四)钢筋混凝土独立基础**

(1)垫层达到一定强度后，在其上画线、支模、铺放钢筋网片。次下部垂直钢筋应绑扎牢，并注意将钢筋弯钩朝上，连接柱的插筋，下端要用 90°弯钩与基础钢筋绑扎牢固，按轴线位置校核后用方木架成井字形，将插筋固定在基础外模板上；底部钢筋网片应用与混凝土保护层同厚度的水泥砂浆垫塞，以保证位置正确。

(2)在浇筑混凝土前，模板和钢筋上的垃圾、泥土和油污等杂物，应清除干净。模板应浇水加以润湿。

(3)浇筑现浇柱下基础时，应特别注意保证柱子插筋位置的正确，防止造成位移和倾斜。在浇筑开始时，先满铺一层 5～10 cm 厚的混凝土，并捣实，使柱子插筋下段和钢筋片的位置基本固定，然后再对称浇筑。

(4)基础混凝土宜分支连续浇筑完成。

(5)基础上有插筋时,要加以固定,保证插筋位置的正确,防止浇筑混凝土时发生位移。

(6)混凝土浇筑完毕,外露表面应覆盖并浇水养护。

## 二、地坪做法

主要施工流程:素土夯实—500 mm 厚塘渣分层夯实—80 mm 厚碎石垫层—100 mm 厚 C20 素混凝土垫层—30 mm 厚 1∶3水泥砂浆结合层—30 mm 厚花岗石铺面。

## 三、亭体整体木结构

施工工艺流程:材料准备—木构件加工制作—木构件拼装。

### (一)材料准备

采用菠萝格防腐木,外刷清漆两遍。

### (二)木构件加工制作

按施工图要求下料加工,需要榫接的木构件要依次做好榫眼和榫接头。

### (三)木构件拼装

所有木结构采用榫接,并用环氧树脂黏结,木板与木板之间的缝隙用密封胶填实。

## 四、施工注意事项

(1)结构构件质量必须符合设计要求,堆放或运输中无损坏或变形。

(2)木结构的支座、支撑、连接等构件必须符合设计要求和施工规范的规定,连接必须牢固,无松动。

(3)所有木料必须经过防腐处理,表面刷深棕色亚光漆。

## 五、质量检查

亭子属于纵向建筑,对稳定性的要求比较高,拼装后的亭子要保证构件之间连接牢固,不摇晃;要保证整个亭子与地面上的混凝土柱连接好。

# 任务考核标准

| 序号 | 考核项目 | 考核内容 | 评价标准 | 得分 |
|---|---|---|---|---|
| 1 | 情感态度、团队协作 | 出勤、分工、合作、积极性等 | 10 | |
| 2 | 施工准备工作 | 翔实、准确 | 20 | |
| 3 | 测量放样工作 | 精确 | 10 | |
| 4 | 施工工艺 | 切合实际 | 20 | |
| 5 | 现场管理工作 | 细致、翔实 | 20 | |
| 6 | 竣工验收的准备工作 | 细致、翔实 | 20 | |

## 拓展提高

### 著名的亭子

亭是一种中国传统建筑，多建于路旁，供行人休息、乘凉或观景用。亭子不仅是供人休憩的场所，又是园林中重要的点景建筑，布置合理，全园俱活，如不得体则感到凌乱。山顶、湖心、松荫、竹丛、花间都是布置园林建筑的合适地点，在这些地方筑亭，一般都能构成园林空间中美好的景观艺术效果。我国有著名的四大景亭：醉翁亭（安徽滁县）、陶然亭（北京）、爱晚亭（湖南长沙）、湖心亭（浙江杭州）。

一、安徽滁县醉翁亭

图 4-2　醉翁亭

醉翁亭（见图 4-2）坐落在安徽滁州市西南琅琊山麓，是安徽省著名古迹之一，宋代大散文家欧阳修的传世之作《醉翁亭记》写的就是此亭。醉翁亭小巧独特，具有江南亭台特色。它紧靠峻峭的山壁，飞檐凌空挑出。醉翁亭一带的建筑，布局紧凑别致，具有江南园林特色。其总面积虽不到 1 000 $m^2$，却有九处互不雷同的景致。醉翁亭、宝宋斋、冯公祠、古梅亭、影香亭、意在亭、怡亭、古梅台、览余台风格各异，人称“醉翁九景”。醉翁亭前有“让泉”，终年水声潺潺，清澈见底。

二、北京陶然亭

图 4-3　陶然亭

陶然亭（见图 4-3）是清代名亭，取白居易诗句“更待菊黄家酿熟，与君一醉一陶然”中的“陶然”二字为亭命名。陶然亭公园以及陶然亭地区名称就是以此得名的。这座小亭颇受文人墨客的青睐，被誉为“周侯藉卉之所，右军修禊之地”，更被全国各地来京的文人视为必游之地。全园总面积 59 $hm^2$，其中水面 17 $hm^2$。1952 年建园。它是中华人民共和国成立后，首都北京最早兴建的一座现代园林。其地为燕京名胜，素有“都门胜地”之誉，年代久远，史迹斑驳。名闻遐迩的陶然亭、慈悲庵就坐落在这里。秀丽的园林风光，丰富的文化内涵，光辉的革命史迹，使它成为旅游观光胜地。园内林木葱茏，花草繁茂，楼阁参差，亭台掩映，景色宜人。

## 三、湖南长沙爱晚亭

图 4-4　爱晚亭

爱晚亭（见图 4-4）位于湖南省岳麓山下清风峡中，亭坐西向东，三面环山。其始建于清乾隆五十七年（1792 年），原名“红叶亭”，又名“爱枫亭”。后经清代诗人袁枚建议，湖广总督毕沅据唐代诗人杜牧《山行》而改名为爱晚亭，取“停车坐爱枫林晚，霜叶红于二月花”之诗意。该亭八柱重檐，顶部覆盖绿色琉璃瓦，攒尖宝顶，内柱为红色木柱，外柱为花岗石方柱，天花彩绘藻井，蔚为壮观。亭内立碑，上刻毛泽东主席手书《沁园春 · 长沙》诗句，笔走龙蛇，雄浑自如，更使古亭流光溢彩。该亭三面环山，东向开阔，有平纵横十余丈，流泉不断。亭前有池塘，桃柳成行。四周皆枫林，深秋时红叶满山。亭前石柱刻对联：“山径晚红舒，五百夭桃新种得；峡云深翠滴，一双驯鹤待笼来。”爱晚亭在我国亭台建筑中影响甚大，堪称亭台之中的经典建筑。

## 四、浙江杭州湖心亭

湖心亭（见图 4-5）在杭州西湖中，初名“振鹭亭”，又称“清喜阁”。其始建于明嘉靖三十一年（1552 年），明万历后才改名“湖心亭”。在湖心亭极目四眺，湖光皆收眼底，群山如列翠屏，在西湖十八景中称为“湖心平眺”。清乾隆皇帝在亭上题过匾额“静观万类”，以及楹联“波涌湖光远，山催水色深”。亭为楼式建筑，四面环水，登楼四望，不仅湖光荡漾，而且四面群山，如屏风林立。亭的西面为西湖的南高峰和北高峰，景色十分壮观。昔人有诗云：“百遍清游未拟还，孤亭好在水云间。停阑四面空明里，一面城头三面山。”环岛皆水，环水皆山，置身湖心亭，确有身处“世外桃源”之感。

图 4-5　湖心亭

## 复习提高

自己查找一幅景亭工程施工图，请按图中的要求制订景亭工程施工方案。

# 任务二　景墙工程施工

**能力目标**

能够编制景墙工程施工方案，能够进行景墙工程施工以及现场管理工作，能够协助验收人员完成景墙工程验收工作。

**知识目标**

掌握景墙施工的基本知识、影响景墙施工的因素、景墙工程特点、景墙工程组织与管理和工程竣工验收的基本知识。

## 任务描述

景墙是园林中常见的小品，其形式不拘一格，功能因需而设，材料丰富多彩。除人们常见的园林中作障景、漏景以及背景的景墙外，近年来，很多城市更是把景墙作为城市文化建设、改善市容市貌的重要方式，如图 4-6 所示。

图 4-6　某公园景墙

图 4-7 是某景墙效果图。景墙在园林设计中以其本身优美的形式构成园林中具有欣赏内容的一个独立单元。同时，园林意境的构思和创造，往往又具体地通过它们作为空间的分隔、穿插、渗透、陪衬来增加景深变化，扩大空间，使方寸之地能小中见大，并在园林艺术上巧妙地作为取景的画框，随步移景，不断地框取一幅幅独具魅力的园景，或虚实地遮移视线，成为情趣盎然的造园障景。它们在园林中虽然体量不大，但在造园艺术意境方面

的作用是举足轻重的。景墙不仅起到隔断、围合、标志与划分组织空间的作用,其本身还具有装饰性、观赏性。另外,还可美化周围环境,制造空间气氛。要想高质量、低成本地按期完成该项工程建设任务,在拥有高素质施工队伍的前提下,现场施工员的技术水平和管理水平将起到决定性的作用。

图 4-7 某景墙效果图

## 任务分析

要做好景墙工程的施工管理工作,现场施工员在具有较强管理能力、协调能力和责任心的基础上,还必须掌握丰富的景墙工程施工的专业知识、景墙工程施工组织与管理和工程竣工验收的相关知识。具体应解决好以下几个问题:

(1)正确识别景墙施工图,准确把握设计人员的设计意图。

(2)编制切实可行的景墙施工组织方案。

(3)根据景墙的施工特点进行有效的施工现场管理、指导和协调工作。

(4)做好景墙成品修整和保护工作。

(5)做好景墙竣工验收的准备工作。

## 任务咨询

### 一、景墙的基本知识

#### (一)景墙的定义

在园林建设中,由于使用功能、植物生长、景观要求等的需要,常用不同形式的挡墙围合、界定、分隔这些空间场地。如果场地处于同一高程,用于围合、界定、分隔的挡墙仅为景观视觉而设,则称为景观墙体。

#### (二)景墙的作用

在园林小品中,景墙具有隔断、导游、衬景、装饰、保护等作用。景墙是园林景观的一个有机组成部分。中国园林善于运用将藏与露、分与合进行对比的艺术手法,营造不同的、个性的园林景观空间,使景墙与隔断得到了极大的发展,无论是在古典园林中还是在现代园林中，其应用都极其广泛。

**（三）景墙的形式**

景墙的形式多种多样，一般根据材料、断面的不同，有高矮、曲直、虚实、光洁、粗糙、有椽无椽等形式。景墙既要美观，又要坚固耐久。根据常用材料的不同，有砖、石、混凝土、花格景墙等。常将这些墙巧妙地组合与变化，并结合树、石、建筑、花木等其他因素，以及墙上的漏窗、门洞的巧妙处理，形成空间有序、富有层次、虚实相间、明暗变化的景观效果。

## 二、景墙的类型特征

园林景墙有景墙、隔断、景观墙三种类型。它们也是逐渐发展变化的，景墙最初的主要功能是防护作用，然后逐渐成为分隔空间和组织空间的一个有效的手段，那就是隔断。园林中的"通而不透、隔而不漏"就是隔断作用的最好说明。最后景墙演化成园林环境包括室内和室外的功能性和装饰性的小品设施，在园林中起到造景的作用，其丰富的造型和多变的色彩使之成为园林中不可缺少的景观之一。

景墙按其构景形式可以分为3种。

**（一）独立式景墙**

以一面墙独立安放在景区中，成为视觉焦点（见图4-8）。

图4-8　独立式景墙

**（二）连续式景墙**

以一面墙为基本单位，联系排列组合，使景墙形成一定的序列感（见图4-9）。

**（三）生态式景墙**

将藤蔓植物进行合理种植，利用植物的抗污染、杀菌、滞尘、降温、隔声等功能，形成既有生态效益又有景观效果的绿色景墙（见图4-10）。

图 4-9　连续式景墙

图 4-10　生态式景墙

## 三、景墙在造景中的功能作用

### (一)构成景观

景墙以其自身优美的造型、变化丰富的组合形式,具有很强的景观性,是园林空间不可缺少的景观要素。

为了避免过分闭塞,常在景墙上开设形态各异、造型优美的漏窗和门洞等,再加上其他景观设计要素,使墙面更加丰富多彩。

### (二)引导游览

在园林中经常巧妙地利用景墙将园林空间划分为许多小单元,利用景墙的延续性和方向性,引导观赏者沿着景墙的走向有秩序地观赏园内不同空间的景观。

### (三)分隔和组织内部空间

园林空间层次分明、变化丰富,各种形式的景墙穿插其中,既能分隔空间,又能围合空间。

在园林环境中,有各种不同使用功能的园林空间,它们往往需要被分开使用。这时就要利用景墙或隔断将园林空间进行合理、有效的分隔。

## 四、景墙设计的基本知识

### (一)景墙设计要素

景墙在景观中起到点缀环境的作用,常放在需要点景的地方。因此,在园林空间中不需要设景墙的地方,尽量不设,更多地设置绿化景观,让人更接近自然。

利用园林的自身条件达到隔断、划分组织空间的目的,尽量利用地面高差、水体的两侧、绿篱树丛,达到隔而不分、灵活组织空间的目的。景墙的设计要美观,具有形式感。墙面的处理不能太呆板,要善于把空间的分隔与景色的渗透统一起来,有而似无,有而生情。只有在少量需要掩饰的地方,才用封闭的景墙。

随着社会的进步,人民物质文化水平的提高,“破墙透绿”的例子比比皆是。这说明对景墙的要求正在变化,设计园林景墙时要尽量做到以下几点:

(1)能不设景墙的地方,尽量不设,让人接近自然,爱护绿化。

(2)能利用自然空间、自然材料达到隔离目的的,尽量利用。地面高差、水体的两侧、绿篱树丛,都可以达到隔而不分的目的。

(3)设置景墙的地方,能低尽量低,能透尽量透,只有少量须掩饰隐私处,才用封闭的景墙。

(4)使景墙处于绿地之中,成为园景的一部分,减少与人的接触机会,由景墙向景观转化。

### (二)景墙设计注意事项

在室外环境中,设计独立式景墙应特别注意以下几点。

1.要有足够的稳定性

景墙的稳定性是设计中首先要考虑的,其高度和厚度的比值(高厚比)是影响稳定性的主要因素:一般来说,一砖厚的墙体看起来不够稳定,而两砖厚的墙体看起来就更加安全和坚固,一堵没有扶壁的两砖厚的墙体,完全可以达到2 m高。影响景墙稳定性的因素主要有以下几个方面。

1)墙体的平面布置形式

直线形景墙的稳定性差,但可通过许多方式来提高其稳定性,例如,加柱子,使墙在跨间错开或增加墙厚、扶壁等来提高墙体的稳定性。一般来说,墙体以锯齿形错开或墙的轴线根据砖的厚度前后错动，折线、曲线墙体和蛇形墙体等不需要任何柱子和扶壁来支撑，自身就具有较稳定的结构。景墙常采取组合的方式进行布置，如景墙建筑、景观挡土墙、花坛之间的组合，都将大大提高景墙的稳定性。

2)墙基础

基础设计是否合理是决定景墙稳定性的重要条件。基础的宽度和深度往往由地基土的土质类型决定。在普通的地基土上，45～60 cm 的深度已经足够了。在收缩性的黏土上，基础埋深要求达到 90 cm 甚至更深。当一堵墙的高度低于 15 cm 时，可不必设置基础，但地表土壤需要移走，砖要砌在被彻底压实的地面上。如果有高度超过 15 cm 的地表土需要运走，挖土坑道的表面可以用紧密压实的颗粒材料铺设；地面以下的砖体表面深度不宜超过 20 cm。当地基质地不均匀时，景墙基础采用混凝土、钢筋混凝土，基础的宽度与埋深最好咨询结构工程师。

3)风荷载

在建筑物中，高度相近的墙会在顶部和底端分别与屋顶和建筑物基础相连，并在侧面同纵墙相连。而与此相对照的是，独立式景墙就像无约束的竖直的悬壁梁，当受侧向风的作用时，易造成倒伏。在很多情况下，景墙往往未经任何结构上的计算。

2. 能抵御雨、雪的侵蚀

当景墙处于露天环境时，雨、雪可以从墙体两侧和上方浸入墙体，使墙体的耐久性和外观效果受到影响。因此，应选用吸水率低、抗风化能力强的材料来砌筑，在外观细部设计上应注意雨、雪的影响。

3. 防止热胀冷缩的破坏

在自然环境下，因昼夜温差、四季气温变化，各种材料都要产生伸缩变化。为适应因热和潮湿产生的膨胀，需要做伸缩缝和沉降缝。一般对于砖、混凝土砌块所做的景墙，每隔 12 cm 需留一条 10 mm 宽的伸缩缝，并用专用的有伸缩性的胶粘水泥填缝。

4. 具有与环境景观相协调的造型与装饰

景墙是以造景为第一目的的，其外观极其重要，应稳妥处理好外观的色彩、质感和造型。其设计手法有以下几种。

1)在景墙上进行雕刻或者彩绘艺术品

艺术品类型多样，植物、动物、人物、历史、取材于当地的故事等题材都可以作为景墙外观的艺术品。

2)标记文字或者象征符号

在居住区、企业、商业步行街等场所通常标记显著的中文或者英文，以提供关键信息。如名称、标志符号等信息。

3)镂空

镂空可以避免墙体所造成的封闭、紧迫感，使视线通透并保持空间的连续。

4)透空

通过各种形式的透空可以形成框景，有助于增加景观的层次和景深，尤其在景墙后有优质景观或者搭配竹子、芭蕉等植物时,透空效果更好。

5)组合

景墙的组合方式多种多样,可以高低错落,调整朝向。

6)科技

现代景墙的设计更多地使用科技手段,常见的如与喷泉、涌泉、水池等搭配,加上强烈的灯光效果,甚至优美动听的音乐,使景墙更具观赏性。

## 五、景墙的构成材料

景墙的构成材料有竹木、砖、混凝土、金属等几种。

**(一)竹木景墙**

竹篱笆是过去最常见的景墙,现已难得使用。有人设想过种一排竹子而加以编织,成为"活"的景墙(篱),这是最符合生态学要求的墙垣。

**(二)砖景墙**

墙柱间距3~4 m,墙上开各式漏花窗,既节约材料,又易施工、管养。缺点是较为闭塞。

**(三)混凝土景墙**

特点如下:一是以预制花格砖砌墙,花型富有变化,易爬越;二是混凝土预制成片状,可透绿,也易管养。混凝土景墙的优点是一劳永逸,缺点是不够通透。

**(四)金属景墙**

(1)以型钢为材,断面有几种,表面光洁,性韧,易弯,不易折断;缺点是每2~3年要涂油漆一次。

(2)以铸铁为材,可做成各种花型,优点是不易锈蚀且价不高,缺点是性脆且光滑度不够。订货时要注意所含的成分不同。

(3)锻铁、铸铝材料,质优而价高,用于局部花饰中或在室内使用。

(4)各种金属网材,如镀锌、镀塑铅丝网,铝板网,不锈钢网等。

现在往往把几种材料结合起来,取其长而补其短。混凝土往往用作墙柱、勒脚墙,用型钢作为透空部分框架,用铸铁作为花饰构件,局部、细微处用锻铁、铸铝。景墙是长型构造物,长度方向要按要求设置伸缩缝,按转折和门位布置柱位,调整因地面标高变化的立面;横向则涉及景墙的强度,影响用料的大小。利用砖、混凝土景墙的平面凹凸,以及金属景墙构件的前后交错,实际上等于加大了景墙横向断面的尺寸,可以免去墙柱,使景墙更自然通透。

## 六、景墙的具体应用

景墙的具体应用如图4-11~图4-16所示。

# 任务实施

景墙施工工艺如下:测量放线—基槽开挖—级配砂石垫层—景墙墙体砌筑—景墙

图 4-11　景墙的具体应用(一)

图 4-12　景墙的具体应用(二)

饰面。

## 一、测量放线

按图纸要求测出管道平面坐标位置,分段打桩放线,确定好平面沟槽位置。用水准仪按甲方给定水准点测出管沟开挖沟底标高,分段打桩,标明填挖深度。

## 二、基槽开挖

按基槽开挖平面位置及沟底标高开挖基槽,基槽沟底夯实找平。

图4-13　景墙的具体应用(三)

图4-14　景墙的具体应用(四)

## 三、级配砂石垫层

进行级配砂石垫层施工的时候,应先验槽,将积水、淤泥清除干净,在夯实的素土上铺设300 mm厚级配砂石并碾压密实,密实度大于95%。

图 4-15　景墙的具体应用(五)

图 4-16　景墙的具体应用(六)

## 四、景墙墙体砌筑

砖体砌筑要求灰浆饱满,饱满度达到 85%,砂浆比例按图纸要求配比,不准干砖上墙。

## 五、景墙饰面

水景墙在园林水景工程中出现较多,而且从目前的发展趋势来看,其占有越来越重要的地位。由于水景墙面积较大,而且一般设置在比较显眼的地方,因此水景墙的饰面工程相当重要。根据饰面的不同要求,规格板留缝施工技术有所不同,以达到预期的效果。

(1)规格板留缝。规格板留缝适宜在板与板之间直接留缝,缝宽以 5 ~ 8 mm 为宜。规格板三角缝,其板与板之间的密缝在实际园林工程中规定以不超过 1.5 mm 为宜,且每块板四边以留 5 ~ 8 mm 斜边为宜。

(2)规格板密缝。缝隙在园林工程中规定以不超过 1.5 mm 为宜。

(3)规则乱形。结合工程经验,缝隙在园林工程中以不超过1.5 mm为宜。

(4)直边乱形。由于其铺装效果一般,在实际设计、施工中应少采用。

(5)自然边乱形。由于其铺装效果好,在实际园林设计、施工中应多采用,将会收到很好的外观效果。

(6)自然而乱形。其饰面施工方法与自然边乱形要求相同,转角处处理除按海棠角处理外,对接的板材缝应该连贯而不中断。

## 任务考核标准

| 序号 | 考核项目 | 考核内容 | 评价标准 | 得分 |
|---|---|---|---|---|
| 1 | 情感态度、团队协作 | 出勤、分工、合作、积极性等 | 10 | |
| 2 | 施工准备工作 | 翔实、准确 | 20 | |
| 3 | 测量放样工作 | 精确 | 10 | |
| 4 | 施工工艺 | 切合实际 | 20 | |
| 5 | 现场管理工作 | 细致、翔实 | 20 | |
| 6 | 竣工验收的准备工作 | 细致、翔实 | 20 | |

## 拓展提高

### 园墙(景墙)与景园围篱

园墙有隔断、划分组织空间的作用,也有围合、标志、衬景的功能。其本身还有装饰、美化环境、制造气氛等多种功能作用。因此,园墙高度一般控制在2 m以下,成为园景的一部分,园墙的命名由此而来。

园墙和围篱在设计中可交替配合使用,构成各景区景点外围特征,并与大门出入口、竹林、树丛、花坛、流水等自然环境融为一体。特别是在当前城市绿化、改善市容上,它又发挥了新的作用,各大城市绿化用地紧张,为了将各沿街住宅、单位的零星绿地组织到街头绿化上来,可通过园墙漏窗和围篱空隙"引绿出墙",使其成为城市街道公共绿地的一部分,从视觉上扩大绿化空间,美化市容。

#### 一、传统式园墙与景园式围篱

园墙和围篱形式繁多,根据其材料和剖面的不同有土、砖、瓦、轻钢、绿篱等。从外观上看,又有高矮、曲直、虚实、光洁与粗糙、有檐与无檐之分。园墙区分的重要标准就是压顶。

**(一)传统式园墙**

(1)小青瓦、琉璃瓦压顶。

(2)青瓦卷棚压顶。

(3)园窗青瓦压顶。

(4)漏窗青瓦压顶。

(5)长腰青瓦压顶。

(6)八五砖竖筒压顶。

**(二)景园式围篱**

围篱与园墙空间构成的区别在于围篱在垂直界面上虚多实少,所用材料更广泛自由,就地取材,美不胜收。

1. 人工材料(砖、石、轻钢、铅丝网等)

有砖围篱、混合(砖石、钢木)围篱、轻钢围篱、铅丝网围篱。

2. 自然材料(竹片、树枝、稻草等)

竹围篱:富于野趣,造价低廉,别具一格,但使用年限短。蕙枝围篱、栅式围篱、屏栅围篱、花坛式围篱、绿篱:多由藤蔓花卉及灌木组成,强烈地反映自然生机与情趣,生动自然,颇有特色,为上乘选择。

## 二、石墙与仿生墙

石墙与仿生墙在园墙设计中应用广泛,它能激起人们对大自然的向往与追求,表现一定的园林意境,可运用线条、质感、体量、色彩、光影、层次、花饰、韵律与节奏等手法,通过工程实践创造出花色繁多的园林石墙来。

**(一)线条**

线条就是石的纹理及走向,常有水平划分、垂直划分、矩形和菱锥形划分;使用时,应注意斜线、曲折线、斜面的处理。

**(二)质感**

质感指材料质地和纹理给人的触视感觉,可分为天然和人为加工两类。

**(三)体量**

体量指视觉上的体感分量、形状大小、方圆、宽窄、凹凸。

**(四)色彩**

色彩给人以浓淡、冷暖、协调与刺激之感。

**(五)光影**

光影指视觉上的明暗、强弱、轻重、升降、摇晃。从某种程度上说,光影也是一种材料,而且是活动的材料,要很好地在设计中使用。

**(六)层次**

层次包括虚实、高低、前后、深浅、分层与分格,其形成的空间序列层次感特别强烈。

**(七)花饰**

花饰集图案、民间艺术、工艺造型、美术装修等大成,使园墙成为园林及美化环境的一部分,发挥其特定的艺术功能。

**(八)韵律与节奏**

体量、质感、色彩、光影、线条等要素不断出现与重复组合,表现了一定的韵律与节奏。它渗透于整个现实生活之中。一组韵律优美、节奏鲜明的园墙与围篱能在人们的思想感情上唤起一种和于节奏、韵律的愉快感。这在很大程度上取决于墙篱的外形设计、质感强弱、线条聚散、高低大小、转换重叠、更替抑扬，在有规律的间隔中，反复迂回，交替组合，自然形成园墙的韵律与节奏，使自然环境与人造环境相互融合、衔接沟通。

## 复习提高

自己查找一幅景墙施工图，请分析后制订一个切实可行的施工方案。

# 任务三　廊架工程施工

**能力目标**

能够编制廊架工程施工方案，能够进行廊架工程施工以及现场管理工作，能够协助验收人员完成廊架工程验收工作。

**知识目标**

掌握廊架施工的基本知识、廊架工程特点、廊架工程组织与管理和工程竣工验收的基本知识。

## 任务描述

廊是亭的延伸，是联系风景景点建筑的纽带，其随山就势，曲折迂回，逶迤蜿蜒。廊既能引导视角多变的导游交通路线，又可划分景区，丰富空间层次，增加景深，是中国园林建筑群体的重要组成部分。花架是园林绿地中以植物材料为顶的廊，它既具有廊的功能，又比廊更接近自然，融合于环境之中，其布局灵活多样，尽可能根据配置植物的特点来构思花架，形式有条形、圆形、转角形、多边形、弧形、柱形等。

我们必须掌握景廊的种类及特点、景廊的结构、景廊的设计知识、景廊的施工知识，具有理解景廊施工图纸的能力，能组织简单的景廊工程施工和管理。

## 任务分析

要做好廊架工程的施工管理工作，现场施工员在具有较强管理能力、协调能力和责任心的基础上，还必须掌握丰富的景廊工程施工的专业知识、景廊工程施工组织与管理和工程竣工验收的相关知识。具体应解决好以下几个问题：

(1)正确识别景廊施工图，准确把握设计人员的设计意图。

(2)根据所学知识编制切实可行的景廊工程施工组织方案。

(3)进行有效的景廊施工现场管理、指导和协调工作。

(4)做好景廊成品修整和保护工作。

(5)做好景廊竣工验收的准备工作。

# 任务咨询

## 一、景廊施工的基础知识

### (一)廊在园林造景中的作用

1. 联系作用

廊将园林中各景区、景点联成有序的整体,虽散置,但不零乱。廊将单体建筑联成有机的群体,使其主次分明,错落有致。廊可配合园路,构成全园交通、浏览及各种活动的通道网络,以"线"联系全园。

2. 分隔并围合空间作用

在花墙的转角、尽端划分出小小的开井,以种植竹石、花草,构成小景,可使空间相互渗透,隔而不断,层次丰富。廊又可将空旷开敞的空间围成封闭的空间,在开敞中有封闭,热闹中有静谧,使空间变幻的情趣倍增。

3. 组廊成景作用

廊的平面可自由组合,廊的体态又通透开畅,尤其是善于与地形结合,"或盘山腰,或穷水际,通花渡壑,蜿蜒无尽"(《园治》),与自然融成一体,在园林景色中体现出自然与人工结合之美。

4. 其他作用

廊具有系列长度的特点,最适于作展览用房。现代园林中各种展览廊,其展出内容与廊的形式结合得尽善尽美,如金鱼廊、花卉廊、书画廊等,极受群众欢迎。此外,廊还有防雨淋、避日晒的作用,形成休憩、观赏的佳境。

在近现代园林中,廊还经常被运用到一些公共建筑(如旅馆、展览馆、学校、医院等)的庭园内。它一方面作为交通联系的通道,另一方面作为一种室内外联系的过渡空间,把室内外空间紧密地联系在一起,互相渗透、融合,形成生动、诱人的空间环境。

### (二)廊的形式

根据廊的平面与立面造型,可分为空廊(双面空廊)、半廊(单面空廊)、复廊、双层廊(又称复道阁廊)、爬山廊、曲廊(波折廊)等。

### (三)廊的位置选择

在园林的平地、水边、山坡等各种不同的地段上建廊,由于不同的地形与环境,其作用及要求亦各不相同。

1. 平地建廊

廊常建于草坪一角、休息广场中、大门出入口附近,也可沿园路修建或用来覆盖园路,或与建筑相连等。在园林的小空间或小型园林中建廊,常沿界墙及附属建筑物以"占边"的形式布置。

平地上建廊,还作为景观的导游路线来设计,经常连接于各风景点之间,廊平面上的曲折变化完全视其两侧的景观效果和地形环境来确定,随形而弯,依势而曲,蜿蜒逶迤,自由变化。有时,为分划景区,增加空间层次,使相邻空间造成既有分割又有联系的效果,也常常选用廊作为空间划分的手段,或者把廊、墙、花架、山石、绿化互相配合起来。在新建的一些公园或风景区的开阔空间环境中建游廊，利用廊围合、组织空间，并于廊两侧空间设置座椅，提供休息环境，廊的平面方向则面向主要景物。

2. 水上建廊

水上所建之廊一般称为水廊，供欣赏水景及联系水上建筑之用，形成以水景为主的空间。水廊有位于岸边和完全凌驾于水上两种形式。

位于岸边的水廊，廊基一般紧接水面，廊的平面也大体紧贴岸边，尽量与水接近。在水岸曲折自然的情况下，廊大多沿着水边成自由式格局，顺自然之势与环境相融合。

凌驾于水上的水廊，以露出水面的石台或石墩为基，廊基一般宜低不宜高，最好使廊的底板尽可能贴近水面，并使两边水面能穿经廊下而互相贯通，人们漫步水廊之上，左右环顾，宛若置身水面之上，别有风趣。

3. 山地建廊

山地所建之廊一般称为山廊，其供游山观景和联系山坡上下不同标高的建筑物之用，也可借以丰富山地建筑的空间构图。山廊有的位于山边斜坡，有的依山势蜿蜒转折而上。

### (四)廊的设计

1. 廊的平面设计

根据廊的位置和造景需要，廊的平面可设计成直廊、弧形廊、曲廊、回廊及圆形廊等。

2. 廊的立面设计

廊的立面基本形式有悬山、歇山、平顶廊、折板顶廊、十字顶廊、伞状顶廊等。在做法上，要注意下面几点：

(1)为开阔视野、四面观景，立面多选用开敞式的造型，以轻巧玲珑为主。在功能上需要私密的部分，常常借加大檐口出挑，形成阴影。为了开敞视线，亦可用漏明墙处理。

(2)在细部处理上，可设挂落于廊檐，下设置高 1 m 左右的栏杆。某些廊可在廊柱间设 0.5 ~ 0.8 m 高的矮墙，上覆水磨砖板，以供休憩，或用水磨石椅面和美人靠背与之相匹配。

(3)传统式的复廊、厅堂四周的围廊、吊顶常采用悬挂式的做法。现今园中之廊，一般已不做吊顶，即使采用吊顶，装饰亦以简洁为宜。

## 二、花架施工的基础知识

### (一)花架的基本构造

花架大体由柱子和格子条构成。根据柱子的材料可分为铁柱、木柱、砖柱、水泥柱等。柱子一般用混凝土做基础。柱顶端架着格子条，其材料一般为木条，也可用竹竿、铁条等。格子条主要由横梁、横木、椽组成。

### (二)花架的分类

花架常用的分类方式如下。

1. 按结构形式分

(1)单柱花架，即在花架的中央布置柱子，在柱子的周围或两柱之间设置休息椅子，供游人休息、赏景、聊天。

(2)双柱花架，又称两面柱花架，即花架的两边用柱来支撑，并且布置休息椅子，游人可在花架内漫步游览，也可坐在其间休息。

2. 按平面形式分

可分为曲线形、直线形、三边形、多边形、圆形、扇形以及它们的变形图案。

3. 按施工材料分

可分为竹制花架、木制花架、仿竹木花架、混凝土花架、砖石花架和钢质花架等。竹制花架、木制花架和仿竹木花架整体比较轻，适于屋顶花园选用，也可用于营造自然灵活、生活气息浓厚的园林小景。钢质花架富有时代感，且空间感强，适于与现代建筑搭配，在某些规划水景观景平台上采用效果也很好。混凝土花架寿命长，且能有多种色彩，样式丰富，可用于多种设计环境。

### （三）花架在园林中的作用

1. 遮荫作用

花架是攀缘植物的棚架，又是人们消夏庇荫的场所，可供游人休息、乘凉，坐赏周围的风景。

2. 景观作用

花架在造园设计中往往具有亭、廊的作用，作长线布置时，就像游廊一样能发挥建筑空间的脉络作用，形成导游路线；也可用来划分空间，增加风景的浓度。作点状布置时，就像亭子一般，形成观赏点，并可以在此组织对环境景色的观赏。花架在现今园林中除供植物攀缘外，有时也取其轻盈之特点以点缀园林建筑的某些墙段或檐头，使之更加活泼和具有园林的性格。另外，花架本身优美的外形，也对环境起到装饰作用。

3. 纽带作用

花架可以联系亭、台、楼、阁，具有组景的纽带作用。

### （四）花架的位置选择

花架的位置选择较灵活，公园隅角、水边、园路一侧、道路转弯处、建筑旁边等都可设立。在形式上可与亭廊、建筑组合，也可单独设立于草坪之上。

花架在庭院中的布局可采取附建式，也可采取独立式。附建式花架属于建筑的一部分，是建筑空间的延续。它应保持与建筑自身统一的比例与尺度，在功能上除供植物攀缘或设桌凳供游人休息外，也可以只起装饰作用。独立式的布局应在庭院总体设计中加以确定，它可以在花丛中，也可以在草坪边，使庭院空间有起有伏，增加平坦空间的层次，有时亦可傍山临池随势弯曲。花架如同廊道也可起到组织游览路线和组织观赏景点的作用，布置花架时一方面要格调清新，另一方面要注意与周围建筑和绿化栽培在风格上的统一。

### （五）花架常用的建造材料及植物材料

可用于花架的建造材料很多。简单的棚架，可用竹、木搭成，自然而有野趣，能与自然环境协调，但使用期限不长。坚固的棚架，用砖石、钢管或钢筋混凝土等建造，美观、坚固、耐用，维修费用少（见图4-17）。

花架植物材料的选择要考虑花架的遮荫和景观作用两个方面，多选用藤本蔓生并且具有一定观赏价值的植物，如长春藤、络石、紫藤、凌霄、地锦、南蛇藤、五味子、木香等。也可考虑使用有一定经济价值的植物，如葡萄、金银花、猕猴桃等。

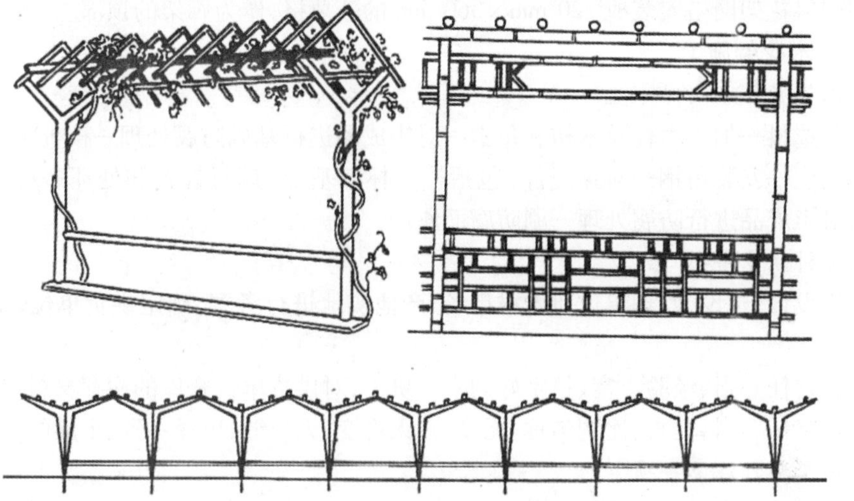

图 4-17　花架建造材料与形式

**(六)花架的造型设计**

花架造型比较灵活和富于变化,最常见的形式是梁架式,也就是人们所熟悉的葡萄架。其半边列柱半边墙垣,造园趣味类似半边廊,在墙上亦可以开设景窗,使意境更为含蓄。此外,新的形式还有单排柱花架或单柱式花架及圆形花架。单排柱花架仍然保持廊的造园特征,它在组织空间和疏导人流方面,具有同样的作用,但在造型上更加轻盈自由。单柱式花架很像一座亭子,只不过顶盖是由攀缘植物的叶与蔓组成的。

花架的设计往往同其他小品相结合,形成一组内容丰富的小品建筑,如布置座椅供人小憩,墙面开设景窗、漏花窗,柱间嵌以花墙,周围点缀叠石小池以形成吸引游人的景点。

## 任务实施

### 一、廊架工程施工方案

**(一)混凝土廊架施工**

1. 定点放线

根据设计图和地面坐标系统的对应关系,用测量仪器把廊架的位置和边线测放到地面上。

2. 基础处理及柱身浇筑

按放线比外边缘宽 20 cm 左右挖好槽之后,首先用素土夯实,松软处要进行加固,不得留下不均匀沉降的隐患,其次用 150 mm 厚级配三合土做垫层,基层以 100 mm 厚 C20 素混凝土和 120 mm 厚 C15 垫层做好,再用 C20 钢筋混凝土做基础,最后安装模板,浇筑下为 460 mm × 460 mm、上为 300 mm × 300 mm 的钢筋混凝土柱子。

混凝土的组成材料为石子、砂、水泥和水,将它们按一定比例均匀拌和,浇筑在所需形状的模板内,经捣实、养护、硬结成廊架的柱子。

3. 柱身装饰及廊架顶部构成

清理干净浇筑好的混凝土柱身后,用 20 mm 厚的 1∶2砂浆粉底,再用文化石贴面。采用专用塑料花架网格安装成 120 mm × 360 mm 的菠萝格，作为廊架的顶部。

### （二）木花架施工

1. 工艺流程

采购选料—加工木柱及木枋和角钢—对半成品进行基础防腐处理—核查半成品—现场放线定位—安装角钢—对预埋件（包括柱形杯口基础）进行检查和处理—安装木柱及木枋—对半成品进行防腐处理—刷防腐面漆。

2. 选料注意事项

组织设计、建设、监理单位对木材市场、产地实地进行考察，确定供货单位，签订供货合同。

组织责任心强、经验丰富、技术好的木工班子，对供货单位仓库的库存材料进行筛选，选择质地坚韧、材料挺直、比例匀称，无障节、无霉变、无裂缝，色泽一致、干燥的木材。

3. 加工制作注意事项

根据锯好的木花架半成品料，按规格分类，同时应进行再次选料，保证用料质量。

木花架制作前，先进行放样。木工放样应按设计要求的木料规格，逐根进行榫穴，榫头画墨、画线必须正确。操作木工应按要求分别加工制作，榫要饱满，眼要方正，半榫的长度应比半眼的深度短 2 ~ 3 mm，线条要平直、光滑、深浅一致。割角应严密、整齐。刨面不得有刨痕、戗槎及毛刺。拼榫完成后，应检查花架方木的角度是否一致，有无松动现象，整体强度是否牢固。木作加工不仅要求制作、接榫严密，还应确保材料质量。由于构件规格较大，施工时也应注意榫卯、凿眼工序中的稳、准程度，按家具的质量标准要求，体现园林小品的特色。

4. 木花架安装注意事项

安装前要预先检查木花架制作的尺寸，对成品加以检查，进行校正规方。如有问题，应事先修理好。预先检查固定木花架的预埋件，数量、位置必须准确，埋设应牢固。

安装木柱：先在素混凝土垫层上弹出各木柱的安装位置线及标高，间距应满足设计要求，将木柱放正、放稳，并找好标高，按设计要求方法固定。

安装木花架：将制作好的木花架木枋按设计图要求安装好，用钢钉从枋侧斜向钉入，钉长为枋厚的 1 ~ 1.2 倍。固定完之后及时清理干净。

木材的材质和铺设时的含水率必须符合木结构工程施工及验收规范的有关规定。

5. 成品的防腐

木制品及金属制品必须在安装前按规范进行半成品防腐处理，安装完成后立即进行防腐施工，若遇雨雪天气必须采取防水措施，不得让半成品受淋至湿，更不得在湿透的成品上进行防腐施工，以确保成品防腐质量合格。

## 二、质量保证措施

（1）全力组织一支对木结构工程施工富有经验、技术过硬、管理有素的技术管理人员和工人进场施工。

（2）进场前组织有关技术人员认真阅读施工图纸和学习木结构工程施工规范有关条文，充分领会设计意图。

(3)施工前对所有施工人员进行详细的技术交底,确保参与施工的每一位人员对工程的本职工作能知应会。

(4)建立"样板房"制:开工后,组织所有分组的领班先进行两个木花架样板的施工,样板验收合格后,总结出统一的操作流程和验收标准。要求各领班按照统一的操作流程和验收标准带领工人施工,各木花架施工竣工后均按样板验收,确保工程质量优良。

## 三、施工进度和劳动力安排

### (一)施工进度

争取尽早进场,进场后5天内做好准备工作(人员、材料、机具进场,做好图纸会审和技术交底工作,现场勘察等);8天内完成样板施工;30天内完成所有工程。

### (二)劳动力安排

拟安排40余人:管理人员3人;木工25人;防腐工7人;杂工5人。

## 四、成品保护

(1)木作材料和半成品进现场后,经检验合格,应码放在室内,分规格码放整齐,使用时轻拿轻放,不可以乱扔乱堆,以免损坏棱角。

(2)施工时,在木枋上的操作人员要穿软底鞋,且不得在木柱和木枋上敲砸,以防止损坏面层。

(3)木花架施工中注意环境的温度、湿度变化,竣工前覆盖塑料薄膜,防止半成品受潮。

# 任务考核标准

| 序号 | 考核项目 | 考核内容 | 评价标准 | 得分 |
|---|---|---|---|---|
| 1 | 情感态度、团队协作 | 出勤、分工、合作、积极性等 | 10 | |
| 2 | 施工准备工作 | 翔实、准确 | 20 | |
| 3 | 测量放样工作 | 精确 | 10 | |
| 4 | 施工工艺 | 切合实际 | 20 | |
| 5 | 现场管理工作 | 细致、翔实 | 20 | |
| 6 | 竣工验收的准备工作 | 细致、翔实 | 20 | |

# 拓展提高

## 一、廊的形式

### (一)空廊(双开画廊)

有柱无墙,开敞通透,适用于景色层次丰富的环境,使廊的两面有景可观。当廊隔水飞架时,即为水廊。

### (二)半廊(单面空廊)

一面开敞,一面靠墙,墙上又设有各色漏窗门洞或设有宣传橱柜。

### (三)复廊

廊中间没有漏窗之墙,犹如两列半廊复合而成,两面都可通行,适用于廊的两边各属不同的景区的场合。

### (四)双层廊

又称复道阁廊,有上下两层,便于联系不同高度的建筑和景物,并可增加廊的气势和景观层次。

### (五)爬山廊

廊顺地势起伏蜿蜒曲折,犹如伏地游龙。常见的有跌落爬山廊和竖曲线爬山廊。

### (六)曲廊

依墙又离墙,因而在廊与墙之间组成各式小院,空间交错,穿插流动,曲折有法,或在其间栽花置石,或略添小景而成曲廊,不曲则成修廊。

## 二、花架的形式

### (一)按半部分结构受力分

1. 简支式

多用于曲折错落的地形,由两根支柱、一根横梁组成,显得更稳定。地形平坦处,则本身用2~3级踏步来错落,将使人更安全。

2. 悬臂式

又分为双挑和单挑。为了突出构图中心,可环绕花坛、水池、湖面布置成圆环弧形的花架。用单挑、双挑均可,忌孤立布置。

3. 拱门钢架式

在花廊中,多采用此方式,揆度用半圆拱顶或门式钢架式,多用钢筋、轻钢或混凝土材料制成。临水的花架,不但平面可设计成流畅曲线,立面也可与水波相对应设计成连续的拱形或波折式,部分有顶,部分化顶为棚,效果甚佳。

4. 组合单体花架

与亭廊、建筑入口、小卖部结合,具有使用功能。为取得对比又统一的构图效果,常以亭、榭等建筑为实,而以花架平、立面为虚,突出虚实变化中的协调。

### (二)按垂直支撑分

(1)立柱式——独立的方柱、长方柱、小八角柱、海棠截面柱、变截面柱;

(2)复柱式——平行柱、V形柱;

(3)花墙式——清水花墙、天然红石板墙、水刷石或白墙。

## 三、花架与亭廊的创新

近年来,我国在花架与亭廊等园林建筑小品上立意创新,运用“加一加、联一联、改一改、扩一扩、变一变、反一反、减一减”的符号变化与现代建筑技术、材料有机结合的手法,再加上必要的组合构成与排列,设计出了一系列韵出新声、个性独特、功能各异的创新小品，从而也反映出我国各民族特色。

传统亭廊等园林建筑小品来自东方民族文化的肥田沃土之中，又孕育于土木结构而出，目前正被更多的现代新材料所充实革新。传统建筑以线材为主，现代建筑则以量块为纲，有利于材料的革新和结构以及施工的应用，特别对水泥石棉板材、金属板材、塑料板材、缸砖、玻璃马赛克贴面板材等延伸性强的板材，更能使其在构图中显示整体性和干净、利落、力度，有利于在反映时代感的主体造型中发挥优势。加之构思布局，界面及其材料、视点等的变革，错视、光影效果的介入，使得园林中的建筑小品更是琳琅满目。人们越来越喜欢看到各地各民族更多地运用和继承传统的手法，在现代建筑所要求的多变、多功能、共享空间中不断创出新意盎然的园林建筑小品，同时也丰富了各民族风景“绿文化”的宝库。

## 复习提高

自己查找一幅公园花架工程施工图，请按图纸要求编制其施工方案。

# 项目五　园林假山工程施工

## 教学目标

在掌握假山的功能作用、假山的材料采运方法、置石和假山的布置、假山的结构等方面知识的基础上，能够实施园林假山工程施工工作。

## 任务一　自然山石假山工程施工

**能力目标**

能够编制自然山石假山工程施工方案，能够进行自然山石假山工程施工工作，能够协助验收人员完成自然山石假山工程验收工作。

**知识目标**

掌握自然山石假山工程施工的基本知识、自然山石假山工程施工的影响因素、自然山石假山工程特点。

## 任务描述

中国传统造园艺术的一个典型特点，就是把自然山石作为造园素材来利用，特别是大量营造自然山石地形和石景景观，让园林“无园不山，无园不石”。自然山石假山工程俨然成为中国传统造园中的一项重要工程。因此，研究自然山石假山的造型、设计和应用，掌握自然山石假山工程的施工技术方法，已成为园林工程的一项重要任务。

图5-1～图5-3是某自然山石假山工程施工图，该工程属于典型的自然山石假山工程。工程主要通过对自然山石的拼接、堆砌构成一组自然山石假山景观。

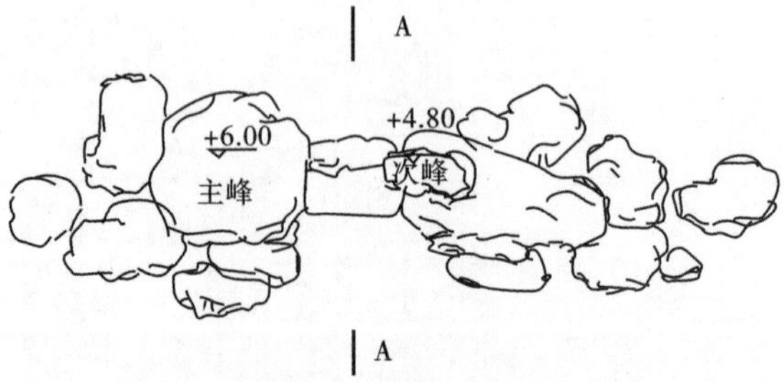


图5-1　自然山石假山工程平面图

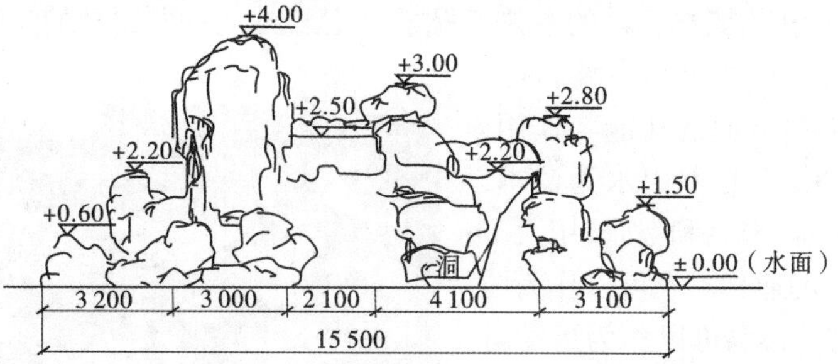


图 5-2 自然山石假山工程正立面图

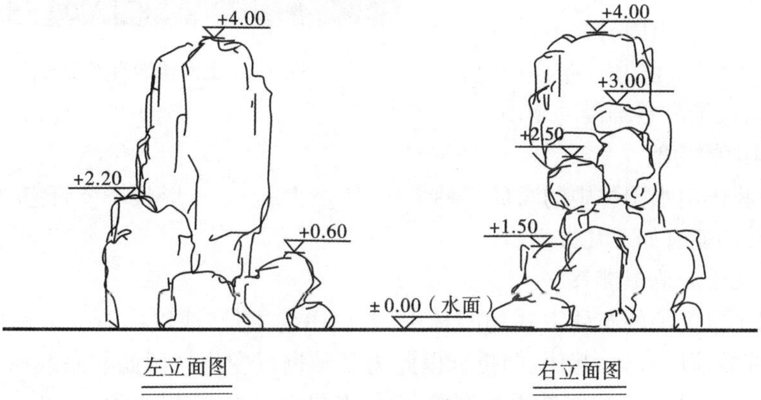


图 5-3 自然山石假山工程侧立面图

# 任务分析

我们的目的是以图为基础，通过对该图的分析，了解自然山石假山工程施工的相关知识。

通过对该施工图纸的分析我们知道，要做好该项工程的施工管理工作，现场施工员在具有较强管理能力、协调能力和责任心的基础上，还必须掌握丰富的自然山石假山工程施工的专业知识、自然山石假山工程施工组织与管理和工程竣工验收的相关知识。具体应解决好以下几个问题：

（1）正确识图，准确把握设计人员的设计意图。

（2）编制切实可行的施工组织方案。

（3）进行有效的施工现场管理、指导和协调工作。

（4）做好成品修整和保护工作。

（5）做好竣工验收的准备工作。

# 任务咨询

## 一、假山基本知识

### （一）假山概述

假山是中国古典园林中不可或缺的构成要素之一，也是中国古典园林中最具中国民族特色的一部分，作为园林建设的专项工程之一，已经成为中国园林的象征。

假山是以造景、游览为主要目的，充分地结合其他多方面的功能与作用，以土、石等为材料，以自然山水为蓝本，并加以艺术的提炼、概括和夸张，用人工再造的山水景物的通称。它可以作为园林内的重要观赏品，也可以作为可憩可游可攀登的园景设施（见图5-4）。

图5-4　上海豫园自然山石假山

假山包括自然山石假山和人工塑造山石两个部分。假山因材料不同可分为土山、石山、土石相间的山（带石土山、带土石山）和由人造材料堆砌的塑山。

**（二）假山的功能**

假山在我国山水园林中的布局多种多样，体量大小不一，形状千姿百态，堆叠的目的各有不同，其功能有如下几方面。

1. 构成主景和地形骨架

在采用主景突出的布局方式的园林中，或以山为主景，或以山石为驳岸的水池为主景，整个园林的地形骨架、起伏、曲折皆以此为基础进行变化。例如北京北海公园的琼华岛（见图5-5），采用土石相间的手法堆叠，总体布局以山为主，以水为辅，景观独特。

2. 划分和组织园林空间

利用假山划分和组织园林空间主要是从地形骨架的角度来划分的，它具有自然灵活的特点，通过灵活运用障景、对景、背景、框景、夹景等手法形成峰回路转、步移景异的游览空间。如苏州拙政园中的远香堂、腰门一带的空间用假山结合云墙的方式划分空间，从枇杷园内通过园洞门北望雪香云蔚亭，又以山石作为前置夹景，就是成功的例子（见图5-6）。

图5-5　琼华岛

图5-6　枇杷园云墙假山

3. 点缀、陪衬、装饰园林景色

运用山石小品作为点缀园林空间、陪衬建筑和植物的手段，在园林中普遍运用，尤其以江南私家园林运用得最为广泛。以苏州留园为例,其东部庭园的空间基本上是用山石和植物装点的,或山石花台,或石峰凌空,或粉壁散置,或廊间对景,或窗格漏景。如揖峰轩庭园,在天井中立石峰,天井周围布置山石花台,点缀和装饰了园景。

4. 用山石作挡土墙、驳岸、花台、护坡和石阶等

在坡度较陡的土山坡地常布置山石,以阻挡和分散地表径流,降低其流速,减少水土流失,从而起到护坡作用。如颐和园龙王庙土山上的散点山石等均有此效。坡度更陡的土山往往开辟出自然式的台地,在土山外侧采用自然山石作挡土墙,自然朴实。

利用山石作驳岸、花台、护坡、石阶等,既坚固实用,又具有装饰作用。例如江南私家园林中广泛地利用山石作花台种植牡丹、芍药及其他观赏植物,并用花台来组织庭园中的游览路线;或与壁山、驳岸相结合,在规整的建筑范围中创造出由自然疏密桩和塑树根汀步组成的挡土构筑物,富有观赏性。

5. 作为室内外自然式的家具或设施

利用山石作诸如石屏风、石桌、石凳、石几、石榻、石栏、石鼓、石灯笼等家具或设施,既为游人提供了方便,又不怕日晒夜露,并为景观的自然美增色添辉。此外,山石还可用作室内外楼梯、园桥、汀步及镶嵌门、窗、墙等。

**(三)假山施工特点**

园林工程的施工区别于其他工程的最大特点就是技艺并重,施工的过程也是再创造的过程。假山的施工最典型地体现了这一特点。

## 二、自然山石假山工程施工工序

自然山石假山工程施工一般工序如下:立基—拉底—中层(垫刹、填馅、灌浆或混凝土同底层)—收顶—做脚。

**(一)立基**

基础施工有利用天然基岩及人工立基两种方法。在施工过程中,根据地基土质的性质、山体结构、荷载大小等具体情况确定施工方法,本次自然山石假山工程属于人工立基,采用灰土基础。先挖槽,槽深根据设计一般为 50 ~ 60 cm。灰土比例为 1:3,铺料厚度 30 cm,夯实厚 20 cm,基础打平后应距地面 20 cm。

**(二)拉底**

拉底就是在基础上铺置最底层的自然山石。北方多采用满拉底石的做法。拉底应用大块平整山石,坚实、耐压,不允许用风化过度的山石。

**(三)中层**

中层即底石以上、顶层以下的部分。由于这部分体量最大、用材广泛、单元组合和结构变化多端,因此可以说是假山造型的主要部分。其变化丰富,与上、下层叠石乃至山体结构的艺术效果关系密切,是决定假山整体造型的关键层段。中层叠筑要点是接石压茬纹理要顺,石体重心稳而不偏,注重整体效果。

**(四)收顶**

收顶即处理假山最顶层的山石,具有画龙点睛的作用。山顶是显现山的气势和神韵的突出部位,假山收顶是整组假山的魂。山顶是决定叠山整体重心和造型的最主要部位。

收顶用石体量宜大,以便坚实稳固,同时要使用形态和轮廓均富有特征的山石。假山收顶的方式一般取决于假山的类型:峦顶多用于土山或土多石少的山;平顶适用于石多土少的山;峰顶常用于岩山。峦顶多呈圆丘状或因山岭走势而有些伸展。

**(五)做脚**

做脚即在掇山基本完成之后,在紧贴拉底石的部位布置山石,以弥补拉底石因结构承重而造成的造型不足问题。做脚又称补脚,它虽然不承担山体的重压,却必须与主山的造型相适应,成为假山余脉的组成部分。

## 三、自然山石假山工程施工选石

**(一)石材的分类**

园林中用于堆山、置石的山石材料种类极其繁多,而且产石之所也分布极广。山石多以产地(如太湖石)、色彩(如青石、黄石)或形象(如象皮石)等来命名。现将用于自然山石假山工程中的主要山石材料介绍如下。

1. 湖石

因原产太湖一带而得此名。它在江南园林中运用最为普遍,也是历史上开发较早的一类山石。人们对其山石的评判标准主要是"瘦、皱、漏、透"。这种山石是一种石灰岩,质坚而脆,由于风浪或地下水的溶融作用,其纹理纵横,脉络显隐。在湖石这一类山石中又可分为太湖石、房山石、灵壁石和宣石等几种。

太湖石(又称南太湖石)是一种石灰岩的石块,因主产于太湖而得名(见图5-7)。其中以洞庭湖西山消夏湾一带出产的太湖石最著名。好的太湖石有大小不同、变化丰富的窝或洞,有时窝洞相套,疏密相通,石面上还形成沟缝坳坎,纹理纵横。太湖石在水中和土中皆有所产,尤其是水中所产者,经浪雕水刻,形成玲珑剔透、瘦骨突兀、纤巧秀润的风姿,常被用作特置石峰,以体现秀奇险怪之势。

房山石(北太湖石)属砾岩,因产于北京房山县而得名(见图5-8)。又因其某些方面像太湖石,因此亦称北太湖石。这种石块的表面多有蜂窝状的大小不等的环洞,质地坚硬,有韧性,多产于土中,色为淡黄色或略带粉红色。它虽不像南太湖石那样玲珑剔透,但端庄、深厚、典雅,别具一番风采。年久的石块,在空气中经风吹日晒,变为深灰色后更有

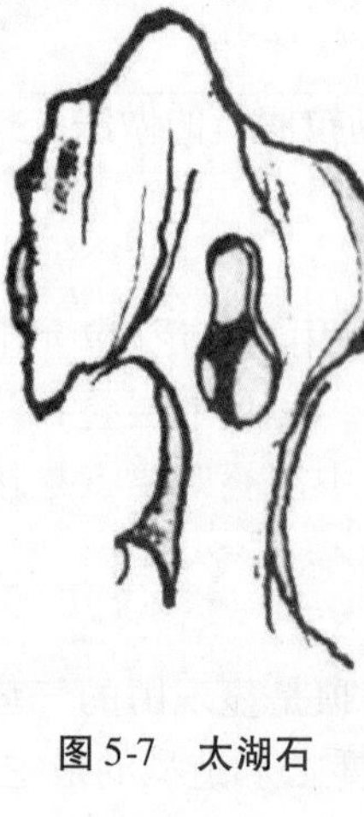

图5-7　太湖石

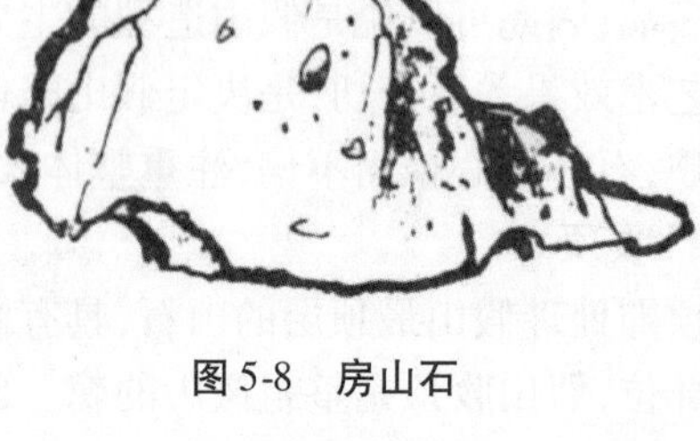

图5-8　房山石

俊逸、清幽之感。

灵璧石是石灰岩，产于安徽灵璧县磬山，石产于土中，被赤泥渍满，用铁刀刮洗方显本色。石中灰色、清润，叩之铿锵有声。石面有坳坎变化。可顿置几案，亦可掇成小景。灵璧石掇成的山石小品，峙岩透空，多有婉转之势（见图5-9）。

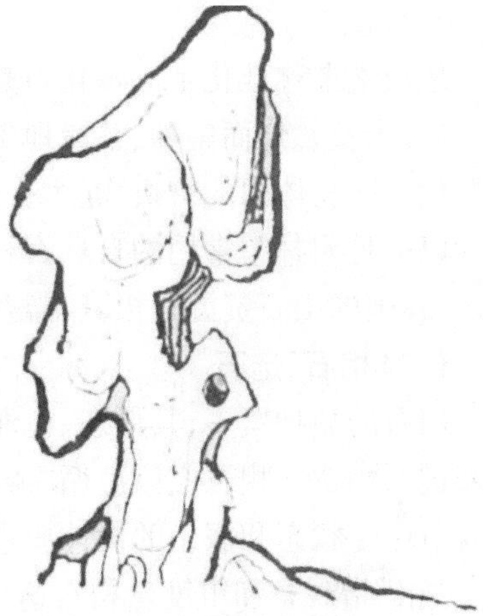

图5-9 灵璧石

宣石产于安徽宁国县。其色如积雪覆于灰色石上，由于为赤土积渍，因此带些赤黄色，久置后愈来愈白。由于它有积雪一般的外貌，扬州个园用它作为冬山的材料，效果显著。

2. 黄石

黄石块状，是一种带橙黄色的细砂岩，产地很多，苏州、常州、镇江以及江浙的一些地方皆有所产，但以常熟虞山的自然景观为著名。其石形体顽劣，节理面近乎垂直，棱角明显，方正刚劲，雄浑沉实。与湖石相比，黄石平正大方、立体感强，块钝而棱锐，具有强烈的光影效果，无孔洞，呈黄、褐、紫等色（见图5-10）。

与湖石相比，黄石堆成的假山浑厚挺括、雄奇壮观，棱角分明，粗犷而富有力感。所叠之山有如黄子久的画，有所谓鬼斧神工之势。

3. 青石

青石呈块状或片状，即一种青灰色的细砂岩。北京西郊洪山口一带，以及河南新密一带均有所产。青石的节理面不像黄石那样规整，不一定是相互垂直的纹理，也有交叉互织的斜纹。就形体而言多呈片状，故又有“青云片”之称（见图5-11）。

图5-10 黄石

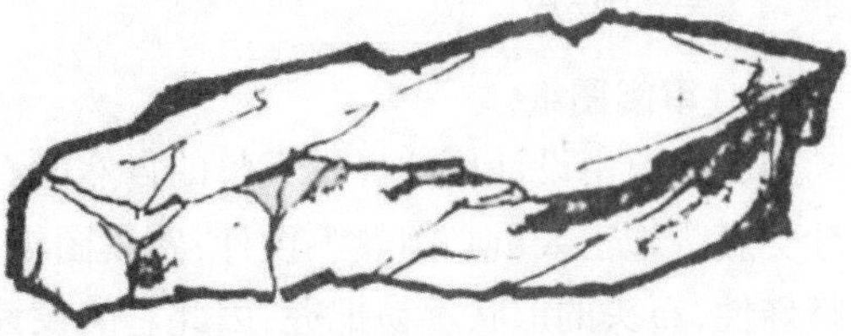

图5-11 青石

4. 石笋（剑石）

石笋为外形修长如竹笋一类山石的总称。由于其单向节理较强，凿取成形如剑，故又名“剑石”。这类山石种类多，产地颇广，如江苏武进斧劈石、广西槟榔石、浙江白果石、北京青云片石等。石笋皆卧于山土中，采出后直立地上，利用山石单向节理而形成的直立型峰石，园林中常作独立小景布置。如扬州个园的春山，故宫御花园的竹石花台等。

5. 黄蜡石

黄蜡石色黄，表面油润有蜡，有的浑圆如卵石，有的石纹古拙、形态奇异，多块料而少有长条形。由于其色优美明亮，常以此石作孤景，或散置于草坪、池边和树荫之下。在广东、广西等地广泛运用。

6. 木化石

地质学上称硅化木。木化石是古代树木的化石。亿万年前,树木被火山灰包埋,因隔绝空气,未及燃烧而整株、整段地保留下来。再由含有硅质、钙质的地下水淋滤、渗透,矿物取代了植物体内的有机物,木头变成了石头。

以上是园林中常用的自然石材。另外还有石蛋、石珊瑚等,也用于园林山石小品中。总之,我国的山石资源是极其丰富的。

**(二)相石、选石**

山石的品种繁多,其形态、色泽、脉络、纹理、大小和质地各有不同之处,因此掇山之前必须进行相石。相石应该遵循"源石之生、辨石之态、识石之灵"的原则,即要根据地质学上岩石产生状态和假山的设计要求来选石。

"相"指观察和审度。相石这个术语由相地衍生而来。

山石原料的选择对自然山石假山造景的效果有着直接的影响。相石主要从形态、皴纹、质地和色泽四方面来权衡。叠山匠师在识石、选石、叠山的实践中,根据山石石性不同,创造出不同的拼叠方法,产生了独特的艺术风格。例如湖石,具有"瘦、皱、漏、透"的特点,以湖石叠山多采用环透拼叠技法,外观山形讲究弧形的峦势和曲线,处处体现出湖石的自然属性,假山多洞谷,玲珑秀美。而以山石类叠山,如黄石、青石、象皮石等,因山石呈墩状、石质坚硬、纹理古拙,堆山强调横平竖直,讲究平中求变,一般用于表现壮美与雄浑之势。

## 任务实施

### 一、施工准备

**(一)审阅图纸**

施工前应由设计单位提供完整的自然山石假山工程施工图及必要的文字说明,进行设计交底。施工人员必须熟悉设计,熟读图纸,明确要求。但是,由于自然山石假山工程的特殊性,石头的形状不易把握,因此它的设计很难完全到位,一般只能表现山形的大体轮廓或主要剖面。为了更好地指导施工,应根据需要制作一定比例的假山模型小样。

**(二)勘察现场**

施工前必须反复详细地勘察现场,了解施工现场的基本情况,便于决定施工方法,进行场地安排。应检查土质、地下水位,明确地基土允许的承载力,以保证山体的稳定。

**(三)施工设备与施工材料准备**

1. 施工设备

自然山石假山工程施工常常需要吊装一些巨石,因此其施工设备必须有汽车起重机、吊称起重架、起重绞磨机、葫芦吊等起重机械。除大石采用机械进行吊装外,多数中小山石还是常要以人抬肩扛的方式进行安装,因而还需一定数量的手工工具,如绳索、杠棒、撬棒等。

2. 施工材料

施工材料应在施工之前全部运进施工现场。根据施工条件备好吊装机具，做好堆料及搬运场地、道路的准备。

此次自然山石假山工程的施工材料主要是石料。石料有新、旧、半新半旧之分。本次工程追求的是古朴、自然的效果，因此应尽量选购旧石，少用半新半旧之石，避免使用新石。石料在装运过程中，应轻放、轻卸，有特殊用途的石料要用草包、木板围绑保护，防止磕碰损坏。在装卸过程中，宁可多费一些人力、物力，也要尽力保护好石料的自然石面。石料运到工地后应分块平放在地面上，以使师傅相石方便，然后再将石料分门别类、有秩序地排列放置。

自然山石假山工程除石料外，还有不少其他辅助材料。本次自然山石假山工程的主要材料见表5-1。

表5-1　主要材料表

| 名称 | 规格 | 用途 |
|---|---|---|
| 假山石料 | 旧石：大小搭配，但石材的质地、颜色应力求统一 | 用于堆叠山体 |
| 填充料 | 砂石<br>卵石<br>毛石、块石<br>碎砖石 | 配制各种砂浆、混凝土<br>配制混凝土或其他填充料<br>用于基础或垫衬<br>填充基础 |
| 胶结料 | 水泥<br>白灰 | 32.5～52.5级 |
| 着色料 | 青杰<br>煤黑<br>各色细石粉 | |

**（四）施工人员准备**

自然山石假山工程是一类技艺性很强的工程，需要一批有丰富施工经验、具有较高艺术修养、对自然界山水风貌有很深认识的专家担任师傅，组成专门的假山工程队，另外还要有相应的石工、起重工、泥工、壮工等支持、配合。

## 二、测量放样

按设计图纸确定的位置与形状，在地面上放出自然山石假山的外形，一般基础施工比假山的外形要宽，特别是本次自然山石假山工程有较大幅度的外挑，一定要根据假山的重心位置来确定基础的大小，以及需要放宽的幅度。

## 三、施工工艺

**（一）立基**

在施工过程中，根据地基土质的性质、山体结构、荷载大小等具体情况，本次自然山石假山工程属于人工立基，采用灰土基础。

（二）拉底

拉底应用大块平整山石，其坚实、耐压，不允许用风化过度的山石。拉底山石高度以一层大块石为准，形态好的面应朝外，注意错缝（垂直与水平两个方向均应照顾到）。每安装一块山石，即应先垫稳，然后填山石，灌浆应先填石块。

（三）中层

中层是决定假山整体造型的关键层段。堆叠时要分层进行，石体重心稳而不偏，掌握重心，挑出的部位要在后面加倍压实。全山石材要统一，要求纹理一致，接石咬茬，紧密牢固，浑然一体，注重整体效果。同时又要注意层次，使山体造型有深远感。

（四）收顶

收顶用石体量宜大，以便坚实稳固，同时要使用形态和轮廓均富有特征的山石。本次自然山石假山工程主要采用峦顶，由数块粗犷而略呈圆状的石块组成连绵起伏的山头，因山岭走势而有些伸展。

（五）做脚

做脚虽然不承担山体的重压，却必须与主山的造型相适应，成为假山余脉的组成部分。

## 任务考核标准

| 序号 | 考核项目 | 考核内容 | 评价标准 | 得分 |
|---|---|---|---|---|
| 1 | 情感态度、团队协作 | 出勤、分工、合作、积极性等 | 10 | |
| 2 | 施工准备工作 | 翔实、准确 | 20 | |
| 3 | 测量放样工作 | 精确 | 10 | |
| 4 | 施工工艺 | 切合实际 | 20 | |
| 5 | 现场管理工作 | 细致、翔实 | 20 | |
| 6 | 竣工验收的准备工作 | 细致、翔实 | 20 | |

## 复习提高

本任务主要通过对自然山石假山工程施工基本知识的简单介绍，总结出自然山石假山工程施工的影响因素、自然山石假山工程特点、自然山石假山工程组织与管理以及工程竣工验收的基本知识。

图 5-12 为一张自然山石假山工程施工图，可根据图纸要求，编制出自然山石假山工程的施工组织方案。

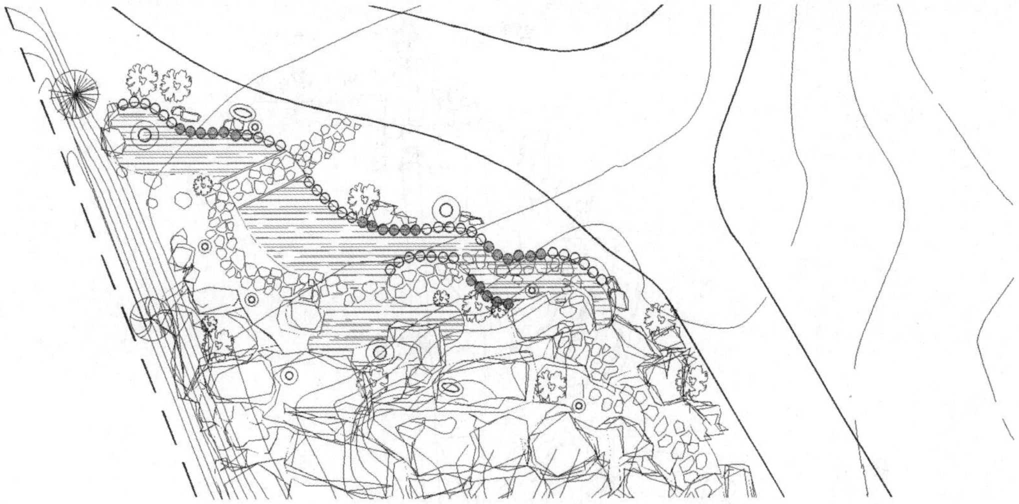

图 5-12　自然山石假山工程施工图

# 任务二　人工塑造山石工程施工

**能力目标**

能够编制人工塑造山石工程施工方案，能够进行人工塑造山石工程施工以及现场管理工作，能够协助验收人员完成人工塑造山石工程验收工作。

**知识目标**

掌握人工塑造山石工程施工的基本知识、人工塑造山石工程施工的影响因素、人工塑造山石工程特点、人工塑造山石工程组织与管理和工程竣工验收的基本知识。

## 任务描述

图 5-13 是某人工塑造山石工程剖面图，从该图中我们可以看出该工程依托原有石壁，采用的是钢筋混凝土结构，结构层上抹灰塑形这一传统施工技艺。

## 任务分析

我们的目的是以图为基础，通过对图的分析，了解人工塑造山石工程施工的相关知识。

通过对该施工图纸的分析我们知道，要做好该项工程的施工管理工作，现场施工员在具有较强管理能力、协调能力和责任心的基础上，还必须掌握丰富的人工塑造山石工程施工的专业知识、人工塑造山石工程施工组织与管理和工程竣工验收的相关知识。具体应解决好以下几个问题：

(1)正确识图，准确把握设计人员的设计意图。

图 5-13　人工塑造山石工程剖面图

(2)编制切实可行的施工组织方案。

(3)进行有效的施工现场管理、指导和协调工作。

(4)做好成品修整和保护工作。

(5)做好竣工验收的准备工作。

# 任务咨询

## 一、人工塑造山石工程基本知识

### (一)人工塑造山石工程概述

人工塑造山石工艺是近年来新发展起来的一种造山技术,它充分利用混凝土、玻璃钢、有机树脂等现代材料,以雕塑艺术的手法,以天然山岩为蓝本,仿造自然山石。人工塑造山石工艺是在继承发扬岭南庭园的山石景艺术和灰塑传统工艺的基础上发展起来的,具有与真石掇山、置石同样的功能,因而在现代园林中得到广泛使用,其标志着我国假山艺术发展到一个新阶段。人工塑造山石工程通常有两种做法,一为钢筋混凝土塑山,二为砖石混凝土塑山,也可以两者混合使用。

### (二)人工塑造山石工程的特点

1. 形象多变

人工塑造山石工程的可塑性给设计者提供了艺术构思的自由空间,体量可大可高,根据设计要求,可塑造出比较理想的艺术形象,特别是能塑造出难以采运和堆叠的巨型奇石,达到意想中的景观效果。这种艺术造型能与现代建筑相协调。此外,还可通过仿造,表现黄蜡石、太湖石等不同石材所具有的风格。

2. 造价低廉

工程取材方便，施工周期短，可以在非产石地区布置山石景，可利用价格较低的材料，如砖、砂、水泥等获得较好的艺术效果。

3. 施工灵活

施工灵活方便，不受地形、地物限制，在重量很大的巨型山石不宜进入的地方，如室内花园、屋顶花园等，仍可塑造出壳体结构的、自重较轻的巨型山石。利用这一特点可掩饰、伪装园林环境中有碍景观的建筑物、构筑物。

4. 预留绿化

植物配置方面能充分体现设计者的构想，根据美学原理可随意在山石的适当位置留设种植穴，种植需要的树木花草，达到设计构思的意境效果。

当然，由于人工塑造山石所用的材料毕竟不是真的自然山石，因而在神韵上还是不及石质假山，同时使用期限较短，需要经常维护。

### 二、人工塑造山石工程施工工序

#### (一)设置基架

可根据石形和其他条件分别用砖基架、钢筋混凝土基架或钢基架。坐落于地面的塑山要进行相应的地基基础处理。坐落于室内屋顶平台的塑山，则必须根据楼板的构造和荷载条件作结构设计，包括地梁和钢架、柱和支撑设计。基架将所需塑造的山体简化为内接的几何形体的桁架，若采用钢材作基架的话，应涂防锈漆两遍作为防护处理。

#### (二)铺设钢丝网

一般形体较大的塑山都必须在基架上敷设钢丝网，钢丝网要选易于挂灰、泥的材料。若为钢基架，则还宜先做分块钢架附在形体简单的基架上，变几何形体为凹凸起伏的自然外形，在其上再挂钢丝网，并根据设计要求成型。

#### (三)抹灰塑型

先初抹一遍底灰塑造山形，再精抹一两遍细灰，塑出石脉和褶皱。可在灰浆中加入短纤维，以增强表面的抗拉力，减少裂缝。

#### (四)装饰

根据设计对石色的要求，刷涂或喷涂非水溶性颜色，令其达到设计效果。由于新材料、新工艺不断推出，抹灰塑型和装饰往往合并处理。如将颜料混合于灰浆中，直接抹上加工成型。也有先在工场制作出一块块石料，然后运到施工现场缚挂或焊挂在基架上，当整体成型达到要求时，对接缝及石脉纹理作进一步加工处理，即可成山。

## 任务实施

### 一、施工准备

#### (一)审阅图纸

施工前应由设计单位提供完整的施工图及必要的文字说明，进行设计交底。施工人员必须熟悉设计，熟读图纸，明确要求。为了更好地指导施工，应根据需要制作一定比例的人工塑造山石模型小样，并审定确认。

**（二）勘察现场**

人工塑造山石工程施工前必须反复详细地勘察现场，了解施工现场的基本情况，以便于决定施工方法，进行场地安排。

**（三）施工设备与施工材料准备**

1. 施工设备

人工塑造山石工程的施工设备主要是一些专用工具，如斩假石采用的斩斧，拉假石采用的自制抓耙，用废锯条制作的抓耙齿片等。

2. 施工材料

钢筋混凝土、钢丝网、砂浆等。

**（四）施工人员准备**

人工塑造山石工程是一项技艺性很强的工程，需要一批有丰富施工经验、具有较高艺术修养、对自然界山水风貌有很深认识的专家担任师傅，组成专门的人工塑造山石工程队，另外还要有相应的石工、起重工、泥工等支持、配合。

## 二、定位放样

根据施工图纸、模型及现场情况定位放样。根据设计要求定点定位，采用网格法在现场确定山体的外轮廓线及水平点，沿轮廓线放出基础的挖土线。

## 三、施工工艺

**（一）立基**

根据基地土壤的承载能力和塑山山体的重量，经过计算确定其尺寸大小。一般根据山体底面的轮廓线，每隔 4 m 做一根钢筋混凝土桩基（见图 5-14），如某部分山体形状变化大，这些地方的柱子要做密，并在柱间做墙。

**（二）设置基架**

此环节是塑山效果的关键，目的是为造型和挂泥所用。它包括浇筑钢筋混凝土柱子、焊接钢骨架、捆扎造型钢筋、盖钢板网等（见图 5-15）。钢筋可以根据山形做出自然凹凸的变化。

**（三）抹灰塑型**

用水泥、黄泥、河砂配成可塑性较强的砂浆，在已砌好的骨架上塑型，反复加工，使造型、纹理、塑体和表面刻划基本上接近模型。

在骨架钢筋外面扎一层钢丝网，然后开始用调好的砂浆粉刷。第一次粉刷是做个基层，将山形塑造好，详见图 5-16。

**（四）塑面**

在塑体表面细致地表现石的质感、色泽、纹理和表层特征。质感和色泽根据设计要求，用石粉、色粉按适当比例配白水泥或普通水粉调成砂浆，按粗糙、平滑、拉毛等塑面手法处理。纹理的塑造，一般来说，以直纹为主、横纹为辅的山石，较能表现峻峭、挺拔的姿

图 5-14　在石壁上做钢筋混凝土的结构层

图 5-15　在露出的钢筋头上绑扎焊接钢筋

图 5-16　抹灰塑型

势；以横纹为主、直纹为辅的山石，较能表现潇洒、豪放的意象；综合纹样的山石则较能表现深厚、壮丽的风貌。为了增强山石景的自然真实感，除纹理的刻划外，还要做好山石的自然特征，如缝、孔、洞、裂、断层、位移等的细部处理。一般来说，纹理刻划宜用“意笔”手法，概括简练；自然特征的处理宜用“工笔”手法，精雕细琢，见图 5-17、图 5-18。

图 5-17　做出岩石的肌理

图 5-18　把表面做得粗糙些

### （五）修饰

1. 着色

在塑面水分未干透时进行，基本色调用颜料粉和水泥加水拌匀，逐层洒染。在石缝孔洞或阴角部位略洒稍深的色调，待塑面九成干时，在凹陷处洒上少许绿、黑或白色等大小、疏密不同的斑点，以增强立体感和自然感，见图 5-19。

2. 植物

在塑山石壁缝隙里填土，然后种植一些植物，用来软化塑山山体，使之更加接近大自然中的山体，见图 5-20。

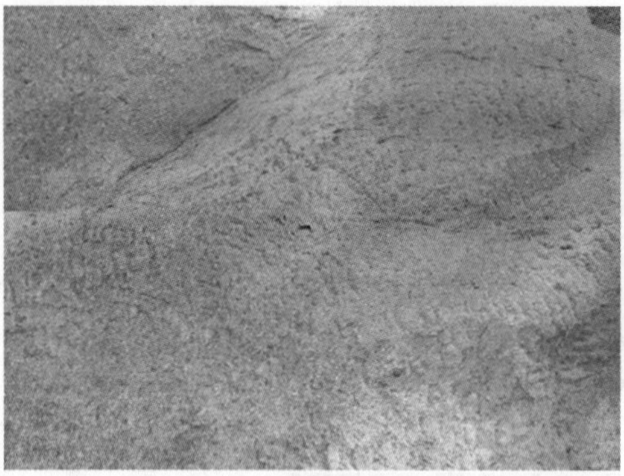

图 5-19　着色

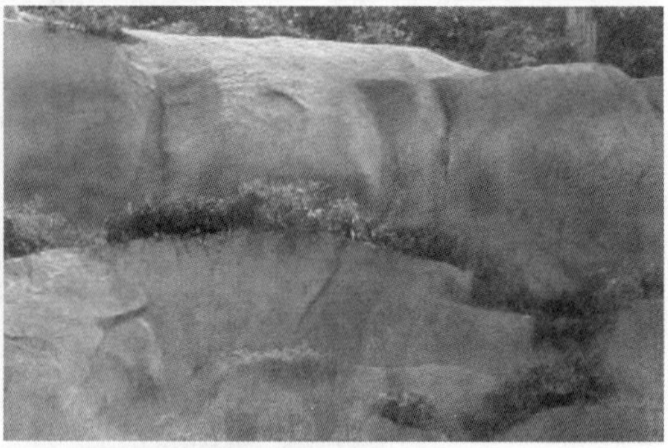

图 5-20　点缀植物

## 任务考核标准

| 序号 | 考核项目 | 考核内容 | 评价标准 | 得分 |
|---|---|---|---|---|
| 1 | 情感态度、团队协作 | 出勤、分工、合作、积极性等 | 10 | |
| 2 | 施工准备工作 | 翔实、准确 | 20 | |
| 3 | 测量放样工作 | 精确 | 10 | |
| 4 | 施工工艺 | 切合实际 | 20 | |
| 5 | 现场管理工作 | 细致、翔实 | 20 | |
| 6 | 竣工验收的准备工作 | 细致、翔实 | 20 | |

## 复习提高

本任务主要通过对人工塑造山石工程施工基本知识的简单介绍，总结出人工塑造山石工程特点、人工塑造山石工程组织与管理以及工程竣工验收的基本知识。

图 5-21 为一张人工塑造山石工程施工图，请根据图纸要求，编制出人工塑造山石工程的施工组织方案。

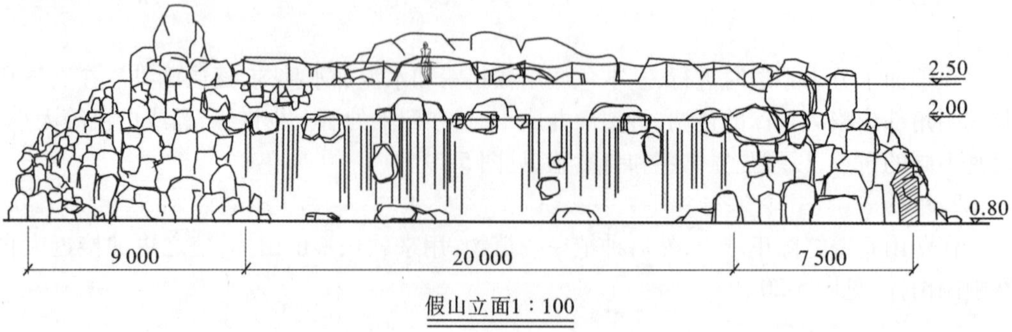


图 5-21　人工塑造山石工程施工图

# 项目六　园林水景工程施工

## 教学目标

掌握园林水景工程的特点、施工基本知识与施工技术，能够在总体规划设计的基础上完成与园林水景相关的工程施工工作，深刻理解水景在园林设计中应用的普遍性和重要性。

## 任务一　水池喷泉工程施工

**能力目标**

能够编制水池喷泉工程施工方案，能够进行水池喷泉工程施工工作。

**知识目标**

掌握水池喷泉工程施工的基本知识、水池喷泉工程施工的影响因素及水池喷泉工程特点。

## 任务描述

水池喷泉工程是一项重要的园林水景工程，它的施工内容无外乎水池施工、泵房建设、阀门井设置、喷头选择与安装等。

图6-1～图6-3是某水池喷泉施工图，该工程属于典型的水池喷泉工程。该工程需要完成水池建设和喷泉安装两项任务。该水池为混合式水池，水较浅，不能开展水上文体运动，以观赏为主。要高质量、低成本地按期完成该项工程建设任务，在拥有高素质施工队伍的前提下，现场施工员的技术水平和管理水平也将起到决定性的作用。

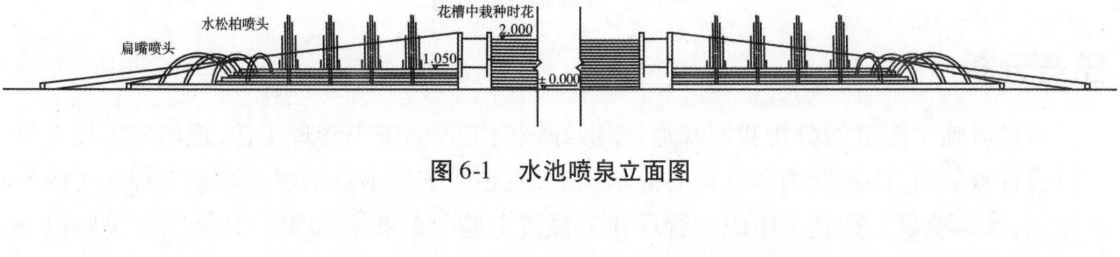


图6-1　水池喷泉立面图

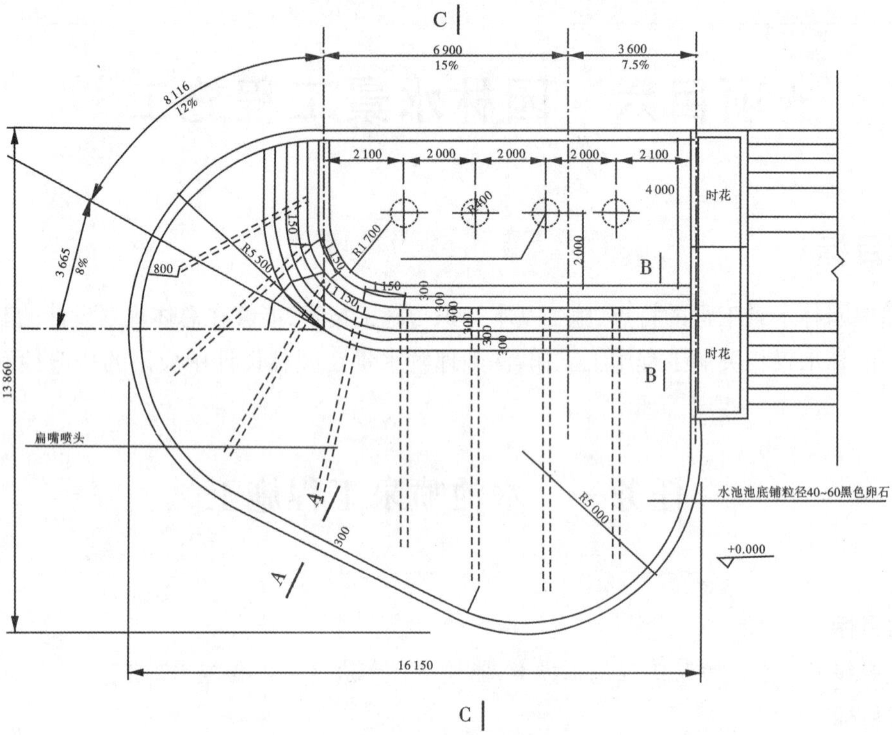


图 6-2　水池喷泉平面图

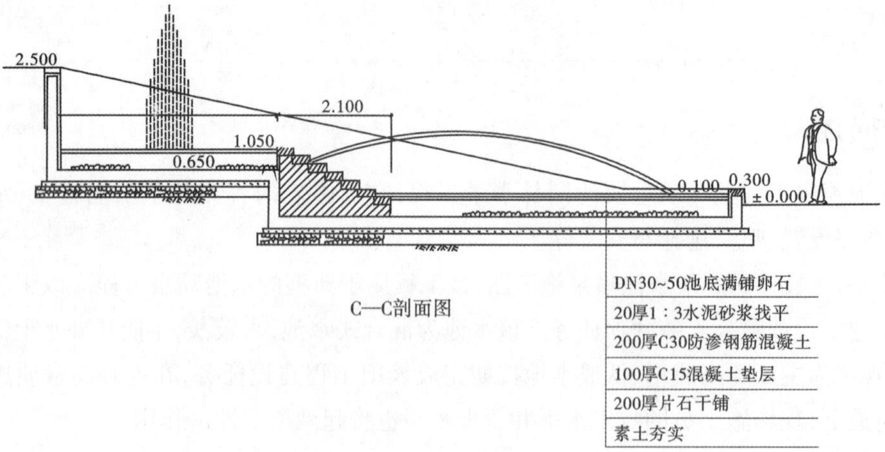


图 6-3　水池喷泉剖面图

## 任务分析

通过对施工图纸的分析我们知道，要做好该项工程的施工管理工作，现场施工员在具有较强管理能力、协调能力和责任心的基础上，还必须掌握丰富的水池喷泉工程施工的专业知识、水池喷泉工程施工组织与管理和工程竣工验收的相关知识。具体应解决好以下几个问题：

(1)正确识图,认真分析设计图纸,准确把握设计人员的设计意图。

(2)详细踏查现场,编制切实可行的施工组织方案。

(3)进行有效的施工现场管理、指导和协调工作。

(4)做好成品修整和保护工作。

(5)做好竣工验收的准备工作。

## 任务咨询

### 一、水池喷泉工程施工基本知识

#### (一)水池喷泉工程概述

水景工程是与水体造园相关的所有工程的总称,它是园林工程中涉及面最广、项目组成最多的专项工程之一。它包括湖泊、水池、水塘、溪流、瀑布和跌水等丰富多彩的应用形式。水池喷泉工程就是其中一项重要内容,主要包括水池施工和喷泉施工两项内容。

水池喷泉是园林理水的手法之一,它是利用压力使水从孔中喷向空中,再自由落下的一种优秀的造园水景工程,它以壮观的水姿、奔放的水流、多变的水形,深得人们喜爱。近年来,由于技术的进步,出现了多种造型喷泉、构成抽象形体的水雕塑和强调动态的活动喷泉等,大大丰富了水池喷泉构成水景的艺术效果。在我国,水池喷泉已成为园林绿化、城市及地区景观的重要组成部分,越来越得到人们的重视和欢迎。

水池喷泉工程是水景工程中最常见的形式,需设计水池,安装喷头、灯光等设备。停喷时,其是一个静水池。喷泉水池暴露于地表,可以平齐地平面,也可以凸出地平面。一般情况下池体高于地表面,水位保持一定,游人可直接看到池内水流。

#### (二)水池

水池是喷泉的重要组成部分。本身不仅能独立成景,点缀、装饰、渲染环境,而且还能维持正常水位以保证喷水。可以说水池是集审美功能与实用功能于一体的人工水景。

水池的形状、大小应根据周围环境和设计需要而定。形状可以灵活设计,但要求富有时代感;水池大小要考虑喷高,喷水越高,水池越大,一般水池半径为最大喷高的1~1.3倍,平均池宽可为喷高的3倍。此外,还要满足喷头、管道、水泵、进水口、泄水口、溢水口、吸水坑等布置要求。水池不能漏水,也要注意出水口的处理,池壁要十分牢固,既要能承受大压力,也要能抵抗结冰时的膨胀力。

#### (三)喷泉

喷头是喷泉的主要组成部分,它的作用是把具有一定压力的水变成各种预想的、绚丽的水花,喷射在水池的上空。因此,喷头的形式、制造的质量和外观等,都对整个喷泉的艺术效果产生重要的影响。

#### (四)优缺点

水池喷泉的优点:池体结构布置简单,工作人员易于清理和检修。缺点:水体易污染,需经常换水和清理池内杂物。水池要做得漂亮才能达到好的效果。

## 二、水池喷泉的作用

首先，水池喷泉可以为园林环境提供动态水景，丰富城市景观，这种水景一般都被作为园林的重要景点来使用。其次，水池喷泉对其一定范围内的环境质量有改良作用。它能够增加局部环境中的空气湿度，并增加空气中负氧离子的浓度，减少空气尘埃，有利于改善环境质量，有益于人们的身心健康。它可以陶冶人的情操，振奋人的精神，培养人的审美情趣。水池喷泉只有在艺术上和技术上不断发展、不断创新，才能不断得到人们的喜爱。

## 三、水池喷泉的布置形式

水池喷泉有很多种类和形式，可以大体分为以下几类。

### （一）普通装饰性水池喷泉

它是由各种普通的水花图案组成的固定喷水型水池喷泉。

### （二）与雕塑结合的水池喷泉

喷泉的各种喷水花型与雕塑、水盘、观赏柱等共同组成景观。

### （三）水雕塑的水池喷泉

它用人工或机械塑造出各种大型水柱的姿态。

### （四）自控的水池喷泉

一般用各种电子技术，按设计程序来控制水、光、音、色，形成多变奇异的景观。

## 四、水池喷泉的布置要点

在选择水池喷泉的位置，布置喷水池周围环境时，首先要考虑喷水的主题、形式，要与环境相协调，把喷泉和环境统一考虑，用环境渲染和烘托喷泉，并达到美化环境的目的，或借助喷泉的艺术联想，创造意境。

在一般情况下，水池喷泉的位置多设于建筑、广场的轴线焦点或端点处，也可以根据环境特点，做一些喷泉小景，自由地装饰室内外的空间。

喷水池的形式有自然式和整形式。喷水的位置可以居于水池中心，也可以偏于一侧或自由地布置；要根据喷泉所在地的空间尺度来确定喷水的形式、规模及喷水池的大小比例。

## 五、水池喷泉的基本组成及管线

### （一）基本组成

水池喷泉主要由水池和喷泉系统组成。一个完整的喷泉系统一般由喷头、管道、水泵三部分组成（见图 6-4、图 6-5）。

如果要考虑夜间效果，水池喷泉中还要布置灯光系统，主要用水下彩射灯和陆上射灯组合照明。

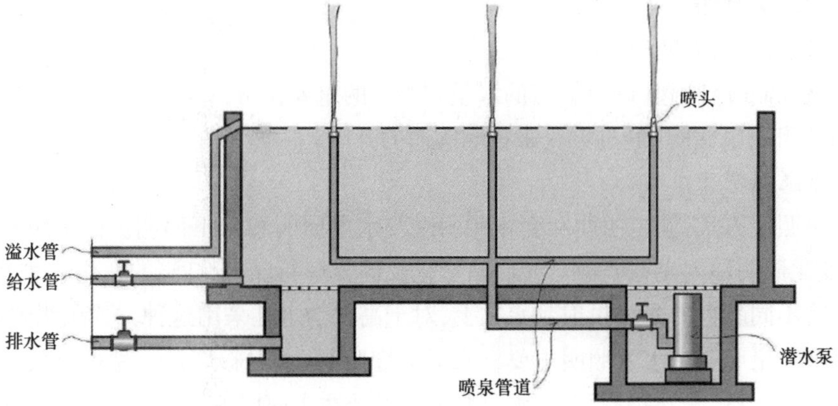


图 6-4　水池喷泉工作原理图(潜心泵)

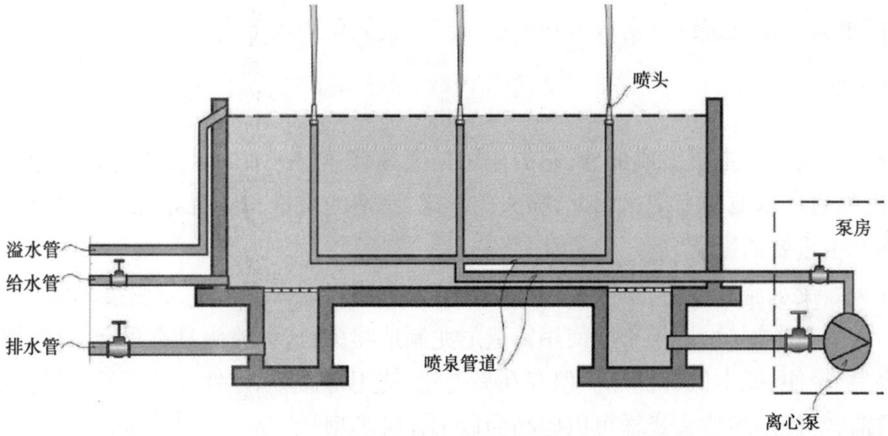


图 6-5　水池喷泉工作原理图(离心泵)

## (二)喷泉管线及附件

1. 水管

水池喷泉管道一般为钢管(镀锌钢管)、UPVC 给水管。钢管规格(常用管径尺寸)见图 6-6。

| 内径(mm) | 15 | 20 | 25 | 32 | 40 | 50 | 70 | 80 | 100 | 125 | 150 | 200 |
|---|---|---|---|---|---|---|---|---|---|---|---|---|
| 英寸 | 1/2 | 3/4 | 1 | $1\frac{1}{4}$ | $1\frac{1}{2}$ | 2 | $2\frac{1}{2}$ | 3 | 4 | 5 | 6 | 8 |
| 俗称 | 4 分 | 6 分 | 1 寸 | 1 寸2 | 1 寸半 | 2 寸 | 2 寸半 | 3 寸 | 4 寸 | 5 寸 | 6 寸 | 8 寸 |

图 6-6　常用管径尺寸

2. 管线及附件

钢管连接件:直通(接头);分支;方向改变。

水流控制件:闸阀(调节管道的水量和水压的重要设备);手阀(以手动的方式来控制阀门的开闭);电磁阀(通过电流来控制阀门的开闭)。

3. 喷泉照明及线路

喷泉照明方式:固定照明和变化照明以及水上照明和水下照明。固定照明即灯光不变化;变化照明即闪光照明或灯光明暗变化及部分灯亮、部分灯暗的变化。水上照明是水上射灯将不同颜色的光线投射到水柱上,对于高大的水柱采用这种方式照明效果较好,其适宜大型喷泉照明。水下照明主要靠水下彩灯照明,水下彩灯是一种可以放入水中的密封灯具,有红、黄、蓝、绿等颜色。水下彩灯一般装在水面以下 5 ~ 10 cm 处,光线透过水面投射到喷泉水柱上。如果采用多种颜色的彩灯照射,则水柱呈现出缤纷的色彩。

水上照明按一般照明要求。水下照明须用专门水下彩灯,并用水下电缆作供电线。开关、配电盘与控制房或泵房等放在一起。水下接线要用水下密封接线盒。

## 六、喷头的类型

喷头是喷泉的主要组成部分,它的作用是把具有一定压力的水变成各种预想的、绚丽的水花,喷射在水池的上空。因此,喷头的形式、制造的质量和外观等,都对整个喷泉的艺术效果产生重要的影响。

喷头因受水流的摩擦,一般多用耐磨性好,不易锈蚀,又具有一定强度的黄铜或青铜制成。为了节省铜材,近年来亦使用铸造尼龙制造喷头,这种喷头具有耐磨、自润滑性好、加工容易、轻便、成本低等优点。但存在易老化、使用寿命短、零件尺寸不易严格控制等问题。目前,常使用的喷头式样可以归结为以下几种类型。

### (一)单射流喷头

单射流喷头是喷泉中应用最广的一种,又称直流喷头。

### (二)喷雾喷头

这种喷头内部装有一个螺旋状导流板,使水流做圆周运动,水喷出后,形成细细的弥漫的雾状水流。

### (三)环形喷头

喷头的出水口为环形断面,即外实内空,使水形成集中而不分散的环形水柱。它以雄伟、粗犷的气势跃出水面,带给人们奋发向上的气氛。

### (四)旋转喷头

它利用压力水由喷嘴喷出时的反作用力或其他动力带动回转器转动,使喷嘴不断地旋转运动,从而丰富了喷水造型,喷出的水花或欢快旋转,或飘逸荡漾,形成各种扭曲线形,婀娜多姿。

### (五)扇形喷头

这种喷头的外形很像扁扁的鸭嘴。它能喷出扇形的水膜或像孔雀开屏一样美丽的水花。

### （六）多孔喷头

多孔喷头可以由多个单射流喷嘴组成一个大喷头，也可以由平面、曲面或半球形的带有很多细小孔眼的壳体构成喷头，它们能呈现出造型各异的盛开的水花。

### （七）变形喷头

通过喷头形状的变化使水花形成多种花式。变形喷头的种类很多，它们共同的特点是在出水口的前面有一个可以调节的、形状各异的反射器，水流通过反射器使水花造型，从而形成各式各样的、均匀的水膜，如牵牛花形、半球形、扶桑花形等。

### （八）蒲公英形喷头

这种喷头是在圆球形壳体上装有很多同心放射状喷管，并在每个管头上装有一个半球形变形喷头。因此，它能喷出像蒲公英一样美丽的球形或半球形水花。它可单独使用，也可以几个喷头高低错落地布置。

## 七、喷泉的控制方式

喷泉喷射水量、时间和喷水图样变化的控制主要有以下几种方式。

### （一）手阀控制

这是最常见和最简单的控制方式，在喷泉的供水管上安装手控调节阀，用来调节各管段中水的压力和流量，形成固定的水姿形式。

### （二）继电器控制

通常用时间继电器按照设计程序控制水系、电磁阀、彩色灯等的启闭，从而实现可以自动变换的喷水水姿形式。

### （三）音箱控制

声控喷泉是利用声音来控制喷泉水型变化的一种自控泉。它一般由声电转换、放大装置，执行机构，动力设备和其他设备组成。

声控喷泉的原理是将声音信号转变为电信号，经放大及其他一些处理，推动继电器或其电子式开关，再去控制设在水路上的电磁阀的启闭，从而控制喷头水流的通断。这样，随着声音的起伏，人们可以看到喷水大小、高矮和形态的变化。它能把人们的听觉和视觉结合起来，使喷泉喷射的水花随着音乐优美的旋律而翩翩起舞。

### （四）电脑控制

电脑通过对音频、视频、光线、电流等信号的识别，进行译码和编码，最终将信号输出到控制系统，使喷泉及灯光的变化与音乐变化保持同步，从而达到喷泉水型、灯光、色彩、视频等与音乐旋律的完美结合，使喷泉表演更生动，更加富有内涵。

## 八、喷泉的给排水系统

### （一）喷泉供水形式

喷泉供水水源多为人工水源，有条件的地方也可利用天然水源。目前，最为常见的供水方式有直流式供水、水泵循环供水和潜水泵循环供水 3 种。

1. 直流式供水

直流式供水的特点是自来水供水管直接接入喷水池内与喷头相接，给水喷射一次后即经溢流管排走。

其优点是供水系统简单，占地小，造价低，管理简单。缺点是给水不能重复利用，耗水量大，运行费用高，不符合节约用水要求。同时，由于供水管网水压不稳定，水型难以保证。直流式供水常与假山盆景结合，可做小型喷泉、孔流、涌泉、水膜、瀑布、壁流等，适合于小庭院、室内大厅和临时场所使用。

2. 水泵循环供水

水泵循环供水的特点是另设泵房和循环管道，水泵将池水吸入后经加压送入供水管道至水池中，水经喷头喷射后落入池内，经吸水管再重新吸入水泵，使水得以循环利用。

其优点是耗水量小，运行费用低，符合节约用水要求；在泵房内即可调控水型变化，操作方便，水压稳定。缺点是系统复杂，占地大，造价高，管理麻烦。水泵循环供水适合于各种规模和形式的水景工程。

3. 潜水泵循环供水

潜水泵循环供水特点是潜水泵安装在水池内与供水管道相连，水经喷头喷射后落入池内，直接进入泵内循环利用。

其优点是布置灵活，系统简单，占地小，造价低，管理容易，耗水量小，运行费用低，符合节约用水要求。缺点是水形调整困难。潜水泵循环供水适合于中小型水景工程。

随着科学技术的日益发展，大型自控喷泉不断出现，为适应水形变化的需要，常常采取水泵和潜水泵结合供水，以充分发挥各自特点，保证供水的稳定性和灵活性，并可简化系统，便于管理。

### （二）喷泉管线布置

大型水景工程的管道可布置在专用或共用管沟内，一般水景工程的管道可直接敷设在水池内。为保持各喷头的水压一致，宜采用环状配管或对称配管，并尽量减少水头损失。每个喷头或每组喷头前宜设置调节水压的阀门。对于高射程喷头，喷头前应尽量保持较长的直线管段或设整流器。

喷泉给排水管网主要由进水管、配水管、补充水管、溢流管和泄水管等组成。

## 九、水池喷泉工程施工

### （一）水池施工

水池一般由基础、防水层、池底、池壁、压顶等部分组成。

1. 基础

基础是水池的承重部分，由灰土和混凝土层组成。施工时先将基础底部素土夯实，密实度不得低于 85%。灰土层厚 30 cm（3∶7灰土）。C10 混凝土厚 10 ~ 15 cm。

2. 防水层

水池工程中,防水工程质量的好坏对水池安全使用及其寿命有直接影响,因此正确选择和合理使用防水材料是保证水池质量的关键。

目前,水池防水材料种类较多。按材料分,主要有沥青类、塑料类、橡胶类、金属类、砂浆、混凝土及有机复合材料等。按施工方法分,有防水卷材、防水涂料、防水嵌缝油膏和防水薄膜等。

水池防水材料的选用,可根据具体要求确定,一般水池用普通防水材料即可。钢筋混凝土水池还可采用抹5层防水砂浆(水泥中加入防水粉)的做法。临时性水池则可将吹塑纸、塑料布、聚苯板组合使用,均有很好的防水效果。

3. 池底

池底直接承受水的竖向压力,要求坚固耐久。多用现浇钢筋混凝土池底,厚度应大于20 cm,如果水池容积大,要配双层钢筋网。施工时,每隔20 m选择最小断面处设变形缝,变形缝用止水带或沥青麻丝填充;每次施工必须从变形缝开始,不得在中间留施工缝,以防漏水。

4. 池壁

池壁是水池竖向部分,承受池水的水平压力。池壁一般有砖砌池壁、块石池壁和钢筋混凝土池壁3种,见图6-7。池壁厚视水池大小而定,砖砌池壁采用标准砖、M7.5水泥砂浆砌筑,壁厚>240 mm。砖砌池壁虽然具有施工方便的优点,但红砖多孔,砌体接缝多,易渗漏,使用寿命短。块石池壁自然朴素,要求垒石严密。钢筋混凝土池壁厚度一般

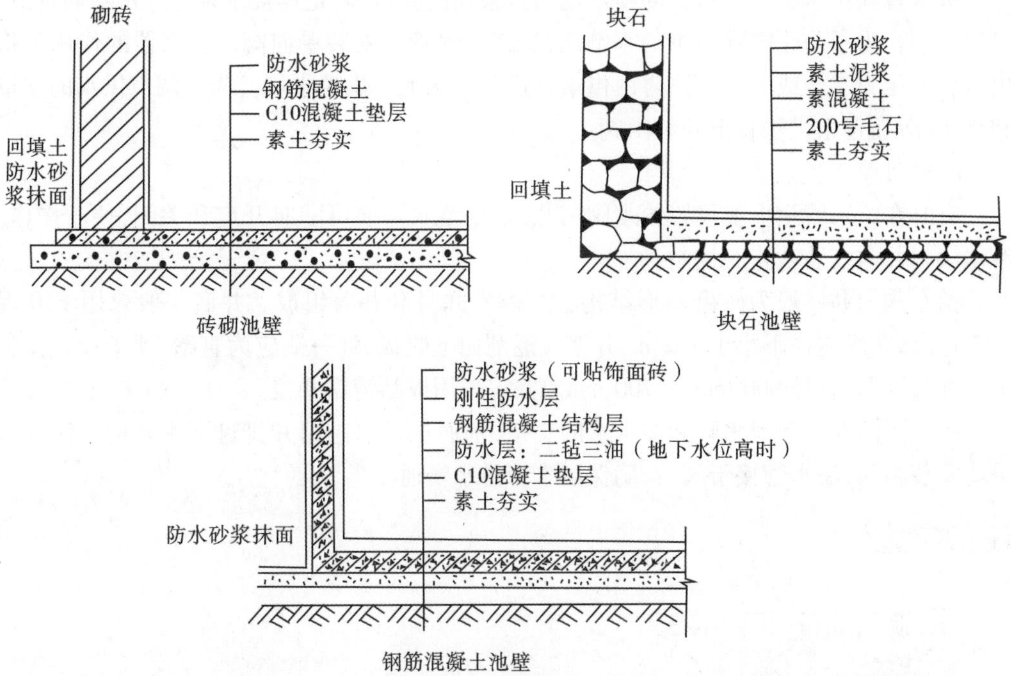


图6-7　喷水池池壁(底)的构造

不超过 300 mm，常用 150 ~ 200 mm，宜配直径 8 mm、12 mm 的钢筋，中心距 200 mm，用 C20 混凝土现浇。

5. 压顶

压顶是池壁最上部分，它的作用是保护池壁，防止污水泥沙流入池内。下沉式水池压顶至少要高于地面 5 ~ 10 cm。

**(二) 喷头及管线施工**

一般水池喷泉工程的管道可直接敷设在水池内。为保持各喷头的水压一致，宜采用环状配管或对称配管，并尽量减少水头损失。每个喷头或每组喷头前宜设置调节水压的阀门。对于高射程喷头，喷头前应尽量保持较长的直线管段或设整流器。

水池中还必须配套有供水管、补给水管、泄水管和溢水管等管网。这些管有时要穿过池底或池壁，这时，必须安装止水环，以防漏水。供水管、补给水管要安装调节阀；泄水管需配单向阀，防止反向流水污染水池；溢水管不要安装阀门，直接在泄水管单向阀后与排水管连接。为了利于清淤，在水池的最低处设置沉泥池，也可做成集水坑。

**(三) 泵房及阀门井施工**

1. 泵房

泵房是指安装水泵等提水设备的常用构筑物。其空间较小，结构比较简单。水泵是否需要修建专用的泵房应根据需要而定。在喷泉工程中，凡采用清水离心泵循环供水的都应设置泵房，凡采用潜水泵循环供水的均不设置泵房。

泵房内安装有电动机、离心泵及供电、电气控制设备和管线系统等。与水泵相连的管道有吸水管和出水管。出水管即喷水池与水泵间的管道，其是连接水泵与分水器的管道，设置闸阀。为了防止喷水池中的水倒流，需在出水管上安装单向阀。分水器的作用是将出水管的压力水合成多个支路再由供水管送到喷水池中供喷水用。为了调节供水的水量和水压，应在每条供水管上安装闸阀。

2. 阀门井

有时在给水管道上要设置给水阀门井，根据给水需要可随时开启和关闭，便于操作。给水阀门井内安装截止阀控制。

给水阀门井一般为砖砌圆形结构，由井底、井身和井盖组成。井底一般采用 C10 混凝土垫层，井底内径不小于 1.2 m，井壁应逐渐向上收拢，且一侧应为直壁，便于设置铁爬梯。井口圆形，直径 600 mm 或 700 mm。井盖采用成品铸铁井盖。

排水阀门井用于泄水管和溢水管的交接，水通过排水阀门井排进下水管网。泄水管道要安装闸阀，溢水管接于阀后，确保溢水管排水畅通。

## 任务实施

### 一、施工准备

**(一) 材料准备**

主要是基础与池底材料及所需添加剂。

**（二）机械准备**

主要是一些大型机械。

**（三）工地准备**

布置好各种临时设备，如职工生活及办公用房等。安排好工地的排水与降水以及供电照明设施。

## 二、测量放样

根据施工图纸进行测量放样。注意放线时，水池的外轮廓应包括池壁厚度。另外，为了施工方便，池外沿各边要适当加宽。

## 三、施工工艺

**（一）水池施工**

池面开挖—基础施工—防水层铺设—做池底—做池壁—做压顶。

**（二）喷头及管线施工**

喷水池中给排水管网主要由进水管、配水管、补充水管、溢流管和泄水管等组成。这些管有时要穿过池底或池壁，这时，必须安装止水环，以防漏水。

为了使喷泉获得等高的射流，喷泉配水管网多采用环形十字供水。补给水管的作用是启动前的注水及弥补池水蒸发和喷射的损耗，以保证水池正常水位。补给水管与城市供水管相连，并安装阀门控制（见图6-8）。

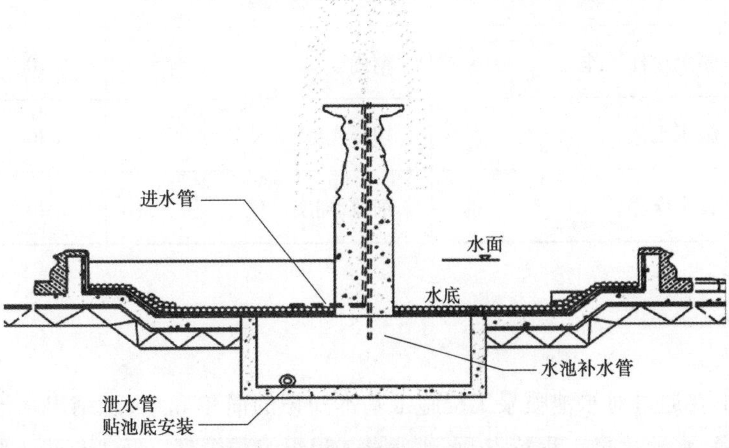


**图6-8　喷水池给水管网示意图**

为防止池水上涨造成溢流，池内应设溢水管，直通城市雨水管，溢水口要有3%的顺坡，直接与泄水管相连。泄水口要设置在池底的最低处，供检修和定期换水时用。管径100 mm或150 mm。

喷泉所有的管线都要具有不小于2%的坡度，便于停用时将水排空，尤其是防止冬季冻裂。所有管道均要进行防腐处理；管道接头要严密，安装必须牢固。管道安装完毕后，应认真检查并进行水压试验，保证管理安全，一切正常后再安装喷头。为保证射流稳定，连接喷头的水管不能有急剧的变化，且每个或每组相同高度的射流，应有自己的调节设备。

**（三）泵房及阀门井施工**

此次工程不需要泵房，主要在给水管道上设置给水阀门井，根据给水需要可随时开启和关闭，便于操作。给水阀门井内安装截止阀控制。

### 四、喷泉日常保养

要求20～30天清理一次，水池泄完水后保持1～2天的干爽时间。定期进行喷头检查及动力系统的维护。冬季温度过低时，应及时排净水管的水。喷泉管理应由专人负责。检查时应做好记录。

## 任务考核标准

| 序号 | 考核项目 | 考核内容 | 评价标准 | 得分 |
|---|---|---|---|---|
| 1 | 情感态度、团队协作 | 出勤、分工、合作、积极性等 | 20 | |
| 2 | 施工准备工作 | 翔实、准确 | 20 | |
| 3 | 测量放样工作 | 精确 | 10 | |
| 4 | 施工工艺 | 切合实际 | 30 | |
| 5 | 日常保养 | 细致、翔实 | 20 | |

## 复习提高

本任务主要通过对水池喷泉工程施工基本知识的简单介绍，总结出水池喷泉工程施工的影响因素、水池喷泉工程特点、水池喷泉工程组织与管理以及工程竣工验收的基本知识。

图6-9为一张水池喷泉工程施工图，请根据图纸要求，编制出水池喷泉工程的施工组织方案。

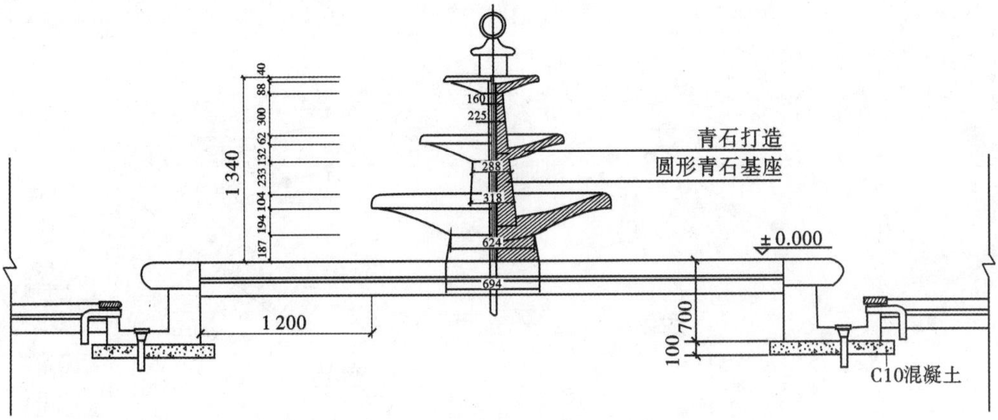


图 6-9　水池喷泉工程施工图

# 任务二　人工湖池工程施工

**能力目标**

能够编制人工湖池工程施工方案，能够进行人工湖池工程施工工作，能够协助验收人员完成挖湖工程验收工作。

**知识目标**

掌握人工湖池工程施工的基本知识、人工湖池工程施工的影响因素以及人工湖池工程特点。

## 任务描述

湖属于静态水体，有天然湖和人工湖之分。天然湖是自然的水域景观；人工湖则是人工依地势就地挖掘而成的水域，沿岸因境设景，自然天成图画。

图 6-10 是某人工湖池工程施工图，该工程是典型的水景工程。该工程利用人工湖来营造水景，充分体现湖的水光特色。湖岸线以自然曲线为主体，讲究自然流畅，开合相映。要高质量、低成本地按期完成该项工程建设任务，在拥有高素质施工队伍的前提下，现场施工员的技术水平和管理水平将起到决定性的作用。

## 任务分析

通过对施工图纸的分析我们知道，要做好该项工程的施工管理工作，现场施工员在具有较强管理能力、协调能力和责任心的基础上，还必须掌握丰富的人工湖池工程施工的专业知识、人工湖池工程施工组织与管理和工程竣工验收的相关知识。具体应解决好以下几个问题：

（1）正确识图，认真分析设计图纸，准确把握设计人员的设计意图。

（2）详细踏查现场，编制切实可行的施工组织方案。

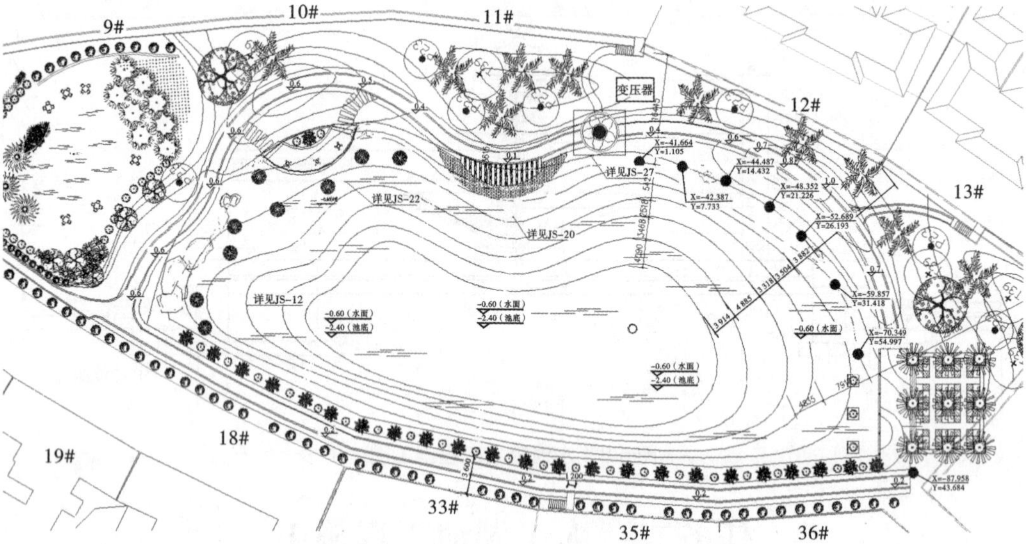


图 6-10　某人工湖池工程施工图

(3)进行有效的施工现场管理、指导和协调工作。

(4)做好成品修整和保护工作。

(5)做好竣工验收的准备工作。

## 任务咨询

### 一、人工湖池的基本知识

#### (一)人工湖池概述

根据水流的状态可将水景分为静态水景和动态水景两种。静态水景,也称静水,一般指园林中以片状汇聚的水面为景观的水景形式,如湖、池等。其特点是宁静、祥和、明朗。它的作用主要是净化环境、划分空间、丰富环境色彩、增加环境气氛。

湖有天然湖和人工湖之分。天然湖是自然的水域景观;人工湖则是人工依地势就地挖掘而成的水域,沿岸因境设景,自然天成图画。

#### (二)人工湖池的湖岸线(见图 6-11)

园林中利用人工湖体来营造水景,应充分体现湖的水光特色。首先要注意湖岸线的水滨设计,注意湖岸线的“线形艺术”,以自然曲线为主,讲究自然流畅,开合相映。

#### (三)人工湖池施工特点

1. 人工湖基址对土壤的要求

人工湖平面设计完成后,要对拟挖湖所涉及的区域进行土壤探测,为施工技术设计做准备。

黏土、砂质黏土、壤土,以及土质细密、土层深厚或渗透力小的黏土夹层是最适合挖湖的土壤类型。以砾石为主,黏土夹层结构密实的地段,也适宜挖湖。砂土、卵石等容易漏

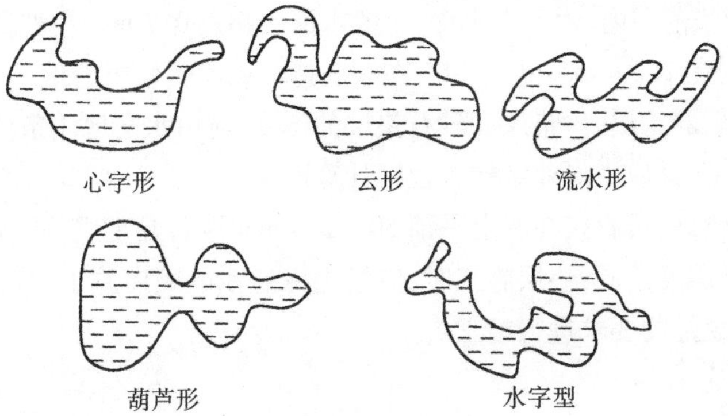


**图6-11 湖岸线平面设计形式**

水,应尽量避免在其上挖湖。如漏水不严重,要探明下面透水层的位置深浅,采用相应的截水墙或用人工铺垫隔水层等工程措施。若基土为淤泥或草煤层等松软层,须全部挖出。

湖岸立基的土壤必须坚实。黏土虽透水性小,但在湖水到达低水位时,容易开裂,湿时又会形成松软的土层、泥浆,故单纯黏土不能作为湖的驳岸。为实际测量漏水情况,在挖湖前需要对拟挖湖的基础进行钻探,要求钻孔之间的最大距离不得超过 100 m,待土质情况探明后,再决定这一区域是否适合挖湖,或施工时应采取的工程措施。

2. 水面蒸发量的测定和估算

对于较大的人工湖,湖面的蒸发量是非常大的,为了合理设计人工湖的补水量,测定湖面水分蒸发量是很有必要的。目前我国主要采用 E－601 型蒸发器测定水面的蒸发量,但其测得的数值比水体实际的蒸发量大,因此须采用折减系数,年平均蒸发折减系数一般取0.75～0.85。也可用下面的公式估算:$E=0.22(1+0.17W_{200}^{1.5})(e_0-e_{200})$。式中,$E$ 为水面蒸发量,mm;$e_0$ 为对应水面温度的空气饱和水汽压,mbar(1 bar = $10^5$ Pa);$e_{200}$ 为水面上空 200 cm 处空气水汽压,mbar;$W_{200}$ 为水面上空 200 cm 处的风速,m/s。

3. 人工湖渗漏损失

根据湖面蒸发水的总量及渗漏水的总量可计算出湖水体积的总减少量,依此可计算最低水位;结合雨季进入湖中雨水的总量,可计算出最高水位;结合湖中给水量,可计算出常水位,这些都是进行人工湖的驳岸设计时必不可少的数据。

## 二、人工湖池工程施工

### (一)基坑开挖

基坑开挖属于土方工程。在基坑土方开挖中,应严格遵守施工操作规程,并按设计要求挖至设计标高。根据各控制点要求,采用自上而下分层开挖的施工方法,不得欠挖和超挖。

### (二)湖底施工

1. 基础垫层施工

园林水景中的人工湖池,水面深度一般不是均一的,其距岸边、桥边和汀步边以外宽

1.5 ~2.0 m 的带状范围内，为安全水深，一般水深不超过0.7 m。在湖池的中部及其他部位，水深一般控制在1.2 ~1.5 m。因此，在湖底持力层比较软弱的地基，可用人工砂垫层或砂石垫层替代软弱土层，砂垫层和砂石垫层的厚度，应由水文地质条件和地基土的自重应力等因素来确定，并应由专业结构工程师计算而定。

若地基地质较好，可直接在底上平铺50 ~100 mm 厚黄黏土层，并按要求分层碾压密实，池底往往设计深度不同，垫层施工时，应按先深后浅的顺序施工，分段铺设，并严格按照地基基础施工规范的要求进行施工。

2. 防水层的铺设

垫层施工完毕后，应按设计要求做到表面平整。而后在其垫层上先铺一层聚氯乙烯土工材料垫膜，再铺上1.5 ~2.0 mm 厚的SGS 聚丙烯防水膜，要求纵横交叉铺设三层，再覆上一层200 ~500 mm 厚的黄黏土，并分层夯实。

防水膜铺设时，应注意铺贴方向，根据湖底设计深度，从一边岸顶—湖底—另一边岸顶一次完整铺设到位，减少纵向接头。铺贴时，不可张拉太紧，应轻轻扯平。在池壁驳岸的基础部位，宜预留适当的伸缩量，以免池壁沉降，尽可能保证防水膜柔性层的自由胀缩。防水膜的短边接头宜控制为150 ~300 mm 宽，上下两层和相邻两幅防水膜的接缝应当错开1/3幅宽。并且要求上下两层防水膜不得相互垂直铺贴，搭接缝应用密封剂封闭。

3. 黏土保护层、种植层与饰面施工

铺贴好防水层后，再铺上一层200 ~500 mm 厚黄黏土，并按要求分层夯实。应选用不含块石、杂质并具有良好黏性的土壤，并注意黏土的含水量，夯实密实度要符合设计要求。

一般的人工湖中，水都是循环流动的，而且往往都种植多种水生植物。为了保证水质清新，不使土壤流失，应在上面铺上一层卵石，卵石粒径可选用20 ~60 mm 不等。在水中底部坡度大的地方，以及没有种植水生植物处，应用细石混凝土或水泥砂浆浇筑卵石层，卵石宜露出1/3 左右。

**(三)湖岸施工**

湖岸的稳定性对湖体景观有特殊意义，应予以重视。先根据设计图严格将湖岸线用石灰放出，放线时应保证驳岸(或护坡)的实际宽度，并做好各控制基桩的标注。开挖后要对易崩塌之处用木条、板(竹)等支撑，遇到洞、孔等渗漏性大的地方，要结合施工材料采用抛石、填灰土、三合土等方法处理。如岸壁土质良好，做适当修整后可进行后续施工。

## 任务实施

### 一、施工准备

**(一)技术准备**

1. 研究施工图纸

工程开工前，将各种相关图集、施工规范、规程收集完整，由技术负责人组织有关人员对该工程施工图纸进行会审，熟悉施工技术规范和设计要求，准确掌握图纸内容。

2. 勘察施工现场

工程开工前，组织工程技术人员勘察施工现场，编制、审定施工组织设计和施工方案，以便于指导后期现场施工。

### （二）物资准备

根据施工图纸内容，该人工湖池工程施工需要挖土方，因此要结合施工方案和进度计划的要求，安排好施工机具设备进场，并确定好停放场所。另外，还要做好材料准备工作。

## 二、施工工艺

### （一）基坑开挖

在基坑开挖中，严格遵守施工操作规程，并按设计要求挖至设计标高。根据各控制点要求，采用自上而下分层开挖的施工方法。

### （二）湖底工程

考察基址渗漏状况。好的湖底全年水量损失水体积达 5% ~10%；一般湖底为 10% ~20%；较差的湖底为 20% ~40%，以此制定施工方法及工程措施。

湖体施工时排水尤为重要。如水位过高，施工时可用多台水泵排水，也可通过梯级排沟排水，由于水位过高，为避免湖底受地下水的挤压而被抬高，必须特别注意地下水的排放。

施工工艺如下：基础垫层施工—防水层的铺设—黏土保护层、种植层与饰面施工。

### （三）湖岸施工

湖岸的稳定性对湖体景观有特殊意义，应予以重视。

## 三、竣工验收材料整理

施工完毕后，应组织相关人员根据施工图对工程进行竣工验收。有关材料如下：

（1）分部和分项工程质量检验评定表。

（2）工程竣工验收单。

（3）开工报告。

（4）施工技术方案报审表。

（5）施工放样报验单。

（6）建筑材料报验单。

（7）进场设备报验单。

（8）施工总结和竣工报告。

（9）基坑、基础质量检验单。

（10）建筑材料检测报告单。

## 任务考核标准

| 序号 | 考核项目 | 考核内容 | 评价标准 | 得分 |
|---|---|---|---|---|
| 1 | 情感态度、团队协作 | 出勤、分工、合作、积极性等 | 10 | |
| 2 | 施工准备工作 | 翔实、准确 | 20 | |
| 3 | 测量放样工作 | 精确 | 10 | |
| 4 | 施工工艺 | 切合实际 | 20 | |
| 5 | 现场管理工作 | 细致、翔实 | 20 | |
| 6 | 竣工验收的准备工作 | 细致、翔实 | 20 | |

## 复习提高

本任务主要通过对人工湖池工程施工基本知识的简单介绍，总结出人工湖池工程施工的影响因素、人工湖池工程特点、人工湖池工程组织与管理以及工程竣工验收的基本知识。

自己查找一幅人工湖池工程施工图，请根据施工图，编制出人工湖池工程的施工组织方案。

# 任务三　驳岸工程施工

**能力目标**

能够编制驳岸工程施工方案，能够进行驳岸工程施工以及现场管理工作，能够协助验收人员完成驳岸工程验收工作。

**知识目标**

掌握驳岸施工的基本知识、驳岸施工的影响因素、驳岸工程特点、驳岸工程组织与管理和工程竣工验收的基本知识。

## 任务描述

园林中的各种水体需要有稳定、美观的岸线，并使陆地与水面之间保持一定的比例关系，防止因水岸坍塌而影响水体，因而应在水体的边缘修筑驳岸。

图 6-12 为某人工湖驳岸断面图，该工程是典型的混合式砌石驳岸工程。驳岸工程是

重要的水景工程,它分为基础和墙身两个分项工程。该工程水位线以上为自然式驳岸,水位线以下为规则式驳岸。要高质量、低成本地按期完成该项工程建设任务,在拥有高素质施工队伍的前提下,现场施工员的技术水平和管理水平将起到决定性的作用。

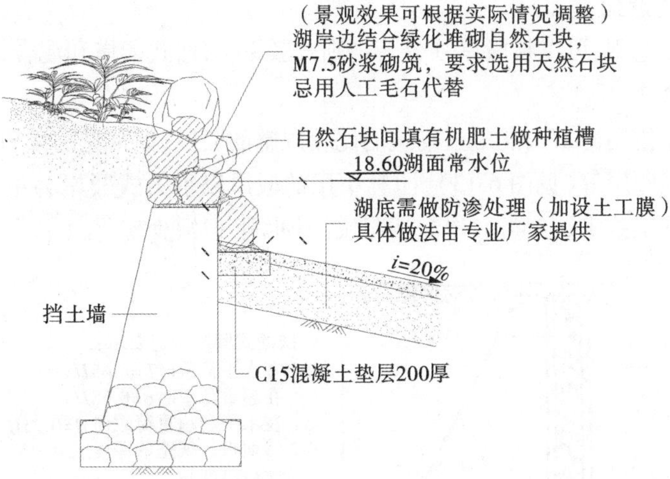


图6-12　某人工湖驳岸断面图

## 任务分析

通过对施工图纸的分析我们知道,要做好该项工程的施工管理工作,现场施工员在具有较强管理能力、协调能力和责任心的基础上,还必须掌握丰富的驳岸工程施工的专业知识、驳岸工程施工组织与管理和工程竣工验收的相关知识。具体应解决好以下几个问题:

(1)正确识图,认真分析设计图纸,准确把握设计人员的设计意图。

(2)详细踏查现场,编制切实可行的施工组织方案。

(3)进行有效的施工现场管理、指导和协调工作。

(4)做好成品修整和保护工作。

(5)做好竣工验收的准备工作。

## 任务咨询

### 一、驳岸工程施工基本知识

#### (一)驳岸概述

驳岸是在园林水体边缘与陆地交界处,为稳定岸壁,保护湖岸不被冲刷或水淹所设置的构筑物。

驳岸也是园景的组成部分。在古典园林中,驳岸往往用自然山石砌筑,与假山、置石、花木相结合,共同组成园景。驳岸必须结合所在具体环境的艺术风格、地形地貌、地质条件、材料特性、种植特色以及施工方法、技术经济要求来选择其建筑结构形式,在实用、经济的前提下注重外形的美观,使其与周围景色相协调。

水体驳岸是水域和陆域的交接线,相对水而言也是陆域的前沿。人们在观水时,驳岸会自然而然地进入视野;接触水时,也必须通过驳岸,作为到达水边的最终阶段。因此,驳岸设计的好坏,决定了水体能否成为吸引游人的关键点。

### (二)驳岸的造型

根据驳岸的造型,可以将驳岸划分为规则式驳岸、自然式驳岸和混合式驳岸三种。

1. *规则式驳岸*

规则式驳岸指用砖、石、混凝土砌筑的比较规整的驳岸,如常见的重力式驳岸、半重力式驳岸和扶壁式驳岸等(见图 6-13),园林中用的驳岸以重力式驳岸为主,要求使用较好的砌筑材料和施工技术。这类驳岸简洁明快,耐冲刷,但缺少变化。

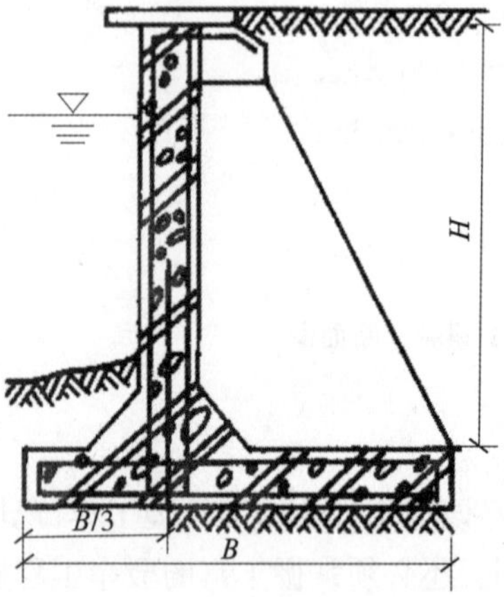


**图 6-13　规则式驳岸(扶壁式驳岸)**

2. *自然式驳岸*

自然式驳岸指外观无固定形状或规格的岸坡处理,如常见的假山石驳岸、卵石驳岸、仿树桩驳岸等,这种驳岸自然亲切,景观效果好。

3. *混合式驳岸*

这种驳岸结合了规则式驳岸和自然式驳岸的特点,一般用毛石砌墙,自然山石封顶,园林工程中也较为常用(见图 6-14)。

### (三)驳岸的结构

1. *砌石驳岸*

砌石驳岸是园林工程中最主要的护岸形式。它主要依靠墙身自重来保证岸壁的稳定,抵抗墙后土壤的压力。园林驳岸的常见结构由基础、墙身和压顶三部分组成。

基础是驳岸承重部分,上部质量经基础传给地基。

墙身是基础与压顶之间的主体部分,多用混凝土、毛石、砖砌筑。墙身承受压力最大,主要有垂直压力、水的水平压力及墙后土壤侧压力,为此,墙身要确保一定厚度。墙体高度根据最高水位和水面浪高来确定。考虑到墙后土压力和地基沉降不均匀变化等,应设置沉降缝。

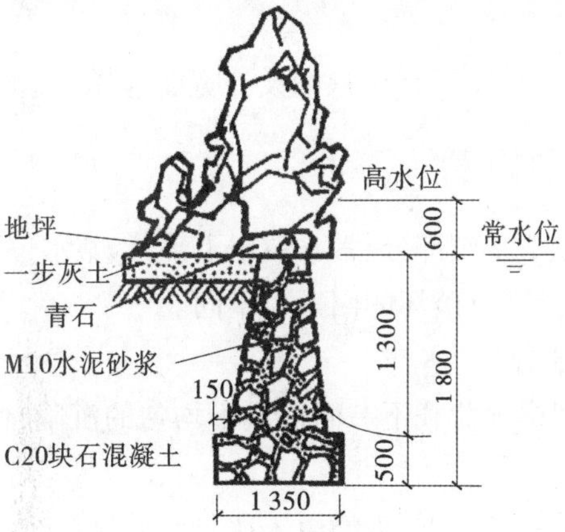


图6-14　混合式驳岸

压顶为驳岸最上部分,作用是增强驳岸稳定,阻止墙后土壤流失,美化水岸线。

2. 桩基驳岸

桩基是一种常用的水工地基处理手法。基础桩的主要作用是增强驳岸的稳定,防止驳岸的滑移或倒塌,同时可加强土基的承载力。其特点是:基岩或坚实土层位于松土层,桩尖打下去,通过桩尖将上部荷载传给下面的基础或坚实土层;若桩打不到基岩,则利用摩擦,借木桩表面与泥土间的摩擦力将荷载传到周围的土层中,以达到控制沉陷的目的。

## 二、驳岸工程施工

驳岸工程施工前必须放干湖水,或分段堵截围堰逐一排空。驳岸工程施工流程为:放线—挖槽—夯实地基—浇筑基础—砌筑岸墙—砌筑压顶。

### (一)放线

布点放线应依据施工设计图上的常水位线来确定驳岸的平面位置,并在基础两侧各边适当加宽放线。

### (二)挖槽

一般采用人工开挖,工程量大时可采用机械挖掘。为了保证施工安全,挖方时要保证足够的工作面,对需要放坡的地段,务必按规定放坡。岸坡的倾斜可用木制边坡样板校正。

### (三)夯实地基

基槽开挖完成后将基槽夯实,遇到松软的土层时,必须铺一层厚灰土加固。

### (四)浇筑基础

采用块石混凝土基础。浇筑时要将块石垒紧,不得列置于槽边缘。然后浇筑水泥砂浆,灌浆务必饱满,要渗满石间空隙。

### (五)砌筑岸墙

如果驳岸高差变化较大,应做沉降缝。另外,也可在岸墙后设置暗沟,填置砂石,排除墙后积水,保护墙体。

**（六）砌筑压顶**

压顶宜用大块石（石的大小可视岸顶的设计宽度选择）或预制混凝土板砌筑。

### 三、破坏驳岸的主要因素

驳岸可以分为湖底以下基础部分、常水位以下部分、常水位至最高水位部分和最高水位以上不淹没的部分，不同部分破坏的因素也不同。

**（一）湖底以下基础部分**

由于池底地基强度和岸顶荷载不一而造成不均匀的沉陷，使驳岸出现纵向裂缝甚至局部塌陷。

在寒冷地区水深不大的情况下，可能由于冰胀而引起基础变形。

木桩做的桩基因受腐蚀或水底一些动物的破坏而朽烂。

在地下水位很高的地区会产生浮托力而影响基础的稳定。

**（二）常水位以下部分**

常水位以下部分常年被水淹没，其主要破坏因素是水浸渗。在我国北方寒冷地区，因水渗入驳岸内再冻胀后会使驳岸胀裂，有时会造成驳岸倾斜或位移。常水位以下的岸壁又是排水管道的出口，如安排不当亦会影响驳岸的稳固。

**（三）常水位至最高水位部分**

这一部分受到周期性的淹没。如果水位变化频繁，则对驳岸也形成冲刷腐蚀的破坏。

**（四）最高水位以上不淹没的部分**

主要破坏因素是浪激、日晒和风化剥蚀。驳岸顶部则可能因超重荷载和地表水的冲刷受到破坏。另外，驳岸下部的破坏也会使这一部分受到破坏。

了解破坏驳岸的主要因素以后，可以结合具体情况采取防止和减少破坏的措施。

## 任务实施

### 一、施工准备

**（一）技术准备**

1. 研究施工图纸

工程开工前，将各种相关图集、施工规范、规程收集完整，由技术负责人组织有关人员对该工程施工图纸进行会审，熟悉施工技术规范和设计要求，准确掌握图纸内容。

2. 勘察施工现场

工程开工前，组织工程技术人员勘察施工现场，编制、审定施工组织设计和施工方案，以便于指导后期现场施工。

**（二）物资准备**

1. 设备准备

根据施工图纸内容，结合施工方案和进度计划的要求，安排好施工机具设备进场，并确定好停放场所。

2. 材料准备

准备砌石材料、水泥、砂浆等。

**（三）现场准备**

清除场地杂物，排除积水、淤泥等，用机械配合清理和平整。另外，还要布设水电设施。

## 二、测量放样

按施工图纸进行放样，并用石灰线放出驳岸的土方开挖线。

## 三、施工工艺

**（一）挖槽**

对驳岸沿线的土方采用挖掘机开挖，并留出保护层。在机械开挖基坑土方结束后，用人工对堰边坡及堰顶进行修正，以保证其坡度及不漏水。

**（二）夯实地基**

基槽开挖完成后将基槽夯实。

**（三）浇筑基础**

采用块石混凝土基础。浇筑时，要将块石垒紧，不得列置于槽边缘。然后浇筑水泥砂浆，渗满石间空隙。

**（四）砌筑岸墙**

采用先前、后边、再填墙腹的顺序施工。砌筑时，先将石块对在样线处，修去不平之处，再上浆，两块石间要灌浆填实。

**（五）砌筑压顶**

该驳岸工程上部由自然山石堆砌而成，因此顶部由一块自然山石压顶。

## 四、竣工验收材料整理

施工完毕后，应组织相关人员根据施工图对工程进行竣工验收。有关材料如下：

（1）分部和分项工程质量检验评定表。

（2）驳岸工程竣工验收单。

（3）开工报告。

（4）施工技术方案报审表。

（5）施工放样报验单。

（6）建筑材料报验单。

（7）进场设备报验单。

（8）施工总结和竣工报告。

（9）基坑、基础和浆砌块石质量检验单。

(10)建筑材料检测报告单。

(11)混凝土、砂浆试块试压报告单和分析报告。

(12)施工日志。

(13)竣工图纸。

## 任务考核标准

| 序号 | 考核项目 | 考核内容 | 评价标准 | 得分 |
|---|---|---|---|---|
| 1 | 情感态度、团队协作 | 出勤、分工、合作、积极性等 | 10 | |
| 2 | 施工准备工作 | 翔实、准确 | 20 | |
| 3 | 测量放样工作 | 精确 | 10 | |
| 4 | 施工工艺 | 切合实际 | 20 | |
| 5 | 现场管理工作 | 细致、翔实 | 20 | |
| 6 | 竣工验收的准备工作 | 细致、翔实 | 20 | |

## 复习提高

本任务主要通过对驳岸工程施工基本知识的简单介绍，总结出驳岸工程施工的影响因素、驳岸工程特点、驳岸工程组织与管理以及工程竣工验收的基本知识。

图 6-15 为一张驳岸工程施工图，请根据施工图，编制出驳岸工程的施工组织方案。

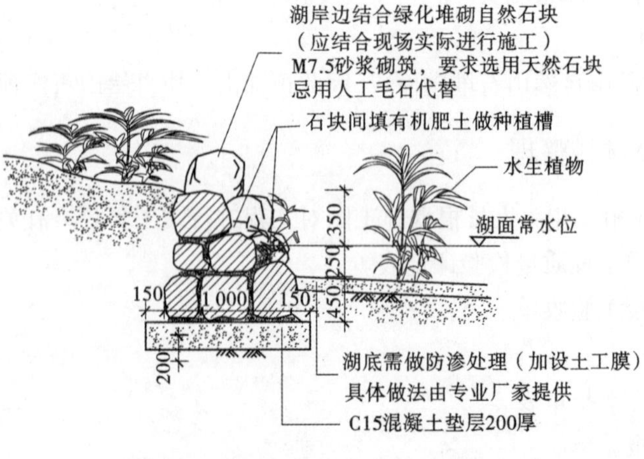


图 6-15　驳岸工程施工图

# 项目七　园林铺装工程施工

## 教学目标

在掌握园林道路(园路)的功能特点、园路的类型、园路的典型结构、铺装方法等的基础上,能够实施园路工程施工的现场管理工作。

## 任务一　整体路面工程施工

**能力目标**

能够识读整体路面工程施工图纸,能够编制整体路面工程的施工方案,能够指导整体路面施工以及现场管理工作,能够进行整体路面工程的验收。

**知识目标**

掌握园路工程的基本知识、整体路面的分类和特点、不同类型整体路面的施工程序和方法、整体路面工程竣工验收的基本知识。

### 任务描述

园林道路是构成园林的基本要素之一,包括道路、广场、游憩场地等一切硬质铺装。图7-1是某游园园林景观工程平面图及混凝土路结构图。该工程项目位于我国东北地区,考虑当地的材料条件,在结构设计时遵循了就地取材的原则,采用了灰土和碎石作为道路基础,面层为现浇混凝土。在工程施工准备及施工过程中,不仅要熟悉整体路面施工的知识,而且要明确现浇混凝土施工的技术要求,确定园路的构成,掌握整体路面施工的技术标准和验收方法等。

### 任务分析

园路施工是园林工程施工中的一个重要组成部分,园路工程施工的重点在于控制好道路面层的高程,并注意道路面层与其他园林设施、绿地等的有关高程相协调。在施工中,园路的基层和路基的处理达到设计要求即可,但在面层的施工过程中,要注意操作的精细化及美观等。具体要求有以下几个方面:

(1)现场施工技术人员应熟悉图纸。

(2)对道路沿线的现状进行充分调查,便于确定最优的工程施工方案。

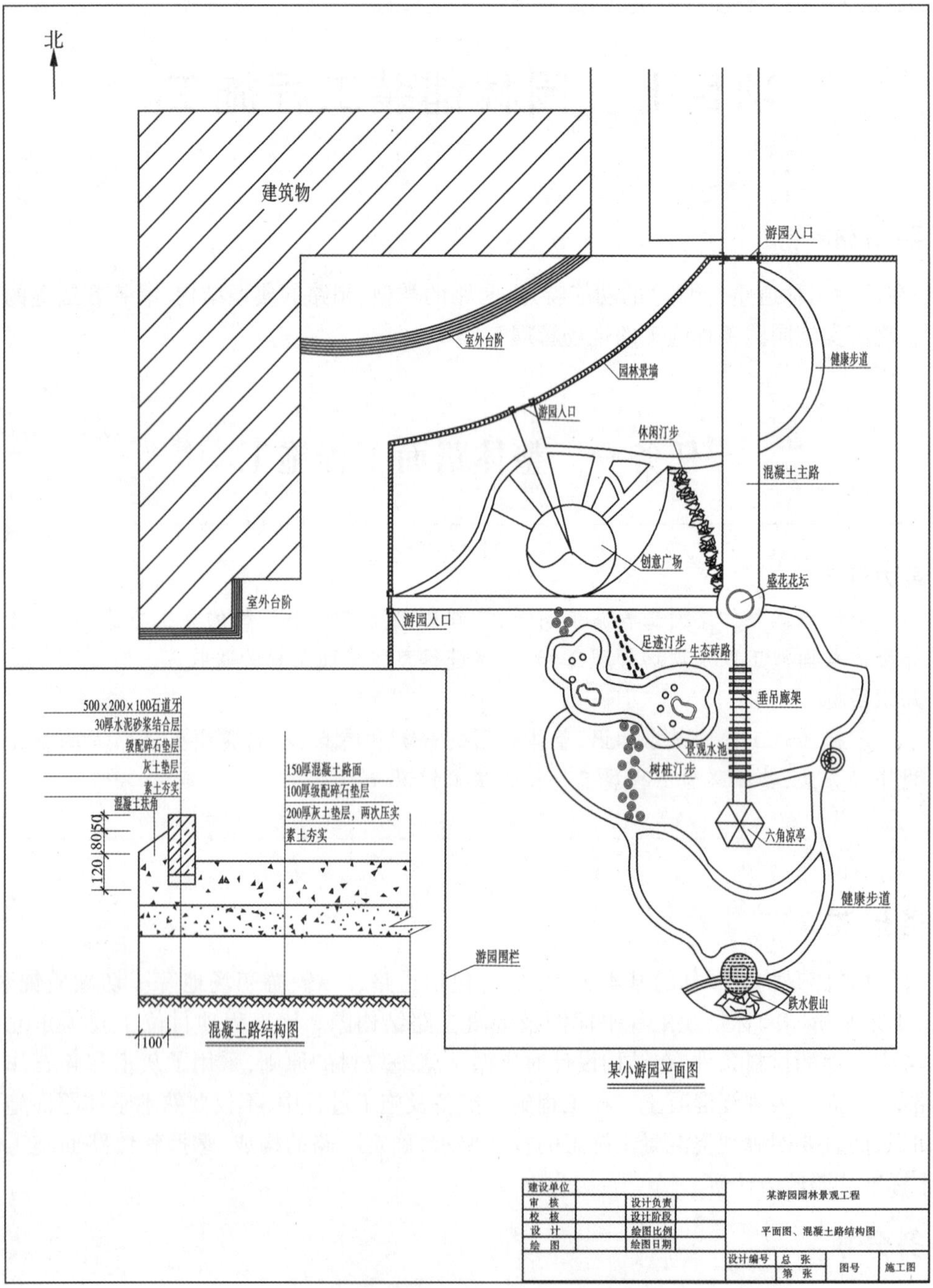


图 7-1　某游园园林景观工程平面图及混凝土路结构图

(3)园路工程施工材料的用量较大,必须提前做好材料的订购计划及预加工计划,按照材料的进场计划组织进场。

(4)由于园林道路工程施工场地较窄,施工期间可能挖掘出大量的垃圾及废土,不能在现场存放,必须事先选择弃土场地或指定堆放地点。

# 任务咨询

## 一、园路基础知识

### (一)园路的功能

园林道路是构成园林的基本要素之一,包括道路、广场、游憩场地等一切硬质铺装。园路是贯穿全园的交通网络,联系若干个景区和景点,同时也是组成园林景观的要素之一,并为游人提供活动和休息的场所。

1. 组织交通和引导游览线路

园林道路铺装耐践踏、碾压和磨损,可为游人提供舒适、安全、方便的交通条件(见图7-2),还可满足各种园务运输的需求。同时,园路能担负组织园林的观赏程序,向游客展示园林风景画面的作用。它能通过自己的布局和路面铺砌的图案,引导游客按照设计者的意图、路线和角度来游赏景物,园路动态序列的展开指明游览方向,引导游人从一个景点进入另一个景点。园路还为欣赏园景提供连续不同的视点,取得步移景异的效果。

图7-2 组织交通的园路

2. 划分、组织空间

园林中利用地形、建筑、植物、水体或道路来划分园林功能分区。对于地形起伏不大、建筑比重小的现代园林绿地,用道路围合、分隔不同景区是主要划分方式。借助道路面貌(线形、轮廓、图案等)的变化,还可以暗示空间性质、景观特点转换以及活动形式的改变等,从而起到组织空间的作用。如在专类园中,园路划分空间的作用更是十分明显,如图7-3所示。

图7-3 划分空间的园路

3. 参与造景

园路作为空间界面的一个方面而存

在，自始至终伴随着游览者，并影响风景的效果，它与山、水、植物和建筑等共同构成优美丰富的园林景观。其主要表现在以下几个方面。

1）创造意境

如中国古典园林中园路的花纹和材料与意境相结合，见图 7-4。其独特的风格与完整的构图，很值得学习。

2）构成园景

通过园路引导，将不同角度和方向的地形地貌、植物群落等园林景观一一展现在眼前，形成一系列动态画面，即此时的园路也参与了风景的构图，可称为“因景得路”。另外，园路本身的曲线、质感、色彩、纹样、尺度等与周围环境协调统一，也构成园景的一部分，如图 7-5 所示。

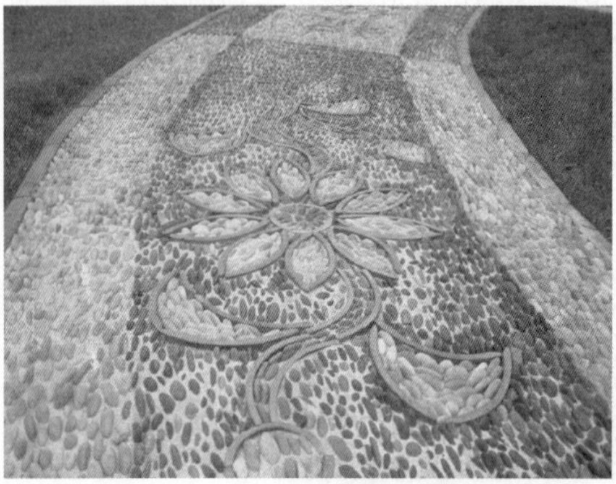

图 7-4　创造意境的园路

图 7-5　构成园景的园路

3）统一空间

总体布局中，协调统一的地面铺装，使尺度和特性上有差异的要素相互连接，在视觉上统一起来，如图 7-6 所示。

图 7-6　统一空间的园路

4)构成个性空间

园路的铺装材料和图案造型能形成及增强不同的空间感,如细腻感、粗犷感、安静感、亲切感等,丰富而独特的园路可以提升视觉趣味,增强空间的独特性和可识性,如图7-7所示。

图7-7　构成个性空间的园路

4. 提供活动场地和休息场地

在建筑小品周围、花坛边、水旁和树池等处,园路可扩展为广场,为游人提供活动和休息的场所。

5. 组织排水

道路可以借助其路缘或边沟组织排水。当园林绿地高于路面时,就能汇集两侧绿地径流,利用其纵向坡度将雨水排除。

**(二)园路的典型结构**

园路路面的结构形式同城市道路一样具有多样性,但由于园林中通行车辆较少,园路的荷载较小,因此路面结构都比城市道路简单,其典型结构如图7-8所示。

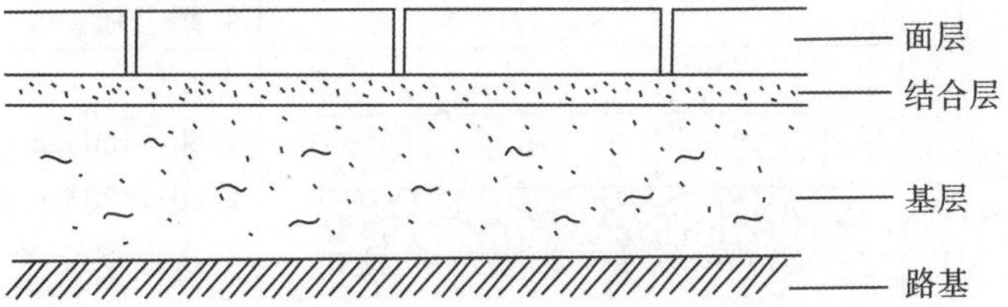


图7-8　园路的典型结构

1. 面层

面层是路面的表层,它直接承受人流、车辆和大气因素的作用,因此面层要坚固、平稳、耐磨损、不滑、反光小,具有一定的粗糙度和少尘性,便于清扫且美观。

2. 结合层

采用块料铺筑面层时，在面层与基层之间设有结合层，它是为了黏结和找平而设置的。

3. 基层

基层位于结合层之下，垫层或路基之上，是路面结构中的主要承重部分，可增加面层的抵抗能力，能承上启下，将荷载扩散、传递给路基。

4. 垫层

在路基排水不良或有冻胀、翻浆的路段上，为了满足排水、隔温、防冻的需要，用道渣、煤渣、石灰土等水稳定性好的材料作为垫层，设于基层之下。园林中也可用加强基层的办法，而不另设此层（见图 7-8）。

5. 路基

路基即土基，是路面的基础，它不仅为路面提供一个平整的基面，还承受路面传来的荷载，是保证路面强度和稳定性的重要条件。

园路的常见结构如表 7-1 所示。

表 7-1　园路的常见结构

| 序号 | 园路名称 | 园路结构 | |
|---|---|---|---|
| 1 | 石板嵌草路 | 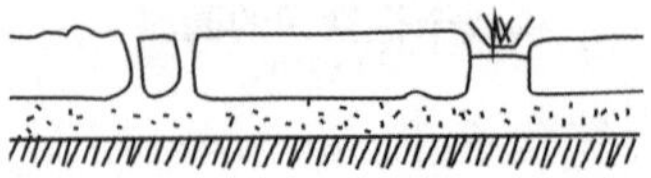 | 1. 100 mm 厚石板<br>2. 50 mm 厚黄砂<br>3. 素土夯实<br>4. 石缝 30 ~ 50 mm 嵌草 |
| 2 | 卵石嵌草路 | 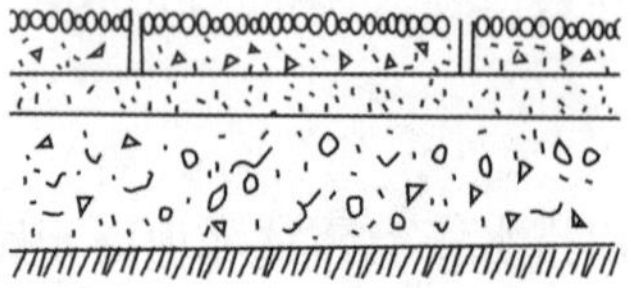 | 1. 70 mm 厚预制混凝土嵌卵石<br>2. 50 mm 厚 M2.5 混合砂浆<br>3. 约一步宽灰土<br>4. 素土夯实 |
| 3 | 预制混凝土方砖路 | 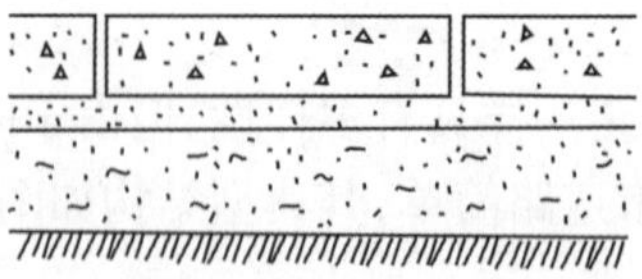 | 1. 500 mm × 500 mm × 500 mm 的 C15 混凝土方砖<br>2. 50 ~ 500 mm 厚粗砂<br>3. 150 ~ 250 mm 厚灰土<br>4. 素土夯实 |
| 4 | 现浇水泥混凝土路 | 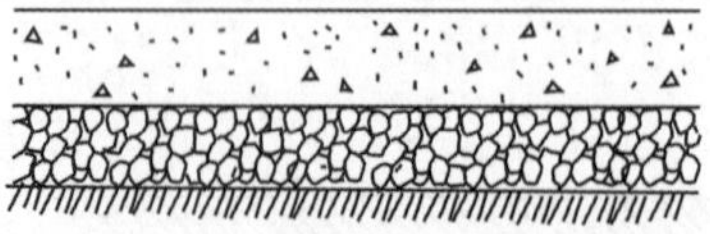 | 1. 80 ~ 150 mm 厚 C15 混凝土<br>2. 80 ~ 120 mm 厚碎石<br>3. 素土夯实 |
| 5 | 卵石路 | 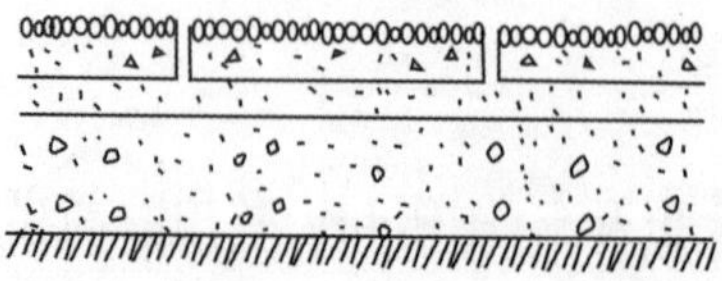 | 1. 70 mm 厚混凝土上栽小卵石<br>2. 30 ~ 50 mm 厚 M2.5 混合砂浆<br>3. 150 ~ 250 mm 厚碎砖三合土<br>4. 素土夯实 |

**续表 7-1**

| 序号 | 园路名称 | 园路结构 | |
| --- | --- | --- | --- |
| 6 | 沥青碎石路 | 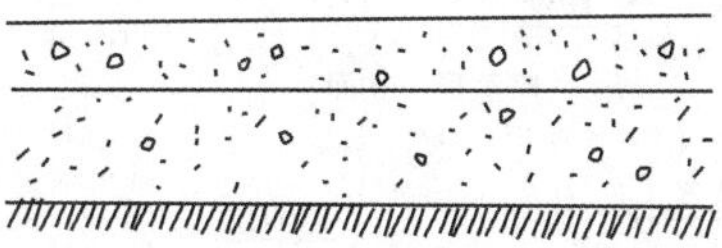 | 1. 10 mm 厚二层柏油表面处理<br>2. 50 mm 厚泥结碎石<br>3. 150 mm 厚碎砖或白灰、煤渣<br>4. 素土夯实 |
| 7 | 羽毛球场铺地 | 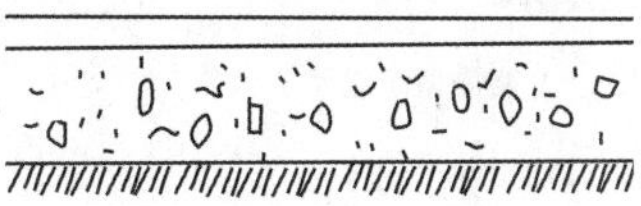 | 1. 20 mm 厚 1∶3 的水泥砂浆<br>2. 80 mm 厚 1∶3∶6 的水泥∶白灰∶碎砖<br>3. 素土夯实 |
| 8 | 步石 | 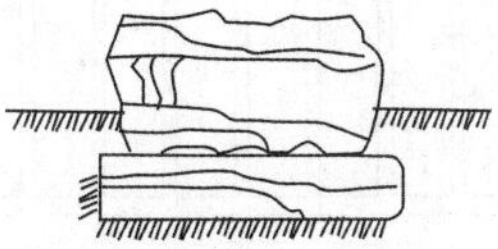 | 1. 大块毛砖<br>2. 基石用毛石或 100 mm 厚水泥混凝土板<br>3. 素土夯实 |
| 9 | 块石汀步 | 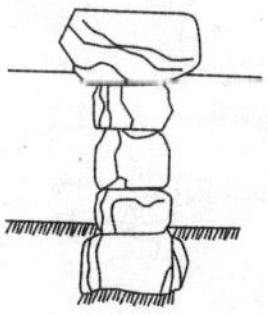 | 1. 大块毛石<br>2. 基石用毛石或 100 mm 厚水泥混凝土板<br>3. 素土夯实 |
| 10 | 荷叶汀步 | 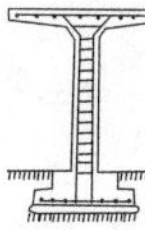 | 用钢筋混凝土现浇 |
| 11 | 透气透水性路面 | 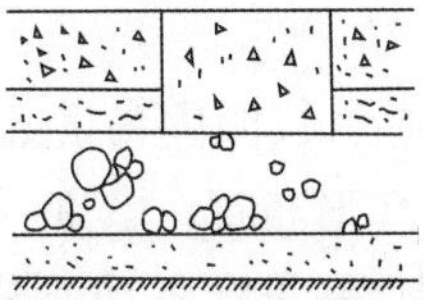 | 1. 彩色异型砖<br>2. 石灰砂浆<br>3. 少砂水泥混凝土<br>4. 天然级配砂砾<br>5. 粗砂或中砂<br>6. 素土夯实 |

## （三）园路的类型

1. 按构造形式分类

园路根据构造形式一般可分为路堑型、路堤型和特殊型 3 种类型，如图 7-9 所示。

（1）路堑型：道牙位于道路边缘，路面低于两侧地面，利用道路排水。

（2）路堤型：道牙位于道路靠近边缘处，路面高于两侧地面，利用明沟排水。

（3）特殊型：包括步石、汀步、蹬道、攀梯等。

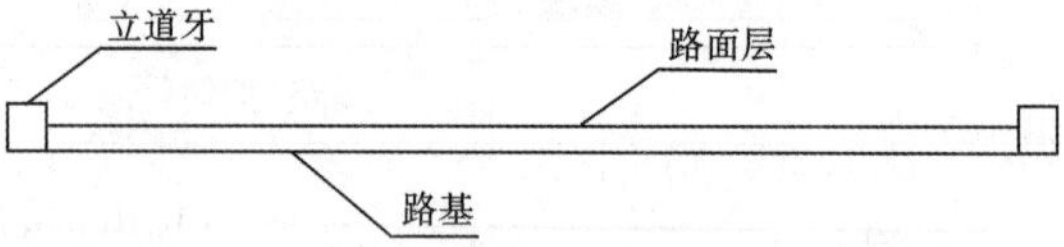


路堑型（立面）

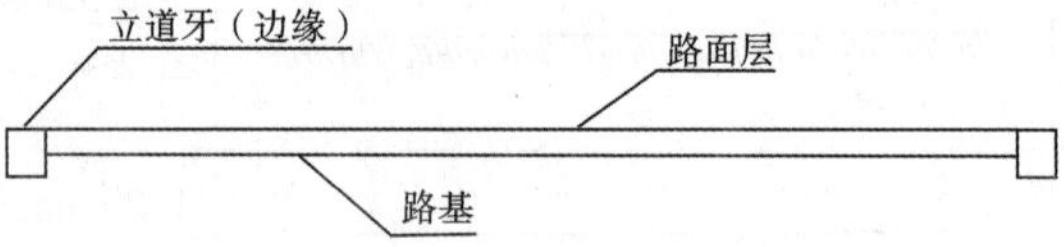


路堤型（立面）

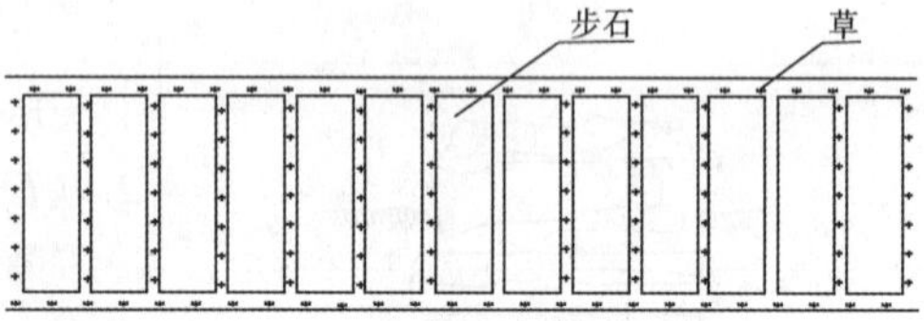


路堤型（平面）

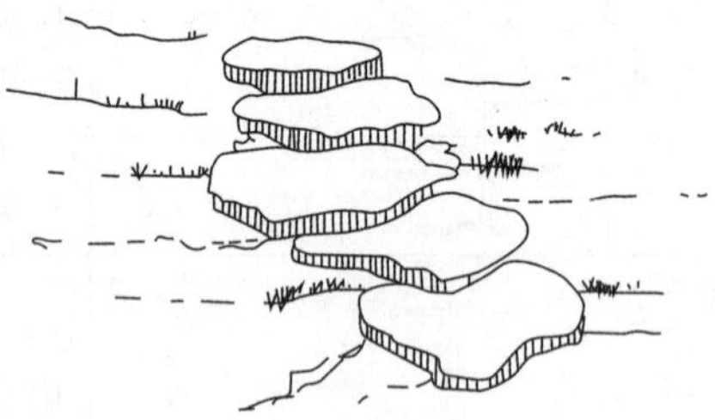

特殊型

**图 7-9　园路的基本类型**

2. 按使用功能分类

(1)主路(主干道):联系公园主要出入口、园内各景区、主要建筑物和广场,是全园道路系统的骨架,是游览的主要路线,多呈环形布置。宽度一般为 3.5 ~5.0 m。

(2)次路(次干道):为主干道的分支,是贯穿各功能分区、联系重要景点和活动场所的道路。宽度一般为 2.0 ~3.5 m。

(3)小路(游步道):景区内连接各景点、深入各角落的游览小道。宽度为 1.5 m 左右。

(4)小径:用于深入细部,做细致观察的小路。宽度为 0.75 ~1.0 m。

3. 按面层材料分类

(1)整体路面:包括现浇沥青混凝土路面和水泥混凝土路面。整体路面的特点是平整、耐压、耐磨,用于通行车辆或人流集中的公园主路和出入口。

(2)块料路面:包括天然块石、陶瓷砖及预制水泥混凝土块料路面。块料路面坚固、平稳,图案纹样和色彩丰富,适用于广场、游步道和通行轻型车辆的地段。

(3)碎料路面:用各种石片、砖瓦片、卵石等碎料拼成的路面。碎料路面图案精美,表现内容丰富,做工细致,主要用于庭园和各种游步小路的铺装。

## 二、整体路面概述

整体路面包括现浇沥青混凝土路面和水泥混凝土路面,适宜在风景区通车干道、公园主园路、次园路或一些附属道路上采用。

**(一)沥青混凝土路面**

沥青混凝土路面是用热沥青、碎石和砂的拌和物现场铺筑的路面。将沥青拌和站或移动搅拌车拌和好的沥青混合料运输到现场后,采用专门的摊铺机将混合料在热态下进行摊铺,使松散的沥青混合料铺筑成为具有一定结构和厚度的面层。沥青路面层具有平整、均匀、颜色深和反光小的特点,易于与深色的植被协调,但是耐压强度和使用寿命均低于水泥混凝土路面,且夏季沥青有软化现象。在园林中沥青混凝土路面多用于主干道。

沥青混凝土路面,常用60～100 mm厚泥结碎石作基层,以30～50 mm厚沥青混凝土作面层。根据沥青混凝土的骨料粒径大小,有细粒式(10～15 mm)、中粒式(20～25 mm)、粗粒式(35～40 mm)和砂粒式(5～7 mm)沥青混凝土可供选用。此外,为使沥青面层与非沥青材料基层结合良好,要在基层上喷洒透层。透层主要是增强基层与沥青面层的结合,防止层间的滑动。透层可以是液体石油沥青、乳化沥青或煤沥青,它们都能够透入基层表面一定深度。

**(二)水泥混凝土路面**

水泥混凝土路面是用水泥、粗细骨料(碎石、卵石、砂等)、水按一定的配合比例混匀后现场浇筑的路面。该路面整体性好,耐压强度高,养护简单,便于清扫。初凝之前,还可以在表面进行纹样加工。在园林中,水泥混凝土路面多用作主干道。为增加色彩变化,也可添加不溶于水的无机矿物颜料。

常见水泥混凝土路面的基层可用80～120 mm厚碎石层,或用150～200 mm厚大块石层。面层一般采用C20混凝土,做120～160 mm厚,路面设伸缩缝。对路面的装饰,主要是采取各种表面抹灰处理。抹灰装饰的方法有以下几种。

1. 普通抹灰

用水泥砂浆在路面表层做保护装饰层或磨耗层。水泥砂浆可采用1:2或1:2.5比例,常以粗砂配制。

2. 彩色水泥抹灰

在水泥中加各种颜料,配制成彩色水泥,对路面进行抹灰,可做出彩色水泥路面。

3. 水磨石饰面

水磨石是一种比较高级的装饰材料,有普通水磨石和彩色水磨石两种做法。水磨石面层的厚度一般为10～20 mm。彩色水磨石是用水泥和彩色细石子调制成水泥石子浆,铺好面层后打磨光滑。

4. 露骨料饰面

有一些园路的边带或作障碍性铺装的路面,常采用混凝土露骨料,做成装饰性边带。这种路面立体感较强,能够和其旁的平整路面形成鲜明的质感对比。这种路面铺装类型一般用在小游园、庭院、屋顶花园等面积不太大的地方。若铺装面积过大,路面造价将会太高，经济上常不允许。

# 任务实施

## 一、施工准备

### （一）技术准备

全面地熟悉和掌握该整体路面工程施工图纸的全部内容，领会设计意图，了解道路结构以及相关高程的处理，检查园路工程与水、电等专业的管道和管线的尺寸、位置、埋深等是否协调统一或者遗漏，将该道路工程施工的技术关键点、施工的关键部位、施工难点以及安全、质量等的要求进行技术交底等。

### （二）材料、工具、设备准备

准备材料包括水泥、砂子、碎石、熟化石灰和黏土等。

准备施工工具包括木桩、皮尺、放线绳、模板、打夯机、铁锹、铁丝、钎子、运输工具、脚手架、经纬仪、水准仪等。

准备机械设备包括土方机械、压实机械、混凝土机械和起重机械等，经调试合格后备用。

以上内容要制订详细的采购计划及使用计划，并确保在工程施工过程中能够按照计划组织进场，合理堆放。

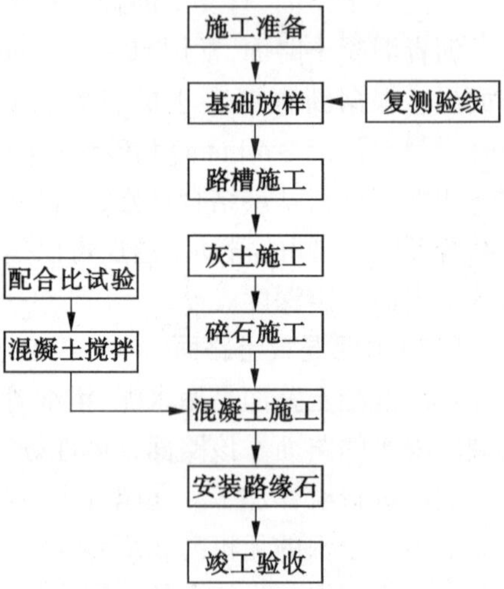


图 7-10　现浇混凝土路施工工艺

## 二、施工工艺

根据施工图，确定该现浇混凝土路的施工工艺如图 7-10 所示。

## 三、基础放样

施工图中已标出该园路的路面宽度为 6 m，根据图中给定的园路中心线，在地面上每隔 20 ~ 50 m 钉一中心桩。如果园路为弯曲道路，则应在弯道曲线的曲头、曲中和曲尾各钉一中心桩，并在各中心桩上写明桩号。然后以中心桩为准，根据路面宽度定边桩，放出路面的平曲线。最后用白灰在场地地面上放出边轮廓线。

## 四、准备路槽

按设计路面的宽度，每侧放出 20 cm 挖槽，即挖槽宽度为 6.4 m，路槽的深度应等于路面的厚度（注：实际操作过程中，根据土壤的具体情况，挖槽的深度可小于路面厚度 3 ~ 10 cm），槽底应有 2% ~ 3% 的横坡度。然后进行路槽的压实工作，选择压实机械。各种压实设备其最大有效压实厚度不同，对不同土质碾压行程次数也不同，具体碾压时应根据试压结果确定压实机具。一般情况下，对于砂性土以振动式机具压实效果最好，夯击式次之，碾压式较差；对于黏性土则以碾压式和夯击式较好，而振动式效果较差甚至无效。路槽做好后，如土壤过分干燥，需先在槽底洒水，使它湿润后再行压实。夯压机械从路的两侧边缘向中间夯实2遍，并且夯压机械应先轻后重，以适应逐渐增长的土基强度，压实速度应先慢后快，以免松土被机械推走。夯实路槽平整度允许误差不大于2 cm。

另外，在路床夯压的过程中，要对土质和土壤状况进行分析，当路床内有淤泥、淤泥土质及杂填土、冲填土等软弱土层时，应按设计要求对基土进行更换或加固，以确保道路基础的稳定和牢固。

## 五、铺筑灰土垫层

灰土垫层施工需经过拌料和铺设压实两个过程。

灰土中土料要求采用就地挖出的黏性土及塑性指数大于4的粉土，土内不得含有松软杂质或使用耕植土；土料应过筛，其颗粒粒径不应大于15 mm。石灰应在使用前1～2 d消解过筛，其颗粒粒径不得大于5 mm，且不应夹有未熟化的生石灰块及其他杂质，也不得含有过多的水分。按施工图要求灰土配合比为3∶7(石灰∶土，体积比)，人工翻拌3遍，使之均匀，颜色一致。适当控制含水量，现场以手握成团，两指轻捏即散为宜，水分过多或过少时应晾干或洒水处理，要求随拌随用。

铺设灰土时，应分段分层夯筑，每层虚铺厚度控制在25 mm以内，遍数按设计要求的干密度由试夯确定，一般不少于4遍，人工送夯时，落距40～50 cm，一夯压半夯。灰土分段施工时，接缝处应夯压密实，并做成直茬，每层虚土从留缝处往前延伸500 mm，夯实时应夯过接缝30 cm以上。灰土应当日铺填及夯压，夯实后的灰土30 d内不得受水浸泡，并及时进行基础施工或做临时覆盖，避免日晒雨淋。冬季施工时，必须在基层不冻的状态下进行，土料应覆盖保温；已熟化的石灰应在次日用完，以充分利用石灰熟化时的热量；表面用塑料布及草袋覆盖，并保持一定的温度，当日平均气温低于5 ℃时应停止施工。

在夯压1～2遍后马上检查表面的平整度和高程，边检查边铲除，如必须找补，应将土翻松至少10 cm深，用相同配合比的灰土找补后再夯压，以压至灰土表面坚实、平整、无起皮、波浪等现象为宜。

## 六、铺筑碎石基层

按照设计图纸要求，碎石粒径宜为1～4 cm，碎石必须有合格证，且其中不得含有草根、树叶、塑料袋等有机杂物及垃圾。回填前必须进行技术鉴定，合格后才能施工。

碎石垫层要分层铺设，分层碾压密实，人工摊平。预先设好标高桩，控制每层碎石垫层的铺设厚度，铺设碎石时，第一层厚度为300 mm，第二层厚度为200 mm，并根据设计标高找平。碾压的遍数由现场试验确定。用碾压机往复碾压，一般碾压不少于4遍，其轮距搭接不小于50 mm。边缘和转角处碾压不到的部位，应用蛙式打夯机补夯密实。最后一层压完后，表面应拉线找平，并且要符合设计规定的标高。

在铺筑碎石基层施工时，应注意以下质量问题：

(1)严格执行铺筑碎石的操作工艺要求，分层铺筑不得过厚，要有足够的碾压遍数，防止碎石地基大面积下沉。

(2)边缘和转角处一定要夯打密实,留接槎要按规定搭接和夯实。对边角处的夯打不得有遗漏。

(3)分层检查碎石基层的质量,每层的压实系数必须达到设计要求,否则不能进行上一层碎石的施工。

## 七、铺筑面层

混凝土面层施工示例见图7-11。

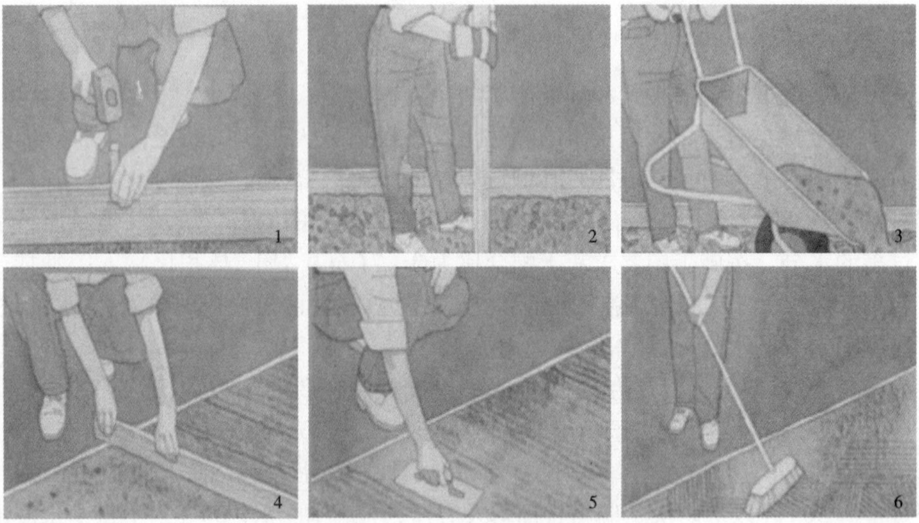


图7-11　混凝土面层施工示例

### (一)安装模板

模板采用钢模板,弯道等非标准部位以及小型工程也可采用木模板。应保证模板无缺损,有足够的刚度,内侧和顶面、底面要光洁、平整、顺直,局部变形不得大于3 mm。

模板安装的平面位置和高程符合设计要求,支立稳固准确,接头紧密,无离缝、前后错位、高低不平等现象。模板接头处及模板与基层结合处均不能漏浆。模板内侧清洁并刷隔离剂,确保浇筑后正常脱模。支模时模板内、外侧用螺纹钢筋打入基层进行固定,外侧如有空隙可加木块,并固定在模板上。

### (二)安设传力杆

两侧模板安装完毕后,在需要安装传力杆位置上安装传力杆。

当混凝土板连续浇筑时,可采用钢筋支架法安设传力杆,就是在嵌缝板上预留圆孔,以便传力杆穿过。嵌缝板上面设木制或铁制压缝板条,按传力杆位置和间距,在接缝模板下部做成倒U形槽,使传力杆由此通过,传力杆的两端固定在支架上,支架脚插入基层内。

### (三)摊铺和振捣

混凝土浇筑前,将所需材料送检测单位检验并进行配合比设计,现场按设计配合比进行混凝土配制。

水泥宜用325号到425号硅酸盐水泥、矿渣硅酸盐水泥和普通硅酸盐水泥；砂为中砂或粗砂，含泥量不大于5%；石子为卵石或碎石，粒径5～32 mm，含泥量不大于2%，且无杂物；水应用自来水或不含有害物质的洁净水。

混凝土拌制时，后台要认真按混凝土的配合比投料，每盘投料顺序为石子—水泥—砂子—水。严格控制用水量，搅拌要均匀，最短时间不少于90 s。

混凝土拌和物宜采用自卸机动车运输，当运距较远时，宜采用搅拌运输车运输。混凝土拌和物从搅拌机出料后，运至铺筑地点进行摊铺、振捣、做面，直至浇筑完毕的允许最长时间，由实验室根据水泥初凝时间及施工气温确定，一般施工气温在20～30 ℃，允许最长时间约1 h。

混凝土板的厚度不大于22 mm时可一次摊铺，大于22 mm时可分两次摊铺，下部厚度宜为总厚度的3/5。本工程项目混凝土厚度为20 mm，所以采用一次摊铺。采用人工摊铺时，用锹反扣，严禁抛掷和耧耙，防止混凝土拌和物离析。

采用插入式与平板式振捣器配合振捣。先用插入式振捣器振捣，应快插慢拔，插点应均匀排列，逐点移动，顺序进行，不得遗漏，做到振捣密实。移动间距不大于振捣棒作用半径的1.5倍，再用平板式振捣器纵横交错地全面振捣，纵横振捣时应重叠，然后用振动梁振捣拖平，平板振捣器的移动间距应能保证振动器的平板覆盖已振捣的边缘。振捣时，应辅以人工用木抹子进行找平。

浇筑混凝土时，应经常注意观察模板、支架、管道和预留孔、预埋件有无走动情况。当发现有变形、位移时，应立即停止浇筑，并及时处理好，再继续浇筑。

**（四）接缝施工**

纵缝应根据设计文件的规定施工，一般纵缝为纵向施工缝。拉杆在立模后浇筑混凝土之前安设。纵向施工缝的拉杆则穿过模板的拉杆孔安设。纵缝槽宜在混凝土硬化后用锯缝机锯切；也可以在浇筑过程中埋入接缝板，待混凝土初凝后拔出即形成缝槽。

锯缝时，混凝土应达到5～10 MPa强度后方可进行，也可由现场试锯确定。横缩缝宜在混凝土硬结后锯成，在条件不具备的情况下，也可在新浇混凝土中压缝而成。锯缝必须及时，在夏季施工时，宜每隔3～4块板先锯一条，然后补齐；也允许每隔3～4块板先压一条缩缝，以防止混凝土板未锯先裂。

横胀缝应与路中心线成90°角，缝壁必须竖直，缝隙宽度一致，缝中不得连浆。缝隙下部设胀缝板，上部灌封缝料。胀缝板应预制，常用的有油浸纤维板（或软木板）、海绵橡胶泡沫板等。预制胀缝板嵌入前，应使缝壁洁净干燥，胀缝板与缝壁紧密结合。

**（五）表面修整和防滑措施**

水泥混凝土路面面层浇筑混凝土后，当混凝土终凝前，必须用人工或机械将其表面抹平。当采用人工抹光时，其劳动强度大，还会把水分、水泥和细砂带到混凝土表面，以致表面比下部混凝土或砂浆有较高的干缩性和较低的强度。当采用机械抹光时，其机械上安装圆盘，即可进行粗光；然后安装细抹叶片，即可进行精光。具体操作如图7-12所示。

为了保证行车安全，混凝土表面应具有粗糙抗滑的表面。施工时，可用棕刷顺横向在抹平后的表面轻轻刷毛。

(a)人工抹光　　(b)机械抹光

图 7-12　现浇混凝土路面修整

**(六)养护**

混凝土路面施工完毕应及时进行养护,使混凝土中拌和料有良好的水化、水解强度和发育条件以及防止收缩裂缝的产生,养护时间一般约为 7 d。在养护期间,禁止车辆通行,在达到设计强度后,方允许通行。其养护方法是:在混凝土抹面 2 h 后,表面有一定强度时,用湿麻袋或草垫,或者 20 ~ 30 mm 厚的湿砂覆盖于混凝土表面以及混凝土板边侧。覆盖物还兼有隔温作用,保证混凝土少受剧烈的天气变化的影响。在规定的养护期间,每天应均匀洒水数次,使其保持潮湿状态。混凝土浇筑完毕后,应在 12 h 内加以覆盖和浇水,浇水次数应能保持混凝土有足够的润湿状态。养护期一般不少于 7 d。

**(七)拆模**

拆模时间应根据气温和混凝土强度增长情况确定,采用普通水泥时,一般允许拆模时间要根据昼夜平均气温确定,当昼夜平均气温在 25 ℃时,允许拆模时间为 24 h。拆模应仔细,不得损坏混凝土板的边角,尽量保持模板完好。

## 八、安装道牙

道牙土基宜与路床同时填挖碾压,以保证有整体的均匀密实度。选用均匀、未风化和无杂质的碎石,进行基层铺筑并夯实。砂浆结合层铺筑与道牙安装同时进行,砂浆抹平后安放道牙,并用 100 号水泥砂浆勾缝。勾缝前对安放好的路缘石进行检查,检查其侧面、顶面是否平顺以及缝宽是否达到要求,不合格的重新调整,然后再勾缝。道牙背后应用白灰土夯实,其宽度为 50 cm,厚度为 15 cm,密实度在 90% 以上即可。本项目施工采用混凝土后座。如图 7-13 所示为道牙安装施工。

## 九、竣工验收

混凝土路面竣工后,应根据设计文件、竣工资料和施工单位提出的竣工验收报告,按国家有关规定组织竣工验收。竣工验收应提供下列资料:

(1)设计文件和竣工资料。

(2)竣工验收报告。

(3)混凝土试件的试验报告。

图 7-13 道牙安装施工

(4)混凝土工程施工和材料检查或材料试验记录。

(5)基层检查记录。

(6)工程重大问题处理文件。

除对内业验收外,还要对外业进行验收,具体验收内容如下:

(1)混凝土面层不得有裂缝,并不得有石子外露和浮浆、脱皮、印痕、积水等现象。

(2)伸缩缝必须垂直,缝内不得有杂物,伸缩缝必须全部贯通(此项要求来自北京市《园林绿化工程施工及质量验收规范》)。

(3)切缝直线段应平直,曲线段应弯顺,不得有夹缝,灌缝不漏缝。

(4)混凝土路面工程偏差应符合表 7-2 的规定。

表 7-2 混凝土路面工程偏差

| 序号 | 项目 | 允许偏差(mm) | 检验频率 | | 检验方法 |
|---|---|---|---|---|---|
| | | | 范围 | 点数 | |
| 1 | 厚度 | 不得小于设计值 | 每块 | 2 | 用尺量 |
| 2 | 相邻板高差 | 3 | 缝 | 1 | 用尺量 |
| 3 | 平整度 | 5 | 块 | 1 | 用 3 m 直尺量取最大值 |
| 4 | 横坡 | ±10 且不超过 ±0.3% | 20 m | 1 | 用水准仪测量 |
| 5 | 纵缝直顺 | 10 | 100 m 缝长 | 1 | 拉 20 m 小线量取最大值 |
| 6 | 横缝直顺 | 10 | 40 m | 1 | 沿路宽拉线量取最大值 |
| 7 | 井框与路面高差 | 3 | 每座 | 1 | 用尺量取最大值 |

道牙铺设完毕后,质检小组对直顺度、相邻块高差、缝宽及顶面高程等指标进行检测,不合格路段重新铺设。具体要求如下:

(1)道牙铺设直线段应平直,曲线段应弯顺。

(2)道牙铺设顶面应平整,无明显错牙,勾缝严密。

(3)道牙允许偏差应符合表 7-3 的要求。

**表 7-3　道牙允许偏差**

| 序号 | 项目 | 允许偏差(mm) | 检查方法 |
|---|---|---|---|
| 1 | 直顺度 | ±3 | 拉 10 m 小线量取最大值 |
| 2 | 相邻块高差 | ±2 | 尺量 |
| 3 | 缝宽 | 2 | 尺量 |
| 4 | 路缘石(道牙)顶面高程 | ±10 | 用水准仪测量 |

注:检查数量为每 100 延米检查一次。

## 任务考核标准

| 序号 | 考核项目 | 考核内容 | 评价标准 | 得分 |
|---|---|---|---|---|
| 1 | 园路施工图识读 | 熟读表达内容 | 30 | |
| 2 | 园路施工准备 | 掌握施工材料和机具的筹备、调试与验收,掌握放线方法 | 30 | |
| 3 | 园路施工 | 掌握整体路面施工的工艺流程 | 30 | |
| 4 | 工程验收 | 掌握整体园路工程验收标准 | 10 | |

## 拓展提高

任务一以现浇混凝土路面的施工为例,具体说明整体路面施工技术,所以此处重点介绍另外一种整体路面施工技术——沥青混凝土路面施工。图 7-14 为沥青混凝土路面在园林中的应用。

### 一、沥青混凝土路面施工工艺

施工工艺:清理基层和测量放样—洒透层沥青—拌制沥青混合料—运输沥青混合料—摊铺—碾压—接缝和修边—初期养护。

### 二、沥青混凝土路面施工步骤

#### (一)清理基层和测量放样

在表面施工前,应将路面基层清扫干净,使基层的矿料大部分外露,并保持干燥;若基层整体强度不足,则应先予以补强。

图 7-14　沥青混凝土路面在园林中的应用

为了控制混合料的摊铺厚度,在准备好基层之后,应进行测量放样,即沿路面中心线和 1/4 路面宽度处设置样桩,标出混合料摊铺厚度。当采用自动调平摊铺机时,应放出引导摊铺机运行走向和标高的控制基准线。

**(二)洒透层沥青**

采用沥青洒布车喷洒透层沥青,要洒布均匀;当发现有空白、缺边时,应立即进行人工补洒;有积聚时应立即刮除。沥青路面透层施工如图 7-15 所示。

**(三)拌制沥青混合料**

沥青混合料宜在集中地点用机械拌制。一般选用固定式热拌厂,在线路较长时宜选用移动式热拌机。在拌制沥青混合料之前,应根据确定的配合比进行试拌,试拌时对所用的各种矿料及沥青应严格计量,对试样的沥青混合料进行试验以后,才可以选定施工配合比。

**(四)运输沥青混合料**

运料车在施工过程中应在摊铺机前方 30 cm 处停车,不能撞击摊铺机。卸料过程中应挂空挡,靠摊铺机的推进前进。沥青混合料的运输必须快捷、安全,使沥青混合料到达摊铺现场的温度在 145 ~ 165 ℃,并对沥青混合料的拌和质量进行检查。当来料温度不符合要求或料结团、遭雨淋湿时,不得铺筑在道路上。

**(五)摊铺**

采用机械摊铺。沥青混合料摊铺机将运料车的沥青混合料卸在料斗内,经传送器传到螺旋摊铺器上。随着摊铺机前进,螺旋摊铺器即在摊铺带宽度范围内均匀地摊铺混合料,随后捣实,并由摊平板整平,如图 7-16 所示。

**(六)碾压**

用压路机进行碾压,压实后的沥青混合料应符合平整度和压实度的要求。因此,沥青混合料每层的碾压成型厚度不应大于 10 cm,否则应分层摊铺和压实。其碾压过程分为初压、复压和终压三个阶段。

初压是在混合料摊铺后较高温度下进行的，宜采用 60 ~ 80 kN 双轮压路机慢速均匀碾压 2 遍，碾压温度应符合施工温度的要求。初压后应检查平整度、路拱，必要时应予以适当调整。

图 7-15　沥青路面透层施工

图 7-16　沥青路面的摊铺

复压是在初压后，采用重型轮式压路机或振动压路机碾压 4 ~ 6 遍，应达到要求的压实度，并无显著轮迹。因此，复压是达到规定密实度的主要阶段。

终压紧接着复压进行，终压选择 60 ~ 80 kN 的双轮压路机碾压不少于 2 遍，并应消除在碾压过程中产生的轮迹和确保路表面的良好平整度。

**（七）接缝和修边**

沥青路面的接缝施工包括纵缝、横缝和新旧路的接缝等。

（1）摊铺时采用梯队作业的纵缝用热接缝。施工时将已铺混合料部分留下 10 ~ 20 cm 宽暂不碾压，作为后摊铺部分的高程基准面，最后作跨缝碾压以消除缝迹。

（2）半幅施工不能采用热接缝时，设挡板或采用切刀切齐。铺另半幅前必须将缝边缘清扫干净，并涂洒少量透层沥青。摊铺时应在已铺层上重叠 5 ~ 10 cm，摊铺后用人工将摊铺在前半幅上面的混合料铲走。碾压时先在已压实路面上行走，碾压新铺层 10 ~ 15 cm，然后压实新铺部分，再碾过已压实路面 10 ~ 15 cm，将接缝充分压实。上、下层的纵缝错开 0.5 m，表层的纵缝应顺直，且留在车道的画线位置上。

（3）相邻两幅及上、下层的横向接缝均错位 1 m 以上。上、下层的横向接缝可采用斜接缝，上面层应采用垂直的平接缝。铺筑接缝时，可在已压实部分上面铺设些热混合料，使之预热软化，增强新旧混合料的黏结，但在开始碾压前将预热用的混合料铲除。

（4）平接缝做到紧密黏结，充分压实，连接平顺。施工可采用下列方法：在施工结束时，摊铺机在接近端部前约 1 m 处将熨平板稍稍抬起驶离现场，用人工将端部混合料铲齐后再予碾压。然后用 3 m 直尺检查平整度，在尚未冷透时垂直刨除端部平整度或层厚不符合要求的部分，使下次施工时成直角连接。

（5）从接缝处继续摊铺混合料前应用 3 m 立尺检查端部平整度，当不符合要求时，予以清除。摊铺时应控制好预留高度，接缝处摊铺层施工结束后，再用 3 m 直尺检查平整度，当有不符合要求的部分，应在混合料尚未冷却时立即处理。

（6）横向接缝的碾压应先用双轮钢筒式压路机进行横向碾压。碾压带的外侧放置供压路机行驶的垫木，碾压时压路机位于已压实的混合料层上，伸入新铺层的宽度为15 cm，然后每压一遍向混合料移动15～20 cm，直至全部在新铺层上为止，再改为纵向碾压。当相邻摊铺层已经成型，同时又有纵缝时，可先用钢筒式压路机沿纵缝碾压一遍，其碾压宽度为15～20 cm，然后再沿横缝作横向碾压，最后进行正常的纵向碾压。

（7）做完的摊铺层外露边缘应剪切修边准确到要求的线位。修边切下的材料及任何其他的废弃沥青混合料应从路上清除。

**（八）初期养护**

当发现有泛油时，应在泛油部位补撒与最后一层矿料规格相同的嵌缝料；当有过多的浮动矿料时，应扫出路外；当有其他损坏现象时，应及时修补。

## 复习提高

根据校内施工项目或校企合作单位园路工程施工情况，完成水泥混凝土路面或沥青混凝土路面的施工工作。

# 任务二　块料路面工程施工

**能力目标**

能够识读块料路面工程施工图纸，能够编制块料路面工程的施工方案，能够指导块料路面施工以及现场管理工作，能够进行块料路面工程的验收。

**知识目标**

掌握块料路面的分类和特点、不同类型块料路面的施工程序和方法、块料路面工程竣工验收的基本知识。

## 任务描述

图7-17是图7-1中的创意广场铺装施工图，其中包括创意广场铺装大样图和广场砖铺装剖面图。该项目工程为块料路面施工，所以在工程施工准备及施工过程中，要考虑块料路面施工的知识。在实施项目建设时，要明确块料路面施工的技术要求，确定园路的构成，掌握块料路面施工的技术标准和验收方法。

## 任务分析

块料路面施工和整体路面施工一样是园林工程的重要组成部分，并且块料路面由于铺装样式多变、色彩较多、应用形式多样，所以在园林中起着至关重要的作用，多应用于广场等。在掌握整体路面施工人员所具备的素质的基础上，更应该了解和掌握块料路面的应用形式、应用范围、铺筑方法、质量要求、验收标准等。

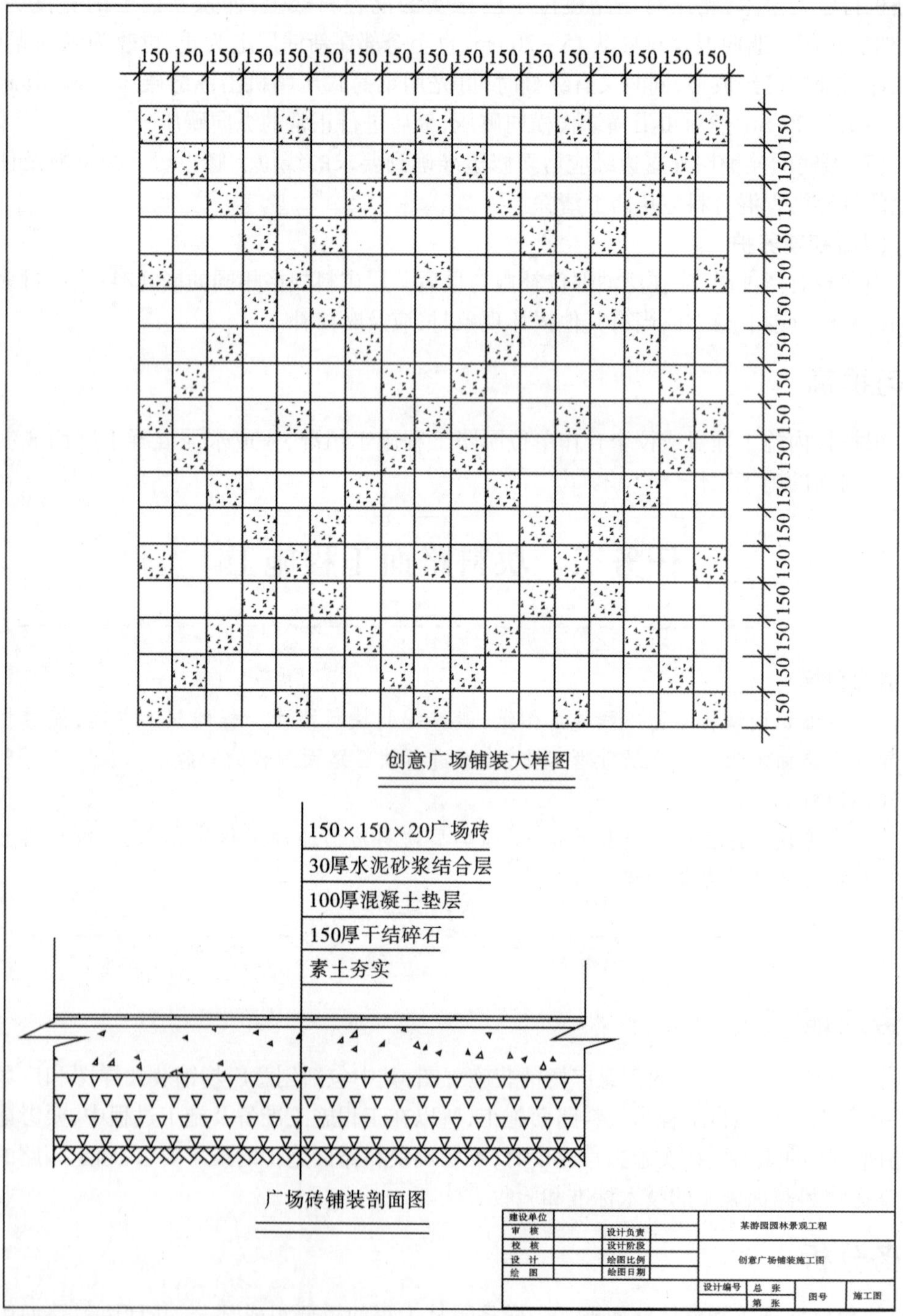


图 7-17　某游园园林景观工程创意广场铺装施工图

# 任务咨询

## 一、块料路面概述

块料路面包括各种天然块石、陶瓷砖及预制水泥混凝土块料路面等。块料路面坚固、平稳，图案纹样和色彩丰富，适用于广场、游步道和通行轻型车辆的路段。

### （一）砖铺地

目前我国机制标准砖的大小为240 mm×115 mm×53 mm，有青砖和红砖之分。园林铺地多用青砖（见图7-18），其风格朴素淡雅，施工方便，可以拼成各种图案，以席纹和同心圆弧放射式排列较多。砖铺地适用于庭院和古建筑物附近。因其耐磨性差，容易吸水，宜用于冰冻不严重和排水良好之处，坡度较大和阴湿地段则不宜采用，否则易生青苔。目前也有采用彩色水泥仿砖铺地，效果较好。

### （二）冰纹路

冰纹路是用边缘挺阔的石板模仿冰裂纹铺砌的路面。它的石板间接缝呈不规则折线，用水泥砂浆勾缝，多为平缝和凹缝，以凹缝为佳，也可不勾缝，便于草皮长出，成为冰裂纹嵌草路面。还可做成水泥仿冰纹路，即在现浇水泥混凝土路面初凝时，模印冰裂纹图案，表面拉毛，效果也较好。冰纹路适用于池畔、山谷、草地和林中的游步道，如图7-19所示。

图7-18　青砖铺地

图7-19　冰纹路

### （三）乱石路

乱石路是用天然块石大小相间铺筑的路面。它采用水泥砂浆勾缝，石缝曲折自然，表面粗糙，具粗犷、朴素、自然之感，如图7-20所示。

### （四）条石路

条石路是用经过加工的长方体石料铺筑的路面，如图7-21所示。它平整规则，庄重大方，坚固耐久，多用于广场、殿堂和纪念性建筑物周围。

### （五）预制水泥混凝土方砖路

它是用预制的水泥混凝土方砖铺砌的路面。它的形状多变，图案丰富，有各种几何图形、花卉、木纹、仿生图案等。也可添加无机矿物颜料制成彩色混凝土砖，使其色彩艳丽，如图 7-22 所示。其路面平整、坚固、耐久,适用于园林中的广场规则式路段。也可做成半铺装留缝嵌草路面,如图 7-23 所示。

图 7-20　乱石路

图 7-21　条石路

图 7-22　预制水泥混凝土方砖路

图 7-23　预制水泥混凝土嵌草路面

### (六)步石、汀步

步石是置于陆地上的天然或人工整形块石,多用于草坪、林间、岸边或庭院等处。汀步是设在水中的步石,可自由地布置在溪涧、滩地和浅池中。块石间距按游人步距设置

(一般净距为 200～300 mm)。

步石、汀步块料可大可小,形状不同,高低不等,间距也可灵活变化,路线可直可曲,最宜自然弯曲,其轻松、活泼、自然,极富野趣。也可用水泥混凝土仿制成树桩或荷叶形状,如图 7-24 所示。

图 7-24　荷叶汀步

**(七)台阶与蹬道**

当道路坡度过大(一般超过 12%)时,需设梯道实现不同高程地面的交通联系,即称台阶(或踏步)。室外台阶一般用砖、石、步石、汀步混凝土筑成。形式可规则,也可自然,根据环境条件而定。台阶能增加立面上的变化,丰富空间层次,表现出强烈的节奏感,如图 7-25(a)所示。当台阶路段的坡度超过 70%(坡角 35°,坡值 1∶1.4)时,台阶两侧需设扶手栏杆,以保证安全。

风景名胜区的爬山游览步道,当路段坡度超过 73%(坡角 60°,坡值 1∶0.58)时,需在山石上开凿坑穴形成台阶,并于两侧加高栏杆铁索,以利于攀登,确保游人安全,这种特殊台阶即称蹬道。蹬道可错开成左右台级,便于游人相互搀扶,如图 7-25(b)所示。

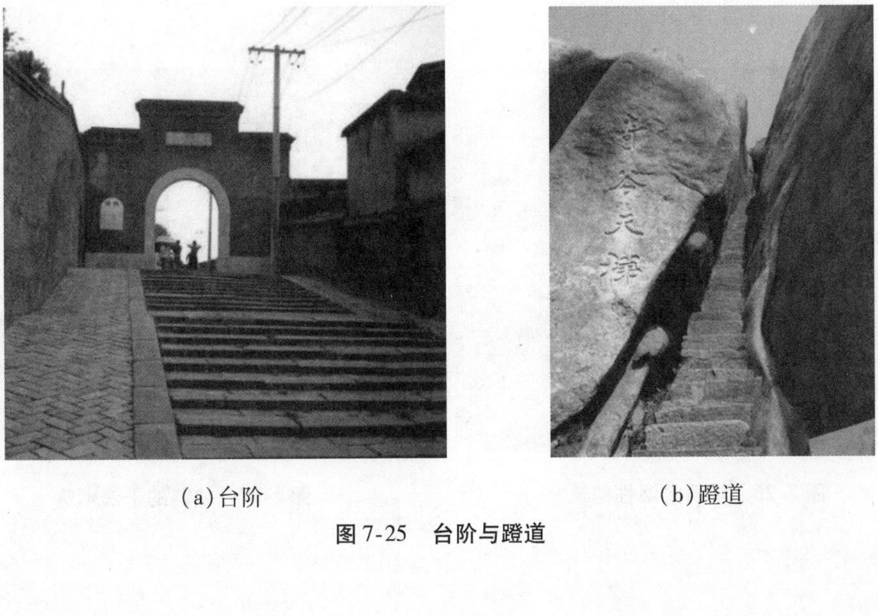

(a)台阶　　　　(b)蹬道

图 7-25　台阶与蹬道

## 二、块料路面施工技术

块料路面的施工要将最底层的土基充分压实，然后在其上铺一层碎砖石块。通常还可以加上一层混凝土层（垫层），再进行面层的铺筑。块料铺筑时，在面层与道路基层之间所用的结合层有两种做法：一种是用湿性的水泥砂浆、石灰砂浆或混合砂浆作为结合材料，另一种是用干性的细砂、石灰粉、灰土（石灰和细土）、水泥粉砂等作为结合材料或垫层材料。

### （一）湿性铺筑

湿性铺筑是用厚度为 15 ~ 25 mm 的湿性结合材料，如水泥砂浆、石灰砂浆或混合砂浆等，在面层之下作为结合层，然后在其上砌筑片状或块状贴面层。砌块之间的结合以及表面抹缝，亦用这些结合材料。用花岗石、釉面砖、陶瓷广场砖、碎拼石片、马赛克等材料铺地时，一般要采用湿法铺砌。用预制混凝土方砖、砌块或黏土砖铺地，也可以用此法，如图 7-26 所示。

### （二）干法砌筑

干法砌筑是以干粉砂状材料，如干砂、细砂土、1∶3 水泥干砂、3∶7 细灰土等，作路面面层砌块的垫层或结合层。砌筑时，先在路面基层上平铺一层粉砂材料，其厚度：干砂、细土为 30 ~ 50 mm，水泥砂、石灰砂、灰土为 25 ~ 35 mm。铺好找平后，按照设计的砌块砖块拼装图案，在垫层上拼砌成路面面层。路面每拼装好一段，就用平直木板垫在顶面，以铁锤在多处振击（或用橡胶锤直接振击），使所有砌块的顶面都保持在一个平面上，这样可将路面铺装得十分平整。路面铺好后，再用干燥的细砂、水泥粉、细石灰粉等撒在路上并扫入砌块缝隙中，使缝隙填满，最后将多余的灰砂清扫干净。砌块下面的垫层材料将慢慢硬化，使面层砌块和下面的基层紧密地结合成一体。适宜采用干法砌筑的路面材料主要有石板、整形石块、预制混凝土方砖和砌块等。传统古建筑庭园中的青砖铺地、金砖墁地等，也常采用干法砌筑，如图 7-27 所示。

图 7-26　块料的湿性铺筑

图 7-27　块料的干法砌筑

## 三、常用园路铺装材料

园路铺装根据材料的不同，具体可以分为柔性铺地和刚性铺地。下面根据此分类方法，介绍园路常用铺装材料。

### （一）柔性铺地材料

柔性道路是将各种材料完全压实在一起而形成的，会将交通荷载向下面各层传递。柔性铺地材料利用它们天然的弹性在荷载作用下轻微移动，因此在设计中应该考虑限制道路边缘的方法，防止道路结构的松散和变形。

柔性铺地材料的种类很多，从简单实用的到装饰复杂的，从有机的自然物质到人工的产品，从昂贵的到便宜的。大多数柔性铺地材料的铺装要比刚性铺地材料经济得多，因为刚性铺地材料的铺装需要坚固的砂浆地基，柔性的地面覆盖物，包括像砾石和木片那样的疏松材料，沥青那样的密实材料，各种各样的建筑块料和“干”垒在沙地上的建筑块料及木头那样的硬质地面。

所有柔性铺地材料都具备适当的弹性。车辆经过时会将其压陷，但等车辆过后它又会恢复原样。

#### 1. 砾石

砾石是一种常用的铺地材料，它适合于在庭园各处使用，对于规则式和不规则式设计来说均适用。砾石包括了 3 种不同的种类：机械碎石、圆卵石和铺路砾石。机械碎石是用机械将石头碾碎后，再根据碎石的尺寸进行分级。它凹凸的表面会给行人带来不便，但将它铺装在斜坡上却比圆卵石稳固。圆卵石是一种在河床和海底被水冲击而成的小鹅卵石，铺筑工艺要求较高，否则容易松动。铺路砾石是一种尺寸在 15 ~ 25 mm，由碎石和细鹅卵石组成的天然材料，通常铺在黏土中或嵌入基层中使用。

#### 2. 沥青

沥青是一种理想的铺装材料，它中性的质感是植物造景理想的背景材料，而且运用好的边缘材料可以将柔性表面和周围环境相结合。铺筑沥青路面时应用机械压实表面，且应注意将地面抬高，这样可以将排水沟隐藏在路面下。

#### 3. 嵌草混凝土砖

许多不同类型的嵌草混凝土砖对于草地造景是十分有用的。它们特别适合那些要求完全铺草又是车辆与行人入口的地区。这些地面也可以作为临时的停车场，或作为道路的补充物。铺装这样的地面时，首先应在碎石上铺一层粗砂，然后在水泥块的种植穴中填满泥土和种上草及其他矮生植物。

### （二）刚性铺地材料

刚性道路是指现浇混凝土及预制构件所铺成的道路，有着相同的几何路面，通常需要在混凝土地基上铺一层砂浆，以便形成一个坚固的平台，特别是应用那些细长的或易碎的铺地材料时。不管是天然石块还是人造石块，松脆材料和几何铺装材料的配置及加固都依赖于这个稳固的基础。刚性铺地材料有以下几种。

#### 1. 混凝土人造石

混凝土可塑造出不同种类的石块，甚至可以以假乱真。这些人造石可作为铺筑装饰性地面的材料。混凝土在很多情况下还会加入颜料。有些是用模具仿造天然石,有些则利用手工仿造。当混凝土还在模具内时,可刷扫湿的混凝土面,以形成合适的凹栅及不打滑的表面;有的则是借机械用水压出多种涂饰和纹理。

2. 砖及瓷砖

砖是一种非常流行的铺地材料,它们能与天然石头或人造材料很好地结合起来,如混凝土或人造石板,能作为植物很好的陪衬,能够形成各种吸引人的图案。

砖和瓷砖是为表面铺装而设计的,所以必须耐磨和耐冻。如果用作人行道的路面,在压实的素土层上加上碎石层、砂浆层和砌砖层就足够了;对于行车道,则要外加一层混凝土才比较保险,并且要用各种不同厚度的砖砌边作为耐磨线。

砖的纹理、形状和颜色是多种多样的。传统的砖块是用黏土烧制而成的,具有一种亲切、舒适的感觉,不像混凝土或砂和石灰混合物的颜色那样可以滤去或慢慢褪色。当砖块铺放在建筑物附近时,就应该尽可能与周围的环境相匹配。在边缘、阶梯或小品中使用砖块也能起到连接对比强烈的新式铺地和周围环境的作用。

瓷砖具有一定的形状和耐磨性,最硬的是用素烧黏土制成的瓷砖,它们很难切断,瓷砖也可以像砖那样在砂浆上拼砌。由于不是所有的瓷砖都具有抗冻性,所以常常要做一层混凝土基层。

3. 混凝土面层

撇开它呆板和冷漠的外表,混凝土面层令人满意的地面处理方式能够在庭园布景中达到出奇制胜的效果。与多种不光滑的装饰面层不同的是,这种面层可用砖、石块或木材在必要的地方创造出具有吸引力的细部,同时处理好伸缩缝。这些伸缩缝是混凝土面层抵抗热胀冷缩的核心。

4. 天然石头

不同类别的天然石头有着不同的质感和硬度。它们的使用寿命受切割和堆砌方式的影响。密度相同的硬石通常按一定规格切割,个别有纹理的石头可分割成平板石,以产生“劈裂”的表面。不管怎样,潮湿和霜冻都会对石头有影响,使石头一层层地剥落。

## 任务实施

### 一、施工准备

块料路面施工准备工作与整体路面基本相同。需要强调的是,在园路铺装工程中,铺装材料的准备工作要求是比较高的,特别是广场的施工,形状变化多,需事先对铺装广场的实际尺寸进行放样,确定边角的方案及广场与园路交接处的过渡方案,然后再确定各种面层材料的数量。在进料时,要确保材料的规格尺寸、机械强度和色泽等符合质量要求。

### 二、施工工艺

根据施工图确定该块料园路的施工工艺流程如下:施工准备—基础放样—土基施工—铺筑基层—铺筑结合层—砌筑面层—结合材料勾缝—竣工验收。

## 三、铺筑基层

铺筑基层前的基础放样和土基施工方法同本项目任务一整体路面工程施工。

### （一）干结碎石施工

干结碎石基层是指在施工过程中，不洒水或少洒水，依靠充分压实及用嵌缝料充分嵌挤，使石料间紧密锁结所构成的具有一定强度的结构。其一般厚度为8～16 cm，适用于园路中的主路等。

要求石料强度不低于8级，软硬不同的石料不能掺用。碎石最大粒径视厚度而定，一般不宜超过厚度的0.7倍，50 mm以上的大粒料占70%～80%，0.5～20 mm的小粒料占5%～15%，其余为中等粒料。选料时先将大小颗粒大致分开，分层使用。长条、扁片含量不宜超过20%，否则应就地打碎作嵌缝料用。结构内部空隙应尽量填充粗砂、石灰土等材料（具体数量根据试验确定），其数量在20%～30%。

1.施工程序

摊铺碎石—稳压—撒填充料—压实—铺撒嵌缝料—碾压嵌缝料。

2.操作程序

1）摊铺碎石

摊铺虚厚度为压实厚度的1.1倍左右。使用平地机摊铺，需要根据虚厚度每30～50 m做成一个1～2 m的标准断面宽，撒上石灰粉，汽车即可按每车铺料的面积进行卸料。用平地机将料先摊开（一般料堆高度不超过50 mm），然后用平地机刮平，按碎石虚厚度和路拱横坡确定刀片角度。若为7 m宽的路面，则一边刮一刀即可。不平处可用人工整修找平。

若为人工摊铺，可用几块与虚厚度相等的方木砖块放在路槽内，以标定摊铺厚度，木块或砖块随铺随挪动。摊铺碎石一次上齐。上料应使用铁叉，要求大小颗粒均匀分布。纵横断面符合要求，厚度一致。料底尘土要清理出去。

2）稳压

先用10～12 t压路机碾压，碾速宜慢，每分钟为25～30 m，后轮重叠宽1/2，沿整修过的路肩碾压，往返压2遍，即开始自路面边缘压至中心。碾压1遍后，用路拱板及小线绳检验路拱及平整度。局部不平处，要去高垫低。去高是将多余的碎石均匀拣出，不得用铁锹集中挖除。垫低是将低洼部分挖松，均匀地铺撒碎石，至符合标高后，洒少量水，再继续碾压，至碎石初步稳定且无明显位移为止。这个阶段一般需压3～4遍。

3）撒填充料

将粗砂或灰土（用量为石灰剂量的8%～12%）均匀撒在碎石层上，用竹扫帚扫入碎石缝内，然后用洒水车或喷壶均匀洒一次水。水流冲出的空隙再以砂或灰土补充，至不再有空隙并露出碎石尖为止。

4）压实

用10～12 t压路机继续碾压，碾速稍快，每分钟为60～70 m，一般碾4～6遍（视碎石软硬而定），切忌碾压过多，以免石料过于破碎。

5）铺撒、碾压嵌缝料

大块碎石压实后，铺撒嵌缝料。嵌缝料应铺撒在碎石的缝隙间，不应形成单独的一层。一般碾压 2 ~3 遍，碾压至表面平整稳定且无明显轮迹为止。

如需二次铺撒、碾压嵌缝料，则铺撒、碾压方法同上。

**（二）铺筑混凝土垫层**

在已完成的基层上定线、立混凝土模板。模板的高度为 10 cm 以上，但不要太高，并在挡板上画好标高线。复核、检查和确认道路边线与各设计标高点正确无误后，在干燥的基层上洒一层水或 1 ∶ 3 砂浆。按设计的比例配制、浇筑、捣实混凝土 100 mm 厚，再用长 1 m 以上的直尺将顶面刮平。施工中要注意做出路面的横坡和纵坡。混凝土垫层施工完成后，应及时养护，养护期为 7 d 以上，冬季施工后养护期还应更长一点。可用湿的稻草、湿砂及塑料薄膜覆盖在路面上进行养护。养护期内应保持潮湿状态。除洒水车外，应封闭交通。

## 四、铺筑面层

（1）广场砖面层铺装是园路铺装的一个重要的质量控制点，必须控制好标高、结合层的密实度及注意铺装后的养护。在完成的水泥混凝土面层上放样，根据设计标高和位置打好横向桩和纵向桩。

（2）将水泥混凝土面层上扫净后，洒上一层水，略干后先将 1 ∶ 3 的干硬性水泥砂浆在稳定层上平铺一层，厚度为 30 mm，作结合层用，铺好后抹平。

（3）将块料背面刷干净，铺贴时保持湿润。根据水平线、中心线（十字线），进行块料预铺，并应对准纵横缝，用木锤着力敲击板中部，振实砂浆至铺设高度后，将石板掀起，检查砂浆表面与砖底是否相吻合，如有空虚处，应用砂浆填补。在砂浆表面先用喷壶适量洒水，再均匀撒一层水泥粉，把石板块对准铺贴。铺贴时四角要同时着地，再用木锤敲击至平整。面层每拼好一块，就用平直的木板垫在顶面，以橡皮锤在多处振击（或垫上木板，锤击打在木板上），使所有的砖的顶面均保持在一个平面上，如图 7-28 所示，这样可使块料铺装十分平整。注意，留缝间隙按设计要求保持一致，水泥砂浆应随铺随刷，避免风干。

**图 7-28　混凝土块料路面铺筑**

（4）铺贴完成 24 h 后，经检查块料表面无断裂、空鼓后，用稀水泥刷缝填饱满，并随即用干布擦净，至无残灰、污迹为止。

(5)施工完后,应多次浇水进行养护,以达到最佳强度。

五、竣工验收

(1)砖面层洁净,图案清晰,色泽一致,接缝平整,深浅一致,周边顺直。板块无裂缝纹、掉角和缺楞等现象。

(2)面层镶边用料尺寸符合设计要求,边角整齐、光滑。

(3)勾缝和压缝应采用同品种、同强度等级、同颜色的水泥,并做养护和保护。

(4)面层表面坡度应符合设计要求,不倒泛水,无积水。

(5)砖面层的允许偏差应符合表7-4的要求。

**表7-4　砖面层的允许偏差**

| 项次 | 项目 | 允许偏差(mm) | | | | 检验方法 |
|---|---|---|---|---|---|---|
| | | 水泥砖 | 混凝土预制块 | 青砖 | 草坪砖 | |
| 1 | 表面平整度 | ±3.0 | ±4.0 | ±1.0 | ±5.0 | 用2 m靠尺和楔形塞尺检查 |
| 2 | 缝合平直 | ±3.0 | ±3.0 | ±1.0 | ±5.0 | 拉5 m线和钢尺检查 |
| 3 | 接茬高低差 | ±1.0 | ±1.0 | ±1.0 | ±5.0 | 用钢尺和楔形塞尺检查 |
| 4 | 板块间隙宽度 | 2.0 | 2.0 | 2.0 | 5.0 | 用钢尺检查 |

注:检查数量:每200 $m^2$ 检查3处;不足200 $m^2$ 的不少于1处。

## 任务考核标准

| 序号 | 考核项目 | 考核内容 | 评价标准 | 得分 |
|---|---|---|---|---|
| 1 | 园路施工图识读 | 熟读表达内容 | 30 | |
| 2 | 园路施工准备 | 掌握施工材料和机具的筹备、调试与验收,掌握放线方法 | 30 | |
| 3 | 园路施工 | 掌握整体路面施工的工艺流程 | 30 | |
| 4 | 工程验收 | 掌握整体园路工程验收标准 | 10 | |

## 拓展提高

一、园路的常见病害及其原因

园路的病害是指园路破坏的现象。一般常见的病害有裂缝、凹陷、啃边、翻浆等。现就造成各种病害的原因及预防方法分述如下。

**(一)裂缝与凹陷**

园路在通车一段时间后,形成凹陷或者裂缝。究其原因,一方面在于施工因素,如压实控制不好、分层过厚、施工措施以及含水量不当等；另一方面在于材料因素，如最大干容重及最佳含水量有误、材料压缩系数过大、采用高塑性指数的黏性土等，出现此类问题，会使路面变形、开裂或下陷。另外，超载车辆的增多造成现有道路等级过低，无法满足重载车辆的需要，都可能引起路基的变形。造成路基沉陷也有施工不当的原因，如削坡、坡顶加载、地下开挖等，另外养护不善也会造成这种现象。但是这种破坏主要是由于基土过于湿软或基层厚度不够，强度不足，路面荷载超过土基的承载力造成的。路基的施工质量是整个道路工程的关键，也是路基路面工程能否经受住时间、车辆运行荷载、雨季、冬季的考验的关键。要做好路基工程，必须扎扎实实地进行路基的填筑，尤其对原地面的处理和坡面基地的处理。此外，路基填料一般应采用砂砾及塑性指数和含水量符合规范的土，不使用淤泥、沼泽土、冻土、有机土、含草皮土、生活垃圾及含腐殖质的土。路面凹陷如图 7-29 所示。

### （二）啃边

路肩和道牙直接支撑路面，使之横向保持稳定。由于雨水的侵蚀和车辆行驶时对路面边缘的啃蚀作用，使之损坏，并从边缘起向中心发展，这种破坏现象叫啃边，如图 7-30 所示。啃边主要是由水损坏和施工不当引起的。为预防由施工不当而引起的啃边，要求施工过程中严格按照道路施工规范进行操作，路肩与其基土必须紧密结合，并有一定的坡度，严把质量关。

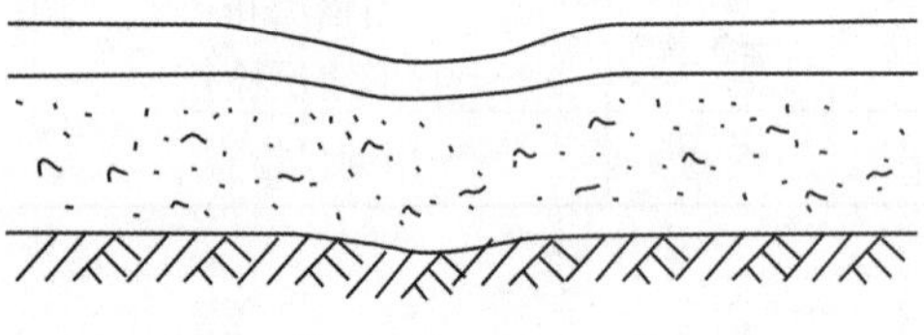

图 7-29　路面凹陷示意图

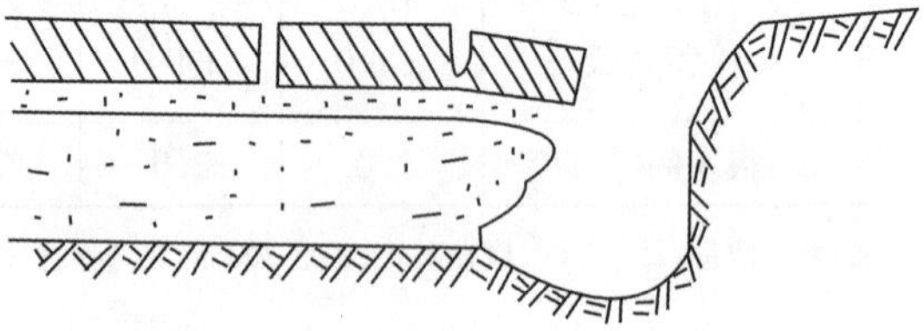

图 7-30　路面啃边破坏示意图

### （三）翻浆

在季节性冰冻地区，地下水位高，特别是对于粉砂性土基，由于毛细管的作用，水分上升到路面，冬季气温下降，水分在路面形成冰粒，体积增大，路面就会出现隆起现象。到春季上层冻土融化，而下层尚未融化，这样就使土基变成湿软的橡皮状，路面承载力下降，这时如果车辆通过，则会使路面下陷，邻近部分隆起，并将泥浆从裂缝中挤出来，使路面破坏，这种现象叫翻浆，如图 7-31 所示。

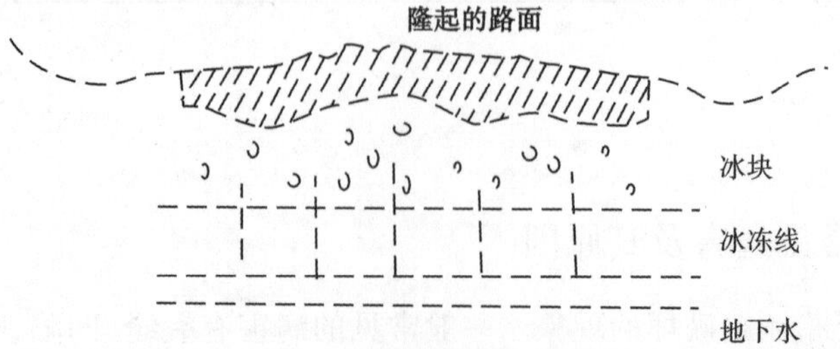


图 7-31　路面翻浆示意图

预防翻浆的基本途径是防止地表水、地下水或其他水分在冻结前或冻结过程中进入路基上部，可将聚冰层中的水分及时排除或暂时蓄积在透水性好的路面结构层中；改善土基及路面结构；采用综合措施防治，如做好路基排水，提高路基，铺设隔离层，设置路肩盲沟或渗沟，改善路面结构层等方法。改善路面结构层主要指在路基排水不良或有冻胀、翻浆的路段上，为了排水、隔温、防冻的需要，用道渣、煤渣、石灰土等水稳定性好的材料作为垫层，设于基层之下。

## 二、特殊地质及气候条件下的园路施工

一般情况下，园路施工适宜在温暖干爽的季节进行，理想的路基应当是砂性土和砂质黏土。但有时施工活动却无法避免雨季和冬季，路基土壤也可能是软土、杂填土或膨胀土等不良类型，在施工时就要求采取相应措施以保证工程质量。

### （一）不良土质路基施工

#### 1. 软土路基

先将泥炭、软土全部挖除，使路堤筑于基底或尽量换填渗水性土，也可采用抛石挤淤法、砂垫层法等对地基进行加固。

#### 2. 杂填土路基

可选用片石表面挤实法、重锤夯实法、振动压实法等使路基达到相应的密实度。

#### 3. 膨胀土路基

膨胀土是一种易产生吸水膨胀、失水收缩两种变形的高液性黏土。对这种路基应首先尽量避免在雨季施工，挖方路段也先做好路堑堑顶排水，并保证在施工期内不得沿坡面排水；其次要注意压实质量，最宜用重型压路机在最佳含水量条件下碾压。

#### 4. 湿陷性黄土路基

湿陷性黄土是一种含易溶盐类，遇水易冲蚀、崩解、湿陷的特殊性黏土。施工关键是做好排水工作，对地表水应采取拦截、分散、防冲、防渗、远接远送的原则，将水引离路基，防止黄土被水浸泡而湿陷；路堤的边坡要整平拍实；基底采用重机碾压、重锤夯实、石灰桩挤密加固或换填土等，以提高路基的承载力和稳定性。

### （二）雨季施工

#### 1. 雨季路槽施工

在路基外侧设排水设施（如明沟或辅以水泵抽水）及时排除积水。雨前应选择因雨水易翻浆处或低洼处等不利地段先行施工，雨后要重点检查路拱和边坡的排水情况、路基渗水与路床积水情况，注意及时疏通被阻塞、溢满的排水设施，以防积水倒流。路基因雨水造成翻浆时，要立即挖出或填石灰土、砂石等，刨挖翻浆要彻底干净，不留隐患。所需处理的地段最好在雨前做到挖完、填完、压完。

#### 2. 雨季基层施工

当基层材料为石灰土时，降雨对基层施工影响最大。施工时，应首先注意天气预报情况，做到随拌、随铺、随压；其次注意保护石灰，避免被水浸泡或成膏状；对于被水浸泡过的石灰土，在找平前应检查含水量，如含水量过大，应翻拌晾晒达到最佳含水量后才能继续施工。

#### 3. 雨季路面施工

对水泥混凝土路面施工应注意水泥的防雨防潮，已铺筑的混凝土严禁雨淋，施工现场应预备轻便、易于挪动的工作台雨棚；对被雨淋过的混凝土要及时补救处理。此外，要注

意排水设施的畅通。如果为沥青路面,要特别注意天气情况,尽量缩短施工路段,各工序紧凑衔接,下雨或面层的下层潮湿时均不得摊铺沥青混合料。对未经压实即遭雨淋的沥青混合料必须全部清除,更换新料。

**(三)冬季施工**

冬季路槽施工时,应在冰冻之前进行现场放样,做好标记,将路基范围内的树根、杂草等全部清除。如有积雪,在修整路槽时先清除地面积雪、冰块,并根据工程需要与设计要求决定是否刨去冰层。严禁用冰土填筑,且最大松铺厚度不得超过 30 cm,压实度不得低于正常施工时的要求,当天填方的土务必当天碾压完毕。

冬季面层施工时,沥青类路面不宜在 5 ℃以下的环境中施工,如果必须施工,要采取以下工程措施:

(1)运输沥青混合料的工具须配有严密覆盖设备以保温。

(2)卸料后应用苫布等及时覆盖。

(3)摊铺时间宜于上午 9 时至下午 4 时进行,做到“三快两及时”,即快卸料、快摊铺、快耧平,及时找细、及时碾压。

(4)施工做到定量定时,集中供料,避免接缝过多。

水泥混凝土路面,或以水泥砂浆做结合层的块料路面,在冬季施工时应注意提高混凝土(或砂浆)的拌和温度(可用加热水、加热石料等方法),并注意采取路面保温措施,如选用合适的保温材料(常用的有麦秸、稻草、塑料薄膜、锯末、石灰等)覆盖路面。此外,应注意减少单位用水量,控制水灰比在 0.5 以下,在混合料中加入合适的速凝剂;混凝土搅拌站要搭设工棚,最后可延长养护和拆模时间。

## 复习提高

教师给定不同结构、不同面层材料的块料路面施工图纸,并对具体的施工环境进行说明,要求学生完成相关任务的施工方案的编制。

# 任务三　碎料路面工程施工

**能力目标**

能够识读碎料路面工程施工图纸,能够编制碎料路面工程的施工方案,能够指导碎料路面施工以及现场管理工作,能够进行碎料路面工程的验收,能够根据设计图纸对铺装样式进行二次设计。

**知识目标**

掌握碎料路面的分类及特点、碎料路面的施工工艺及操作步骤、碎料路面工程施工的验收内容。

## 任务描述

图 7-32 是图 7-1 中部分健康步道施工图，图中给出了铺装卵石的大样及卵石的颜色，所以在工程施工准备及施工过程中，要考虑碎料路面施工的知识。在实施项目建设时，要明确碎料路面施工的技术要求，确定园路的构成，掌握碎料路面施工的技术标准和验收方法。

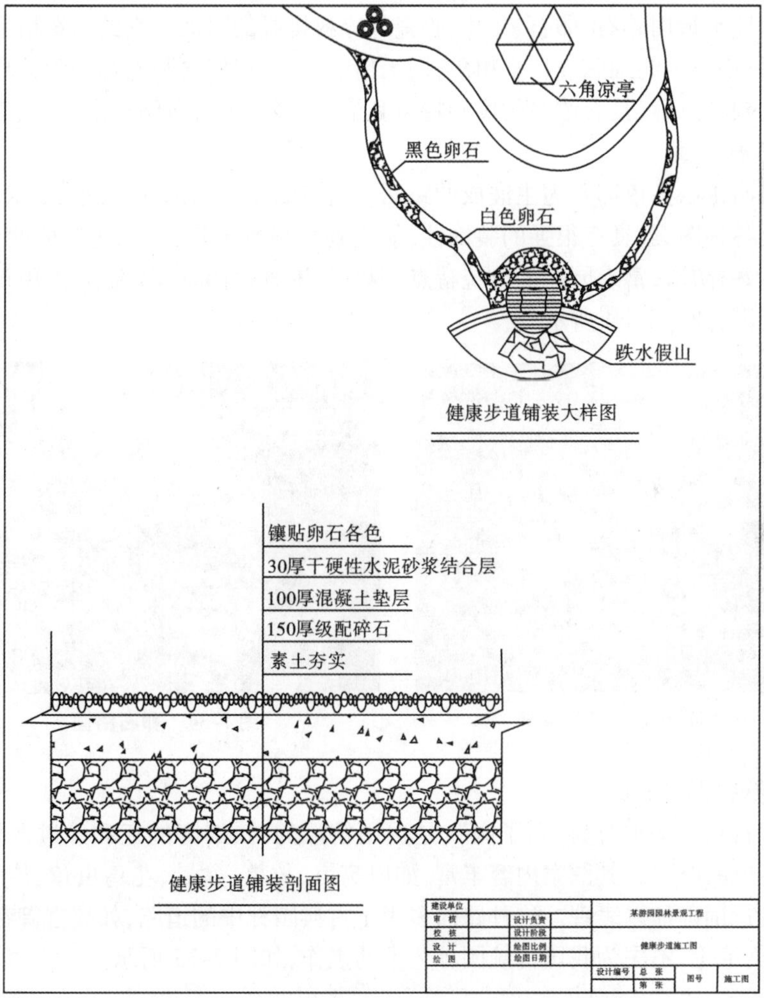


**图 7-32　某游园园林景观工程健康步道施工图**

## 任务分析

碎料路面施工同整体路面施工、块料路面施工一样，是园林工程的重要组成部分，并且碎料路面图案精美、表现内容丰富、做工细致，主要用于各种游步小路等。在掌握园路施工基本技术的基础上，也应该了解和掌握碎料路面铺装材料以及施工技术等基本知识。

# 任务咨询

## 一、碎料路面概述

碎料路面是用各种石片、砖瓦片、卵石等碎石料拼成的路面，其特点是图案精美、表现内容丰富、做工细致，主要用于各种游步小路。

### （一）花街铺地

花街铺地是指用碎石、卵石、瓦片、碎瓷等碎料拼成的路面。它的图案精美丰富，色彩素艳和谐，风格或圆润细腻或朴素粗犷，做工精细，具有很好的装饰作用和较高的观赏性，有助于强化园林意境，具有浓厚的民族特色和情调，多见于古典园林中，如图 7-33 所示。

### （二）卵石路面

卵石路面是以各色卵石为主嵌成的路面。它借助卵石的色彩、大小、形状和排列的变化可以组成各种图案，具有很强的装饰性，能起到增强景区特色、深化意境的作用。这种路面耐磨性好，防滑，富有园路的传统特点，但清扫困难，且卵石易脱落，多用于花间小径、水旁亭榭周围，如图 7-34 所示。

图 7-33　花街铺地

图 7-34　卵石路面

### （三）雕砖卵石路面

雕砖卵石路面又被誉为“石子画”，是选用精雕的砖、细磨的瓦和经过严格挑选的各色卵石拼凑成的路面。其图案内容丰富，如以寓言、故事、盆景、花鸟虫鱼、传统民间图案等为题材进行铺砌加以表现。这种路面多用于古典园林中的道路，如故宫御花园甬路，精雕细刻，精美绝伦，不失为我国传统园林艺术的杰作，如图 7-35 所示。

## 二、碎料路面施工技术

碎料路面施工是在已做好的道路基层上铺垫一层结合材料，厚度一般可在 40 ~ 70 mm。垫层结合材料主要用 1 ∶ 3 石灰砂浆、3 ∶ 7 细灰土、1 ∶ 3 水泥砂浆等，用干法砌筑或湿法砌筑都可以，但干法施工更方便一些。在铺平的松软垫层上，按照预定的图样开始镶嵌拼花。一般先用立砖、小青瓦瓦片来拉出线条、纹样和图形图案，再用各色卵石、砾石镶嵌作花，或拼成不同颜色的色块，以填充图形大面。然后经过进一步修饰和完善图案纹样，并尽量整平铺地后，就可以定稿。定稿后的铺地地面仍要用水泥干砂、石灰干砂撒布

图7-35　雕砖卵石路面

其上,并扫入砖石缝隙中填实。最后,除去多余的水泥石灰干砂,清扫干净,再用细孔喷壶对地面喷洒清水,稍使地面湿润即可,不能用大水冲击或使路面有水流淌。完成后,养护7～10 d。

铺卵石路一般分预制和现浇两种。现场浇筑方法通常是先铺筑3 cm厚水泥砂浆,再铺水泥素浆2 cm,待素浆稍凝,即用备好的卵石,一个个地插入素浆内,用抹子压实,卵石要扁、圆、长、尖、大、小搭配。根据设计要求,将各色石子插出各种花卉、鸟兽图案,然后用清水将石子表面的水泥刷洗干净,第二天可再以30%草酸液体洗刷表面,则石子颜色鲜明。

地面镶嵌与拼花施工前,要根据设计的图样,准备镶嵌地面用的砖石材料。施工时,先要在细密质地的青砖上放好大样,再细心雕刻,做好的雕刻花砖在施工时可嵌入铺地图案中。卵石路面要精心挑选铺地用的石子,挑选出的石子应该按照不同颜色、不同大小、不同形状分类堆放,铺地拼花时才能方便使用。

## 任务实施

### 一、施工准备

碎料路面施工准备工作的内容参照园路施工相关内容。需要注意的是,卵石路要精心选铺地的石子,挑选好3～5 cm的卵石,要求质地好,色泽均匀,颗粒大小均匀,并用清水进行清洗后待用。挑选出的石子按照不同颜色、不同大小分类堆放,便于铺地拼花时使用。一般开工前,材料应进场70%以上。若有运输能力,运输道路畅通,在不影响施工的条件下可随用随运。

### 二、施工工艺

根据施工图确定该块料园路的施工工艺流程如下:施工准备—基础放样—准备路槽—土基施工—级配砂石垫层—混凝土垫层—卵石施工—清洗路面—安装道牙—竣工验收。

卵石路面施工操作示例见图 7-36。

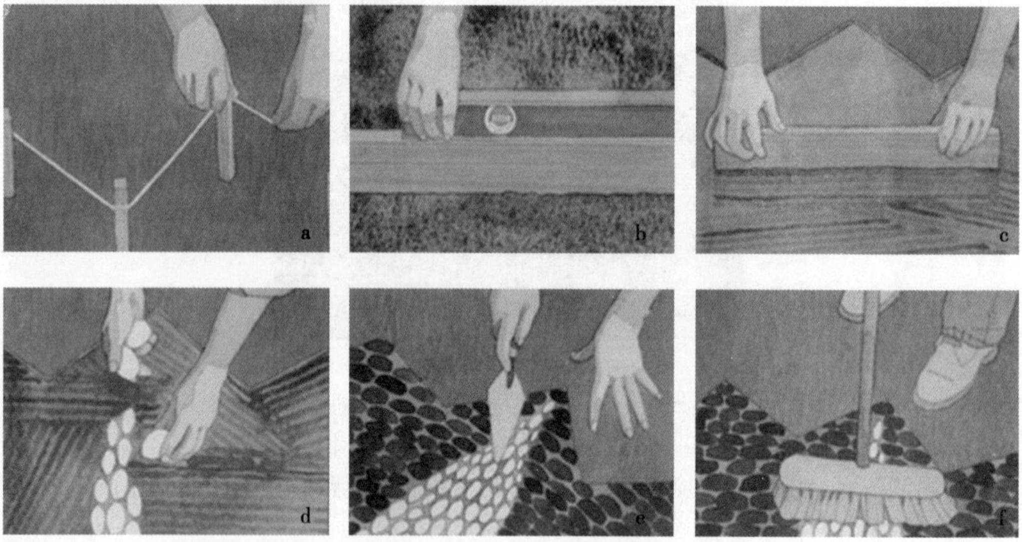

a—路面放样；b—基层施工；c—结合层施工；d—填充卵石；e—图案修整；f—后期清理

**图 7-36　卵石路面施工操作示例**

## 三、铺筑基层

土基施工及以前施工方法同本项目任务一整体路面工程施工。

级配砂石是指按一定的比例混合后用来做基础或其他用途的混合材料，由砂和石子两部分组成，分天然级配和人工级配。它的配合比根据具体的工程设计不同而有所差别，主要是根据地基的承载力、上部结构的荷载以及路面的重要性等来确定。

级配砂石宜采用质地坚硬的中砂、粗砂、砾砂、碎（卵）石、石屑或其他工业废粒料。在缺少中砂、粗砂和砾石的地区，可采用细砂，但宜同时掺入一定数量的碎石或卵石，其掺量应符合设计要求。颗粒级配应良好，不得含有草根、树叶、塑料袋等有机杂物及垃圾。用作排水固结地基时，含泥量不宜超过 3% 。碎石或卵石最大粒径不得大于垫层或虚铺厚度的 2/3，并不宜大于 50 mm。

### （一）施工程序

检验砂石质量—分层铺筑砂石—洒水—夯实或碾压—找平和验收。

### （二）操作程序

1. 检验砂石质量

对级配砂石进行技术鉴定，如是人工级配砂石，应将砂石拌和均匀，其质量均应达到设计要求或规范的规定。

2. 分层铺筑砂石

铺筑砂石的每层厚度，一般为 15 ~ 20 cm，不宜超过 30 cm，分层厚度可用样桩控制。视不同条件，可选用夯实或压实的方法。大面积的砂石垫层，铺筑厚度可达 35 cm，宜采用 6 ~ 10 t 压路机碾压。砂和砂石地基底面宜铺设在同一标高上，如深度不同，基土面应挖成踏步和斜坡形，搭茬处应注意压（夯）实。施工应按先深后浅的顺序进行。分段施工时，接茬处应做成斜坡，每层接茬处的水平距离应错开 0.5～1.0 m，并应充分压（夯）实。铺筑的砂石应级配均匀。如发现砂窝或石子成堆现象，应将该处砂子或石子挖出，分别填入级配好的砂石。

3. 洒水

铺筑级配砂石在夯实、碾压前，应根据其干湿程度和气候条件，适当地洒水，以保持砂石的最佳含水量，含水量一般为 8%～12%。

4. 夯实或碾压

夯实或碾压的遍数由现场试验确定。用水夯或蛙式打夯机时，应保持落距为 400～500 mm，要一夯压半夯，夯夯相接，全面夯实时，一般不少于 3 遍。采用压路机往复碾压时，一般碾压不少于 4 遍，其轮距搭接不小于 50 cm。边缘和转角处应用人工或蛙式打夯机补夯密实。

5. 找平和验收

施工时应分层找平，夯压密实，最后一层压（夯）完成后，表面应拉线找平，并且要符合设计规定的标高。

在已完成的基层上定线、立混凝土模板、进行混凝土浇筑施工，其操作方法同本项目任务一的相应内容。

## 四、卵石面层施工

### （一）绘制图案

按照设计图所绘的施工坐标方格网，将所有坐标点测设到混凝土基层上并打桩定点。然后用木条或塑料条等定出铺装图案的形状，调整好相互之间的距离，用铁钉将图案固定。图 7-37 为工人正在进行花街铺地面层图案的绘制。

### （二）铺设水泥砂浆结合材料

先在清理好的基层上刷一道素水泥浆或清水，把已搅拌均匀的 1∶3 干硬性水泥砂浆铺到基层上，用灰板找平、拍实。注意，砂浆铺设厚度应超过鹅卵石高度 2/3 以上，砂浆厚度控制在 30 mm。

### （三）填充卵石

在摊铺完结合层后，接着把卵石嵌入水泥砂浆中。卵石要一个一个地插入水泥砂浆内，用抹子压实，要求排列美观，面层均匀，高低一致（可用一块 1 m×1 m 的平板盖在卵石上轻轻敲打，以使面层平整），卵石间的空隙填以水泥砂浆勾缝。面层铺好一块后，用抹布轻轻擦除多余部分的水泥砂浆。待面层干燥后，应注意浇水保养。图 7-38为工人正在进行卵石面层施工。

### （四）拆除模板和后期管理

拆除模板后的空隙应进行妥当处理，并洗去附着在石面的灰泥，第二天再用 30% 草酸液体洗刷表面，使石子颜色鲜明。养护期为 7 d，在此期间应严禁行人、车辆等走动和碰撞。

## 五、卵石路面的竣工验收

（1）用观察法检查卵石的规格、颜色是否符合设计要求。

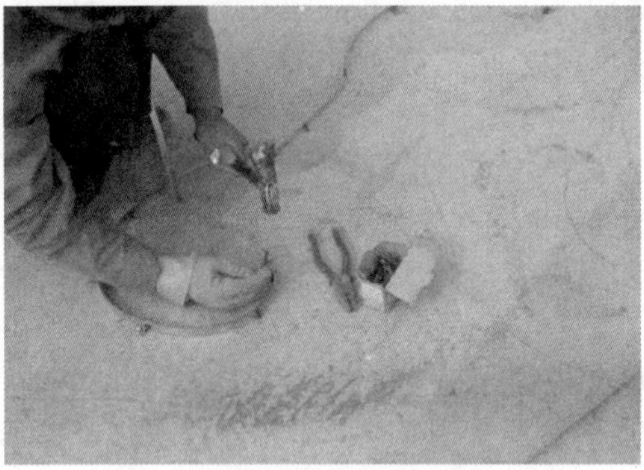

图 7-37 花街铺地面层图案的绘制

图 7-38 卵石面层施工

(2)用观察法检查铺装基层是否牢固并清扫干净。

(3)卵石黏结层的水泥砂浆或混凝土强度等级应满足设计要求。

(4)卵石镶嵌时大头朝下,埋深不小于 2/3;厚度小于 2 cm 的卵石不得平铺,嵌入砂浆深度应大于颗粒尺寸的 1/2。

(5)卵石顶面应平整一致,脚感舒适,不得积水,相邻卵石高差均匀,相邻卵石最小间距符合要求。检查方法为观察、尺量。

(6)观察镶嵌成型的卵石是否及时用抹布擦干净,保持外露部分的卵石干净、美观、整洁。

(7)镶嵌养护后的卵石面层必须牢固。

## 任务考核标准

| 序号 | 考核项目 | 考核内容 | 评价标准 | 得分 |
|---|---|---|---|---|
| 1 | 园路施工图识读 | 熟读表达内容 | 30 | |
| 2 | 园路施工准备 | 掌握施工材料和机具的筹备、调试与验收,掌握放线方法 | 30 | |
| 3 | 园路施工 | 掌握整体路面施工的工艺流程 | 30 | |
| 4 | 工程验收 | 掌握整体园路工程验收标准 | 10 | |

## 拓展提高

### 一、选择园路铺装材料需要考虑的几大要素

**(一)地面铺装的耐性**

地面铺装的耐性包括耐久性和耐磨性。地面铺装材料所需要的耐久性取决于铺装路段的使用方式、所处的具体环境和预算情况等。现在路面过早地出现恶劣损坏,大多是因为使用了质量不合格的基础材料。检验道路耐久性的最好方法是在一个与实际情况相似

的环境下,使用一段时间,至少是3年,这样就可以检验这种铺装的耐久性。而地面铺装的耐磨性是根据路面上的交通情况来确定的。

### (二)地面铺装的强度

地面铺装所必需的强度大小依赖于它可以支持的载重量。一般步行道的强度不会有太大的问题。但是,偶尔出现在人行道上的载重量过大的车辆也会导致路面受损。路面上的裂缝容易让人摔倒,还容易引起路面过早损坏。如果将地面铺装安置于合适的基底和基础上,大多数都会有足够的强度。

### (三)地面铺装的抗冻性

所有的室外道路由于暴露在户外,都会受到潮湿和冰冻的影响。检测道路抗冻性的方法参照检验耐久性的方法。

### (四)地面铺装的抗风化性

由于所有的室外铺路都要受到四季不同气候条件的影响,所以对于所有的铺面石、铺面砖和带颜色的混凝土铺面材料来说,能避免风化是最好的。据检测,现在的铺地材料一般都能避免一些比较严重的风化作用。

### (五)地面铺装的防滑性

在一些公共的步行区,道路的防滑性是非常重要的,尤其是在坡道、楼梯踏步等一些地方。在垂直于人群行走方向设置很浅的防滑凹缝是一种好办法,而且车行路面必须有足够的防滑性。

### (六)防止有机物滋生

防止有机物滋生主要依赖于周围环境,虽然花园中的苔藓可以起到装饰作用,但是苔藓出现在城市步行路或车行路中是很危险的,将会影响园路的使用寿命和防滑性等。一般而言,路面密度越大,防有机物滋生的性能就越强。

### (七)道路色彩的耐久性

道路对于一些铺路材料来说,完全使颜色保持持久是不可能的,所以在设计和应用时,应了解所用材料的色彩性质。

## 二、常用地面铺装面层材料

常用地面铺装面层材料见表7-5。

## 三、园路附属工程施工

### (一)道牙

#### 1.道牙的作用

道牙是一种为保证行人及路面安全,进行交通诱导,保持水土,保护植物,以及区分路面铺装等而设置在车道与人行道分界处、路面与绿地分界处、不同铺装路面分界处等位置的构筑物。园路道牙以天然石材为主,缘石高度应在20 cm以下,或不使用缘石以保持人与景观之间亲切的尺度。

**表 7-5　常用地面铺装面层材料**

| 类别 | 名称 | 规格要求(mm) | 特征及使用场合 |
| --- | --- | --- | --- |
| 天然石材 | 石板 | 规格大小不一,但角块不宜小于 200～300,厚度不宜小于 50 | 破碎或呈一定形状的砌板,粗犷、自然,可拼嵌成各种图案,适于自然式小路或重要的活动场地,不宜通行重车 |
| | 乱石 | 石块大小不一,面层应尽量平整,以利于行走,有突出路面的棱角必须凿除,边石要大些方能牢固 | 自然、富野趣、粗犷,多用于山间林地、风景区僻野小路,长时间在此路面上行走易疲劳 |
| | 块(条)石 | 大石块面大于 200,厚 100～150;小石块面 8～100,厚 200 | 坚固、古朴,整齐的块石铺地肃穆、庄重,适于古建筑物和纪念性建筑物附近,但造价较高 |
| | 卵石 | 根据需要,规格不一 | 细腻圆润,耐磨,色彩丰富,装饰性强,排水性好,适于各种雨道、庭园铺装,但易松动脱落,施工时要注意长扁拼配、表面平整,以便清扫 |
| | 碎大理石片 | 根据需要,规格不一 | 质地富丽、华贵,装饰性强,适于露天、室内园林铺地,由于表面光滑,坡地不宜使用 |
| 人造材料 | 混凝土砖 | 机砖 400×400×75、400×400×100、500×500×100,标号 C18～C23;小方砖 250×250×50,标号 C23 | 坚固、耐用、平整,反光率大,路面要保持适当的粗糙度。可做成各种彩色路面,适于广场、庭园、公园干道,各种形状的花砖适于公园的各种环境 |
| | 青砖大方砖 | 机砖 240×115×53,标号 MU15 以上,500×500×100 | 端庄雅朴,耐磨性差,在冰冻不严重和排水良好之处使用较宜,古建筑物附近尤为适宜。但不宜用于坡度较陡和阴湿地段,易生青苔而跌滑 |
| | 水磨石 | 根据需要,规格不一 | 装饰性好,粗糙度小,可与其他材料混合使用 |
| | 斩假石 | — | 粗犷、仿花岗石,质感强,浅入淡出 |
| | 沥青混凝土 | — | 拼块铺地可塑性强,操作方便,耐磨,平整、面光,养护管理简便,但当气温高时,沥青有软化现象,彩色沥青混凝土铺地具有强烈的反差 |

2. 道牙设置施工要点

(1)在公共车道与步行道分界处设置道牙,一般利用混凝土制作步车道分界道牙砖,设置高 15 cm 左右的街渠或 L 形边沟。如果在建筑区内,街渠或边沟的高度则为 10 cm 左右。

(2)区分路面的道牙,要求铺筑高度统一、整齐,一般采用地界道牙砖。设在建筑物入口处的道牙,可采用与路面材料搭配协调的花砖或石料铺筑。在混凝土路面、石路面、花砖路面等与植物的交界处可不设道牙。但对沥青路面,为确保施工质量,则应当设置道牙。

**(二)边沟**

1. 边沟

所谓的边沟,是一种设置在地面上用于排放雨水的排水沟。其形式多种多样,有铺设在道路上的 L 形边沟,步车道分界道牙砖铺筑的街渠,铺设在停车场内园路上的碟形边沟,以及铺设在用地分界点、入口等场所的 L 形边沟。此外,还有窄缝样的缝形边沟和与路面融为一体的加装饰的边沟。

边沟所使用的材料一般为混凝土,有时也采用嵌砌小砾石。

U 形边沟沟箅的种类比较多,如混凝土制箅、铸铁格栅箅、镀锌格栅箅、不锈钢格栅箅等。

2. 边沟的设置要点

(1)应按照建设项目的排水总体规划,参考排放容量和排水坡度等因素,再决定边沟的种类和规模尺寸。

(2)从总体而言,所谓的雨水排除是针对建筑区内部的雨水排放处理,因此应在建筑区的出入口处设置边沟(主要是加格栅箅的 U 形边沟)。

(3)使用 L 形边沟,如果是宽 6 m 以下的道路,应采用 C20 钢筋混凝土 L 形边沟;对宽 6 m 以上的道路,应在双侧使用 C30 或 C35 钢筋混凝土 L 形边沟。

(4)U 形边沟常选用 240 型或 300 型成品预制件。

(5)用于车道路面上的 U 形边沟,其沟箅应采用能够承受通行车辆荷载的结构,而且最好选择可用螺栓固定不产生噪声的沟箅。

(6)步行道、广场上的 U 形边沟沟箅,应选择细格栅类,防止行人的高跟鞋陷入其中。

在建筑物的入口处,一般不采用 L 形边沟排水,而是以缝形边沟、集水坑等设施排水,防止破坏入口处的景观。道旁 U 形边沟,上覆细格栅,既利于排水,又不妨碍行走。路面中部拱起,两边设有边沟,便于排水。

**(三)雨水井**

雨水井是一般道路中最为常用的排水方式,排水速度快,对路面影响较小。雨水井排水口通常与道路持平或略低于路面,地基下铺设专用排水管道,顶部覆井盖,起分隔、遮挡杂物和安全防护的作用。常见的雨水井可分为渗井和集水井两种。雨水井不仅在人们的日常生活中起着十分重要的作用,而且在现代社会中也越来越重视其外观的艺术性。

对于先期的雨水口,园路施工(特别是机具压实或车辆通行)时应注意保护。如果有破坏,应及时修筑。一般雨水口进水箅子的上表面低于周围路面 2 ~ 3 cm。

## 四、台阶施工

### (一)台阶概况

台阶就是踏步,它的作用是解决地势高差的问题。有时为了强调主题,使主题升高而筑平台或基座,平台或基座与地面之间也需用台阶过渡。台阶本身具有一定的韵律感,特别是螺旋形的楼梯相当于音乐中的旋律。因此,台阶在园林中除自身的功能外,还具有装饰作用。台阶造型十分丰富,基本上可分为规则式与拟自然式两类。同时按取材不同,台阶还可分为石阶、混凝土阶、钢筋混凝土阶、竹阶、木阶、草皮阶等。台阶可与假山、挡土墙、花台、树池、池岸、石壁等结合,以代替栏杆,既能给游人带来安全感,又能掩蔽裸露的台阶侧面,使台阶有整体感和节奏感。

### (二)台阶施工基本内容

混凝土台阶施工内容包括模板的制作、安装、拆装、码垛,混凝土的搅拌、运输、浇捣、养护;机砖台阶施工内容包括基础清理、材料运输、砌浆调制运输、砌筑砖石、抹面压实、赶光、剁斧等。下面以混凝土台阶为例简要介绍台阶施工注意事项。

1. 模板的制作

模板是新浇筑混凝土成型用的模型。由水泥、砂石、水及外加剂经过搅拌机拌出的混凝土具有一定的流动性,需要浇筑在与构件形状尺寸相同的模型内,经过凝结硬化,方可成为所需要的结构构件。

预制木模板要求刨光。配制木模板尺寸时,要考虑模板拼装接合的需要,适当加长或缩短一部分长度。拼制木模板时,板边要找平、刨直,接缝严密,使其不漏浆。木料上有节疤、缺口等疵点的部位,应放在模板反面或者截去。备用的模板要遮盖保护,防止变形。

2. 模板的安装和拆装

模板的安装和拆装要求最省工,机械使用最少,混凝土质量最好,收到的经济效益最好。拆模后注意模板的集中堆放,不仅利于管理,而且便于后续的运输工作顺利进行。场外运输在模板工程完工后统一进行,以便于节约运费。

3. 混凝土的浇捣、养护

浇捣是将拌和好的混凝土拌和物放在模具中,经人工或机械振捣,使其密实、均匀。养护是指在混凝土浇筑后的初期,在凝结硬化过程中进行湿度和温度控制,以便于混凝土达到设计要求的物理力学性能。

# 复习提高

由专业课程教师提供相关的碎料路面施工图纸及相应的施工方案,由学生对施工方案进行分析论证;有条件时可在校内实训基地安排学生进行碎料面层图案施工操作的分组练习。

# 项目八 园林绿化工程施工

## 教学目标

在掌握园林植物成活的基本原理、基本知识的基础上，能够根据绿化植物的生长习性、栽植特点进行绿化工程的施工与管理，并且能够进行栽植后的绿化养护及管理工作。

## 任务一 乔灌木栽植工程施工

**能力目标**

能够熟读乔灌木栽植工程施工图纸，能够正确地运用乔灌木栽植的施工技术，能够指导工人进行乔灌木栽植工程施工。

**知识目标**

掌握影响树木栽植成活的因素，栽植时间及树龄与成活的关系；掌握乔灌木栽植工程的施工工艺及操作步骤；了解乔灌木栽植工程施工的验收内容。

### 任务描述

绿化工程是指按照园林植物设计施工图或一定的计划，根据植物生态特性和栽培技术条件完成植物栽植任务的过程。植物栽植是园林绿化的基本工程。为了保证植物成活和生长，达到设计效果，栽植施工时必须遵守一定的操作规程，才能保证工程质量。图8-1是某乔灌木栽植工程施工平面图，该工程施工内容包括栽植乔木、灌木等，需要结合合理的施工技术完成该项目的施工任务。

### 任务分析

该工程施工图纸是种植与道路结合施工的工程项目，所以在工程施工准备及施工过程中，既要考虑乔灌木施工的知识，还要考虑道路、广场施工的因素。在工程项目施工时，要明确乔灌木施工的技术要求，根据施工图纸的设计，确定乔灌木种植的范围，明确乔灌木的种植与道路、广场施工的衔接处理。

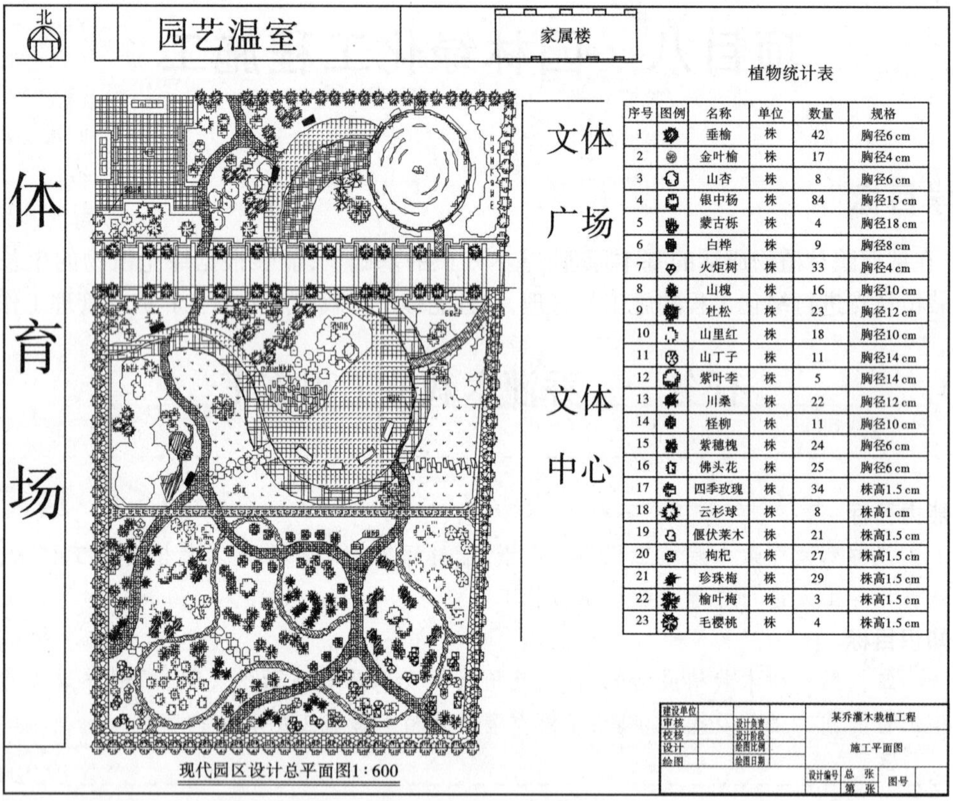


植物统计表

| 序号 | 图例 | 名称 | 单位 | 数量 | 规格 |
| --- | --- | --- | --- | --- | --- |
| 1 | | 垂榆 | 株 | 42 | 胸径6 cm |
| 2 | | 金叶榆 | 株 | 17 | 胸径4 cm |
| 3 | | 山杏 | 株 | 8 | 胸径6 cm |
| 4 | | 银中杨 | 株 | 84 | 胸径15 cm |
| 5 | | 蒙古栎 | 株 | 4 | 胸径18 cm |
| 6 | | 白桦 | 株 | 9 | 胸径8 cm |
| 7 | | 火炬树 | 株 | 33 | 胸径4 cm |
| 8 | | 山槐 | 株 | 16 | 胸径10 cm |
| 9 | | 杜松 | 株 | 23 | 胸径12 cm |
| 10 | | 山里红 | 株 | 18 | 胸径10 cm |
| 11 | | 山丁子 | 株 | 11 | 胸径14 cm |
| 12 | | 紫叶李 | 株 | 5 | 胸径14 cm |
| 13 | | 川桑 | 株 | 22 | 胸径12 cm |
| 14 | | 柽柳 | 株 | 11 | 胸径10 cm |
| 15 | | 紫穗槐 | 株 | 24 | 胸径6 cm |
| 16 | | 佛头花 | 株 | 25 | 胸径6 cm |
| 17 | | 四季玫瑰 | 株 | 34 | 株高1.5 cm |
| 18 | | 云杉球 | 株 | 8 | 株高1 cm |
| 19 | | 偃伏莱木 | 株 | 21 | 株高1.5 cm |
| 20 | | 枸杞 | 株 | 27 | 株高1.5 cm |
| 21 | | 珍珠梅 | 株 | 29 | 株高1.5 cm |
| 22 | | 榆叶梅 | 株 | 3 | 株高1.5 cm |
| 23 | | 毛樱桃 | 株 | 4 | 株高1.5 cm |

图 8-1 某乔灌木栽植工程施工平面图

## 任务咨询

### 一、影响树木栽植成活的因素

一株正常生长的树木,其根系与土壤密切结合,使树体的养分和水分代谢的平衡得以维持。由于挖掘,根系与原有土壤的密切关系被破坏,大量的吸收根常因此而损失,根部与地上部代谢的平衡也就被破坏。而根系的再生,在一定的条件下需要一段时间。由此可见,如何使移来的树木与新环境迅速建立正常关系,及时恢复树体以水分代谢为主的平衡,是栽植成活的关键,否则,就有死亡的危险。而这种新平衡建立的快慢,与树种根系的再生能力、苗木质量、树龄、栽植技术、栽植季节以及影响生根和蒸腾的内外界因素都有密切关系。

### 二、栽植时间

选择适宜的栽植季节应根据树木特性和栽植地区的气候条件而定。

### （一）春栽

春季在土壤化冻后到树木发芽前正是树木休眠期。此期树木蒸腾量小，消耗水分少，栽后容易达到地上、地下部分的生理平衡，有利于根系再生和植株生长。春季是我国大部分地区的主要栽树季节。此外，春栽符合树木先长根、后发枝叶的物候顺序，有利于水分代谢的平衡。特别是在冬季严寒地区或对于不甚耐寒的树种，春栽可免除越冬防寒之劳。秋旱风大地区，常绿树种也宜春栽，但在时间上可稍推迟。具肉质根的树种，如山茱萸、木兰、鹅掌楸等，根系易遭低温冻伤，也以春栽为好。华北地区树木的春季栽植，多在3月上中旬至4月中下旬进行。华东地区落叶树种的春季栽植，以2月中旬至3月下旬为佳。

### （二）雨季栽植

有明显旱、雨季之分的西南地区，栽植成活的主要矛盾是外界水分（包括空气湿度）条件差，故以雨季栽植为好。雨季如果处在高温月份，由于短期高温、强光易使新栽植的树木水分代谢失调，故要掌握当地的降雨规律和当年降雨情况，抓住连阴雨的有利时机进行栽植。

### （三）秋季栽植

秋季栽植，气温逐渐下降，树体对水分的需求量减少，蒸腾量较低，此时树体储藏营养较丰富，多数树木根系生长有一次小高峰。秋栽后，根系在土温尚高的条件下，还能恢复生长。秋栽时间较长，自落叶至土壤结冰前均可进行。秋栽也应尽早，以落叶即栽为好。华北地区秋季栽植，多使用大规格苗木，以增强树体越冬能力。华东地区秋季栽植，可延至11月上旬至12月下旬进行。东北和西北北部严寒地区，秋季栽植宜在树木落叶后至土地封冻前进行。

### （四）冬季栽植

在冬季土壤基本不结冻的华南和华中、华东等地区，可以冬季栽植。在冬季严寒的华北北部、东北大部，由于土壤冻结较深，对当地乡土树种，可用冻土球移植法。

## 三、树龄与成活的关系

树龄对栽植成活率也有影响。一般幼龄树植株小，起掘方便，根部损伤率低，并且营养生长旺盛，再生力强，因此移植后损伤的根系及修剪后的枝条容易恢复生长。但是，幼龄树发挥绿化效果慢。壮龄树树体高大，移植后很快就能发挥绿化效果。但是，壮龄树移植操作困难、施工技术复杂、投资高。所以，除一些有特殊要求的绿化工程外，一般不选用过多的壮龄树进行栽植。

## 四、园林植物的选择

### （一）正确使用园林植物的重要性

任何一处优美的植物景观，都必须具备科学性与艺术性两方面的高度统一。既要满足植物与环境在生态适应上的统一，又要通过艺术构图原理体现出植物个体及群体的形式美，以及人们在欣赏时所产生的意境美，这是植物造景的一条基本原则。进行植物的种植设计时，如果所选择的植物种类不能和种植地的生态相适应，就会生长不良甚至不能成活，就更谈不上达到植物造景的要求了；如果所设计的植物群落不符合自然群落的发展规律，就难以生长发育达到预期的艺术效果。所以，正确选择绿化植物是园林绿化建设中成败的关键步骤之一，正确选择绿化植物还是达到特定的艺术氛围及特殊功能要求的需要。

**（二）园林植物的选择**

园林植物是园林绿化的主体，选择合适的植物种类，是关系到绿化成败的关键之一。园林植物的选择，在宏观上要顺应生态园林建设的基本要求，在微观上要遵循以下原则。

1. 适地适树

适地适树就是要选择能适合在绿化地点的环境条件下生长的树种，尊重植物自身的生态习性，也就是说，当地的环境条件必须能满足所选择的树种生长发育的要求。园林植物配置如果不尊重植物的这些生态特性和生长规律，就生长不好甚至不能生长。

植物除了有其固有的生态习性，还有其明显的自然地理条件特征。每个区域的地带性植物都有各自的生长气候及地理条件背景，经过长期生长与周围的生态系统也达成了良好的互利互补的互生关系。

2. 满足绿化的主要功能要求

城市不同地域对绿化功能的要求各有侧重。有的地域以美化装饰为主，有的地域以冠大庇荫为主，有的地域以防护隔离为主。

3. 适应性强，具有抗污染的性能要求

若要植物起到良好的防护作用，成为绿色屏障，首先要使植物生长正常。由于城市工业的迅猛发展，在生产过程中均不同程度地产生有害物质，污染空气、水、土壤，进而污染危害植物，影响植物的正常生长。

4. 病虫害较少，易于管理

城市环境，尤其是工矿区因环境遭受不同程度的污染，影响到植物正常的生长发育。植物生长受到抑制后，抗病虫害的能力减弱，又易感染各种病虫害。所以，应选择生长良好、发病率低的植物。一般来说，乡土树种生命力强、适应性强，能有效地防止病虫害大暴发，常绿和落叶树分隔能有效地阻止病虫害的蔓延，林下植草比单一林地或草地更能有效利用光能、保持水土并易于管理。

5. 经济实惠

在城市绿化中，要尽可能选用本地区培育的苗木。这是因为当地苗木栽植成活率高、生长好且运输费少，苗木价格低。在园林绿地中，可适当选择一些不需精心修剪和养护管理，具有一定经济价值的树种。园林绿化时，宜将快速生长树与慢生长树结合起来，快速生长树能在短期内产生好的效果。要多用乡土树种，乡土树种对当地环境条件较适应，能保证成活，生长良好且成本低。

6. 植物的选择搭配要注重自身与整体的生态效益

城市绿地要严格选择植物材料，在选择中，除考虑树种的适地适树，注意树种的色彩美和形态美，注意与周围的环境协调外，在城市生态环境日益恶化的今天，园林建设中植物材料的选择与搭配上更要考虑其自身以及植物群落的生态效益。

7. 植物选择还应体现植物造景的作用，展现愉悦的生活空间

植物材料除具有美化城市环境、调节生态环境等作用外，长久以来，某些植物还被赋予了深厚的文化内涵，与人们的思想感情有着千丝万缕的联系。

# 任务实施

## 一、施工准备

绿化栽植施工前必须做好各项施工的准备工作，以确保工程顺利进行。

### （一）施工现场准备

对施工现场内有碍栽植施工的市政设施、房屋等进行拆除和迁移。按照施工平面图需要搭建现场指挥部、宿舍、食堂、临时仓库、种植材料堆放场地，达到施工现场临时设施标准。根据设计图纸要求，搞清施工现场的土质情况，确定是否需要客土，估算客土量及客土来源。

### （二）技术准备

施工前认真做好设计图纸的审查工作，熟悉设计图纸的内容、设计意图及艺术水平的要求，并同设计人员、监理人员进行技术交底，确保植物配置符合当地环境要求。对难成活、环境条件要求高的树木进行重点分析，并作出合理的施工计划。充分地分析各种树木的生长习性，以便掌握栽植技术，确保成活率。

### （三）材料准备

按照设计图纸规定的树木种类、质量、规格的要求，作市场调查，确定各类苗木的来源地，与苗木生产单位取得联系，签订供货合同。苗木的采购尽可能在当地，或与当地生长条件相似的地区内选择，这样既能缩短运输时间、提高苗木成活率，又能减少投资。苗木的选择除了根据设计提出对规格和树形的要求，还要注意选择长势健旺、无病虫害、无机械损伤、树形端正、根须发达的苗木。苗木选定后要挂牌或在根部画出明显标记以免挖错。起苗时间和栽植时间最好能紧密配合，做到随起随栽。

## 二、施工工艺

乔灌木栽植施工工艺流程见图8-2。

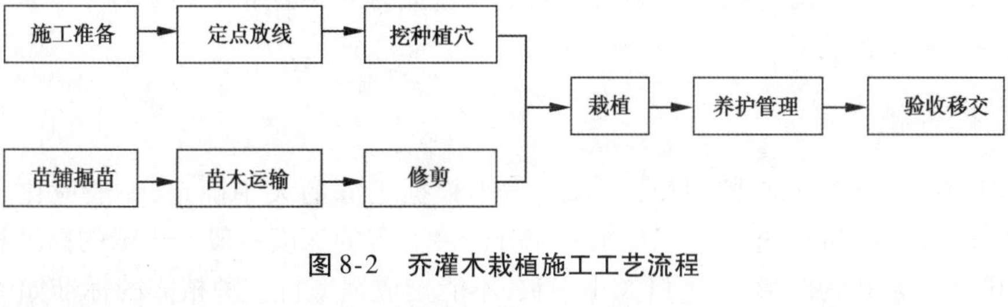


图8-2　乔灌木栽植施工工艺流程

## 三、定点放线

在现场测出苗木栽植位置和株行距。具体方法如下。

### （一）自然式配置乔灌木放线法

1. 坐标定点法（网格法）

该法适用范围大，常用于地势平坦的公园绿地。根据植物配置的疏密度先按一定的比例在设计图上及现场分别做好方格(20 m × 20 m)。在图上量出树木在某方格的纵横坐标尺寸,再按此位置用皮尺量测在现场相应的方格内。

2. 仪器测放法

用经纬仪或小平板依据地上原有基点或建筑物、道路,将树群或孤植树依照设计图上的位置依次定出每株的位置。

3. 交会法

该法适用于范围较小、现场内建筑物或其他标记与设计图相符的绿地。以建筑物的两个固定位置为依据,根据设计图上与该两点的距离相交会,定出栽植位置,位置确定后必须做好标记。孤植树可钉木桩,写明树种、挖穴规格。

4. 目测法

该法适用于设计图上无固定点的绿化种植,如灌木丛、树群等。可用上述方法画出树群、树丛的栽植范围,每株树木的位置和排列可根据设计要求,在所规定的范围内用目测法进行定点。注意植株的生态要求和自然美观。定好点后,用白灰打点,标明树种、栽植数量、穴径。

### (二)整形式(行列式)放线法

1. 成片整齐种植的放线法

先以绿地的边界、园路广场和小建筑物等的平面位置作为依据,量出每株树的位置,钉上木桩,标明树种名称。

2. 行道树的定点

以路牙或道路中心为依据,用皮尺、测绳等,按设计的株距每隔 10 株钉一木桩作为定位和栽植的依据。定点时,如遇到电杆、管道、涵洞、变压器等障碍物应躲开,不应局限于设计的尺寸,而应遵照树木与障碍物距离的有关规定。

### (三)等距弧线的放线

如果树木栽植为一弧线,例如,街道曲线转弯处的行道树,放线时可从弧的开始到末尾以路牙或中心线为准,每隔一定距离分别画出与路牙垂直的直线。在此直线上,按设计要求的树与路牙的距离定点,把这些点连接起来就成为近似道路弧度的弧线,于此线上再按株距要求定出各点来。

## 四、挖种植穴

栽苗前以灰点为中心挖种植穴,穴的大小根据土球的大小确定,一般应比土球大 16 ~ 20 cm。裸根苗的种植穴应保证根系充分舒展。穴的深度一般比土球的高度稍深些(10 ~ 20 cm),形状为圆形,上下口大小一致,不能挖成锅底坑。种植穴的标准如图 8-3、图 8-4 所示。

种植穴挖好后,可在坑内填些表土,最好要客土,如坑内土质差或瓦砾多,要清除。如果土太瘠薄,要先施一层基肥,最好是腐熟的有机肥,然后铺一层壤土,其厚度在 5 cm 以上。

图8-3　种植穴的标准(1)

图8-4　种植穴的标准(2)

## 五、掘苗

通常有两种掘苗法。

**(一)裸根法掘苗**

裸根法掘苗适用于处在休眠状态的落叶乔灌木。此法操作简便,节省人力、运输及包装材料。但由于该法易损伤大量的须根,苗木掘起后至栽植前,根部多裸露,容易失水干燥,根系恢复需时也较长。

**(二)带土球掘苗**

将苗木的一定根系范围,连土掘削成球状,用蒲包、草绳或其他软材料包装起出,称为带土球掘苗。由于在土球范围内苗木须根未受损伤,并带有部分原土,因而移植过程中水分不易损失,对恢复生长有利。但该法操作较困难,费工,要耗用包装材料,土球笨重,增加运输负担,投资高。常规树木一般不采用带土球掘苗,但移植常绿树、竹类或生长季节移植落叶树及难成活的树木时宜采用此法。

## 六、苗木装运与假植

**(一)装车**

(1)落叶乔木装车时,应排列整齐,根部向前,树梢向后,但树梢不要拖地。

(2)灌木可直立装车。

(3)远距离运输裸根苗时,把树的根部浸入事先调好的泥浆中,然后取出,用蒲包、稻草、草席等物进行包装,在根部衬以青苔或水草,再用苫布或湿草袋盖好根部。保护根部不致使树木干燥受损,影响成活。

(4)带土球苗木,装运高度在2 m以下的可以立放,在2 m以上的应斜放,土球向前,树干向后,土球放稳,垫牢挤严。

**(二)运输**

运输途中押运人员要和司机配合好,经常检查苫布是否掀起。短途运苗,中途不要休息。长途行车,必要时应洒水淋湿树根,休息时应选择阴凉处停车,防止风吹日晒。

**(三)卸车**

卸车时要爱护苗木,轻拿轻放。裸根苗要按顺序拿放,不准乱抽,更不能整车推下。

带土球苗木卸车时,不得提拉树干,而应双手抱土球轻轻放下。较大的土球卸车时,可用一块结实的长木板,从车上斜放至地上,将土球推倒在木板上,顺势慢慢滑下,绝不可滚动土球。

**(四)苗木假植**

凡是苗木运到施工现场后在几天内不能按时栽植,或是栽后有剩余的,都要进行假植。

(1)裸根苗木可进行短期假植。临时可用苫布或草袋盖严,或在栽植处附近,选择合适地点,先挖一浅横沟,长 2 ~ 3 m。然后稍斜立一排苗木,紧靠苗根再挖一同样的横沟,并用挖出来的土将第一排树根埋严,挖完后再码一排苗,依次埋根,直至全部苗木假植完,如图 8-5 所示。

(2)植树施工期较长时,则应对裸根苗妥善假植。事先在不影响施工的地方,挖好 30 ~ 40 cm深,1. 5 ~ 2 m 宽,长度视需要而定的假植沟。将苗木分类排码,树冠最好向顺风方向斜放沟中,依次错后码放一层苗木,根部埋一层土。全部假植完毕以后,还要仔细检查,一定要将根部埋严实,不得裸露,若土质干燥还应适量灌水,既要保证树根潮湿,又不使土壤过于泥泞,以免影响以后操作,如图 8-6 所示。

图 8-5　裸根苗木的假植

图 8-6　苗木的假植

(3)带土球的苗木,运到工地以后,能很快栽完的,可不必假植。如 1 ~ 2 d 内不能栽完,应选择不影响施工的地方,将苗木排码整齐,四周培土,冠之间用草绳围拢,假植时间较长者,土球间隙也应填土。假植期间根据需要,应经常给常绿苗木的叶面喷水。

## 七、修剪

不同树种,修剪的要求有所不同。

(1)常绿针叶树及用于做绿篱的灌木不用多剪,只剪去枯病枝、受伤枝。

(2)较大的落叶乔木,特别是生长势较强、容易抽出新枝的树木(杨、柳、槐),可进行强修剪,树冠可剪去 1/2 以上。这样可减轻根系负担,维持树体内水分平衡,也使树木栽后稳定,不致招风摇动。

(3)花灌木及生长缓慢的树木可疏枝,截去全部叶或部分叶,去除枯病枝、过密枝,对于过长的枝条可剪去 1/3 ~ 1/2。修剪时,要注意分枝点的高度,灌木的修剪要保持其自然树形，短截时应保持内高外低。

(4)根系主要是将断根、劈裂根、病虫根和过长的根剪去，剪口要平而光滑，及时涂抹防腐剂，以防过分蒸发、干旱、冻伤及病虫危害。

## 八、栽植

树木的栽植要根据各类树木的生长习性做到适时种植，种植顺序是先乔木，再灌木，而后地被植物。乔木栽植的顺序是先常绿乔木，后落叶乔木。

### (一)散苗

将苗木按定点的标记放至种植穴内或穴边，行道树应与道路平行散放。对常绿树，树形最好的一面，应朝向主要的观赏面。对有特殊要求的苗木，应按规定对号入穴，不要搞错。散苗后再与设计图核对，无误后方可进行下道工序。

### (二)栽植

在栽植填土前核对根系、土球与种植穴的规格是否符合规范的标准，合格后向栽植穴内填土至合适的高度并踏实。

#### 1. 裸根乔、灌木栽植

将苗木放入种植穴内，使其居中，立起扶正，然后分层回填土。在填入一半时，用手将苗向上提一提，使根系充分舒展开，然后将土踏实。继续填土，并踏实，直到填满栽植穴，使土面盖住树木的根茎部位，并随即做好围堰(水盆)。

#### 2. 带土球苗的栽植

栽植带土球苗时，须先量好穴的深度与土球高度是否一致，如有差别应及时挖深或填土，绝不可盲目入穴，造成来回搬动土球。土球入穴后应先在土球底部四周垫少量土，将土球固定，注意使树干直立。然后将包装材料剪开，并尽量取出(易腐烂的包装物可以不取)。随即填入好的表土至穴的一半，用木棍于土地四周夯实，再继续用土填满种植穴并夯实，注意夯实时不要砸碎土球。最后做好围堰，如图 8-7 所示。

图 8-7　做围堰

## 九、养护管理

### (一)立支柱

栽植后需要支撑的树木,可采取单支柱法、双支柱法、三支柱法。支撑应牢固,一般支柱立于围堰以外,深埋 30 cm 以上,将土夯实,支柱的方向一般为迎风。树木绑扎处应垫软物,严禁支柱与树干直接接触,以免磨坏树皮。支柱立好后树木必须保持直立。图 8-8 所示为三支柱法。在选择支柱材料时需注意,不能用新鲜的材料作支柱,不能用同种植物材料作支柱,不能用有共同病虫害的材料作支柱。另外,作支柱的材料最好在用前进行刮皮处理,这样可消除树皮内的越冬虫卵,减小新栽树木感染病虫害的概率。

图 8-8　设立支柱(三支柱法)

### (二)灌水

水是保证树木成活的关键,苗木栽植后应立即灌水。栽后干旱季节,必须经过一定间隔连灌 3 次水,这对冬春比较干旱的西南、西北、华北等地区的春植树木尤为重要。

苗木栽好后,无雨天气在 24 h 之内,必须灌上第一遍水,此次水量不宜过大、过急。特别是针叶类树木,栽后第一遍灌水只要边缘土能与土球结实即可,避免因灌水过多而造成散球,影响成活率。3 d 内浇第二遍水,10 d 内浇第三遍水,此两次水量要大,应浇透。以后转入后期养护,每次浇水后,均应整堰、堵漏、培土、扶直树干。

### (三)封围堰

浇第三遍水并待水分渗入后,用细土将围堰内填平,使封堰土堆稍高于地面。土中如果含有砖石杂质等物,应挑拣出来,以免影响下次做围堰。华北、西北等地秋季栽植树木,应在树干基部堆 3 cm 高的土堆,以保持土壤水分,并能保护树根,防止风吹摇动,影响成活。

**(四)其他养护管理**

(1)对受伤枝条和栽前修剪不理想的枝条,应进行复剪。

(2)对绿篱进行造型修剪。

(3)对花灌木进行修剪,修去内膛枝、徒长枝,发现病枝、枯枝、烂头也应及时修去,确保树形树态的完美。

(4)防治病虫害。

(5)发现苗木死亡要及时进行补种,如果不是补种季节,要及时清除死树。

(6)进行巡查、围护、看管,防止人为破坏。

(7)清理场地,做到工完地净,文明施工。

## 十、验收与移交

绿化栽植工程验收包括施工中间环节的验收和竣工验收。凡验收的绿化栽植工程均应遵照技术规范的各项规定和设计的要求进行。

**(一)施工中间环节的验收**

按工程顺序进行验收,即验收定点、放线是否符合设计要求,位置是否准确,标记是否明显;栽植穴的位置是否准确,规格是否符合设计要求;栽植施工场地内土层深度、土质是否能够满足苗木栽植及生长的需求,是否需要客土;所施的有机肥是否经过充分腐熟,施肥量是否适宜等。验收后要分别写出验收记录并签字。

**(二)竣工验收**

一般分两次进行验收,即栽植竣工后和后期养护结束时。验收前施工单位应将相关资料准备好,包括工程中间验收记录、设计图纸及变更洽商资料、竣工图纸、施工过程有关大事记和需说明的情况、外地来苗检验报告以及其他化验资料、工程决算、施工总结报告。然后填写申请验收报告,由建设单位或上级主管单位组织验收。

验收合格后,由验收单位出具验收合格证,双方签字盖章并办理移交手续。至此,此项种植工程宣告结束。

# 任务考核标准

| 序号 | 考核项目 | 考核内容 | 评价标准 | 得分 |
|---|---|---|---|---|
| 1 | 乔灌木种植施工图识读 | 熟读表达内容 | 30 | |
| 2 | 乔灌木栽植施工 | 掌握乔灌木栽植施工的流程及操作步骤 | 60 | |
| 3 | 工程验收 | 能够达到乔灌木栽植工程验收标准 | 10 | |

## 拓展提高

### 非适宜季节的栽植法

在当地适宜季节栽植苗木,成活率最有保证。但有时由于有特殊任务或其他工程的影响等客观原因,不能于适宜季节进行栽植,只能在非适宜季节栽植苗木。为突破季节限制,从栽植材料的选择、栽植土壤的处理、苗木的假植和运输、种植穴和土球直径、栽植前的修剪及栽植、养护管理等方面严格把关,尽可能提高栽植成活率,按期完成绿化工程任务的栽植技术。

#### 一、栽植材料的选择

由于非栽植季节气候环境相对恶劣,对种植植物本身的要求更高,因此在选材上要尽可能地挑选长势旺盛、植株健壮的苗。栽植材料应根系发达,生长茁壮,无病虫害,规格及形态应符合设计要求,大苗应做好断根、移栽措施。

#### 二、栽植前土壤处理

非正常(非适宜)季节的苗木栽植必须保证足够的土壤厚度,保证土质肥沃疏松,透气性和排水性好。栽植或播种前应对该地区的土壤理化性质进行化验分析,采取相应的消毒、施肥和客土等措施。

#### 三、苗木假植

在非正常季节栽植中,苗木假植是提高苗木成活率的重要技术措施。

**(一)大苗的假植**

在早春植物仍未解除休眠时,将常绿针叶树(松、柏等)、落叶树苗木带土球掘好,提前运到施工现场的假植区,将苗木装入大于土球的筐内。规格过大的土球,应装入木桶或木箱,其四周培土固定。每两行间应预留出通行卡车的道路,宽度 6 ~ 8 m。当有条件施工时,立即进行栽植。

**(二)小苗的假植**

在早春将苗木断根,将小叶黄杨、沙地柏、金叶女贞、小檗、锦带等栽植于花盆中并加入适量肥料。按 5 ~ 6 行排列,预留车道。待施工条件具备时,去掉花盆,保持苗木土球不散,可进行栽植。

在假植期间要进行正常的养护管理,根据情况经常灌水,其原则是既能保证苗木生长正常,又需控制水量,避免生长过旺。还应经常修剪,以疏枝为主,严格控制徒长枝,及时去除萌蘖,入秋以后则应经常摘心,使枝条充实。苗木经过断根的损伤,原有树势已被削弱,为了恢复原来树势、扩大树冠,应为伤根恢复以及促根生长采取措施。为避免由于气温高蒸发量过大,应搭建遮阳棚。必须注意,遮阳网和栽植的树木要保持一定的距离,以便空气流通。

### 四、苗木的运输

苗木的运输要合乎规范，苗木运输量应根据种植量确定。在装车前，应先用草绳、麻布或草包将树干、树枝包好，同时对树体进行喷水，保持草绳、草包的湿润，这样可以减少在运输途中苗木自身水分的蒸腾量。其他装车、运输及卸车同正常栽植乔灌木的方法。

### 五、种植穴和土球直径

在非正常季节栽植苗木时，土球大小以及种植穴尺寸必须达到并尽可能超过标准的要求。

对含有建筑垃圾、有害物质的土壤，种植穴必须放大，清除废土，并及时填好回填土。在土层干燥地区应于栽植前浸穴。挖穴后，应施入腐熟的有机肥作为基肥。

### 六、栽植前修剪

应采取修剪和摘叶措施，减少叶面呼吸和蒸腾作用。栽植前应进行苗木根系修剪，将劈裂根、病虫根、过长根剪除，并对树冠进行修剪，保持地上部分、地下部分平衡。

### 七、苗木的栽植

在非正常季节苗木的栽植与正常的苗木栽植方法相同，只是注意各工序必须紧凑，尽量缩短暴露时间，随掘随运、随栽随浇水。

### 八、养护管理

同正常栽植乔灌木的养护管理措施。

## 复习提高

由专业课程教师提供配置齐全的乔灌木种植施工图纸，并给定施工现场的具体状况，由学生完成该工程施工组织设计的编制。

# 任务二　大树移植工程施工

**能力目标**

掌握大树移植的施工程序、方法，能够指导大树移植工程施工。

**知识目标**

掌握大树移植的软材包装、木箱包装，大树移植的技术要求，大树移植后的养护管理知识；了解冻土球移植大树和机械移植大树的方法。

## 任务描述

随着城市环境建设水平的提高和城市园林绿化要求的加大,大树越来越多地被应用于各类园林建设中。有些新建的城市绿地或者重点建设工程,要求及时发挥园林树木的生态功能和景观效果,往往需要采用大树移植的技术手段才能实现;城市建设用地范围内的大树除尽可能保留外,也有部分大树须进行必要的移植;原有的园林绿地,初植时的密度较大,随着树木的生长,要逐渐地调整绿地树木密度,也要进行大树移植。图 8-9 是某航空监测站入口绿化方案图,图 8-10 为该工程绿化平面图,该工程施工内容主要是将图 8-11中所示樟子松移植到工程指定地点,并确保成活。该樟子松胸径 25 cm,株高 8 m。

图 8-9 某航空监测站入口绿化方案图

## 任务分析

根据图纸我们可以看出,须进行移植的樟子松为胸径 25 cm 的高大乔木,由于树龄大、根深、冠幅大、再生能力弱等特点,势必导致移植的成活率低。所以,需要采用大树移植的工程手段进行移植。在施工时,需要按照树木挖掘、包装、运输、栽植、养护的程序进行。施工关键是大树移植的包装以及栽植和植后养护。本工程采用木箱包装移植法。

## 任务咨询

### 一、大树移植概述

#### (一)大树移植的概念

大树移植是指移植胸径在 20 cm 以上的落叶乔木,或胸径 15 cm 以上(胸径无法测量时,可采用株高 6 m 以上或地径 18 cm 以上指标)的常绿乔木,或冠幅在 3 m 以上的灌木,或树龄 20 年以上,且维持树木冠形完整或基本完整的大型树木。

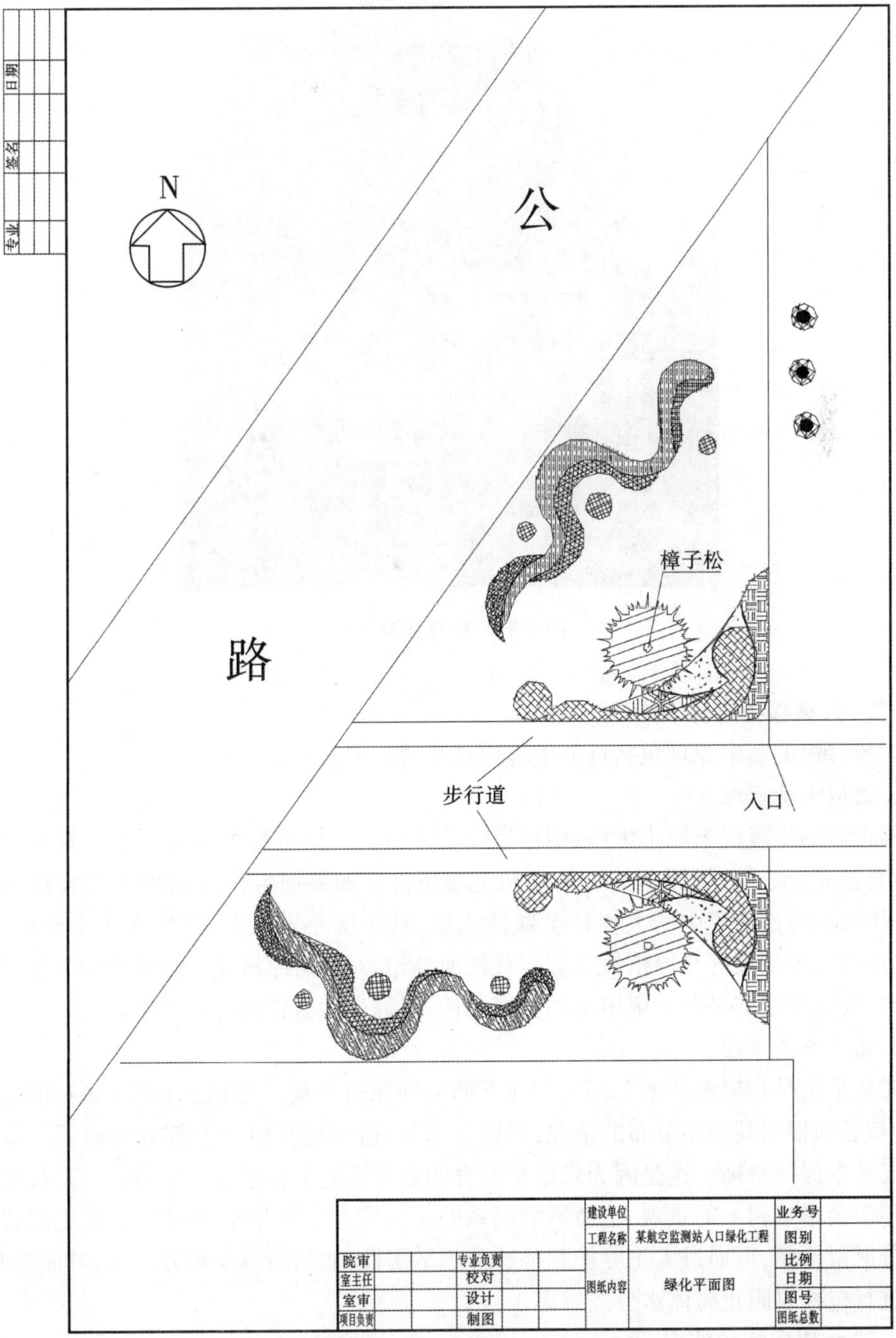


图 8-10　某航空监测站入口绿化工程平面图

图 8-11　待移植樟子松

**（二）大树移植的基本原理**

大树移植的基本原理包括近似生境原理和树势平衡原理。

1. 近似生境原理

移植后的生境优于原生生境，则移植成功率较高。树木的生境是一个比较综合的整体，主要指光、水、气、热等小气候条件和土壤条件。如果把生长在高山上的大树移至平地，把生长在酸性土壤中的大树移至碱性土壤，其生境差异太大，移植成功率会比较低。因此，定植地生境最好与原植地类似。移植前，需要对大树原植地和定植地的生境条件进行测定，根据测定结果改善定植地的生境条件，以提高大树移植的成活率。

2. 树势平衡原理

树势平衡是指树木的地上部分和地下部分须保持平衡。移植大树时，如对根系造成伤害，就必须根据其根系分布的情况，对地上部分进行修剪，使地上部分和地下部分的生长情况基本保持平衡。这是因为供给根发育的营养物质来自于地上部分。但对枝叶修剪过多不但会影响树木的景观，也会影响根系的生长发育。如果地上部分所留比例超过地下部分所留比例，可通过人工养护弥补这种不平衡性，如遮阴减少水分蒸发，叶面施肥，对树干进行包扎以阻止树体水分散发等。

**（三）大树移植的特点**

（1）移植成活困难。

（2）移植周期长。

（3）工程量大。

（4）有许多限制因子。

(5)绿化效果好。

## 二、大树移植技术

### (一)大树选择

根据园林设计图纸、园林绿化施工要求和适地适树原则,选定树种及树种所要求的规格、树高、冠幅、胸径、树形(需要注明观赏面和原有朝向)、长势等,到郊区或苗圃进行调查,按照近似生境原理,从光、水、气、热等小气候条件和土壤条件等多方面进行综合考察比较,将生境差异控制在树种可适生的区间内。在选定大树的朝阳(南)方向的胸径处做好标记,立卡编号,挂牌登记,分类管理。选树工作宜在移植前1~3年进行。在选树时应该注意以下几点:

(1)要选择接近新栽植地环境的树木,切莫盲目求新追大。野生树木主根发达、长势过旺的,不易成活,适应能力也差。

(2)不同类别的树木,移植难易不同。一般灌木比乔木移植容易;落叶树比常绿树移植容易;扦插繁殖或经多次移植须根发达的树比播种未经移植、直根性和肉质根类树木移植容易;叶型细小比叶少而大者移植容易;树龄小比树龄大移植容易。

(3)选择正常生长,无病虫害,无机械损伤,生长健壮,树干上有新芽、新梢、新生枝条的,再生能力强的,移植成活率高的树木。

(4)在地势平坦且周围适当开阔之处进行选择。地势坡度过陡时,操作困难,树木的根系分布不正,容易伤根,也不容易起出完整的土球。选择地势平坦开阔之处,便于大树吊装和运输设备的靠近,操作便利。

(5)选择时,应考虑大树的运输车辆通行路线等因素。

### (二)大树移植的时间

大树移植最好选择在树木休眠期进行,一般以春季萌动前和秋季落叶后为最佳时期。但是,行业内有句行话叫“种树无时,只要树不知”,即只要移植时带有足够大的土球,操作规程正确,注意养护管理,移植工作终年皆可进行。

早春时期,树木还处于休眠期,移植后,树液开始流动,树木开始生长、发芽,树叶还未全部长成,树木的蒸腾还未达到最旺盛时期,挖掘时损伤的根系很容易愈合和再生。而且,经过从早春到晚秋的正常生长,树木移植时受伤的部分可以复原,给树木顺利越冬创造了有利条件。

盛夏季节,由于树木的蒸腾量大,此时移植对大树成活不利,但在必要时可选择阴雨天进行。移植时必须加大土球,加重修剪,并注意遮阴保湿,尽量减少树木的蒸腾量,这样也可成活,但费用较高。在北方的雨季和南方的梅雨期,可带土球移植一些针叶树种。

深秋及冬季,树木地上部分处于休眠状态,也可进行大树移植。在严寒的北方,必须对移植的树木进行土面保护。南方地区尤其在一些气温不太低、湿度较大的地区一年四季均可移植,落叶树还可裸根移植。

我国幅员辽阔,南北气候相差很大,具体的移植时间应视当地的气候条件以及需移植的树种不同而有所选择。

### (三)大树移植前的准备工作

为了保证树木移植后能很好地成活,可在移植前对大树采取一些措施进行处理。常用多次移植法、预先断根法、根部环状剥皮法对大树进行预掘,促进树木的须根生长,这样可以为施工提供方便条件。另外,还可对大树进行修剪,修剪是大树移植过程中,对地上部分进行处理的主要措施。凡病枯枝、过密交叉徒长枝、干扰枝均应剪去。修剪量与移植季节、根系情况有关。除修剪枝叶的方法外,有时也采用摘叶、摘心、摘果、摘花、除芽、去蘖和刻伤、环状剥皮等措施。当移植成批的大树时,为使施工有条不紊地进行,可把种植穴及要栽植的大树均编上一一对应的号码,使其移植时可对号入座。定向是在树干上标出南北方向,使其在移植时仍能保持它按原方位栽下,以满足它对蔽荫及阳光的要求。在起树前,还要把树干周围 2 ~ 3 m 以内的碎石、瓦砾堆、灌木丛及其他障碍物清除干净,并将地面大致整平,为顺利移植大树创造条件。同时,用 3 根受力均匀、直径在 15 cm 以上的支柱对要移植大树进行支撑,特别是背风向的一面。然后按树木移植的先后次序,合理安排运输路线,以使每棵树都能顺利运出。移植前一周应将新栽地的种植穴挖好,准备好移植时必备的工具及材料。大树断根缩坨示意图如图 8-12 所示。

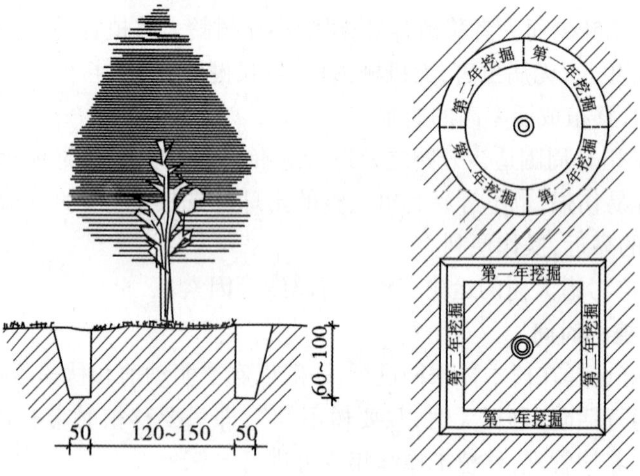


图 8-12　大树断根缩坨示意

### (四)大树移植的方法

当前常用的大树移植方法主要有以下几种。

1. 软材包装移植法

该法适用于挖掘圆形土球,移植胸径 10 ~ 15 cm、土球直径不超过 1.3 m 或稍大一些的树木。

树木选好后,可根据树木胸径的大小来确定挖土球的直径和高度。一般来说,土球直径为树木胸径的 7 ~ 10 倍(可参考表 8-1),土球过大,容易散球且会增加运输困难;土球过小,又会伤害过多的根系,影响成活。所以,土球的大小还应考虑树种的不同以及当地的土壤条件,最好是现场试挖一棵,观察根系分布情况,再确定土球大小。

**表 8-1　土球规格参照表**

| 树木胸径(cm) | 土球规格(cm) | | |
| --- | --- | --- | --- |
| | 土球直径 | 土球高度 | 留底直径 |
| 10 ~ 12 | 树木胸径的 8 ~ 10 倍 | 60 ~ 70 | 土球直径的 1/3 |
| 13 ~ 15 | 树木胸径的 7 ~ 10 倍 | 70 ~ 80 | |

挖掘前,先用草绳将树冠围拢,其松紧程度以不折断树枝又不影响操作为宜,同时为确保安全应用支棍于树干分枝点以上支牢。然后铲除树干周围的表层土,以树干为中心,比规定的土球大 3 ~ 5 cm 画一圆圈,并顺着此圆圈往外挖沟,沟宽 60 ~ 80 cm,深度以到土球所要求的高度为止。

用锋利的铁锹将土球修成上大下小呈截头圆锥形,遇到较粗的树根时,不要用铁锹硬砍,应用锯或剪将根切断,以防土球松散。土球修好后,应立即用草绳、蒲包或蒲包片等进行包装,包装方法常用的有橘子式、井字式和五角式,其包装示意如图 8-13 所示。

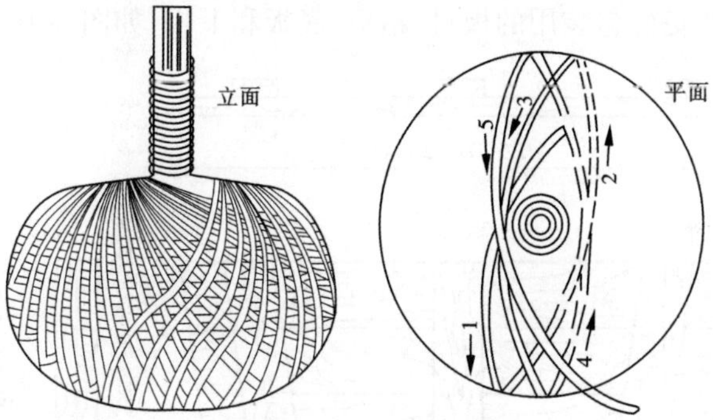


(a)橘子式包装法示意图

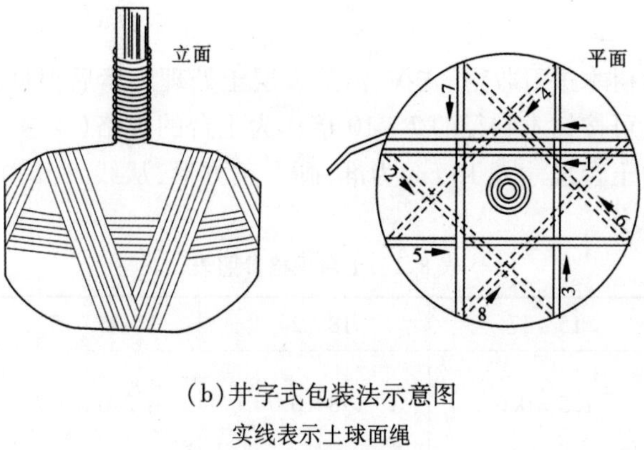


(b)井字式包装法示意图

实线表示土球面绳

虚线表示土球底绳

**图 8-13　包装方法**

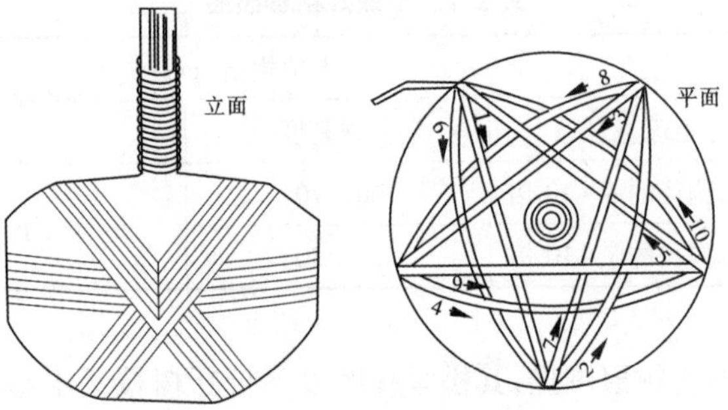


(c)五角式包装法示意图

**续图 8-13**

2. 木箱包装移植法

该法适用于挖掘方形土台，树木的胸径为 15～30 cm、土球直径超过 1.3 m 或更大的树木以及砂性土质中的大树。

移植前首先要准备好包装用的板材：箱板、底板和上板，如图 8-14 所示。

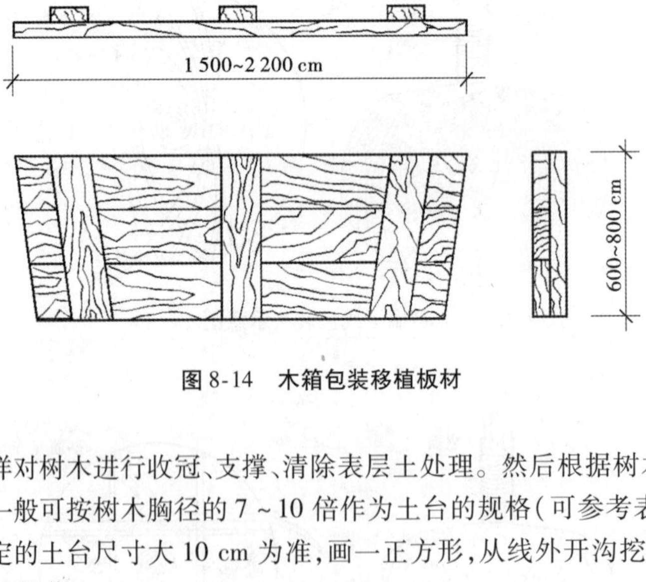


**图 8-14　木箱包装移植板材**

掘苗前，同样对树木进行收冠、支撑、清除表层土处理。然后根据树木的大小决定挖掘土台的规格，一般可按树木胸径的 7～10 倍作为土台的规格（可参考表 8-2）。以树干为中心，以比规定的土台尺寸大 10 cm 为准，画一正方形，从线外开沟挖掘，沟宽 60～80 cm，以便于人下沟操作。

**表 8-2　土台规格参照表**

| 树木胸径（cm） | 15～17 | 18～24 | 25～27 | 28～30 |
|---|---|---|---|---|
| 木箱规格（m）<br>（上边长×高） | 1.5×0.6 | 1.8×0.7 | 2.0×0.7 | 2.2×0.8 |

挖到土台深度后，将四壁修理平整，使土台侧壁中间略突出呈比箱板稍大的倒梯形，且土台每边较箱板长 5 cm，以便安装完箱板后，箱板能紧贴土台。安装时，先将 4 个侧面

箱板上好，如图 8-15 所示，且每块箱板中心对准树干，箱板上边略低于土台 1 ~ 2 cm。在安放箱板时，两块箱板的端部在土台的角上要相互错开，可露出土台一部分，再用蒲包将土台包好，两头压在箱板下，然后在木箱的上下套好两道钢丝绳。每根钢丝绳的两头装好紧线器，两个紧线器要装在两个相反方向的箱板中央带上，以便收紧时受力均匀。然后用紧线器把套在木箱上下的两道钢丝绳收紧，如图 8-16 所示。在木箱四角钉上铁皮。每个铁皮上至少要钉两对铁钉，且钉子要稍向外倾斜，以增加拉力，如图 8-17 所示。

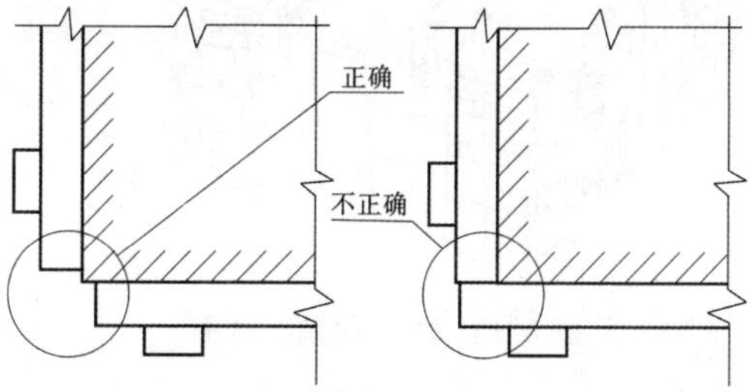


图 8-15　木箱侧面板安装

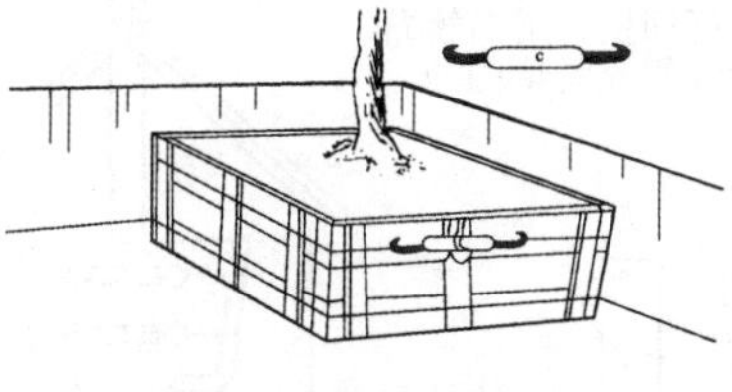

图 8-16　紧线器的使用

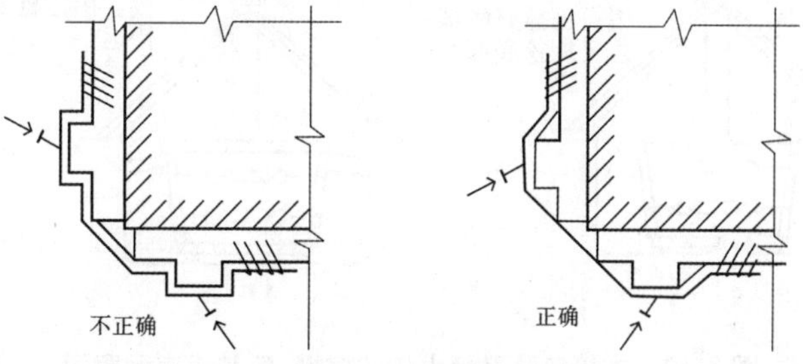


图 8-17　铁皮的钉牢

在收紧紧线器时，必须两边同时进行，箱板被收紧后钉好铁皮，用 3 根支杆将树支稳后，即可进行掏底。掏挖时，首先在沟内沿着箱板下挖 30 cm，将沟清理干净，用特制的小板镐和小平铲在相对的两边同时掏挖土台的下部。当掏挖的宽度与底板的宽度相符时，在两边装上底板。在上底板前，应预先顶在箱板上，垫好木墩，另一头用油压千斤顶顶起，使底板与上台底部紧贴。钉好铁皮，撤下千斤顶，支好支墩。两边底板钉好后即可继续向内掏底。要注意，每次掏挖的宽度应与底板的宽度一致，不可多掏。在上底板前如发现底土有脱落或松动，要用蒲包等物填塞好后再装底板。底板之间的距离一般为 10 ~ 15 cm，如土质疏松,可适当加密。

底板全部钉好后,须完成如图 8-18 所示的木箱包装。钉装上板前,土台应铺满一层蒲包。上板一般 2 ~4 块,其方向应与底板垂直交叉,如需多次吊运,上板应钉成井字形。

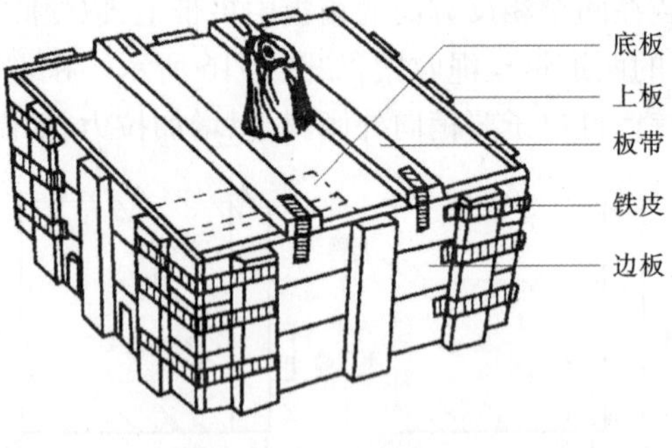


图 8-18　木箱包装示意图

以上木箱包装移植大树的挖掘及包装过程如图 8-19 所示。

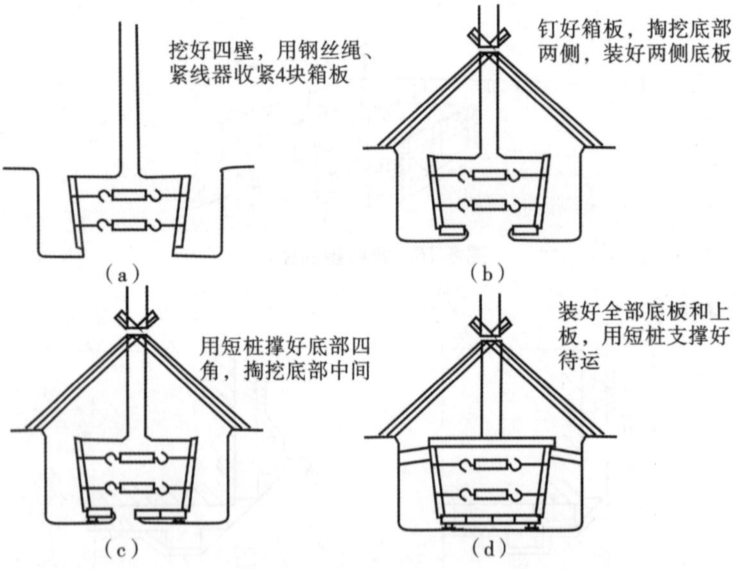


图 8-19　木箱包装移植大树的挖掘、包装程序示意图

3. 移树机移植法

在国内外已经生产出专门移植大树的移植机,如图 8-20 所示,适宜移植胸径 25 cm 以下的乔木。其主要用来移植带土球的树木,可以连续完成挖穴、起树、运输、栽植等全部移植作业。树木移植机分自行式和牵引式两类,目前各国大量发展的都为自行式树木移植机。树木移植机的主要优点是:生产率、移植成活率高,可适当延长移植的作业季节,能适应城市的复杂土壤条件,减轻工人劳动强度,提高作业的安全性。目前我国主要发展 3 种类型的移植机,即能挖土球直径 160 cm 的大型机、能挖土球直径 100 cm 的中型机、能挖土球直径 60 cm 的小型机。

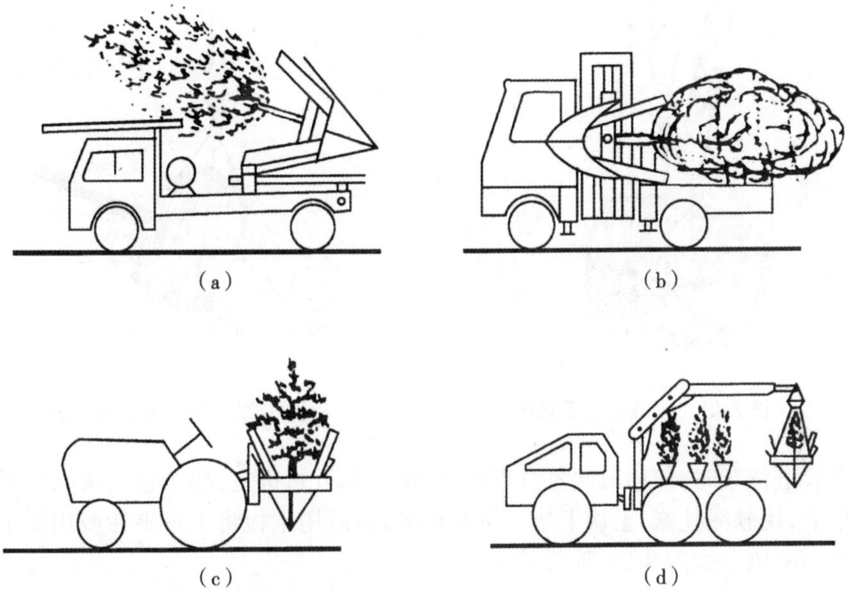


图 8-20　树木移植机机型示意图

4. 冻土移植法

该法在我国北方寒冷地区较多采用，宜移植耐严寒的乡土树种。在土壤冻结期或者在土壤冻得不深时挖掘土球，可泼水促冻，不必包装，利用冻结河道或泼水冻结的平土地，只用人畜即可拉运。该法有节约经费、土球坚固、根系完好、便于成活、易于运输等优点。

**（五）大树的装卸及运输**

大树吊运是移植中的重要环节之一。吊运的成功与否，直接影响到树木的成活、施工的质量以及树形的美观等。吊装及运输设备要具备相应的承载能力。吊装前，先撤去支撑，用草绳将树冠捆拢，以减少吊运时的损伤。

1. 装车

目前我国常用的装卸设备是汽车起重机，它机动灵活，行动方便，装卸简捷。

吊运软材料包装的或带冻土球的树木时，由于钢丝绳容易勒坏土球，最好用粗麻绳，防止土球损坏。先将双股绳的一头留出 1 m 多长结扣固定，再将双股绳分开，在土球由上向下 3/5 的位置上绑紧，然后将大绳的两头扣在吊钩上，在绳与土球接触处用木块垫起。轻轻起吊后，再用脖绳套在树干下部，也扣在吊钩上即可起吊。这些工作做好后，再开动起重机就可将树木吊起装车。如图 8-21 所示。

木箱包装吊运时，用两根钢索将木箱两头围起，钢索放在距木板顶端 20 ~ 30 cm 的地方（约为木板长度的 1/5），把 4 个绳头结在一起，挂在起重机的吊钩上。在吊钩和树干之间系一根绳索，使树木不致被拉倒。还要在树干上系 1 ~ 2 根绳索，以便在起运时用人力来控制树木的位置，以防损伤树冠，利于起重机工作。在树干上束绳索处，必须垫上柔软材料，以免损伤树皮。如图 8-22 所示。

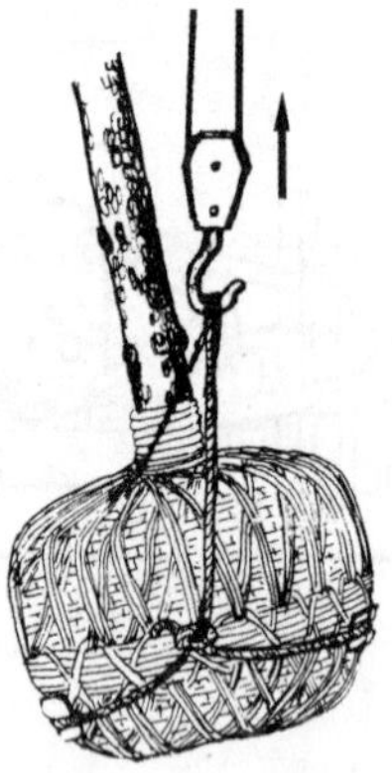

图 8-21　土球吊装示意图

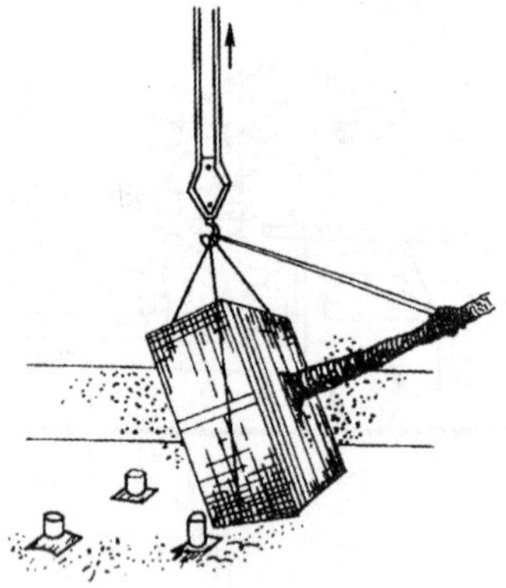

图 8-22　木箱吊装示意图

树木装进汽车时，使树冠向着汽车尾部，土块靠近司机室，树干包上柔软材料放在木架或竹架上，用软绳扎紧，土块下垫一块木衬垫，然后用木板将土球夹住或用绳子将土球缚紧于车厢两侧。如图 8-23 所示。

2. 运输

通常一辆汽车只装一棵树，在运输前，应先进行行车道路的调查，以免中途遇障碍无法通过。行车路线一般都是城市划定的运输路线，应了解其路面宽度、路面质量、横架空线、桥梁及其负荷情况、人流量等。行车过程中押运员应站在车厢尾一面检查运输途中土球绑扎是否松动、树冠是否扫地、左右是否影响其他车辆及行人，同时要手持长竿，不时挑开横架空线，以免发生危险。在行车过程中行车要稳，车速宜慢，遇到路面不好，要降速行驶。

3. 卸车

大树运至施工现场后，应进行吊卸。吊卸的方式同吊装大致相同，如是木箱包装的，若不能马上栽植，应将树木吊卸在种植穴附近，并在木箱下垫方木，以便栽植时穿绳用。如图 8-24 所示。

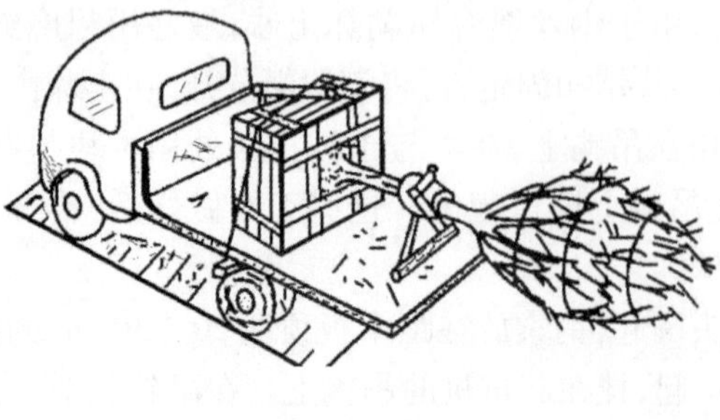

图 8-23　运输装车法

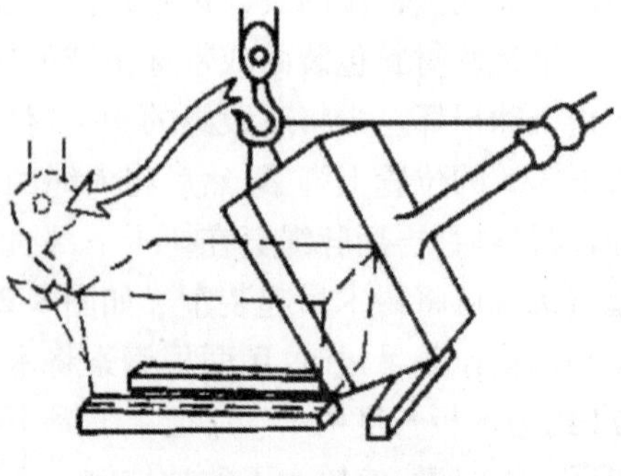

图 8-24　卸车、竖起

### (六)大树的定植

将大树轻轻地斜吊放置到早已准备好的种植穴内,穴内要留土台,如图 8-25 所示。撤除缠扎树冠的绳子,并以人工配合机械,将树干立起扶正,初步支撑。树木立起后,要仔细审视树形和环境的关系,转动和调整树冠的方向,使树姿和周围环境相配合,并应尽量地符合原来的朝向。然后,撤除土球外包扎的绳包或箱板,分层填土、分层筑实,把土球全埋入地下。在树干周围的地面上,也要做出拦水围堰。最后,要灌一次透水。

图 8-25　大树斜吊放入种植穴

### (七)定植后的养护

定植之后的大树必须加强养护管理。"三分种,七分管",大树移植后的精心养护是确保移植成活和树木健壮生长不可或缺的重要环节,不可小视。

应从以下各环节进行养护工作:设立支撑;浇水及控水;地面覆盖;树体保湿;输液促活;施肥打药;调整树形;防寒抗冻。

## 任务实施

### 一、施工准备

### (一)挖掘现场准备

1. 大树的预掘

本工程所移植的樟子松为多次移植过的大树,大部分的须根都聚生在一定的范围,因而在移植时能够保证土球的质量和减少对根部的损伤。

2. 编号定向

为使移植施工有计划地顺利进行,把种植穴及欲移植的大树均编上一一对应的号码,使其移植时可对号入座,以减少现场混乱及事故。用油漆涂抹在树木南向胸径处,确保在定植时仍能保持它按原方向栽植,以满足它对遮阴及阳光的要求。

3. 清理现场及安排运输路线

在起挖樟子松之前,把树干周围 2 ~ 3 m 以内的碎石、瓦砾堆、灌木丛及其他障碍物清除干净,并将地面大致整平,为顺利移植大树创造条件。按照树木移植的先后次序,合理安排运输路线,以使每棵树都能顺利运出。

4. 工具材料的准备

根据上述的材料、工具设备要求,准备所需内容。

**(二)栽植现场准备**

栽植现场的准备工作主要包括以下内容。

1. 周边情况

确保栽植现场周边的建筑物、架空线、地下管网等具备运输机械及吊装机械的作业面,能够顺利施工。

2. 清理场地

在施工范围内,根据设计要求做好场地的清理工作,包括原有构筑物拆除、清除垃圾、清理杂草、场地平整等。

3. 施工用水

做好现场水通的准备,满足大树移植工程施工要求,能够保证大树栽植后,马上就能灌足水。

## 二、施工工艺

根据该工程特点,樟子松木箱包装移植采用如图 8-26 所示的施工工艺流程进行施工。

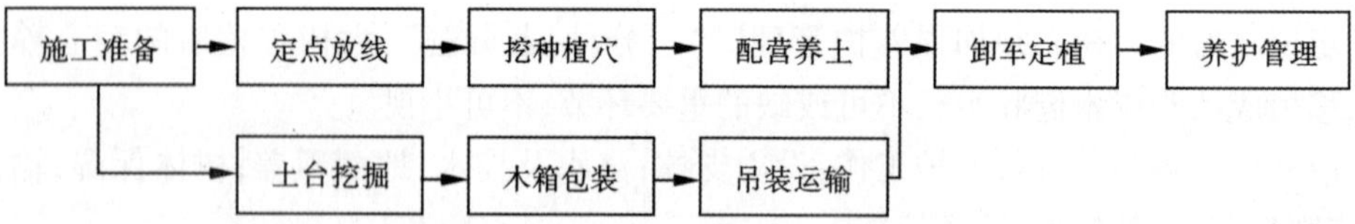


**图 8-26　大树移植施工工艺流程**

## 三、土台挖掘

大树移植施工准备、定点放线、挖种植穴、配营养土等操作过程基本与乔灌木栽植相同,这里不再赘述。

首先,确定土台的规格大小。根据大树移植施工技术规范标准,胸径为 25 cm 的樟子松可确定土台为梯形台,上大下小,外包装木箱上边长 2.0 m,高为 0.7 m。

土台确定后,先用草绳将树冠围拢,然后用草绳缠绕树干,如图 8-27 所示。清除树干基部周围 2 ~ 3 m 以内的杂物。以树干为中心,以 2.1 m 为边长,画一正方形作为土台的雏形,然后铲除正方形范围内的浮土,深度以不伤根部为宜。从土台往外开沟挖掘,沟宽 60 ~ 80 cm。土台挖到 0.7 m 深度后,用铁锹、铲子、锯等将四壁修理平整,使土台每边较箱板长 5 cm,土台侧壁中间略突出。土台修好后,应立即安装箱板。土台挖掘见图 8-28。

图 8-27 草绳缠绕树干

图 8-28 土台挖掘

## 四、木箱包装

土台修好后,须马上进行支撑,避免树木歪倒。然后进行箱板的安装,安装箱板时先安装侧面木板,防止土台散坨。侧面箱板安装后,继续下挖约 0.3 m,以工人操作方便为宜,边向内掏挖,边上底板。同时在底板四角用支墩支牢,避免发生危险。底板全部上完后,再上上板。详细的木箱包装程序参见前文所述。木箱包装见图 8-29。

图 8-29 木箱包装

## 五、吊装运输

综合本次大树移植的特点,本工程使用 25 t 汽车起重机进行大树的吊运。

将机车在方便作业的平整场地上调稳,并且在支腿下面垫木块。

用一根长度约 6.5 m 的 $\phi$10 mm 钢丝绳在木箱的下端 1/3 处拦腰围住,将钢丝绳两端绳套扣在起重机的吊钩上,轻轻起吊,缓慢操作,待木箱离地前停车。用草绳缠绕一段树干,见图 8-30,在其外侧绑扎上小木块并包裹起来,然后用一根粗绳系在包裹处,粗绳的另一端扣在吊车的吊钩上,目的是防止树木起吊时树冠倒地。

继续起吊。当树身倾倒后,用 1 ~ 2 根粗麻绳拴在分枝点处,以便在吊装的过程中可以人为地控制树木的方向,避免树冠损伤,便于装车。吊装形式见图 8-31。

图 8-30　树干保护

图 8-31　吊装

树木装进汽车时,使树冠向着汽车尾部,木箱靠近司机室。木箱上口与运输车辆后轴相齐,木箱下部用方木垫稳。为避免树冠拖地损伤,在车尾部用木棍绑成支架将大树支起,并在树干和支架间垫上麻袋片或蒲包等柔软的材料,用绳扎牢。然后将木箱缚紧于车厢上,捆木箱的钢丝绳应用紧线器绞紧。

在运输时,采用汽车运输,每车装一棵,设置专人跟车押运。开车前,押运人员须仔细地检查装车情况,重点检查捆木箱的绳索是否绞紧、树冠是否扫地、支架与树干接触部位是否垫软物扎牢、树冠是否超宽等。检查完毕后按照既定方案进行运输。在运输途中,汽车司机应注意观察道路情况、横架空线、桥梁、高速公路收费站、建筑物、行人车辆等,押运人员随时检查木箱是否松动、树干是否滑动摩擦、高空架线等,如发现问题,应马上靠边停车进行处理,以保证大树运输的质量。

## 六、卸车定植

(1)在大树挖掘的同时或者之前,即在大树定植前,应完成种植穴的挖掘等工作。

按照施工图纸的要求进行定点放线,并做好树木栽植中心标记。根据土球的规格确定挖掘种植穴的要求,由于为木箱包装移植,所以种植穴的形状与木箱一致,确定种植穴的规格为:2.5 m×2.5 m×1.0 m(长×宽×高)。挖掘时种植穴的位置要求非常准确,要严格按照定点放线的标记进行。以标记为中心,以 2.5 m 为边长画一正方形,在线的内侧向下挖掘,按照深度 1.0 m 垂直刨挖到底,不能挖成上大下小的锅底坑。由于现场的土壤质地良好,因此在挖掘种植穴时,应将上部的表层土壤和下部的底层土壤分开堆放,表层土壤在栽植时填在树的根部,底层土壤回填上部。若土壤为不均匀的混合土,则应该将好土和杂物分开堆放。好土应堆放在靠近施工场地内一侧,以便于换土及树木栽植操作。

种植穴挖好后,要在穴底堆一个长×宽×高为 0.5 m×0.8 m×0.2 m 的长方形土台。如果种植穴土壤中混有大量的灰渣、石砾、大块砖石等,则应配置营养土,将腐熟过筛的堆肥和部分土壤搅拌均匀,施入穴底铺平,并在其上覆盖 6 ~ 10 cm 种植土,以免“烧根”,其余营养土置于种植穴附近待用,如图 8-32 所示。

图 8-32　穴内堆置土台

(2)大树运至施工现场后,立即进行吊卸栽植。按照选树的编号,对号栽植。

将车辆开至指定位置停稳,解开捆绑大树的绳索。用两根长钢丝绳将树木兜底,每根绳索的两端分别扣在吊车吊钩上,将树木直立且不伤干枝。检查大树土台完好后,先行拆下木箱(土台已松散,可不拆除)中间三块底板。起吊入坑,树木就位前,按原南向标记对好方向,使其满足树木的生长需求;操作人员应站在种植穴外进行控制,不得在穴内操作,以免发生挤伤、碰撞危险。大树落稳后,用木杆将树木支稳,撤出钢丝绳,拆除底板及上板,回填土至坑深 1/3 时,拆除四周箱板。之后分层回填夯实至平地,每层回填土厚0.3 m。在树干周围的地面上做出拦水围堰,进行浇水,如图 8-33 所示。

图 8-33　樟子松定植

## 七、植后养护

### (一)设立支撑

定植时用木杆做的支撑,是大树栽植操作时的保障措施,在定植完毕后必须及时对树体支撑进行重新固定,以防地面土层湿软、大树遭风袭而导致歪斜、倾倒,同时保证其不漏风,以利于根系生长。一般采用三支式进行大树的稳固。支架与树皮之间的树干可用草绳、麻袋、蒲包等透气软质材料进行包裹,以免磨伤树皮。

### (二)浇水及控水

大树移植后应立即浇一次透水,以保证树根与土壤密接,促进根系发育。一般春季栽植后,应视土壤墒情每隔 5 ~7 d 浇一次水,连续浇 3 ~5 次水;生长季节移植的大树则应缩短间隔时间、增加浇水次数;如遇特别干旱天气,进一步增加浇水频次。浇水要掌握"不干不浇,浇则浇透"的原则,不能一味地追求浇多,如浇水量过大,会导致土壤的透气性差、土温低和有碍根系呼吸等,影响生根,严重时还会出现沤根、烂根现象。

### （三）地面覆盖

地面覆盖主要是减缓地表蒸发，防止土壤板结，以利于通风透气。通常采用麦秸、稻草、锯末等覆盖树盘，最好的办法是采用“生草覆盖”，亦即在移植地种植豆科牧草类植物，在覆盖地面的同时，既改良了土壤，也可抑制杂草，一举多得。

### （四）树体保湿

1. 包裹树干

为了保持树干湿度，减少树皮水分蒸发，可用浸湿的草绳从树干基部缠绕至顶部，再用调制好的泥浆涂糊草绳，以后时常向树干喷水，使草绳始终处于湿润状态。

2. 架设荫棚

随着炎热季节的到来，气温不断回升，树体的蒸发量逐渐增加，此时，对树木进行架设荫棚，既避免了阳光直射和树皮灼伤，又保持了棚内的空气流动以及水分、养分的供需平衡。为不影响树木的光合作用，荫棚可采用70%的遮阴网。天气逐渐转凉后，可适时拆除荫棚。实践证明，在条件允许的情况下，搭荫棚是生长季节移植大树最有效的树体保湿和保活措施。

3. 树冠喷水

移植后如遇晴天，可用高压喷雾器对树体实施喷水，每天喷水2～3次，1周后，每天喷水1次，连喷15 d即可。为防止树体喷水时造成移植穴土壤含水量过高，应在围堰上覆盖塑料薄膜。

4. 喷抑制剂

喷抑制剂具有抑制植物蒸腾的功用。

### （五）输液促活

对栽后的大树采用树体内部给水的输液方法，可解决移植大树的水分供需矛盾，促其成活。具体方法为：在植株基部用木工钻由上向下成45°角钻输液孔3～5个，深至髓心。输液孔的数量多寡和孔径大小应与树干粗细及输液器插头相匹配，输液孔水平分布均匀，垂直分布交错。输用液体配制应以水为主，同时加入微量植物激素和矿质元素，每升水溶入ABT6号生根粉0.1 g和磷酸二氢钾0.5 g。另外，树干注入型活力素也可用作输液剂。输入的液体既可使植株恢复活力，又可激发树体内原生质的活力，从而促进生根萌芽，提高移植成活率。将装有液体的瓶子悬挂在高处，并将树干注射器针头插入输液孔，拉直输液管，打开输液开关，液体即可输入树体。待液体输完后，拔出针头，用棉花团塞住输液孔（再次输液时夹出棉塞即可）。输液次数及间隔时间视天气情况（干旱程度、气温高低）和植株需水情况确定，一般地，4月移植后开始输液，9月植株完全脱离危险后结束输液，并用波尔多液涂封孔口。注意：有冰冻的天气不宜输液，以免冻坏植株。

### （六）施肥打药

移植后的大树萌发新叶后，可结合浇水进行施肥，也可根据需要喷施叶面肥等。叶面肥喷施时间要选择在晴天或阴天的7～9时和17～19时进行，此时段的树叶活力强，吸收能力好。

植后的大树因起苗、修剪造成各种伤口，加之新萌的树叶幼嫩，树体抵抗力弱，故较易感染病虫害，若不注意防范，很可能置树木于死地。可用多菌灵或托布津、敌杀死等农药根据需要混合喷施，以达到防治目的。

（七）防寒抗冻

(1)北方的林木特别是带冻土移植的树木，必须注意根系保护，移植后要用泥炭土、腐殖土或树叶、秸秆、地膜等对定植穴树盘进行土面保温。早春土壤解冻时，再及时把保温材料撤除，以利于土壤解冻、提高地温，促进根系生长。

(2)正常季节移植的树木，要在封冻前浇足浇透封冻水，并及时进行干基培土(培土高度 30 ~ 50 cm)。

(3)9 ~ 10 月进行干基涂白，涂白高度 1.0 ~ 1.2 m。涂白剂配方为：新鲜生石灰 5 kg + 盐 2.5 kg + 硫黄粉 0.75 kg + 油 100 mg + 水 20 kg。

(4)立冬前用草绳将树干及大枝缠绕包裹保暖，既保湿又保温。

(5)对新植的抗寒性较差的大树，移植当年冬季必须搭防风障进行防寒保护。新植大树的防寒抗冻措施不容忽视，尤其是南树北移的树种，更应格外注意，以防前功尽弃。

(6)遇有冰雪天气，要及时扫除穴内积雪，特别寒冷时，还可采用覆盖草木灰等办法避寒。

## 任务考核标准

| 序号 | 考核项目 | 考核内容 | 评价标准 | 得分 |
|---|---|---|---|---|
| 1 | 木箱包装移植大树的施工工艺 | 掌握正确的施工程序 | 30 | |
| 2 | 大树移植的要求 | 是否满足大树移栽的要求 | 40 | |
| 3 | 大树移植后的养护管理 | 按管护标准执行 | 30 | |

## 拓展提高

### 一、移植后导致死树原因分析

大树移植是一项专业工程，大树移植后成活率的高低，与工程中的每一个环节都紧密相关，造成大树移植后死亡的主要原因包括如下内容。

(1)树种、树木选择不适宜。

①树种原栽植地和移植地纬度跨度过大，树种生态适应幅度窄，树木难以适应新栽植环境的温、湿度条件。

②长期生活在山坡背阴面的树木移植到阳光明亮的地区，因光照条件不适应逐渐死亡。

③再生能力较低的古树，没有经过复壮和宿根培养而进行移植。

(2)土壤条件不适宜。

土壤过于黏重，后期浇水不能浇透，或土壤积水导致根系严重缺氧而活力低下甚至根系腐烂。喜酸树木栽植在碱性土壤中及与之相反情况。

(3)修剪时期不合时宜或修剪过轻、过重。

(4)栽植技术不合理。

栽植过浅或过深，栽植前放置时间过长，高岗、山坡或缺水的地方移植后浇水不透，树坑上大下小使栽植树木出现悬根现象,反季节栽树时疏枝、遮阴等保活措施不力,都可能导致移植树木死亡。

## 二、促进移植树木成活的先进技术介绍

### (一)几种移植技术

1. 浅栽高培土法

树木适当深栽(以原先栽植深度为参照),有利于保活,但成活后因根系呼吸受抑而活力不强,不利于生长;树木适当浅栽,不利于保活,但成活后因根系呼吸通畅而生长速度较快。浅栽高培土法弥补了以上栽植方法的缺陷。具体方法为:浅栽后实行高培土,树木成活后将高培的土除去。

2. 改进浇水方法

传统的浇水方法是从上往下浇,从外往里浇。第一次容易浇透,若土壤过黏形成板结,第二次浇水就很难浇透,致使树木死亡。改进的浇水方法为从下往上浇,从里往外浇。具体做法为:在塑料水管头部接上长约1 m的水管喷枪,向下插入土层深处浇水,在浇水时间并没有延长的情况下能彻底浇透。

3. 树干保湿法

树干保湿法主要有裹薄膜和缠草绳两种方法,浇水结合喷干均可有效保护树干失水,维持树体水分平衡。

### (二)伤口涂抹剂的使用

伤口涂抹剂——愈伤膏,主要用于大树主干、主枝被截除后伤口过大。使用该剂既可有效防止伤口感染,又能有效防止水分过量蒸发并促进伤口愈合。

### (三)树体吊针液的使用

为树木输液对于古树复壮意义重大,对于普通的大树移植保活也有其特有作用。在树干上打孔后,吊针袋所输向树体的液体包含了树木必需的多种微量元素、维生素和调节剂,特别是其所含的调节剂对于增强树体的抗逆性有较好的作用。

### (四)保水剂的使用

保水剂多是树脂类物质,自身不能产生水分,但吸水强度极为惊人。该类产品吸收水分后急剧膨胀,所含水分很难蒸发,但却能够被植物的根毛有效吸收,水分释放期一般在40~60 d。该物质在土壤中的降解期一般为1~2年,此期间可以反复利用。一般情况下,使用保水剂一次就能基本解决保水问题。在大树移植方面,保水剂多用于干旱严重或浇水较为困难的区域(如高速公路、荒山绿化等),在种植前拌种或大树移植时和回填土掺匀填入树坑,以抗干旱。

### (五)基因激活剂的使用

基因激活剂的主要成分为脱落酸类物质,在一定浓度下可促进植物酶的活性,增强植物抗逆性如抗旱、抗寒、抗病能力,加快植物的生长速度。配合其他措施使用时有明显增强效果和“提速”的作用,单用时效果不明显。

### (六)生根液的使用

使用生根液可让移植受损的树木根系迅速恢复生长,这是保证树木成活的关键。当

前常见的生根剂类型有浓缩型，直接用原药制成，体积小，携带方便，随用随稀释，也因包装成本低而售价较低；稀释型，缺点是稀释比例小、携带不很便利，优点是在用户看来很实惠。在大树移植时的使用方法一般有两种：喷施和浇灌。

## 复习提高

参观学校或校企合作单位的大树移植工程施工项目，并参与大树移植的全过程及移植后的养护管理工作。

# 任务三　屋顶花园种植工程施工

**能力目标**

能够熟读屋顶花园种植工程施工图纸，掌握屋顶花园种植工程的施工方法，能够指导工人进行屋顶花园种植工程施工。

**知识目标**

掌握屋顶花园工程的概念、分类、作用，掌握屋顶花园工程的施工工艺及操作步骤，了解屋顶花园工程施工的验收标准。

## 任务描述

屋顶花园，就是在各类建筑物、构筑物、桥梁（立交桥）等的屋顶、露台、天台、阳台上进行造园，种植树木花卉的统称。它与露地造园和植物种植的最大区别在于把植物种植于人工的建筑物或者构筑物之上，种植土壤不与大地土壤垂直相连。所以，如何搞好屋顶花园工程施工尤为重要。图8-34～图8-36是某屋顶花园种植工程相关施工图。该工程项目包含种植、园路等内容，本任务主要介绍种植工程的施工。

## 任务分析

该工程施工图纸是属于休闲屋面的工程项目，所以在工程施工准备及施工过程中，除涉及种植屋顶的施工知识外，还要考虑屋顶铺装、屋顶建筑的施工知识。要具备屋顶景观多方面的施工能力才能很好地完成该项目的实施。通过图纸分析，我们可以看出，完成该项目的实施建议按照以下思路进行：明确屋顶花园各部分的结构设计，掌握各部分的施工技术要求，尤其各节点的施工技术要求。

## 任务咨询

### 一、屋顶花园的意义和作用

屋顶绿化对增加城市绿地面积，改善日趋恶化的人类生存环境空间；改善城市高楼大厦林立,众多道路的硬质铺装取代自然土地和植物的现状;减少过度砍伐自然森林、各种废气污染而形成的城市热岛效应及沙尘暴等对人类的危害;开拓人类绿化空间,建造田园城市,改善人们的居住条件,提高生活质量,以及对美化城市环境,改善生态效应等有着极其重要的意义。

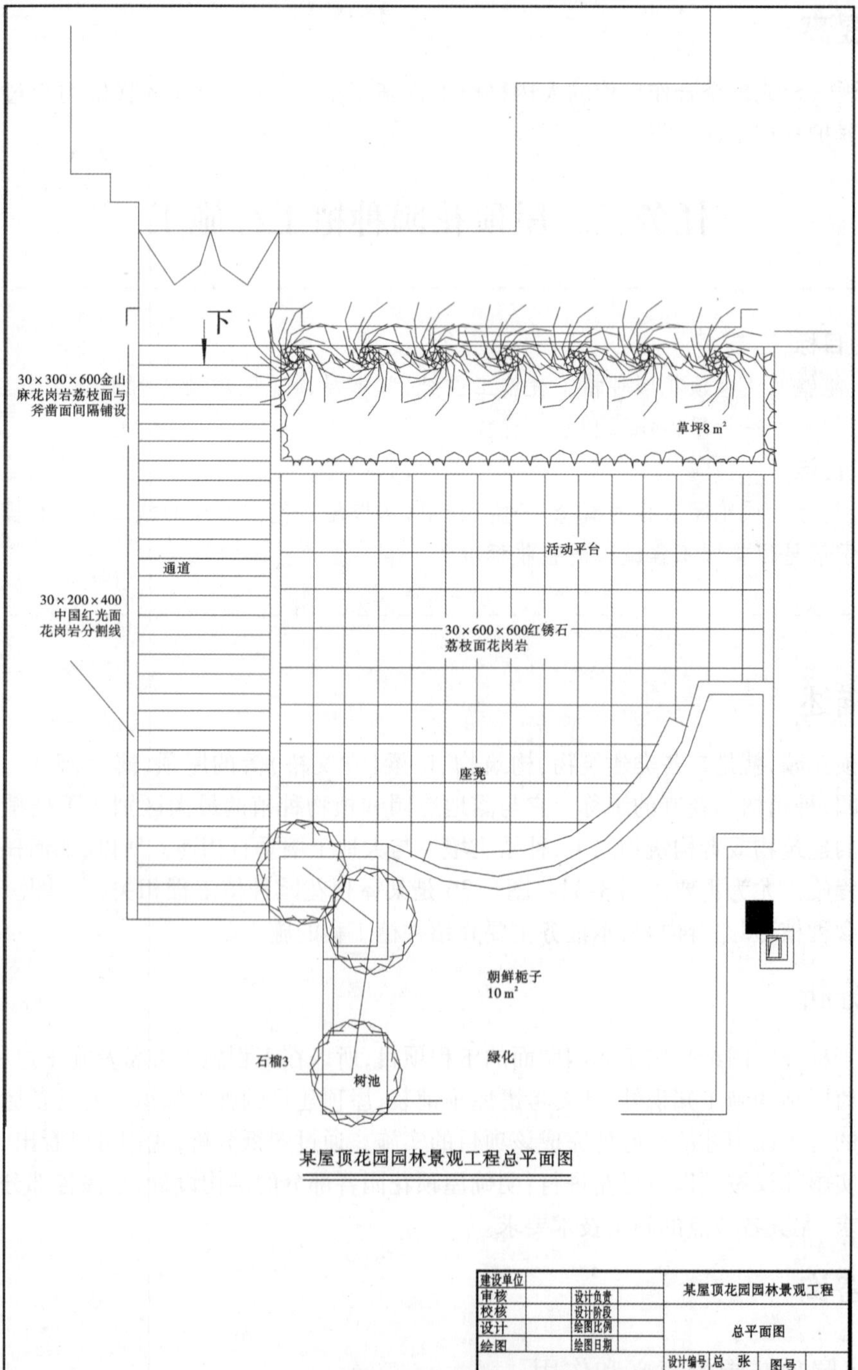


图 8-34　某屋顶花园园林景观工程总平面图

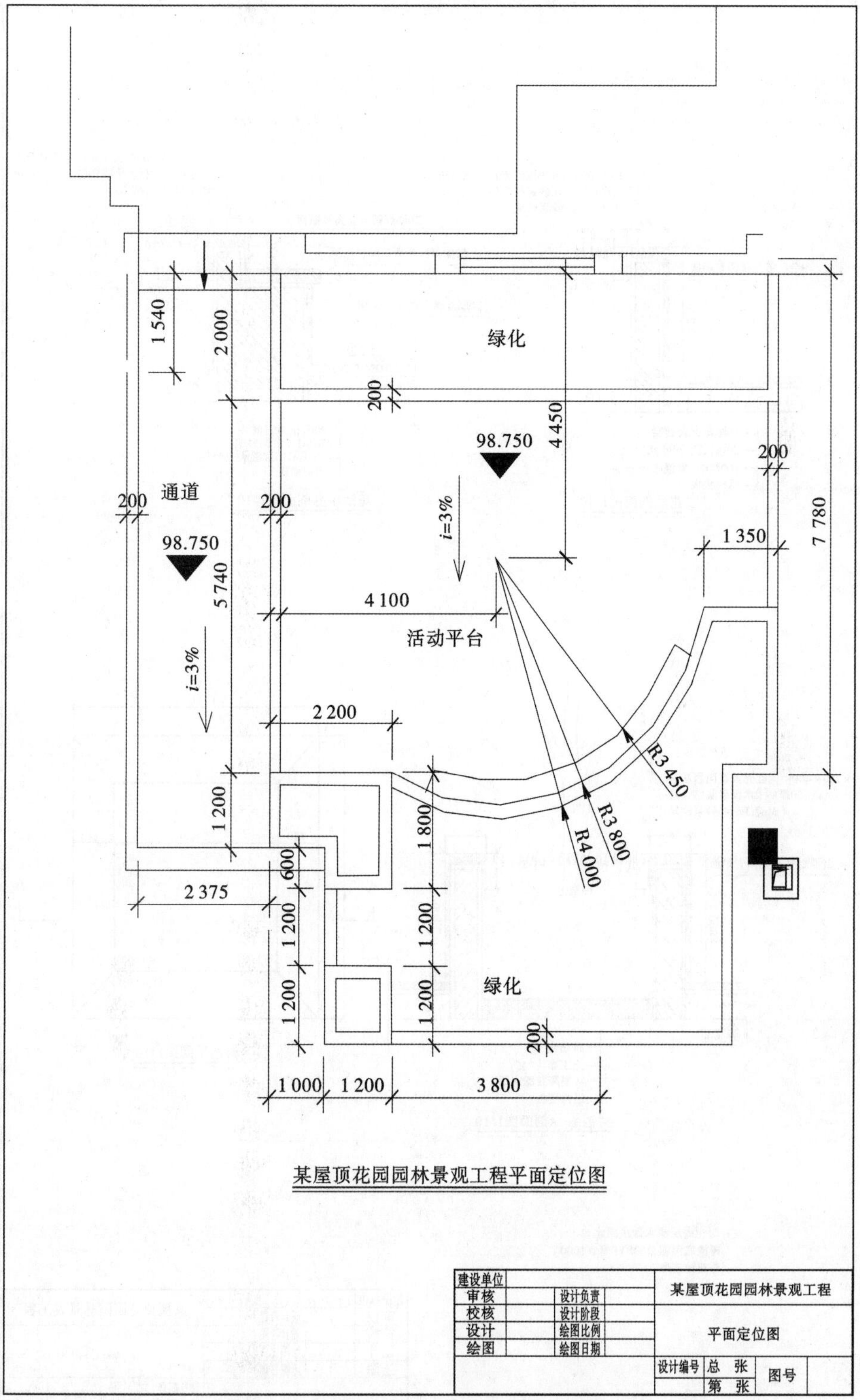


图 8-35　某屋顶花园园林景观工程平面定位图

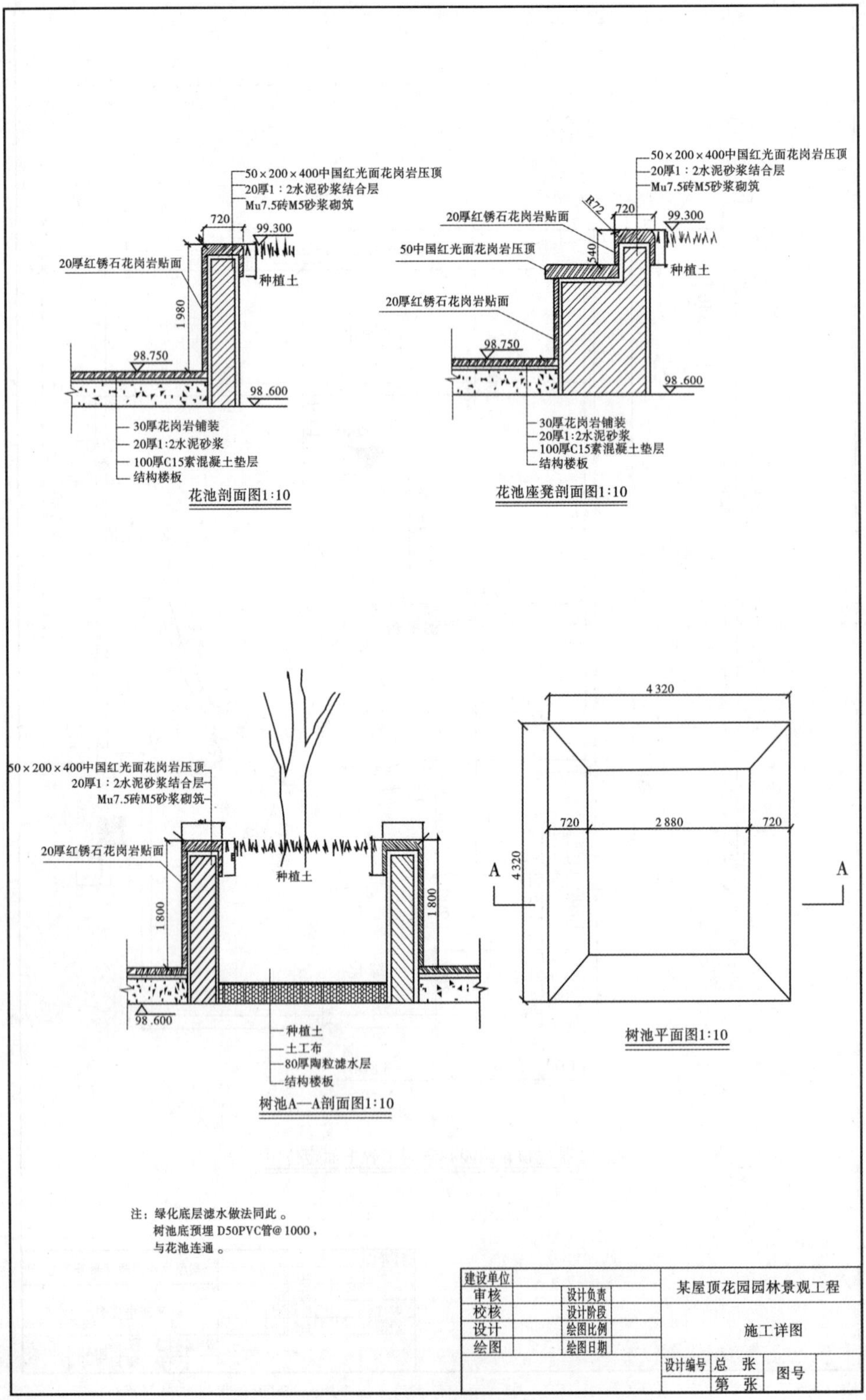


图 8-36　某屋顶花园施工详图

(1)保证特定范围内居住环境的生态平衡和良好生活环境。

(2)对建筑构造层进行保护。

(3)屋顶绿化可以通过储水,减少屋面泄水,减轻城市排水系统的压力。

(4)绿化屋顶具有储水功能。

(5)屋顶绿化可以使自然降水渗入地下。

但是,多年来屋顶花园的建设一直没有一个标准模式和规范,暴露出了很多缺陷和不足。比如,不能长时间防渗抗漏,水土流失,污染严重,植物配置不合理,荷载超标,建造成本过高等。

## 二、屋顶花园的类型

### (一)休闲屋面

在屋顶进行绿色覆盖的同时,建造园林小品、花架、廊、亭,营造出休闲娱乐、高雅舒适的空间,给人们提供一个释放工作压力、排解生活烦恼、休身养性、畅想未来的优美场所。

### (二)生态屋面

生态屋面就是在屋面上覆盖绿色植被,并配有给排水设施,使屋面具备隔热保温、净化空气、阻噪吸尘、增加氧气的功能,从而提高人居生活品质。生态屋面不但能有效增加绿地面积,而且能有效维持自然生态平衡,减轻城市热岛效应。

### (三)种植屋面

种植屋面是以种植瓜果蔬菜为主要目的的屋顶。屋顶光照时间长,昼夜温差大,远离污染源,所种的瓜果蔬菜含糖量比地面提高5%以上。

### (四)复合屋面

复合屋面是集休闲屋面、生态屋面、种植屋面于一身的屋面处理方式。它是一个建筑物上既有休闲娱乐的场所又有生态种植的形式。这是针对不同样式的建筑所采用的综合性屋面处理模式。

## 三、屋顶花园的设计原则

(1)以植物造景为主,把生态功能放在首位。

(2)确保营建屋顶花园所增加的荷重不超过建筑结构的承重能力,屋面防水构造能安全使用。

(3)因为屋顶花园相对于地面的公园、游园等绿地来讲面积较小,必须精心设计,才能取得较为理想的艺术效果。

(4)尽量降低造价,从现有条件来看,只有较为合理的造价,才可能使屋顶花园得到普及。

## 四、影响屋顶花园设计施工的因素

### (一)建筑空间

#### 1.空间分布

建筑的空间分布直接影响了屋顶的温度、采光、通风等,也影响了屋顶花园的景观构成要素,需要根据建筑的空间分布对屋顶花园进行良好的空间设计。屋顶花园的空间设计还应当考虑有关空间功能、交通组织、防灾等方面的要求。

2. 场地条件

在地面造园可以利用自然地形进行总体布局,场地高程亦可按总体要求进行挖池堆山,模拟自然山水。屋顶和室内空间的造园所处场地环境受建筑物平面、立面和层高等条件限制很大,所占面积一般均较小,形状多为工整的几何形,很少出现不规则平面。竖向地形上变化更小,几乎均为等高平面。地形改造只能在屋顶结构楼板上堆砌微小地形,而且水池不能下挖,只能高出楼面,局限性很大。

**(二)建筑结构**

1. 建筑承重

屋顶花园的荷载由活荷载和静荷载两部分组成。根据屋顶花园的使用功能不同,活荷载的大小也有很大区别。例如,观赏型屋顶花园往往设在不上人的屋顶,活荷载很小,只考虑可能有的雨雪荷载及植物生长和楼面维护检修时所增加的荷载,约50 kg/m²;而公共性的楼面花园,人流量较大,活荷载也较大,约为350 kg/m²。上人的屋面,当兼作其他用途时,应按相应楼面活荷载采用。屋顶花园活荷载不包括花圃土石等材料自重。

静荷载包括楼面结构层的重量、找平层、防水层、排水层的荷载以及花园铺装、土壤、植物、园林小品及水体等的荷载,通常取其较大的平均值作为静荷载值。应当结合建筑结构布置,合理安排花园的荷载分布,比如栽有乔木等的地方最好设计安排在承载柱子上。对于常见植物屋顶所承受的荷载可参照表8-3。种植区土层厚度的荷载可参照表8-4。

**表8-3 常见植物屋顶所承受的荷载**

| 种植种类 | 荷载(kN/m²) |
|---|---|
| 地被草坪 | 0.05 |
| 低矮灌木和小丛木本植物 | 0.10 |
| 长成灌木和1.5 m高的灌木 | 0.20 |
| 3 m高的灌木 | 0.30 |

**表8-4 种植区土层厚度的荷载**

| 类别 | 地被 | 花卉及小灌木 | 大灌木 |
|---|---|---|---|
| 植物生存种植土最小厚度(cm) | 15 | 30 | 45 |
| 植物生育种植土最小厚度(cm) | 30 | 45 | 60 |
| 排水层厚度(cm) | — | 10 | 15 |
| 平均荷载(生存)(kN/m²) | 1.50 | 3.00 | 4.50 |
| 平均荷载(生育)(kN/m²) | 3.00 | 4.50 | 6.00 |

2. 屋面防渗

由于植被下面长期保持湿润,并且有酸、碱、盐的腐蚀作用,会对防水层造成长期破坏,同时屋顶植物的根系会侵入防水层,破坏房屋屋面、楼面的结构,造成渗漏,因此屋顶花园防漏是一个难点。

### （三）植物的种植

1. 栽培基质

传统的壤土不仅重量大，而且容易流失，如果土层太薄，极易迅速干燥，对植物的生长发育不利。如果土层厚一些，虽满足了植物生长，但屋顶承受不住。因此，宜选用重量小的人工基质来代替壤土。

2. 植物搭配

屋顶花园面积一般都不大，绿化花木的生长又受屋顶特定的环境所限制，可供选择的品种有限。一般宜以草坪为主，适当搭配灌木、盆景，避免使用高大乔木，还要重视芳香和彩色植物的应用，做到高矮疏密、错落有致、色彩搭配和谐合理。

3. 养护管理

屋顶花园建成后的养护，主要是指花园主体景物的各种草坪、地被、花木的养护管理，以及屋顶上的水电设施和屋顶防水、排水等工作。由于高层住宅房顶一般没有楼梯，只有小出入口，很难上去操作，因此公共屋顶花园一般应由有园林绿化种植管理经验的专职人员来承担。

## 任务实施

### 一、施工准备

#### （一）现场准备

在进场施工前派有关人员进驻施工现场，进行现场的准备，查看原排水系统，重点是各排水管、排水口的具体位置、高程，并与屋顶花园设计排水系统的各控制点、控制线、标高进行比较、复核。一般适合做屋顶花园的屋顶会有给水系统，可以作为施工过程中的用水水源。如果没有，要从现有供水管网接入，采用$\phi$ 48 mm 钢管接至现场。场区内用水采用 DN25 水管，局部地方采用软管，确保施工便捷，达到工程施工的要求。

#### （二）技术准备

组织全体技术人员认真阅读屋顶花园施工图纸等有关文件和技术资料，并会同设计、监理人员进行技术交底，了解设计意图和设计要求，明确施工任务，编制详细的施工组织设计，学习有关标准及施工验收规范。

#### （三）材料准备

屋顶花园的施工材料应按需要量准备好，按工程的进度先后次序依次进场，施工完一层，需要进行下一层施工时，施工材料再进场。如果同时施工，至少要在防护层做好之后剩余材料才能进场。

#### （四）人员准备

根据屋顶花园施工特点，对屋顶花园施工人员进行安全施工、文明施工教育等。

### 二、施工工艺

该屋顶花园的施工工艺流程如下：施工准备—施工放样—闭水测试—防水层施工—绝缘层施工—防护层施工排—水层施工—过滤层施工—种植层施工—种植植物。

## 三、种植区构造与施工

屋顶花园种植工程施工不同于其他地面种植工程施工,在施工过程中除应考虑正常陆地施工技术外,还应该考虑屋顶花园的特殊性,注意选择适宜的材料和相应的施工工艺。

### (一)结构层

保证屋顶荷载值在安全范围内,有两种情况,一是建筑处于设计阶段,先确定花园的重量,根据花园的重量加强屋顶的结构系统,或是增加支柱以承担荷载,这种情况所需的额外费用少。二是已经建成的建筑,屋顶的负载能力已经确定,可以从相关人员那里获得原始结构计算和图纸的副本,了解屋顶的结构和荷载范围,再进行屋顶花园的设计。两种情况都是要保证在允许的荷载范围内选择材料和做法。本任务为已经竣工的楼顶,设计者是在了解建筑结构和荷载范围的基础上设计的。

### (二)防水层

1. 做防水试验和保证良好的排水系统

本任务施工的第一步是做防水处理,即在真正开工建造屋顶花园景观之前,必须进行两次防水处理。首先,要检查原有的防水性能:封闭出水口,再灌水,进行 96 h(4 d)的严格闭水试验。闭水试验中,要仔细观察房间的渗漏情况,保证 96 h 不漏。防水层是保证屋顶不漏的关键层。屋顶防漏还要结合排水,处理好屋顶的排水系统。在屋顶花园工程中,种植池、水池和道路场地施工时,应遵照原屋顶排水系统,进行规划设计,不应封堵、隔绝或改变原排水口和坡度。特别是大型种植池排水层下的排水管道,要与屋顶排水口配合,注意相关的标准差,使种植池内的多余水能顺畅排出。

2. 不损伤原防水层

实施二次防水处理,先取掉屋顶的架空隔热层,取隔热层时,不得撬伤原防水层。取后要清扫、冲洗干净,以增强附着力。一般情况下,不允许在已建成的屋顶防水层上再穿孔洞与管线、预埋铁件与埋设支柱。因此,在新建房屋的屋顶上建屋顶花园时,应由园林设计部门提供屋顶花园的有关技术资料。将欲留孔洞和预埋件等资料提供给结构设计单位,并由他们将有关要求反映到建筑结构的施工图中,以便建筑施工中实现屋顶花园的各项技术要求。如果在旧建筑物上增建屋顶花园,无论是哪种做法的屋面防水层,均不得在屋顶上穿洞打孔、埋设铁件和支柱。即使一般设备装置,也不能在屋顶上“生根”,只能采取其他措施使它们“浮摆”在屋面上。

3. 重视防水层的施工质量

按照《屋面工程技术规范》,屋面的防水等级分为Ⅰ、Ⅱ、Ⅲ、Ⅳ级,防水合理使用年限分别规定为 25 年、15 年、10 年、5 年。一般建筑防水等级为Ⅱ级,屋顶花园要求达到Ⅱ级,特殊地方应该达到Ⅰ级。

当前国内主要采用的防水材料有三种:防水卷材(柔性防水)、防水混凝土(刚性防水)、防水涂膜(柔性防水)。

1)防水卷材

沥青类防水卷材分为地沥青(天然沥青)卷材和焦油沥青卷材两大类。过去较多采用焦油沥青卷材作为防水材料,但由于其污染环境、对人体有害,在许多地区已被作为落后技术加以限制。后来用得较多的是地沥青卷材。由于地沥青是一种有机物质,一些植物的根茎可能将其作为养料,从而穿透这种材料,导致防水层的破损渗漏,见图 8-37。和天然沥青相比,地沥青具备更好的抵抗潮湿引起的降解和防腐的能力。但是随着材料科技的不断革新,人们发现了许多具有更强耐腐蚀和耐潮湿性的防水材料,例如高聚物改性沥青防水材料、合成高分子防水材料等。这些材料大多是人工合成的无机材料,特别是合成高分子防水材料(聚氯乙烯、合成橡胶等),具有较高的抗根性。另外,还有专门针对屋顶花园开发的防水材料,在材料中加入具有显著抗根性的成分做表面涂层,以及可改进卷材的胎体材料,例如带铜胎基(实际是经铜蒸气处理)防水卷材具有显著的抗根效果。在本任务里采用防水卷材。

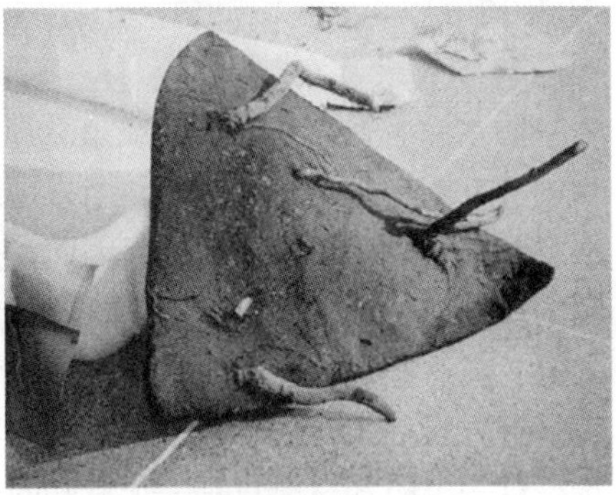

图 8-37　植物根系穿透防水层

将改性沥青卷材按技术规范要求铺设完毕后,要采取一定防护措施对屋顶防水层进行保护,以防止植物根茎的穿透。在上方浇筑一层混凝土保护层,能够使这类屋顶花园的使用寿命延长许多年。上面的混凝土层不但可以保护防水层免受施工工具造成的损伤,防止根茎的入侵,而且能够在排水层下面形成一个平整光滑的有效排水面,这样水就不会淤积,也就不会吸引根部生长。屋顶花园至少应该做双层防水,通常做法是一柔(下为防水卷材或涂膜)一刚(上为防水细石混凝土)。本任务采取两层防水,一层改性沥青卷材,一层防水混凝土。

2)防水混凝土

防水混凝土主要是在屋面板上铺 50 mm 厚细石混凝土,内放Φ 4@200 双向钢筋网片一层,所用混凝土中可加入适量微膨胀剂、减水剂、防水剂等,以提高其抗裂、抗渗性能。这种防水层比较坚硬,能防止根系发达的乔灌木穿透,起到保护屋顶的作用,而且使整个屋顶有较好的整体性,不易产生裂缝,使用寿命也较长,比柔性卷材防水层更适合建造屋顶花园。屋面四周应设置砖砌挡墙,挡墙下部设泄水孔和排水沟。屋面可以采用一道或多道(复合)防水设防,但最上面一道应为刚性防水层,屋面泛水的防水层高度应高出溢水口 100 mm。

防水混凝土因受屋顶热胀冷缩和结构楼板受力变形等影响,易出现不规则的裂缝,而造成刚性屋顶防水的失效。为解决这个问题,除在 30 ~ 50 mm 厚的细石混凝土中配置钢丝或钢筋网外,一般还可用设置浮筑层和分格缝等方法解决。所谓浮筑层即隔离层,是将刚性防水层和结构防水层分开以适应变形的结构层。构造做法是:在楼板找平层上,铺一层干毡或废纸等以形成隔离层,然后再做刚性防水层。也可利用楼板上的保温隔热层或沙子、灰等松散材料形成隔离层,然后再做刚性防水层。刚性防水层的分格缝是根据温度伸缩和结构梁板变形等因素确定的,按一定分格预留 20 mm 宽的伸缩缝,在缝内填充油膏胶泥。需要注意的是,由于刚性防水层的分格缝施工质量往往不易保证,因此除女儿墙泛水处应严格要求做好分格缝外,屋面其余部分可不设分格缝。屋面刚性防水层最好一次完成,以免渗漏。防水层表面必须光洁平整,待施工完毕,刷两道防水涂料,以保证防水层的保护作用与施工质量。

要特别注意防水层的防腐蚀处理,防水层上的分格缝可用“一布四涂”盖缝,并选用耐腐蚀性能好的嵌缝油膏。屋顶花园不宜种植根系发达、对防水层有较强侵蚀作用的植物,如松、柏、榕树等。

3)防水涂膜

防水涂膜往往是以灼热或是冷却的液体形式存在,可以通过喷洒、涂抹或是用橡胶滚轴涂刷等方式将其置于屋顶上。当采用防水卷材时,最有可能出现问题的位置是交接处,而防水涂料则很少出现这种情况。因而,它特别适用于垂直与水平结构的交接处和角落。带花园的屋顶造型相对比较复杂,这样的造型转折处较多,比如抬高的种植池、水池、台阶、穿管处等。在这些地方涂刷防水涂料方便快捷,而且也不容易出现问题。合成高分子防水涂料(丙烯酸、聚氨酯等)具有高弹性、高强度、高耐候性、在立面和斜面施工不流淌等优良品质。选择这一类防水材料只是一个良好的开始,施工工艺的精湛和对防水层的保护是必不可少的,不然再好的材料也会失去其优势。

国外还有尝试用中空类的泡沫塑料制品作为种植土层与屋顶之间的排水层和填充物,以减轻自重;有的用再生橡胶打底,加上沥青防水涂料,粘贴 3 mm 厚玻璃纤维布作为防水层,这样更有利于快速施工;也有的在防水层与石板之间设置绝缘体层(缓冲带),可防止向上传播的振动,并能防水、隔热,还可在绿化位置的屋顶楼板上做 PUK 聚氨酯涂膜防水层,预防漏水。

4. 注意材料质量和节点构造

防水卷材应选择高温不流淌、低温不碎裂、不易老化、防水效果好的防水材料。防水层混凝土宜用强度等级不低于 32.5 号的普通硅酸盐水泥或膨胀水泥(亦可采用矿渣硅酸盐水泥)、粒径 1 ~ 3 mm 粗砂搅拌而成,且砂料坚硬、粗糙、洁净。

屋顶防水层无论采用哪种形式和材料,均构成整个屋顶的防水排水系统,一切所需要的管道、烟道、排水孔、预埋铁件及支柱等屋顶的设施,均应在做屋顶防水层时妥善处理好其节点构造,特别要注意与土壤的连接部分和排水沟水流终止的部分。混凝土防水层往往因这些细小的构造节点处理不当,而造成整个屋顶防水的失效。另外,按常规设置纵横分格缝,构造复杂,容易渗漏。安装防水板时,当一块防水板宽度不够,需几块并排安放时,应注意板与板之间的空隙也会为根生长提供潜在的空间。

屋面的薄弱部分,如出气孔道周围、女儿墙周边,应加强处理。尤其是女儿墙周边,防水层应延伸上翻至墙上几十厘米,超过将来花坛上层的位置;否则,极易发生渗漏。防水层的厚度、层数都应严格按照国家有关规定、规范施工,至少应是“一布两油”,即两层热涂油质材料,中间一层作“筋”的防水布料。防水处理竣工后应以高标号水泥砂浆抹面,保护防水层。应避免在潮湿条件下施工,屋面未干透也不宜施工。防水层做好后应及时养护,蓄水后不得断水。屋顶花园的各项园林工程和建筑小品只有在确认屋顶防水工程完整无损的条件下才能实施。

## (三)绝缘层

绝缘层(保温、隔热)在这里未作基本要求,主要是考虑到某些建筑本身使用功能上不需要,如车库、仓库、高架桥等。而且,屋顶花园由于本身的水分蒸发、较大比热、植物遮阳及光合作用等,具有一定的隔热、散热效果,在部分只考虑隔热的南方地区,也可不采用绝缘层。但近年来,公众意识到需要大力节约能源,因此许多国家和地区都采取法律措施,要求新建的建筑都必须安装绝热材料。而屋顶是热传导的主要发生地,所以屋顶花园的基层构造中应该增加绝缘层,特别对于一些寒冷地区这是必不可少的。本任务按要求做绝缘层,采用倒置式屋面保温层做法。

虽然屋顶花园具有一定的厚度,但屋顶花园的土壤及其他材料几乎没有稳定的隔热效果。在寒冷地区如果屋顶花园中缺少绝缘层,采暖房间的热量会流失、传递给种植层,给植物带来季节上的错觉,造成植物死亡。绝缘层的做法和材料根据具体情况的不同会有一定差异,它可以是一个单独的构造层,也可以和其他的构造层合用,例如兼作找坡层或防水层,甚至是排水层。这里只简单介绍三种比较常见的绝缘层构造做法。

1. 内保温

绝缘层位于屋顶结构板的下方(室内),被称为内保温。但由于其很难避免冷桥和热桥,保温效果不好,所以较少采用。

2. 外保温

外保温的绝缘层位于屋顶结构板之上,防水层之下。这是一种比较传统的做法,通常可供选择的材料有水泥膨胀蛭石或珍珠岩板、加气混凝土块、水泥焦渣等(现浇可兼作找坡层)。但这些材料普遍抗湿性能差,一旦浸水,保温性能将大打折扣,同时厚度和重量都较大,不太适合运用于屋顶花园的基层保温构造。

3. 倒置式屋面保温

倒置式屋面保温,即绝缘层位于防水层上方,通常采用的保温材料是挤塑聚苯乙烯板(XPS)。此材料保温效果好、质轻、抗压、防腐,使防水层受到保护,避免热应力、紫外线以及其他因素对防水层的破坏,是很好的种植屋面保温材料,同时也可用作种植层的垫层。

**(四)防护层**

防护层是为了防止防水层(主要针对柔性防水层)在施工期间受到损害,以及园林工具、维修设备等可能对其造成破坏,在防水层的上方安装的一层保护材料。

防护材料必须是坚韧、结实而且耐用的,同时防护材料必须松散地铺设(而非紧密附着)在防水层的上方。

(1)国内通常采用柔软的灰砂、纸筋灰和油毡等做临时保护(其主要功能是做隔离层),因为在进行上部施工中,下方的柔性防水层还是较容易遭受尖利物品的损伤。

(2)国外一般采用质地较硬的防护板,过去常用6 mm厚的石棉薄片做防护板,出于健康方面的考虑现在很少使用。

(3)采用8 mm厚的聚氨酯薄片,它们被证实是一种有效的防护材料,而且质量很轻,有利于减轻屋顶荷载,本任务就采用这种材料。

防护板被及时安装到位以后,不管上面是否建有屋顶花园,上方通常会浇筑一层坚固的混凝土保护层,以保护整个屋顶,提供一个光滑的排水面。但是在气候寒冷的地区,由于冬季周而复始的冻结和融化过程容易导致混凝土的剥落和破裂,因此混凝土保护层还可以用混凝土防水层代替,以简化构造层次。同时屋顶花园下方的混凝土板也提供了一处理想的构造层,它可以接受上方种植层和排水材料渗漏下来的水分,并进行排水或蓄水处理等。

（五）排水层

排水层将来自排水层之上无用的水（降雨、浇洒植物的多余水）疏导到排水沟、排水管道，引至建筑排水系统，以防止造成淤积。排水层材料要具有抗腐蚀性和通畅的排水空隙。

（1）传统做法通常用卵石和碎渣，不做过滤层。

应保证排水层总厚度为 50 ~ 80 mm，排水层必须保持一定的厚度，才不会因为少量泥沙的沉积就出现淤积。同时考虑到材料本身较重和屋顶有限的荷载，所以排水层又不宜过厚。

其做法是：在下部铺 20 ~ 40 mm 厚的粗卵石，有利于顺畅地排水。在上部铺粒径为 5 ~ 10 mm的小卵石或碎渣，厚度为 20 ~ 40 mm，较小的空隙有利于挡泥沙，同时还能产生毛细现象，为种植层补充一定的水分。

简而言之，传统排水层的做法原则是保证一定的排水层厚度，材料上细下粗。这种做法的缺点是种植土易流失，一段时间后空隙被泥沙堵塞出现排水不畅，而且材料自重过大等，给建筑承载造成一定压力。

（2）现在常用的是草坪格、植草板和排（蓄）水板。

草坪格和植草板最先是为在有车通行的地方铺设草皮而设计的，它将植草区域变为可承重表面（如停车场、消防通道、人行道等），后来才被引入屋顶花园的排水层设计中。它由耐压的塑料制成，呈蜂巢状，由许多六角形的空槽组成，厚约 5 cm，可以相互拼接成方块，如图 8-38 所示。如果将方块倒置，它就成为适用于屋顶花园和所有种植池的近乎完美的排水层。只要再在塑料板的上方覆盖一层塑料滤布，就能在防护板和种植层之间形成一层坚固、易于施工而又非常轻的排水层，这是一种持久耐用而又高效的排水材料。还有一种常用的排（蓄）水板，是专门针对屋顶花园开发的，如图 8-39 所示，它不但可以排水，还能蓄积一定水量，在土壤干旱时，可通过毛细作用补充一定水分。本任务里采用排（蓄）水板。

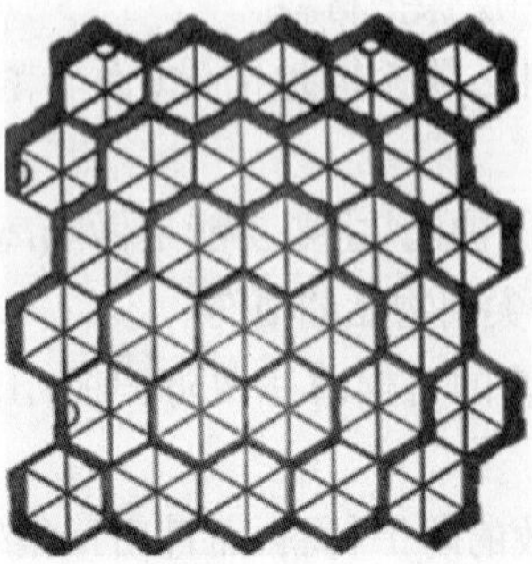

图 8-38　草坪格

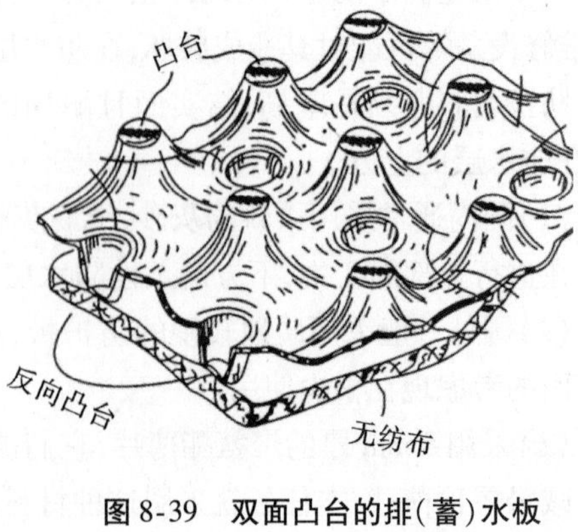


图 8-39　双面凸台的排（蓄）水板

（3）现行的种植屋面国家标准图集中采用的是陶粒、蛭石等。

陶粒、蛭石等为轻型材料，相对而言，这些材料的价格相对较低（部分地区仍在采用非常低廉的卵石），是比较经济可行的。

排水层中的水可以通过有坡度的表面径流汇向集中落水口，适用于种植区；也可以通过铺设在排水层中带孔的排水管(表面必须包裹滤布)集中排向落水管,适用于铺地、通道等多种情况。

### (六)过滤层

过滤层对从种植层流出的夹杂少许土壤、护根物、植物残体的多余水分进行过滤,以免进入排水管道。一是防止堵塞管道,二是防止种植层中土壤的养分流失。

过滤层材料要求轻质、防腐、便宜、易于安装且耐用。

常用材料由聚丙烯纤维或聚酯纤维制成,国内一般采用聚酯无纺布,统称为土工布。其具有不同的厚度,能满足屋顶花园的不同需求。土工布铺设方法与防水卷材有相似之处,顺水流方向重叠至少 20 cm,与垂直面交接处应该向上翻起高出土壤表面或用板条等压紧边缘。

### (七)种植层

由于屋顶花园所处位置的特殊性,土壤必须肥沃、轻质、排水好、湿润、耐久、稳固而且廉价。

理论上最佳的种植层成分组成是:40% 的分级挑选过的不含任何杂质的粗砂;40% 的多孔材料(直径为 3 ~ 15 mm 的多孔页岩、蛭石、珍珠岩等);10% 的腐殖泥或泥炭(后者更佳);8% 的经硝化处理的植物残体;2% 的过磷酸钙。这样的配方具有重量较轻、保水能力强、固定性好、体积稳定、透气性好、无病虫害、养料丰富而长效等优点。此外,种植层表面还应该覆盖一层有机护根物,厚度为 2 ~ 3 cm,它可以起到绝缘的作用,减少土壤受外界温度的影响;此外,它还有助于抑制杂草的生长和减缓土壤中水分的蒸发。更为关键的是,它的缓慢腐烂还可以逐渐补充有机物,从而使种植层更为疏松,同时也增强了土壤的保水能力。

### (八)植物种植与养护

#### 1. 屋顶绿化种植

按照设计图纸,选择适应性强、耐旱、耐贫瘠、抗风、喜光、不易倒伏的姿态优美、矮小、浅根性花灌木与球根花卉材料。为了防止种植的乔灌木被风吹倒,可以在树木根部土层增设塑料网,以扩大根系的固土作用;或结合自然地形置石,在树木根部,堆置一定数量的石体,以压固根系;或将树木主干绑扎支撑。植物的防风固定方法主要包括地上支撑法和地下固定法两种,如图 8-40 ~ 图 8-43 所示。

#### 2. 屋顶绿化养护管理

屋顶绿化建成后的日常养护管理关系到其能否正常生存。屋顶绿化由于更新和换栽比地面上要困难得多,植物的立地条件比其原生长之处也要恶劣许多,所以要求管理上更加精心、更加细致。

1)勤浇水、勤除草

屋顶因干燥、高温、风大、光照强及植物的蒸腾量大、失水多,尤其在夏季植物易发生日灼、枝叶焦边或干枯,必须经常浇水,保持较高的空气湿度。一般应在上午 9 时以前浇一次水,下午 4 时以后再喷一次水,有条件的应安装喷灌设施。发现杂草,应及时拔除,以免杂草与植物争夺营养和空间,影响屋顶绿化和美观。

1—带有土球的木本植物;2—圆木直径为 60 ~ 80 mm,呈三角形支撑架;3—将圆木与三角形钢板(5 mm × 25 mm × 120 mm)用螺栓拧紧固定;4—基质层;5—隔离过滤层;6—排(蓄)水层;7—隔根层;8—屋面顶板

**图 8-40　植物地上支撑示意图(1)**

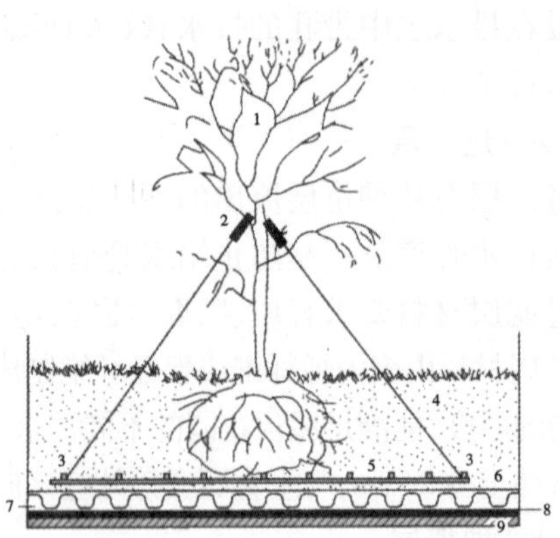

1—带有土球的木本植物;2—三角支撑与主分支点用橡胶缓冲垫固定;3—将三角支撑架与钢板用螺栓拧紧固定;4—基质层;5—底层固定钢板;6—隔离过滤层;7—排(蓄)水层;8—隔根层;9—屋面顶板

**图 8-41　植物地上支撑示意图(2)**

1—带有土球的树木;2—钢板、M3 螺栓固定;3—扁钢丝网固定土球;4—固定弹簧绳;5—固定钢架(依土球大小而定)

**图 8-42　植物地下固定法示意图(1)**

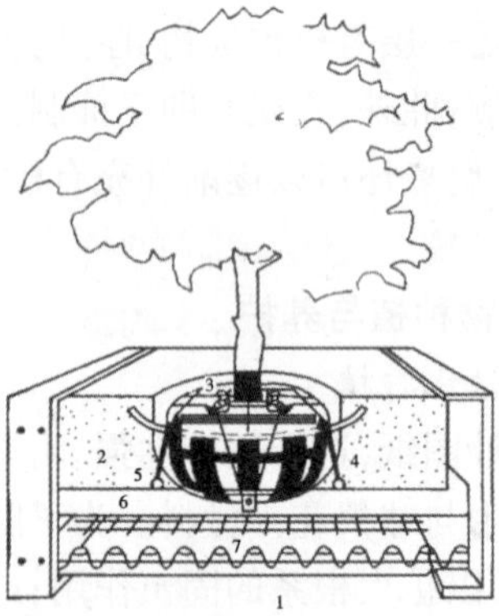

1—隔根层;2—基质层;3—钢丝牵索,用螺栓拧紧固定;4—弹性绳索;5—螺栓与底层钢丝网固定;6—隔离过滤层;7—排(蓄)水层

**图 8-43　植物地下固定法示意图(2)**

2)勤施肥、勤修剪

多年生的植物,在较浅的土层中生长,施肥是保证植物生长的必要手段。目前,多采用腐熟人粪尿或饼肥作追肥,但要注意周围的环境卫生,最好用开沟埋施法进行。发现枯枝、徒长枝,要及时修剪,以保持植物的优美外形,减少养分的消耗,且有利于根系的生长。

3)补充人造种植土

由于经常不断的浇水及雨水的冲淋,人造种植土流失,体积日渐减小,导致种植土厚度不足,因此一段时期后应添加种植土。另外,要注意定期测定种植土的 pH 值,不使其超过种植物所能适应的范围，超出范围时要施加相应的化学物质予以调节。

4）防寒、防风

冬季屋顶风大、气温低，加上栽植层浅，有些在地面能安全越冬的植物，在屋顶可能受冻害。对易受冻害的植物种类，可用稻草进行包干防寒，盆栽可搬入温室越冬。为了防止栽种的乔灌木被风吹倒，要检查和加固上述的增强根系固土措施。

## 任务考核标准

| 序号 | 考核项目 | 考核内容 | 评价标准 | 得分 |
| --- | --- | --- | --- | --- |
| 1 | 屋顶花园施工图识读 | 熟读表达内容 | 30 | |
| 2 | 屋顶花园构造 | 掌握各层结构和具体施工要求 | 30 | |
| 3 | 屋顶花园施工 | 掌握屋顶花园种植层施工的工艺流程 | 30 | |
| 4 | 工程验收 | 屋顶无渗漏，排（蓄）水状态良好，植物生长良好 | 10 | |

## 拓展提高

### 一、屋顶绿化的特殊性

屋顶绿化不同于地面上的一般绿化，其特殊性可以归结为以下 5 点。

**（一）屋顶绿化需要考虑建筑物的承重能力**

在建筑物上种植植物，种植层的重量必须在建筑物的可容许荷载以内；否则，建筑物可能出现裂纹并引起屋顶漏水，严重的还可能造成坍塌事故。

**（二）屋顶绿化需要考虑快速排水**

建筑结构层为非渗透层，雨水和绿化洒水必须尽快排出。如果屋面长期积水，轻则会造成植物烂根枯萎，重则可能会导致屋顶漏水。

**（三）屋顶绿化需要保护建筑屋面和防水层**

植物根系具有很强的穿透能力，如果不设法阻止植物根系破坏建筑屋面和防水层，就可能造成防水层受损而影响其使用寿命，还可能造成屋顶漏水。

**（四）屋顶绿化需要考虑项目完成后的日常维护保养**

屋顶绿化不同于地面绿化，可能建在数层高楼房的屋顶，所以必须考虑后期的维护保养的问题，如定期浇水、修剪、除虫和施肥等。建议较高楼层的屋顶绿化面积较大时，采用自动喷洒装置或自动滴灌装置；考虑到城市缺水的问题，还可以将屋顶绿化浇水系统与建筑物的中水系统或者雨水收集处理系统相连，用中水或者收集的雨水作为绿化浇灌用水，可以起到节约优质饮用水的作用。

**（五）屋顶的种植环境比较恶劣**

由于屋顶上日晒、风吹、水分过快蒸发、干旱等，其种植环境不同于地面，所以选择植物品种时需要选择喜日照、抗风性强、耐旱等耐性强的植物品种。

## 二、屋顶花园植物的选择原则

植物要美观并具有抵抗极端气候的能力；根系浅，适应种植于土层浅、少肥的环境；耐干燥、潮湿积水；耐夏季高温热风、冬季低温霜冻；抗屋顶大风；抗空气污染并能吸收污染物质；移栽易成活、耐修剪、生长缓慢；易养护。表8-5为北京地区屋顶绿化部分推荐植物种类。

(1)抗旱、耐贫瘠的植物。适合的植物中草本植物占的比重较大。常用的有景天科、菊科、禾本科、唇形科(根据气候区的不同有一定变化)。

(2)喜光的植物。屋顶花园的阳光充足，不适合阴性植物的生长。

(3)浅根系的植物。若覆土厚100 cm，可植小乔木；若覆土厚70 cm，可植灌木；若覆土厚50 cm，可以栽种低矮的小灌木，如蔷薇科、牡丹、金银藤、夹竹桃、小石榴树等；若覆土厚30 cm，宜选择一年生草本植物，如草花、药材、蔬菜。

(4)避免侵略性的植物。

(5)多应用乡土树种。

**表8-5 北京地区屋顶绿化部分推荐植物种类**

| | | | |
|---|---|---|---|
| 乔木 | | | |
| 油松 | 阳性，耐旱、耐寒；观树形 | 玉兰* | 阳性，稍耐阴；观花、叶 |
| 华山松* | 耐阴；观树形 | 垂枝榆 | 阳性，极耐旱；观树形 |
| 白皮松 | 阳性，稍耐阴；观树形 | 紫叶李 | 阳性，稍耐阴；观花、叶 |
| 西安桧 | 阳性，稍耐阴；观树形 | 柿树 | 阳性，耐旱；观果、叶 |
| 龙柏 | 阳性，不耐盐碱；观树形 | 七叶树* | 阳性，耐半阴；观树形、叶 |
| 桧柏 | 偏阴性；观树形 | 鸡爪槭* | 阳性，喜湿润；观叶 |
| 龙爪槐 | 阳性，稍耐阴；观树形 | 樱花* | 喜阳；观花 |
| 银杏 | 阳性，耐旱；观树形、叶 | 海棠类 | 阳性，稍耐阴；观花、果 |
| 栾树 | 阳性，稍耐阴；观枝、叶、果 | 山楂 | 阳性，稍耐阴；观花 |
| 灌木 | | | |
| 珍珠梅 | 喜阴；观花 | 碧桃类 | 阳性；观花 |
| 大叶黄杨* | 阳性，耐阴，较耐旱；观叶 | 迎春 | 阳性，稍耐阴；观花、叶、枝 |
| 小叶黄杨 | 阳性，稍耐阴；观叶 | 紫薇* | 阳性；观花、叶 |
| 凤尾丝兰 | 阳性；观花、叶 | 金银木 | 耐阴；观花、果 |
| 金叶女贞 | 阳性，稍耐阴；观叶、果 | 石榴 | 阳性，耐半阴；观花、果、枝 |
| 红叶小檗 | 阳性，稍耐阴；观叶 | 紫荆* | 阳性，耐阴；观花、枝 |
| 矮紫杉* | 阳性；观树形 | 平枝栒子 | 阳性，耐半阴；观果、叶、枝 |

续表 8-5

| | | | |
|---|---|---|---|
| 灌木 | | | |
| 连翘 | 阳性，耐半阴；观花、叶 | 海仙花 | 阳性，耐半阴；观花 |
| 榆叶梅 | 阳性，耐寒、耐旱；观花 | 黄栌 | 阳性，耐半阴，耐旱；观花、叶 |
| 紫叶矮樱 | 阳性；观花、叶 | 锦带花类 | 阳性；观花 |
| 郁李* | 阳性，稍耐阴；观花、果 | 天目琼花 | 喜阴；观果 |
| 寿星桃 | 阳性，稍耐阴；观花、叶 | 流苏 | 阳性，耐半阴；观花、枝 |
| 丁香类 | 稍耐阴；观花、叶 | 海州常山 | 阳性，耐半阴；观花、果 |
| 棣棠* | 喜半阴；观花、叶、枝 | 木槿 | 阳性，耐半阴；观花 |
| 红瑞木 | 阳性；观花、果、枝 | 蜡梅* | 阳性，耐半阴；观花 |
| 月季类 | 阳性；观花 | 黄刺玫 | 阳性，耐寒，耐旱；观花 |
| 大花绣球* | 阳性，耐半阴；观花 | 猬实 | 阳性；观花 |
| 地被 | | | |
| 玉簪类 | 喜阴，耐寒、耐热；观花、叶 | 大花秋葵 | 阳性；观花 |
| 马蔺 | 阳性；观花、叶 | 小菊类 | 阳性；观花 |
| 石竹类 | 阳性，耐寒；观花、叶 | 芍药* | 阳性，耐半阴；观花、叶 |
| 随意草 | 阳性；观花 | 鸢尾类 | 阳性，耐半阴；观花、叶 |
| 铃兰 | 阳性，耐半阴；观花、叶 | 萱草类 | 阳性，耐半阴；观花、叶 |
| 荚果蕨* | 耐半阴；观叶 | 五叶地锦 | 喜阴湿；观叶；可匍匐栽植 |
| 白三叶 | 阳性，耐半阴；观叶 | 景天类 | 阳性，耐半阴，耐旱；观花、叶 |
| 小叶常春藤 | 阳性，耐半阴；观叶；可匍匐栽植 | 京八号常春藤* | 阳性，耐半阴；可匍匐栽植 |
| 砂地柏 | 阳性，耐半阴；观叶 | 台尔曼忍冬* | 阳性，耐半阴；观花、叶；可匍匐栽植 |

注：加“*”为在屋顶绿化中，需在一定小气候条件下栽植的植物。

## 三、铺装

屋顶花园的铺装层位于排水层之上。在绝大多数情况下，排水口并不是随处可见且有可能不足以排掉每个分区的水分，对于这些分隔的区域必须与排（蓄）水系统连成一体。铺装可以留下缝隙顺自然坡度在排水板层汇集到排水口，也可以沿路面坡度将水引至排水沟汇集到排水口。为了确保水流的通畅，各个独立的绿化区域必须与屋顶绿化系统相连接。铺装材料的选择要注意以下三方面。

### （一）重量轻

对承重足够的屋顶，所有地面上使用的铺装材料都可在屋顶花园中使用，但通常会受承载的限制，应尽可能选择重量轻的材料。一些轻质的地砖和防腐木甲板选用得很多。

### （二）对防水层起保护作用，不破坏

很多铺装材料的下部存在坚硬突出物，以及由于受力不均、热胀冷缩等原因，很容易

导致防水层损伤,所以不能将铺装材料直接与防水层牢固黏结。正确的做法是在它们之间至少设一道隔离层或防护板。

**(三)利于排水**

屋顶花园铺装结构应利于排水,可以参照图 8-44。

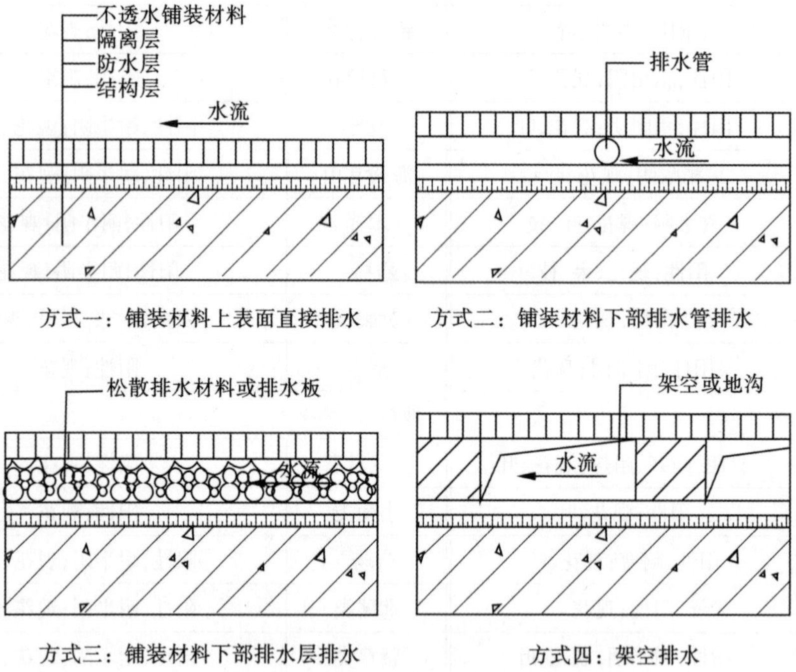


**图 8-44　屋顶花园常见铺装结构**

四、水景

水景的施工要在做好防水层、铺好防护板之后进行。另外,应注意承重、抗风和防水。

(1)屋顶要有足够的力量支撑这些水的重量,同时要便于安装供水设备。为减轻屋顶承受的重量,应少用厚重的混凝土和砖石,可以选用一些轻质的玻璃纤维槽等做水池。水中的一些常用的造景元素如岩石、假山、雕塑等,用轻质混凝土和玻璃纤维等材料来仿制。

(2)屋顶的喷泉、瀑布等水景经常会受到风力的干扰,可装一个风力感应器,在风速达到特定值时将喷泉关闭。

(3)为减轻荷载和防止漏水的危险,通常会采用玻璃纤维或者坚韧的丁基合成橡胶等材料制成成品水池,作为一个坚固、整体、防水的容器内衬,四周用传统材料装饰或是用土壤覆盖。

## 复习提高

由专业课程教师提供相关屋顶花园园林景观工程施工图纸,由学生完成屋顶花园景观模型的制作。

# 项目九　园林工程施工组织与管理

## 教学目标

掌握园林工程施工组织与管理的基本理论和专业知识,能编制园林工程施工组织设计,进行园林工程项目管理和已竣工的园林工程的预验收。

## 任务一　编制园林工程施工组织设计

**能力目标**

能够编制园林工程施工组织设计,进行施工平面布置图的绘制,掌握园林工程施工组织设计的内容。

**知识目标**

掌握园林工程施工组织设计的含义、作用、内容、类型及编制程序,园林工程的施工程序和施工方法,绘制施工平面布置图等的基本知识。

### 任务描述

园林工程施工组织设计是一项重要的园林工程内容,它的内容无外乎叙述本项园林工程基本情况,设计的要求和特点;结合施工现场的条件,拟订合理的施工方案,如施工顺序、施工进度、施工方法、技术措施等;材料、机械、工具及人员的调配;临时设施、材料堆放及进场实施方法和路线;统筹安排各个施工环节。

图 9-1 是某园林工程施工图。本工程位于某乡镇东部,主体园区占地约 10 $hm^2$,本工程范围内园林绿化及景观工程约 4.63 $hm^2$。工程主要包含土方工程、铺装工程、种植工程、照明工程、上下水工程、园林小品工程、构筑物土建工程、水景工程及其他工程等内容。

### 任务分析

通过对施工图纸的分析我们知道,要做好该项园林工程的施工组织设计工作,现场施工员在具有较强的管理能力、协调能力和责任心的基础上,还必须掌握丰富的园林工程施工的专业知识、园林工程施工组织与管理和园林工程竣工验收的相关知识。具体应解决好以下几个问题:

(1)正确识图,认真分析设计图纸,准确把握设计人员的设计意图。

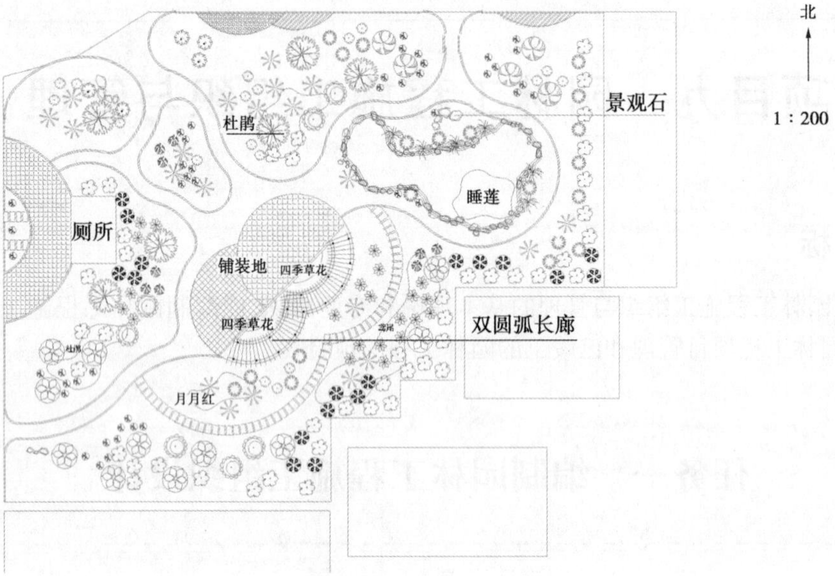


图 9-1　某园林工程施工图

(2)详细踏勘现场,编制切实可行的施工组织设计。

(3)进行有效的施工现场管理、指导和协调工作。

(4)做好成品修整和保护工作。

(5)做好竣工验收的准备工作。

## 任务咨询

### 一、园林工程施工组织设计的含义

园林工程施工组织设计是以园林工程为对象编写的,用来指导工程施工全过程各项施工活动(见图 9-2)的技术、经济、组织、协调和控制的综合性文件。根据园林工程的特点和要求,以先进的、科学的施工方法与组织手段使人力和物力、时间和空间、技术和经济、计划和组织等诸多因素合理优化配置,从而保证工程开工后施工活动有序、高效、科学合理地进行,施工任务能依质量要求按时完成。

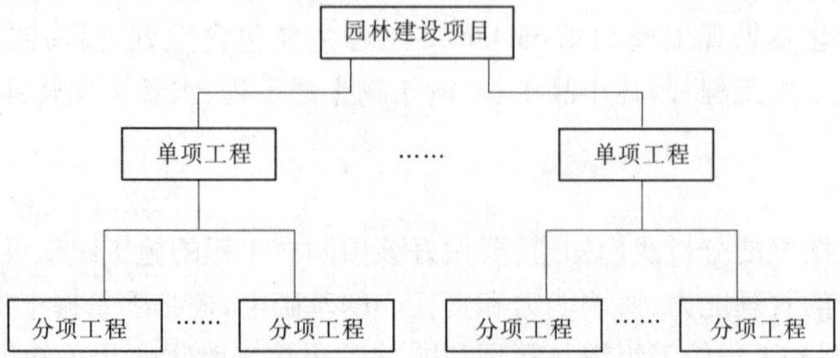


图 9-2　园林建设项目结构图

园林工程施工组织设计狭义上是指用来指导施工准备和施工全过程的全面的技术经济文件，广义上是指用来指导施工项目全过程中各项活动的技术、经济和组织的综合性文件。

园林工程施工全过程中施工组织设计的基本任务：为编制投标书进行筹划；为合同的谈判和签订提供原始资料；指导工程准备和施工。投标时，必须编制施工组织总设计；中标后，施工前要编制施工组织设计。

## 二、园林工程施工组织设计的作用

园林工程施工组织设计方案，是组织现场施工的基本文件和法定性文件，是有序地进行施工管理工作的开始和基础，是建设单位施工前必须完成的一项法定的技术工作，是施工项目管理规划的重要组成部分。

**（一）施工准备工作的核心**

园林工程施工组织设计可以对项目的全过程实行科学管理，可以预计施工过程中可能发生的各种情况，以便对工程项目的施工准备和施工工作的计划提供依据。

**（二）施工的关键和依据**

园林工程施工组织设计体现园林工程建设计划和设计的要求，也是企业统筹安排企业生产的投入与产出工程的关键和依据。

**（三）验证设计方案的合理性和可行性**

园林工程施工组织设计综合安排了劳动力、材料、设备、资金和施工方法等要素，做到资源的优化配置，以保证工期和质量，并产生较好的经济效益。

**（四）为实现项目目标提供了技术保证**

指导现场施工、确保科学的切合实际的可操作的园林工程施工组织设计，对指导现场施工、确保施工进度和工程质量、降低成本都具有重要意义。

## 三、园林工程施工组织设计的主要内容

园林工程施工组织设计的内容，应根据工程的性质、规模、结构特点、技术复杂程度、施工现场的自然条件、工期要求、采用先进技术的程度、施工单位的技术力量及对采用的新技术的熟悉程度来确定。园林工程施工组织设计一般是从工程项目的范围、性质、特点、施工条件、景观艺术及建筑艺术的需要入手来确定的。

**（一）园林工程总体概况**

园林工程总体概况叙述本项园林工程设计的要求和特点，使其成为指导施工组织设计的指导思想，贯穿于全部施工组织设计之中。主要有以下内容：建设项目的主要情况；建设地区的自然条件和技术经济条件；建设单位和承包单位合同对施工单位的要求；施工单位对施工项目经理部的要求。

**（二）园林工程施工部署方案**

园林工程施工部署方案是对整个建设项目全局作出的统筹规划和全面安排，其主要解决影响建设项目全局的重大战略问题。施工部署由于建设项目的性质、规模和客观条件不同，其内容和侧重点会有所不同。一般应包括以下内容：确定工程开展程序、流程及

顺序,拟订主要工程项目的施工方案,选择施工方法和措施,制定技术组织措施,进行技术经济分析,明确施工任务划分与组织安排,编制施工准备工作计划等。

**(三)园林工程施工进度总计划**

园林工程施工进度总计划是施工现场各项控制性活动在时间上的体现。施工进度总计划是以建设项目为对象,根据规定的工期和施工条件,在施工部署中的施工方案和施工流程的基础上,对全工地的所有施工活动在时间进度上的安排。主要内容如下:确定工程项目,划分施工工程,确定技术工程量、劳动和机械台班量,确定各施工项目的工期及开竣工时间,编制总进度计划,组织各施工项目的搭接关系并绘制进度计划图、表等。

**(四)施工准备工作和各项资源需要量计划**

包括技术准备、现场准备、物资准备,劳动力、材料、构件、半成品、施工机具需要量、运输量计划等。

**(五)施工平面图**

施工平面图是按照施工部署、施工方案和施工计划(施工控制网络计划),将各项生产、生活设施在现场平面上进行规划和布置的平面图。例如,起重运输机械的位置的确定,搅拌站、加工棚、仓库及材料堆放场地的合理布置,运输道路、临时设施及供水供电管线的布置等。

**(六)主要技术组织措施**

包括施工质量、施工安全、文明施工和施工进度等方面的措施。

**(七)主要技术经济指标**

为了评价建设项目施工组织设计的优劣,从中确定最优方案,通常采用一系列技术经济指标进行方案评价。例如,工期指标、劳动生产率指标、质量和安全指标、降低成本指标、三大材料节约指标、主要工种机械化程度指标等。

编制施工组织设计的三个重点:①施工部署和施工方案;②施工进度计划;③施工平面布置。三个重点突出了施工组织设计中的技术、时间和空间三个要素,三者密切相关,设计的顺序也不能颠倒。编制施工组织设计的核心内容是科学合理地安排好劳动力、材料、设备、资金和施工方法。

## 四、园林工程施工组织设计的分类

从不同角度看,园林工程施工组织设计存在着不同的分类方法,编写园林工程施工组织设计应根据园林工程项目规模的大小、施工总期限的长短、分段工程情况、技术繁简程度及施工条件,编制不同范围和深度的施工组织设计。

**(一)按编制单位和编制阶段分**

按编制单位和编制阶段可以分为以下几类(见表9-1)。

1. 业主或建设单位

业主或建设单位按编制的不同阶段可以分为预可行性施工组织设计和可行性施工组织设计。

**表 9-1　园林工程按编制单位和编制阶段分的分类图**

| 编制单位 | 编制阶段 | | 分类名称 |
|---|---|---|---|
| 业主或建设单位 | 预可行性阶段 | | 概略施工组织方案意见 |
| | 可行性阶段 | | 施工组织方案意见 |
| 设计单位 | 三阶段设计 | 初步设计 | 施工组织设计大纲<br>施工组织总设计<br>单位施工组织设计 |
| | | 技术设计 | |
| | | 施工图设计 | |
| | 两阶段设计 | 初步设计 | 施工组织总设计 |
| | | 施工图设计 | 单位工程施工组织设计 |
| | 一阶段施工图设计 | | 单位工程施工组织设计 |
| 施工单位 | 投标阶段 | | 综合指导性施工组织设计（中标前施工组织设计） |
| | 中标后施工阶段 | | 实施性施工组织设计（中标后施工组织设计） |

2. 设计单位

设计单位按编制的不同阶段可以分为初步设计施工组织设计、技术设计施工组织设计和施工图施工组织设计。

3. 施工单位

施工单位按编制的不同阶段分为中标前施工组织设计和中标后施工组织设计（见图 9-3、表 9-2）。

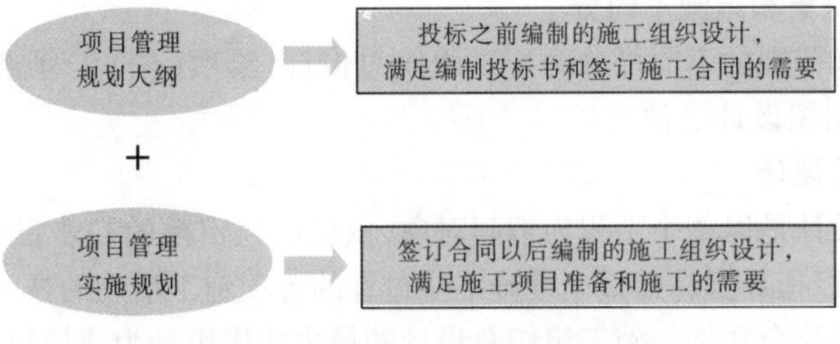


**图 9-3　中标前后园林工程施工组织设计的不同**

**表 9-2　中标前后园林工程施工组织设计的对比**

| 项目 | 编制依据和条件 | 时间要求 | 参与人员 | 编制深度 | 审核人员 | 作用 | 目的 |
|---|---|---|---|---|---|---|---|
| 中标前施工组织设计 | 招标文件 | 紧迫 | 管理和技术人员 | 规划性 | 评标小组 | 全面性、指导性、控制性 | 中标 |
| 中标后施工组织设计 | 工程合同等 | 满足施工管理工作需要 | 技术人员、一般管理人员 | 可操作性、具体明确 | 监理工程师、现场代表 | 针对性、目的性、确定性、实施性和操作性 | 最优完成，获取利润 |

1）中标前施工组织设计

中标前施工组织设计的目的是为了中标，是编制投标书的重要内容和依据。主要内容包括施工方案，施工方法，施工进度计划，资源配置计划，施工平面布置，质量、安全、技术、工期、文明施工等措施，其他有关投标和签约的措施。

2）中标后施工组织设计

中标后施工组织设计更有针对性，目的是指导施工项目实施，加强对施工项目的管理，按照所涉及的具体内容分为施工组织总设计、单项（位）工程施工组织设计。

中标前施工组织设计（投标施工组织设计）与中标后施工组织设计（施工用施工组织设计）的区别：投标施工组织设计的作用是投标，若中标，它又是施工企业进行合同谈判、提出要约和进行承诺的根据和理由，还是总承包单位进行分包招标的重要依据。施工用施工组织设计是直接指导具体施工的，是施工单位实现既定的质量目标、进度目标、效益目标的“特别规范”。投标施工组织设计在投标前短暂期限（有时只有 3 ~ 5 天）内编制，依据是建设方的招标文件，一般不具备严格、周密、确切的施工条件，甚至工程设计图纸仅有方案（初步）设计图纸。施工用施工组织设计在合同签订后、开工前编制，施工条件全部或大部分已经落实肯定。施工用施工组织设计通常把重点放在组织施工的合理性和技术的可行性上，较投标施工组织设计详细、全面，而投标施工组织设计除此之外还要涉及投标单位资质条件，协调多方经济关系，以及提供必要的技术证据和信誉、资质证书、多方案设计等内容。灵活性的区别：投标施工组织设计不能修改，其优劣直接影响中标与否，施工用施工组织设计则可根据客观条件的变化来修改、优化、补充。投标企业中标后，投标施工组织设计则可修改为施工用施工组织设计，两者的关系可描述为投标施工组织设计是施工用施工组织设计的基础和依据，而后者是前者的深化与拓展。

**（二）按编制对象和范围不同分**

按编制对象和范围的不同可分为施工组织总设计、单项（位）工程施工组织设计、分部（项）工程施工组织设计三种。

1. 施工组织总设计

施工组织总设计是以整个工程为编制对象，依据已经审批的初步设计文件拟订的总体施工计划，是用以指导园林建设工程施工全过程的各项施工活动的技术、经济、组织、协调和控制的全局性综合文件。施工组织总设计的最主要作用是为建设单位进行全场性施工准备工作和组织物资、技术供应提供依据，属于战略部署。施工组织总设计一般在初步设计或扩大初步设计被批准之后，在总承包企业的总工程师领导下进行编制。重点在于解决施工期限、施工顺序、施工方法、临时设施、材料设备以及施工现场总体布局等关键问题。

2. 单项（位）工程施工组织设计

单项（位）工程施工组织设计是根据经会审后的施工图，以单位工程（如一个建筑物或构筑物）为编制对象用以直接组织单位工程的施工，具体安排人力、物力和财力及各项工作的技术、经济、组织的综合文件，属于战术部署。单项（位）工程施工组织设计是具体指导施工的文件，是施工组织总设计的具体化，也是建筑企业编制月旬作业计划的基础。单项（位）工程施工组织设计一般在施工图设计完成后，施工项目开工之前，由项目经理组织，在技术负责人领导下进行编制。

单项(位)工程施工组织设计不得与施工组织总设计中的指导思想和具体内容相抵触;编制深度应达到工程施工阶段;应附有施工进度计划和现场施工平面图;做到简练、明确、实用,要具有可操作性。主要内容有:工程施工概况和施工条件;实际劳动力资源和组织情况;选择最有效的施工方案和方法;确定人、财、物等资源的最佳配置;制定科学可行的施工进度;设计出合理的施工现场平面图。

3. 分部(项)工程施工组织设计

分部(项)工程施工组织设计是以分部分项工程为编制对象,用以指导其具体施工全过程的各项施工活动的技术、经济和组织的综合性文件。分部(项)工程施工组织设计的编制对象是难度较大、技术复杂的分部(分工种)工程,冬季、雨季施工项目或新技术项目,用来具体指导这些工程的施工。分部(项)工程施工组织设计是施工计划的具体化,内容更具体,一般与单位工程施工组织设计的编制同时进行,并由项目主要技术人员编制。分部(项)工程施工组织设计要求具体、科学、实用,具有可操作性。

上述园林工程施工组织总设计、单项(位)工程施工组织设计和分部(项)工程施工组织设计,是同一园林工程建设项目不同广度、深度和作用的三个层次,三者关系十分密切。

## 五、园林工程施工组织设计编制的依据和程序

不同的园林工程项目,施工组织设计编制的程序和内容也有所不同。从总体上看,都是从工程特点、施工方案、施工进度及材料、机械、工具及劳动力等资源配置、施工平面布置、组织协调及工程保障措施等几个方面入手的。

### (一)园林工程施工组织设计编制的依据与原则

园林工程施工组织设计编制的依据与原则跟各类计划文件、工程设计文件、合同条件、建设地区的调查资料,各种定额,行业现行的有关技术标准、施工规程和规范以及建设政策法规,本单位施工能力,类似地区或工程的建设经验等方面息息相关。

1. 园林工程施工组织设计编制的依据

园林工程施工组织设计编制的依据主要是园林建设项目基础文件,工程建设相关政策、法规和规范性文件,建设地区原始调查资料以及类似施工项目经验资料。

园林建设项目基础文件:建设项目可行性研究报告及批准文件,上级指示;建设项目规划红线范围和用地批准文件;建设项目勘察设计任务书、设计图纸和说明书;建设项目初步设计批准文件,以及设计图纸和说明书;建设项目总概算或设计总概算;建设项目施工招标文件和工程承包合同文件等。

工程建设相关政策、法规和规范性文件:工程建设报建程序有关规定;园林工程项目实行施工监理有关规定;园林建设管理机构资质管理有关规定;工程总造价管理有关规定;工程设计、施工和验收有关规定等。

建设地区原始调查资料:地区气象资料;工程地形、工程地质和水文地质资料;土地利用情况;地区交通运输能力和价格资料;地区绿化材料、建筑材料、构配件和半成品供应情况;地区供水、供电、供热、通信能力及其价格资料;地区园林施工企业情况;施工现场地上、地下的现状等。

类似施工项目经验资料:类似施工项目成本控制资料;类似施工项目工期控制资料;类

似施工项目质量控制资料;类似施工项目技术新成果资料;类似施工项目管理经验资料等。

2. 园林工程施工组织设计编制的原则

要使园林工程施工组织设计做到科学、实用,就要求编制人员在编制思路上吸取多年来工程施工中积累的成功经验。在编制过程中应遵循相关的施工规律、理论和方法,在编制方法上应集思广益,逐步完善。因此,在编制施工组织设计时必须贯彻如下原则:

(1)严格按照国家相关政策、法规和工程承包合同进行编制,认真执行园林工程项目自身的建设程序。

(2)采用先进的施工技术和管理方法,选择合理的施工方案,实现工程进度的最优设计。搞好项目规划,关键工序统筹安排,分期分批施工。

(3)遵循施工工序、工艺及其技术规律、植物生长规律,合理安排施工工序和施工顺序。

(4)科学合理地布置施工平面图,采用流水施工方法、网络计划技术安排施工进度,组织管理要有节奏,要能够均衡、连续施工,做到不误工、不窝工。

(5)尽量采用国外先进的施工技术和科学管理方法,提高工程质量,确保施工安全,降低工程成本。

(6)符合园林工程特点,体现园林综合特性。

**(二)园林工程施工组织设计编制程序**

1. 园林工程施工组织总设计的编制程序

园林工程施工组织总设计是指导项目施工全过程的综合性指导文件。编制程序如图 9-4 所示。

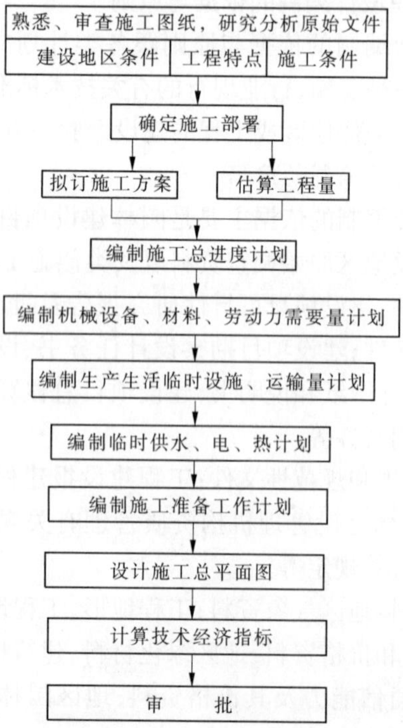


图 9-4　园林工程施工组织总设计的编制程序

2. 园林工程单项(位)施工组织设计的编制程序

园林工程单项(位)施工组织设计是施工企业控制和指导施工的文件,必须结合工程实际,内容要科学合理,编制程序如图 9-5 所示。

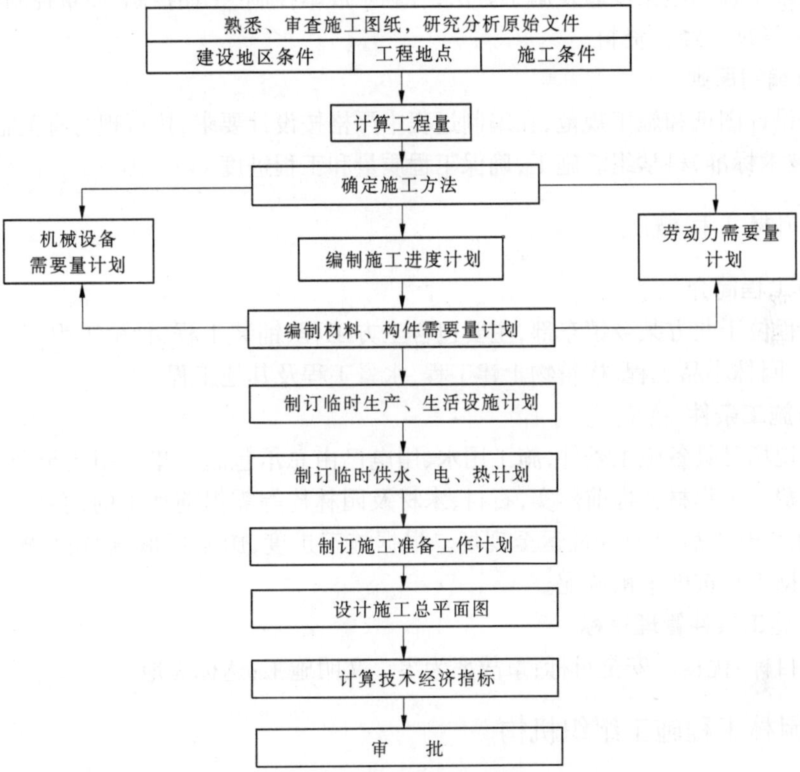


图 9-5　园林工程单项(位)施工组织总设计的编制程序

# 任务实施

## 一、编制依据与原则

### (一)编制依据

1. 计划文件

某游园景观工程施工招标文件及有关规定。

2. 设计文件

某游园景观工程施工设计图及有关文件资料。

3. 合同文件

某游园景观工程施工合同及有关文件资料。

4. 建设地区的调查资料

气象资料、地质水文资料、土地利用情况,交通运输状况,材料供应情况,地区水电等价格资料,地区施工企业情况,地上、地下设施情况。

5. 定额、规范、建设政策与法规

有关国家园林规范标准及施工图纸设计要求。

6. 类似工程项目建设的经验资料等

类似本工程的施工经验及施工方法，有利于成本控制、工期控制、质量控制的资料，技术新成果、管理新经验资料。

**（二）编制原则**

遵循设计图纸和施工规范，在编制过程中严格按设计要求，执行现行有关施工质量验收规范、技术标准，科学组织施工，确保工程质量和工程进度。

## 二、园林工程概况

**（一）工程简介**

本工程位于北方某乡镇东部，主要包含土方工程、铺装工程、种植工程、照明工程、上下水工程、园林小品工程、构筑物土建工程、水景工程及其他工程。

**（二）施工条件**

施工现场已具备施工条件，施工用水、用电已由总承包施工单位引出至施工地点，挂表计量缴费。工程材料提前落实，石材、木材及园林椅等需提前加工的，委托专业厂家加工制作，工程开工后分期分批运至现场。根据施工进度，施工机械、运输车辆随用随上。劳动力依据工程进度平衡调配。

**（三）施工条件管理目标**

质量目标：优良。安全目标：事故率为零。文明施工：达标工地。

## 三、园林工程施工组织机构

**（一）施工组织机构图**

针对本工程特点，为便于分项工程的顺利进行，设立项目经理部来完成本工程的施工任务（见图9-6）。

**（二）施工组织机构部门职能**

（1）项目经理全权负责本工程。

（2）项目副经理负责具体的施工生产。

（3）项目技术负责人具体负责项目的技术工作。

（4）养护组负责绿化养护管理的工作。

根据工程总工期要求，结合企业自身的劳动定额，安排项目部管理技术人员先期进场施工，技术人员全部由本投标人调集。

**（三）主要材料配置及调现计划**

根据总工期要求，以及施工形象进度计划的安排，按每月所拟完成的工程量，做好主要材料的计划、供应、调配，并根据现场的实际进度，随时调整材料的进场计划，以确保施工的正常进行。

**（四）劳动力安排计划（见表9-3）**

根据施工进度计划，项目部将根据施工工作面和工期要求，分时段进场。

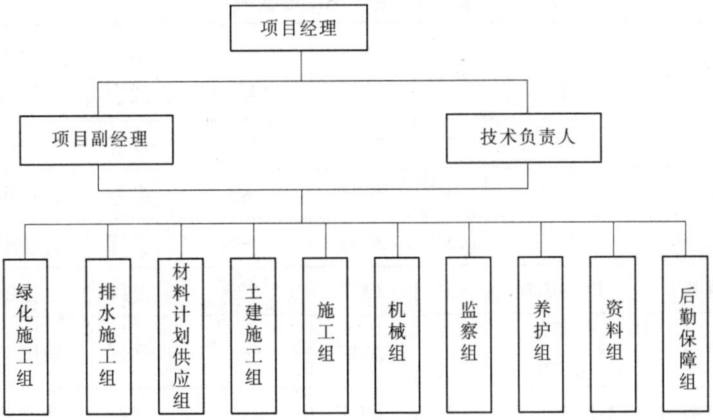


图9-6　园林工程施工组织机构

表9-3　劳动力安排计划表

| 工种 | 按工程施工阶段投入劳动力情况 | | | | |
|---|---|---|---|---|---|
| | 施工准备 | 场地平整 | 栽植施工 | 其他工程 | 养护管理 |
| 土建工 | 6 | 10 | 10 | 10 | |
| 瓦工 | 10 | | 10 | 10 | |
| 安装工 | 10 | | 10 | 10 | |
| 绿化工 | | 16 | 16 | 10 | 10 |
| 花卉工 | | 10 | 10 | 5 | 10 |
| 草坪工 | | 10 | 10 | 5 | 10 |
| 养护工 | | | 10 | 5 | 10 |
| 电焊工 | 2 | | 5 | 2 | 1 |
| 管道工 | 2 | 8 | 8 | 6 | |
| 电工 | 2 | | 2 | 2 | |
| 驾驶员 | 3 | 2 | 3 | 3 | 3 |
| 机械师 | 2 | 4 | 2 | 2 | 2 |

注:1. 比选人应按所列提交包括分包人在内的估计劳动力计划表。
2. 本计划是以每班8小时工作制为基础编制的。

## (五)主要施工设备情况

主要施工设备见表9-4。

表 9-4　主要施工设备表

| 序号 | 设备名称 | 型号规格 | 数量 | 制造年份 | 额定功率（kW） | 生产能力 | 用于施工部位 | 备注 |
|---|---|---|---|---|---|---|---|---|
| 1 | 打夯机 | WFD－2 | 2 | 2007 | 5 | 良好 | — | 自有 |
| 2 | 柴油发电机 | CFD | 3 | 2007 | 80 | 良好 | 备用 | 自有 |
| 3 | 载重汽车 | 3 t、5 t | 3 | 2006 | — | 良好 | 材料土方 | 自有 |
| 4 | 挖掘机 | PC－220 | 3 | 2007 | 220 | 良好 | 土方挖填 | 自有 |
| 5 | 绿篱机 | 斯蒂尔 HS75 | 2 | 2008 | — | 良好 | 栽植工程 | 自有 |
| 6 | 草坪修剪机 | 本田 6 马力 | 2 | 2008 | — | 良好 | 栽植工程 | 自有 |
| 7 | 割茬机 | 斯蒂尔 PS100 | 2 | 2008 | — | 良好 | 栽植工程 | 自有 |
| 8 | 播草器 | — | 2 | 2008 | — | 良好 | 栽植工程 | 自有 |
| 9 | 汽车吊 | 广东华菱 TH350N | 3 | 2007 | — | 良好 | 栽植工程 | 自有 |
| 10 | 经纬仪 | DJ2 | 1 | 2007 | — | 良好 | 测量 | 自有 |
| 11 | 水准仪 | DS3 | 3 | 2007 | — | 良好 | 测量 | 自有 |

## 四、各分部分项工程的主要施工方案

### （一）施工放线的施工方案

为了保证本工程的平面位置和几何尺寸符合设计图纸要求，并达到合格标准，对平面及高程控制如下：由项目经理组织负责平面坐标及高程传递，项目施工人员负责施工现场平面、道路、广场地形及地形标高测量，项目部技术质量部门负责平面坐标及高程的控制验收。

1. 测量方案

测量人员在业主方、规划设计单位、监理单位交验水准点和坐标基准点后，对在本施工范围内的桩位进行必要的保护，并及时做好导线复测、导线点的加密、水准点的复测和加密等测量工作。在条件允许的情况下，对有关桩位进行砌筑保护，并立标牌注明，注意保护字样。

2. 现场及地形高程测量

根据业主提供的高程控制点，用水准仪引测高程，并将高程测设标注到绘制的测设图上，用以计算土方工程量。

3. 平面定位

对于曲线形道路在场内可做出圆心的情况下，可先测出中心位置，钉立中心桩，沿中心桩，根据图纸设计半径画弧，定出道路中心线。

4. 高程测量

在道路变坡点处，增设高程控制桩，其他同平面定位。

5. 轴线控制

根据建设方提供的坐标控制点，依据图纸设计方格网上的坐标在施工区域范围内测设纵横两道主控线，设置控制桩，并用混凝土加以保护定位。用石灰粉在施工区域放出道路、地形的轮廓线。

6. 土方高程控制

根据设计高程和测设标高，计算出挖土深度以及地形堆筑高度，并定期用水准仪或全站仪对土方标高进行复测，以达到设计高程。

### （二）地形调整的施工方案

土方平衡与调配，确定开挖、推土顺序和边坡—分段分层开挖、推土—修边清理—机械回填土—基底地坪的清整—检验土质—分层铺土—机械碾压密实—检验密实度—修整验收。

### （三）道路、广场铺装工程

测量放线—平整路床—灰土垫层—C15 混凝土垫层—铺装面层。

### （四）园林小品工程

开槽—结构施工—设备安装—外部装饰。

### （五）苗木种植工程施工方案

地形细整—定点放线—乔木栽植—灌木种植—地被草坪栽植—施工期养护—养护管理期养护—竣工验收移交。

### （六）草坪建植施工方案

草坪施工的内容就是根据已确定的设计，来完成一系列的草坪建植过程。这一施工过程主要包括地形整理、放线定点、布置给排水设施、铺种草坪草和后期管理等工序。

### （七）管道工程的施工方案

熟悉施工现场—施工放线—开挖沟槽—管材报验—管道安装—水压试验—管沟回填—场地清理—提交竣工资料报请验收。

### （八）环境照明工程的施工方案

测量放线—沟槽开挖—电缆敷设—回填土—控制、用电设备及保护设施安装。

## 五、确保工程质量的技术及组织管理保障措施

质量保证程序如图 9-7 所示。

质量管理机构如图 9-8 所示。

## 六、施工进度计划以及技术和组织管理保障措施

### （一）施工进度计划

施工进度计划见图 9-9。

### （二）工期保证措施

工程施工中，根据设计文件和有关施工规范、规程，精心编制实施性施工组织设计，确定合理的施工方案，科学规划，狠抓关键线路，突出重点，确保主体。同时，统筹兼顾，科学管理，确保工程保质保量按期竣工。

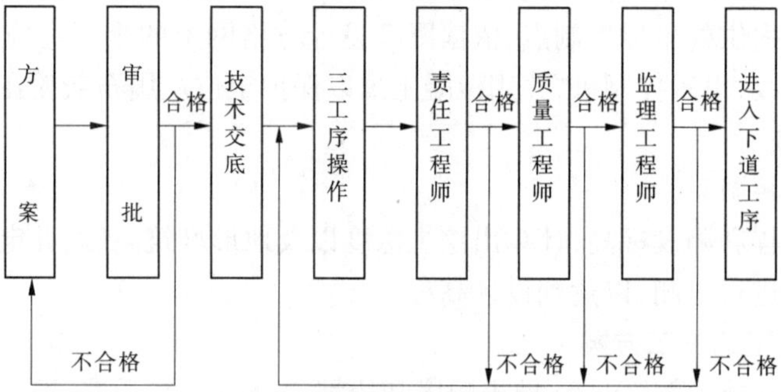


**图 9-7　质量保证程序**

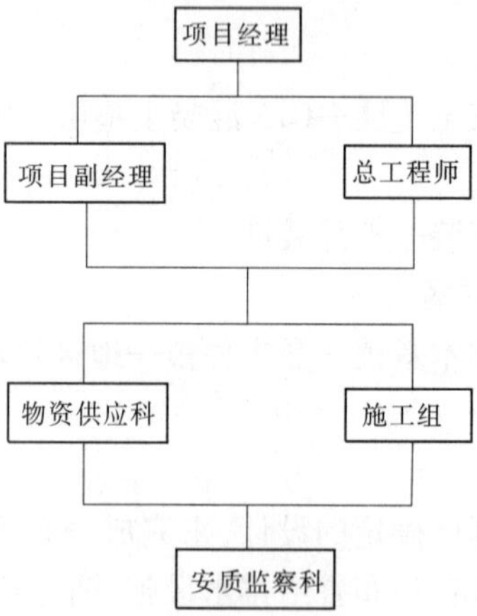


**图 9-8　质量管理机构**

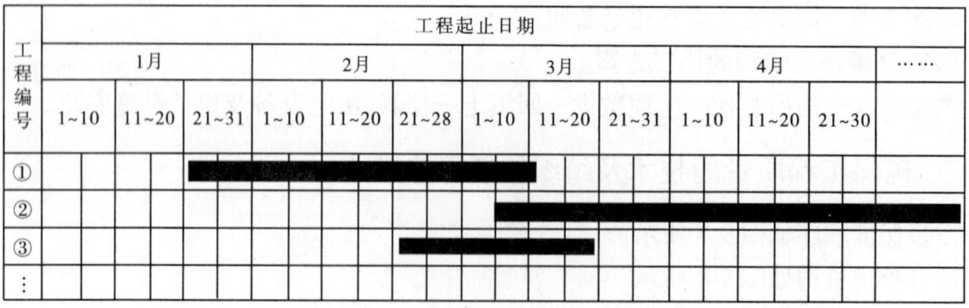


工程编号：①整理地形工程；②绿化工程；③假山工程……

**图 9-9　园林工程施工进度计划**

## 七、确保安全防护、文明施工的具体保证措施

施工安全是关系到公司财产、业主利益和劳动者生命安全的大事。在工程施工过程中，因作业条件、生活环境和工艺要求的限制和影响，施工更具有复杂性和危险性，因此要求在施工过程中必须自始至终地坚决执行国家颁布的有关安全防护措施，切实做好自身

的劳动安全防护工作，确保安全生产。建立安全生产管理体系，落实安全生产责任制，贯彻执行安全生产检查制度。

结合工程施工特点，制定出适合本工程的文明施工管理体系（见图9-10）。

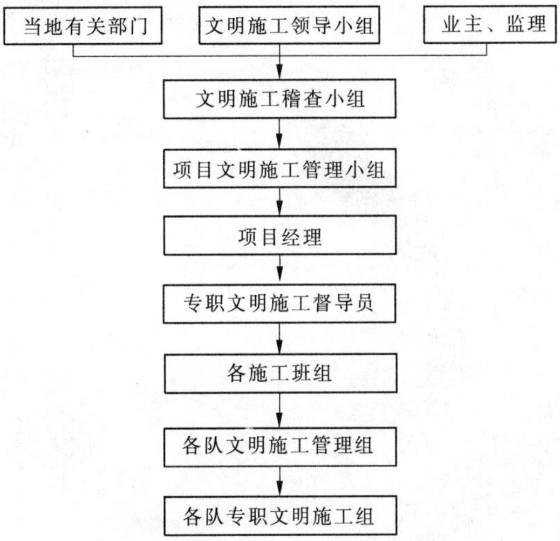


**图9-10　园林工程文明施工管理体系**

认真贯彻环境保护法、水土保持法及国家现行有关环境保护法律，搞好环境保护，防止污染，维护生态平衡。

## 任务考核标准

| 序号 | 考核项目 | 考核内容 | 评价标准 | 得分 |
|---|---|---|---|---|
| 1 | 情感态度、团队协作 | 出勤、分工、合作、积极性等 | 10 | |
| 2 | 施工组织方式及其优缺点 | 合理性 | 10 | |
| 3 | 施工准备工作的内容 | 翔实、准确 | 10 | |
| 4 | 施工程序 | 切合实际 | 10 | |
| 5 | 土石工程的施工方案 | 细致、翔实 | 10 | |
| 6 | 管线工程的施工方案 | 细致、翔实 | 10 | |
| 7 | 土建工程的施工方案 | 细致、翔实 | 10 | |
| 8 | 设备设施安装工程的施工方案 | 细致、翔实 | 10 | |
| 9 | 绿化工程的施工方案 | 细致、翔实 | 10 | |
| 10 | 施工平面图绘制 | 细致、翔实 | 10 | |

## 复习提高

本任务主要通过对园林工程施工组织设计基本知识的简单介绍，归纳总结出园林工程施工组织设计的含义、作用、内容、分类以及编制程序等基本知识。

图9-11为一张园林工程施工图，要求编制该工程的施工组织设计方案。

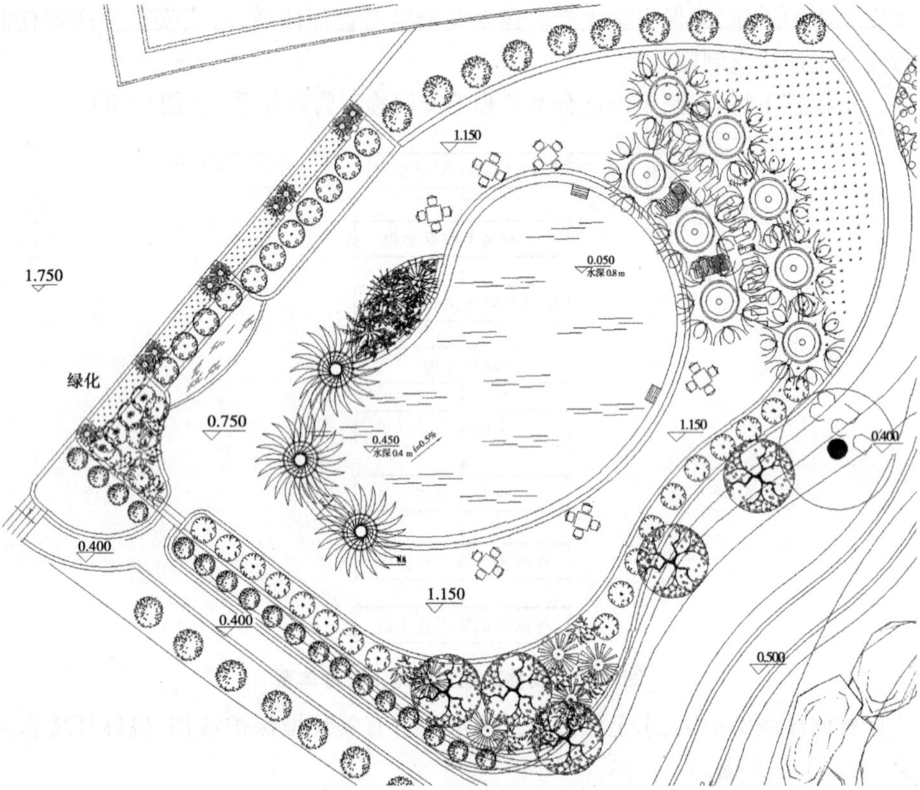


图 9-11　园林工程施工图

# 任务二　园林工程项目管理

**能力目标**

能够根据园林工程的要求，掌握园林工程项目管理的基本内容，进行施工准备工作，熟练布设平面图。

**知识目标**

掌握园林工程项目管理的概念、特点、意义、原则及基本任务等内容，了解园林工程项目管理的分类及组织，掌握园林工程项目管理的组织建设。

## 任务描述

园林工程项目管理是一项重要的园林工程内容，自项目开始至项目完成，通过项目策划和项目控制，使项目的投资目标、进度目标和质量目标得以实现。按照建设工程生产组织的特点，一个项目往往由许多参与单位承担不同的建设任务，而由于各参与单位的工作性质、工作任务和利益的不同,因此就形成了不同类型的项目管理。

图 9-12 为某绿化工程施工图,该工程包括园路、小品建筑、给排水、建造地形、广场铺装、绿化栽植等多项内容。

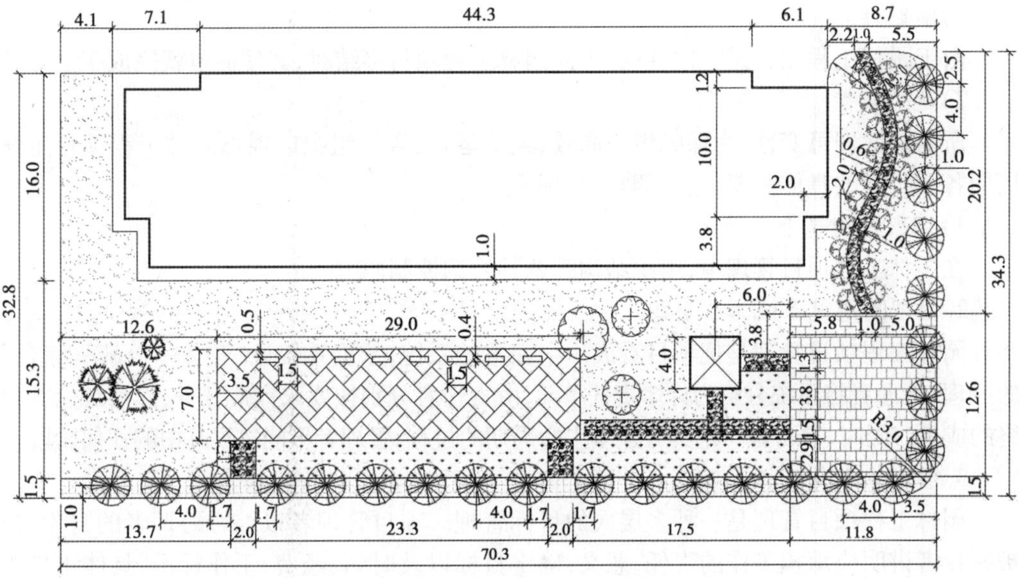


图 9-12　某绿化工程施工图

# 任务分析

通过对施工图纸的分析我们知道,要做好该项园林工程的项目管理工作,要初步形成一套以施工安全管理为首要任务,施工成本、进度、质量控制并重,加强施工合同管理和信息管理,同时做好与施工有关的组织和协调工作的项目管理体系。

# 任务咨询

## 一、园林工程项目管理的概念及其特点

园林工程项目是按照一定的投资,经过决策和实施的一系列程序,在一定的约束条件下以建成城市绿地或游憩性的开敞空间为目标的一次性事业,如一个公园、一组居住小区绿地等。它具有完整的结构系统、明确的使用功能与工程质量标准、确定的工程数量、限定的投资数额、规定的建设工期以及固定的建设单位等基本特征。

### (一)园林工程项目管理的概念

园林工程项目是指为完成依法立项的新建、扩建、改建等各类园林工程而进行的、有起止日期的、达到规定要求的、由一组相互关联的受控活动组成的特定过程,包括策划、勘察、设计、采购、施工、试运行、竣工验收和考核评价等。

园林工程项目管理是指以园林工程项目为对象,通过一个临时性的专门的柔性组织,

在既定的约束条件下,对项目进行有效的计划、组织、指挥、控制,以实现项目全过程的动态管理与项目目标的综合协调和优化的系统管理活动。

**(二)园林工程项目管理的特点**

1. 管理组织具有特殊性

1)临时性

由于园林工程项目是一次性的,因此园林工程项目终结时,其使命也就完成了。

2)运行柔性

所谓柔性即可变性,为保障组织高效、经济运行,管理组织应根据园林工程项目生命周期各个阶段的具体需要,适时调整、合理配置。

3)组织结构趋于扁平化

在园林工程项目管理中,组织结构强调其协调控制职能。

2. 管理思想是系统工程思想

园林工程项目管理是把项目看成一个完整的系统,依据系统论"整体—分解—综合"的原理,管理者将系统分解为许多责任单元,由责任者分别按要求完成任务,然后综合为最终的成果。同时,项目是一个具有连续生命周期的过程,管理者不能忽视其中的任何阶段。

3. 管理方式是目标管理

园林工程项目管理是一种多层次的目标管理。项目管理者以综合协调者的身份,向被授权者讲明应承担工作的责任、意义,确定目标以及时间、经费、工作标准,具体工作则由被授权者独立完成。

4. 管理要点是创造和保持使项目顺利进行的环境

园林工程项目组织中的人员来自不同部门,有着不同的文化背景,因此项目管理的要点是创造一种能使所有人彼此认同、和谐共处的环境,主要工作是处理项目实施中的各种冲突和意外事件。

5. 对项目经理有特殊要求

单位的部门主管一般管理一个专业性很强的机构,如质量管理、财务管理等,而项目管理涉及面相当广泛,项目经理要有较深的技术功底,有比较广博的知识面,具有较强的组织能力、应变能力,能妥善地协调、处理各种关系。

## 二、园林工程项目管理的意义及原则

**(一)园林工程项目管理的意义**

对园林工程项目进行管理,有利于合理安排项目进度,有效使用项目资源,确保项目能够按期完成,并降低成本;有利于项目总包与分包的协作,提高项目施工力量的综合战斗力;有利于降低项目风险,提高项目实施成功率;有利于尽早发现项目实施中存在的问题,有效地进行项目控制。

**(二)园林工程项目管理的原则**

1. 计划性

园林工程项目实施中应特别强调项目计划的作用,并根据项目执行情况和项目控制措施进行更新。

园林工程项目计划应包括项目基准计划和项目实施计划。项目计划是用于指导项目实施和进行项目控制的正式的、已获得批准的文件。项目基准计划是项目在最初启动时订立的计划，也即初始拟订的计划，是进行项目评价和项目控制的依据，不能随意改动；而项目实施计划可根据项目执行情况进行相应调整，控制权限在项目经理。

2. 大局性

园林工程项目经理应有大局性。项目成败关系到建设单位、设计单位、监理单位、施工单位的整体利益，不能将项目成败仅看作一方的成败。

3. 现实性

项目实施应以实现项目预期目标为依据。不要期望项目实现更多功能，达到更高质量要求。

4. 协调性

沟通和协调是项目管理的重要组成部分。如何与项目参与方沟通，平衡他们的利益，把握他们的期望值，对项目成功至关重要。

5. 积累性

重视项目总结和项目积累，包括技术经验总结、管理经验总结、人员评价。

## 三、园林工程项目管理的基本任务

### （一）组织工作

园林工程项目管理的组织工作主要包括管理组织机构的建立，工作制度的制定，各方面关系的确定，设计、施工单位的选择，组织图纸、材料和劳务供应等。

### （二）合同工作

园林工程项目管理的合同工作主要包括签订工程项目的各种合同，以及合同文件的准备，合同谈判、修改、签订和合同执行过程中的管理等工作。

### （三）进度控制

园林工程项目管理的进度控制主要包括设计与施工进度、材料设备供应以及满足各种需要的进度计划的编制和检查，施工方案的制订与实施，以及各方面计划的协调，经常性地对计划进度进行监控，并根据需要及时进行调整等。

### （四）质量控制

园林工程项目管理的质量控制主要包括提出各项工作质量要求，对设计质量、材料和设备的质量、施工质量的监督、验收，以及对质量问题的处理等。

### （五）财务管理

园林工程项目管理的财务管理主要包括概预算的编制、费用计划，设计费和施工价款的确定，对成本进行预测预控，进行成本核算，处理索赔事项和做出工程决算等。

### （六）人力资源管理

园林工程项目管理的人力资源管理主要包括组织规划、人员招聘和项目团队建设。

### （七）沟通管理

园林工程项目管理的沟通管理主要包括收集、储存、传递并最终使用园林工程项目过程中产生的信息。沟通管理所解决的问题是何时向何人汇报什么的问题。

### （八）风险管理

园林工程项目管理的风险管理主要包括风险识别、风险度量、风险应变措施和风险控制等过程。风险识别是发现并记录可能影响项目执行的风险的过程；风险度量是衡量风险以及风险后果的过程；风险应变措施包括风险规避、风险转移和接受风险三个方面。

### （九）采购管理

园林工程项目管理的采购管理主要是确保项目实施过程中所需原材料、资源、服务得到满足的过程。采购管理的任务是确认项目何时需要何种产品和资源，并决定项目组的采购计划。

## 四、园林工程项目管理的分类

### （一）按管理层次划分

园林工程项目管理按管理层次可分为宏观项目管理和微观项目管理。宏观项目管理指政府作为主体对项目活动进行的项目管理。微观项目管理指项目法人或其他参与主体对项目活动的管理。一般意义的项目管理常指微观项目管理。

### （二）按管理范围和内涵不同划分

园林工程项目管理按管理范围和内涵不同可分为广义项目管理和狭义项目管理。广义项目管理包括从项目投资意向、项目建议书、可行性研究、建设准备、设计、施工和竣工验收到项目后评估全过程的管理。狭义项目管理指从项目正式立项开始，即从项目可行性研究报告批准后，到项目竣工验收、项目后评估全过程的管理。

### （三）按管理主体不同划分

建设单位、设计单位、施工单位项目管理的主要区别见表 9-5。

表 9-5　建设单位、设计单位、施工单位项目管理的主要区别

| 管理主体 | 建设单位 | 设计单位 | 施工单位 |
|---|---|---|---|
| 管理目标 | 以最少的投资、最短的工期，取得最有效的使用价值 | 在满足业主要求的条件下，实现设计产品的最大价值 | 在满足合同条件下，实现最大利润 |
| 管理执行机构 | 建设项目管理组织机构 | 设计项目管理组织机构 | 施工项目管理组织机构 |
| 管理手段 | 间接管理方式，合同管理手段 | 直接、具体管理方式，主要手段是经济措施、组织措施和技术措施等 | 直接、具体管理方式，主要手段是经济措施、组织措施和技术措施等 |
| 管理范围 | 从项目建议书到投产使用全过程 | 从设计投标到交付施工图纸直至施工配合 | 从施工投标到竣工验收、保修 |

园林工程项目管理按管理主体不同可分为建设方项目管理、监理方项目管理和承包方项目管理。

建设方项目管理指由项目法人或委托人对项目建设全过程的监督与管理。

监理方项目管理是社会监理单位接受业主的委托，对项目建设过程及参与各方的行为进行监督、协调和控制，以保证项目顺利建成。

承包方项目管理又可以分为总承包方项目管理、设计方项目管理、施工方项目管理和供应方项目管理。总承包方项目管理指由总承包方全面负责工程项目的实施过程，直至最终交付符合合同规定的工程产品的管理。设计方项目管理是设计单位以合同所界定的工作目标及其责任义务作为工程设计管理的对象，也称设计项目管理。施工方项目管理是施工单位以施工合同所界定的工程范围进行项目管理。供应方项目管理是指制造厂、供应商将制造、供应合同所界定的任务，作为项目进行目标管理和控制，以适应建设项目总目标控制的要求。

## 五、园林工程项目管理的组织

### （一）园林工程项目管理组织的含义

园林工程项目管理组织是指为进行施工项目管理、实现组织职能而进行的组织系统的设计与建立、组织运行和组织调整三个方面工作的总称。

组织系统的设计与建立，是指经过筹划、设计，建成一个可以完成施工项目管理任务的组织机构，建立必要的规章制度，划分并明确岗位、层次、部门的责任和权力，建立和形成管理信息系统及责任分工系统，通过一定岗位和部门内人员的规范化的活动和信息流通实现组织目标。

组织运行是指在组织系统形成后，按照组织要求，由各岗位和部门实施组织行为的过程。

组织调整是指在组织运行过程中，对照组织目标，检验组织系统的各个环节，并对不适应组织运行和发展的方面进行改进和完善。

### （二）园林工程项目管理组织的作用

#### 1. 组织机构是园林工程项目管理的组织保证

项目经理在启动项目管理之前，首先要做好组织准备，即建立一个能完成管理任务、项目经理指挥灵便、运转自如、效率很高的项目组织机构——项目经理部。

#### 2. 形成一定的权力系统以便进行集中统一指挥

权力由法定和拥戴产生。法定来自于授权，拥戴来自于信赖。组织机构的建立，首先以法定的形式产生权力。没有组织机构，便没有权力，也没有权力的运用。要合理分层，层次多，权力分散，层次少，权力集中，所以要在规章制度中把项目管理组织的权力阐述明白，并固定下来。

#### 3. 形成责任制和信息沟通体系

一个项目组织能否有效运转，取决于是否有健全的岗位责任制。责任是项目组织对每个成员规定的一部分管理活动和生产活动的具体内容。

## （三）园林工程项目管理组织的形式

1. 工作队式项目组织（见图 9-13）

该组织形式的特征是人员与原部门脱离。项目经理在企业内部聘用职能人员组成管理机构（工作队），由项目经理指挥，独立性大。项目组成员在工程建设期间与原部门脱离领导与被领导关系。项目结束后撤销机构，所有人员仍回原部门或岗位。

该组织形式的适用范围是大型项目、工期要求紧迫的项目、要求多工种多部门密切配合的项目。要求项目经理素质高，指挥能力强。

该组织形式的优点是：各专业人员集中办公，办事效率高，解决问题快；项目经理权力集中，用权干扰少，指挥灵便；不打乱企业的原建制。缺点是：各类人员来自不同部门，具有不同专业背景，相互不熟悉，难免配合不力；各类人员在同一时期内所担负的工作任务可能有很大差别，容易产生忙闲不均，导致人员浪费；职工长期离开原单位，易产生“临时”观点，影响积极性发挥。

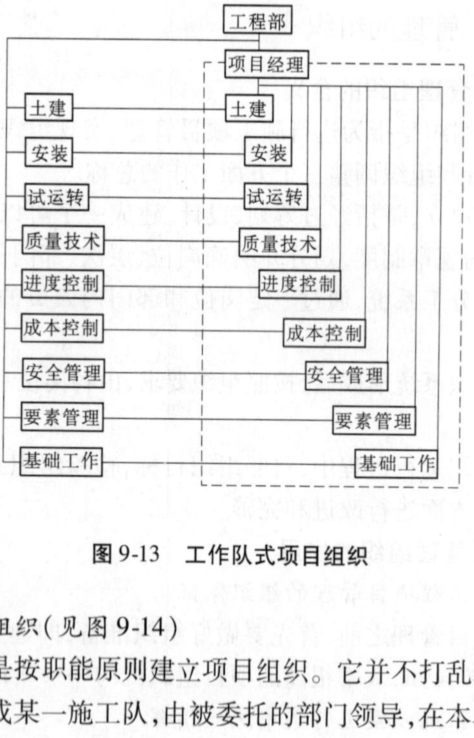


图 9-13 工作队式项目组织

2. 部门控制式项目组织（见图 9-14）

该组织形式的特征是按职能原则建立项目组织。它并不打乱现行的建制。把项目委托给企业某一专业部门或某一施工队，由被委托的部门领导，在本单位组织人员负责实施项目组织。

该组织形式的适用范围一般是小型的、专业性较强、不需众多部门配合的施工项目。

该组织形式的优点是：人事关系容易协调，从接受任务到组织运转启动时间较短，项目经理无需专业培训，容易进入状态。缺点是不能适应大型项目管理需要。

3. 矩阵式项目组织（见图 9-15）

该组织形式的特征是项目组织机构与职能部门的结合部与职能部门数相同。多个项目与职能部门的结合部呈矩阵状。把职能原则和项目原则结合起来，既能发挥职能部门的纵向优势，又能发挥项目组织的横向优势。专业职能部门是永久性的，项目组织是临时

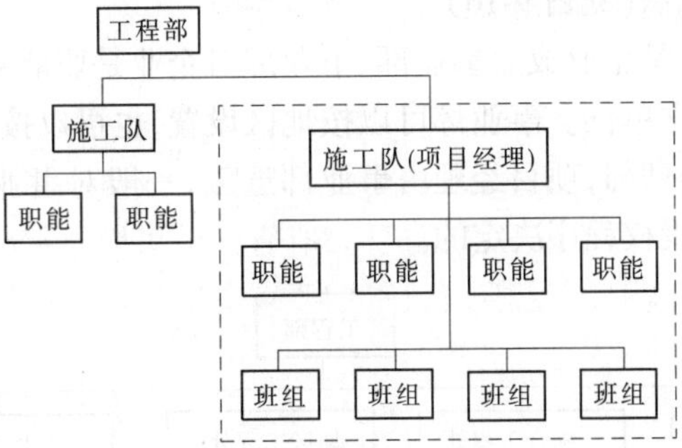


**图 9-14　部门控制式项目组织**

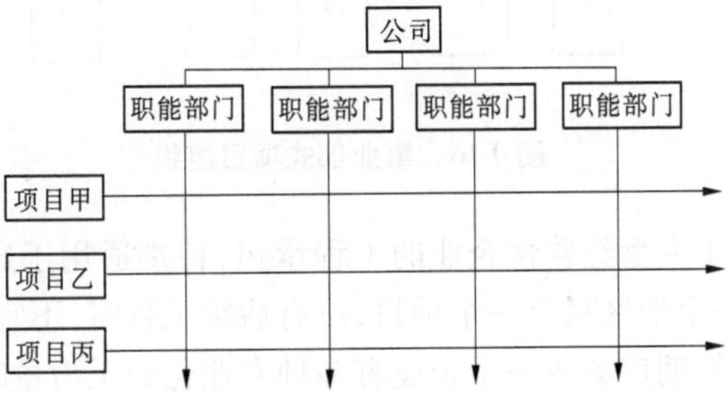


**图 9-15　矩阵式项目组织**

性的。项目经理将参与项目组织的职能人员在横向上有效地组织在一起,为实现项目目标协调工作。矩阵中的每个成员或部门,接受原部门负责人和项目经理的双重领导。但是部门的控制力大于项目的控制力。部门负责人有权根据不同项目的需要和忙闲程度,在项目之间调配本部门人员。一个专业人员可能同时为几个项目服务。项目经理对调配到本项目的成员有权控制和使用,当感到人力不足或某些成员不得力时,可向职能部门要求给予解决。

该组织形式的适用范围是同时承担多个工程项目管理的企业,以及大型、复杂的施工项目。因大型复杂的施工项目要求多部门、多技术、多工种配合实施,在不同阶段,对不同人员有不同数量和不同搭配的要求。

该组织形式的优点是:它兼有部门控制式和工作队式两种组织形式的优点,既解决了传统模式中企业组织和项目组织相互矛盾的状况,又把职能原则和对象原则合为一体,求得企业长期例行性管理和项目一次性管理的一致性;能以尽可能少的人力,实现多个项目管理的高效率;有利于人才的全面培养,可以使不同知识背景的人在合作中相互取长补短。缺点是:管理人员如果同时管理多个项目,有时难免顾此失彼;由于双重领导,如果项目经理的意见和目标不一致,当事人便无所适从;矩阵式项目组织对企业管理水平、项目管理水平、领导者的素质、组织机构的办事效率、信息沟通渠道的畅通等均有较高要求。矩阵式项目组织要求协调组织内部关系时,必须有强有力的组织措施和协调办法,为此,层次、职责、权限要明确划分。

4. 事业部式项目组织(见图 9-16)

该组织形式的特征是企业成立事业部,事业部对企业是职能部门,对外有相对独立的经营权,可以是一个独立单位。事业部可以按地区设置,也可以按工程类型或经营内容设置。事业部下设项目经理部,项目经理由事业部选派,一般对事业部负责,有的可以直接对业主负责,是根据其授权程序决定的。

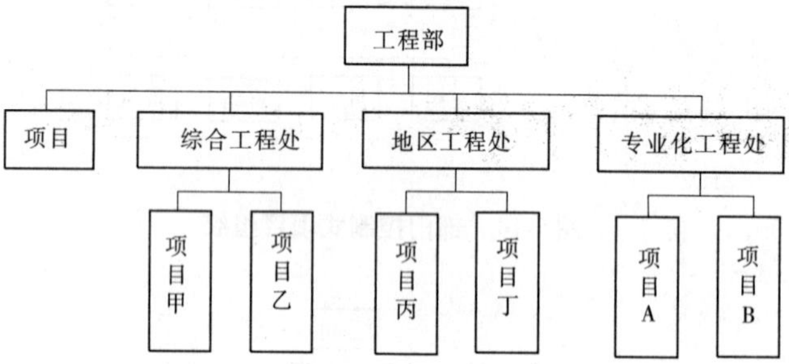


**图 9-16　事业部式项目组织**

该组织形式适用于大型经营性企业的工程承包,特别适用于远离公司本部的工程承包。需要注意的是,一个地区只有一个项目,没有后续工程时,不宜设立地区事业部,它适用于在一个地区内有长期市场或一个企业有多种专业化施工力量时采用。

该组织形式的优点是:有利于延伸企业的经营职能,扩大企业的经营业务,便于开拓业务领域,还有利于迅速适应环境变化以加强项目管理。缺点是:企业对项目经理部的约束力减弱,协调指导的机会减少,造成企业结构松散。

## 六、园林工程项目管理组织建设

### (一)任命项目经理

项目经理是受企业法定代表人委托,对工程项目施工过程全面负责的项目管理者,是施工企业法定代表人在工程项目上的代言人。

1. 项目经理应具备的基本条件

项目经理应具备较高的政治素质和职业道德,具有领导、组织、指挥能力,且多谋善断、机变灵活,公道正直、赏罚严明,懂得施工技术知识、经济知识、经营管理知识和法律知识。特别要精通项目管理的基本理论和方法,懂得施工项目管理的规律。项目经理必须具有较长时间的施工实践经历,并且身体健康,有充沛的精力和旺盛的意志。

2. 项目经理的职责

项目经理的职责包括:贯彻执行国家和工程所在地政府的有关法律、法规和政策,执行企业的各项管理制度,维护企业整体利益和经济权益;严格财务制度,加强成本核算,回收工程款;签订和组织履行项目管理目标责任书,执行企业与业主签订的项目承包合同中由项目经理负责履行的各项条款;对工程项目施工进行有效控制,执行有关技术规范和标准,积极推广应用新技术、新工艺、新材料;组织编制工程项目施工组织设计,包括工程进度计划和技术方案,制定安全生产和保证质量的措施,并组织实施;科学组织和管理人、财、物资源，做好人力、物力和机械设备等资源的优化配置，沟通、协调、处理与建设单位、监理工程师、分包单位的关系；组织制定项目经理部各类管理人员的职责权限和各项规章制度；做好工程竣工结算、资料整理归档。

### （二）组建园林工程项目经理部

项目经理部是由企业委托，代表企业履行工程承包合同，进行施工项目管理的工作班子，是企业组织生产经营的基础。它是某一施工项目的一次性管理组织机构，负责施工项目从开工到竣工的全过程施工生产经营的管理，对项目经理负责。

项目经理部一般设置五个管理部门：经营核算部门、工程技术部门、物资设备部门、监控管理部门及测试计量部门。

经营核算部门主要负责预算、合同、索赔、资金收支、成本核算及劳动分配等工作成本核算及劳动分配等工作；工程技术部门负责生产调度、技术管理、施工组织设计、劳动力配置计划统计等工作；物资设备部门负责材料工具的询价、采购、计划供应、管理、运输、机械设备租赁及配套使用等工作；监控管理部门负责工程质量、安全管理、消防保卫、文明施工、环境保护等工作；测试计量部门主要负责计量、测量、试验等工作。

### （三）编制园林工程项目管理规划

园林工程项目管理规划是对园林工程施工项目管理各项工作进行的综合性的、完整的、全面的总体规划。

园林工程项目管理规划有两类：一类是施工项目管理规划大纲，它是满足招标文件要求及签订合同要求的管理规划文件，是企业管理层在投标之前编制的，旨在作为投标依据；另一类是施工项目管理实施规划，一般在开工之前由项目经理主持编制。

项目管理规划的内容包括：工程概况描述；施工部署（包括该项目的质量、进度、成本及安全总目标；拟投入的最高人数和平均人数；分包规划，材料供应规划，机械设备供应规划，施工程序；项目管理总体安排，包括组织、制度、控制、协调、总结分析与考核）；施工方案（包括施工流向和施工程序，施工段划分，施工方法和施工机械选择，安全施工计划）；施工进度计划；资源供应计划；施工准备工作计划、施工平面图、施工技术组织措施计划、项目风险管理规划以及技术经济指标的分析等。

## 任务实施

### 一、施工安全管理

施工安全管理是工程项目管理中最重要的任务，因为安全管理密切关系到产品生产者和使用者的健康与安全以及人的生存环境是否会遭到破坏，而成本控制、进度控制、质量控制、合同管理等主要涉及的是物质利益和经济利益。

施工安全管理具体包括减少和消除人的不安全行为及减少和消除物（机械、设备、材料等）的不安全状态两个方面。在减少和消除人的不安全行为方面，项目部针对本工程周边施工现场多及地处城市核心区、人口流量大的特点，对整个施工现场实行了封闭管理，所有施工人员进入现场前都必须接受安全教育，特殊工种必须持证上岗，并定期召开安全会议。在减少和消除物的不安全状态方面，主要采取以下措施：在回填土方阶段由于进出现场的机械、车辆繁多,故在现场设置了专门的作业道,并设专人负责调度机械、车辆的进出,以保证施工现场的秩序和施工人员的安全;对现场的所有临时用电设专职电工负责管理;对现场用火进行严格管理,严禁在施工现场吸烟,施工现场备有充足的消防器材和设施;所有进入现场的材料都必须在指定的材料场地堆放整齐,以防倒塌或刮蹭伤人。

## 二、施工成本控制

施工成本控制要以合同为依据,是指在保证工期和质量满足要求的情况下,利用组织措施、经济措施、技术措施和合同措施把成本控制在计划范围内,并进一步寻求最大程度的成本节约。

在本工程的施工成本控制中,在组织措施方面,严格实行项目经理负责制,并由项目部将成本控制的责任落实到各级项目管理人员身上。另外,项目部还通过组织各专业人员认真分析图纸和现场情况,进行成本预测,并据此制订出本工程的成本计划;所有主材全部通过招标或货比多家的形式采购,以控制和避免材料浪费;工程所用土方由附近开槽的施工单位免费运到现场,这样既节省了购买土方的费用,又帮对方解决了远距离弃土难题等。这些措施有效地控制和降低了工程成本。

## 三、施工进度控制

施工进度控制的目的就是通过控制以实现项目的进度目标(合同工期)。该工程的施工进度控制措施可以分为组织措施、管理措施、经济措施和技术措施四个方面。

在组织措施方面,项目部设专人负责施工进度控制,每天召开进度会议。在管理措施方面,项目部首先将总包范围内的所有专业所有项目的进度计划纳入整体工程的进度计划系统中进行管理;其次,项目部对上述计划系统实行动态管理,通过将实际进度与计划进度的对比分析,对进度出现偏差的工作采取纠偏措施;最后,项目部还定期分析影响工程进度的风险,并在分析的基础上采取风险管理措施,以减少进度失控的风险。在经济措施方面,项目部针对工程特点,争取有利资金。在技术措施方面,项目部在制订施工方案时,不仅考虑方案的技术先进性和经济合理性,还考虑方案对进度的影响,对关键工作还制订了进度受阻时的同条件备用方案。

## 四、施工质量控制

在本工程的施工质量控制中,项目部主要根据三阶段(事前、事中和事后)控制原理及三全(全面、全员和全过程)控制原理,从控制影响施工质量的五大生产要素(劳动主体、劳动对象、劳动方法、劳动手段和施工环境)入手,对本项目的施工质量进行有效的控制。

### (一)施工准备阶段质量控制

建立质量控制体系和制度;对材料质量进行控制,对所有主材都要求供货商提供样品进行封样,并要求供货商提供材料的合格证、检验报告或化验单;提前囤苗以保证非季节栽植的质量;进行施工图与现场的复核与纠正(施工原点、平面位置及尺寸、高程);读图解图,向业主及设计单位提出保证或提高工程质量的合理化建议等。

### (二)施工过程质量控制

与业主、设计、监理单位密切配合与协调,严格按规范和合同约定的要求进行施工;各专业统筹安排,每天召开工程质量会;监控其他施工单位即将交接的半成品的质量等。

**(三)施工验收质量控制**

严格做好过程验收、见证取样及整体工程验收;工序不验收不得进行下道工序等。

## 五、施工合同管理

严格按照施工合同管理工程施工。由于在施工过程中,业主和设计单位不断提出新的变更,所以该绿地景观工程项目部在施工合同管理方面有所变化,通过谈判,双方签订了一份补充协议。

## 六、施工信息管理

通过收集和整理与工程有关的专业分包商的信息,以便于从中遴选有相应施工资质和施工能力、施工质量可靠的专业分包商。通过收集和整理劳务信息,以便从中选择劳务费用相对较低且技术过硬的劳务队伍。通过收集和整理供货商信息及掌握市场行情,以便通过对比选择质优价廉、服务好的供货商,从而有利于在保证工程质量的基础上降低工程成本。掌握各交叉施工单位的信息尤其是进度信息,以便合理安排土木工程的施工。掌握与施工有关的其他信息,如水、电、天然气、雨、污水等地下管线单位的信息及交通、城管等部门的信息等。

## 七、做好与施工有关的组织与协调工作

与施工有关的组织与协调工作分为企业内部的组织与协调和企业外部的组织与协调。

企业内部的组织与协调包括项目部内部的组织与协调及项目部与公司其他部门的组织与协调。企业外部的组织与协调包括与业主、设计、监理单位,供货商、分包商,各地下管线单位,相关政府部门(交通、城管、劳动保障局、安全监察局等)等单位的配合与协调。

# 任务考核标准

| 序号 | 考核项目 | 考核内容 | 评价标准 | 得分 |
|---|---|---|---|---|
| 1 | 情感态度、团队协作 | 出勤、分工、合作、积极性等 | 10 | |
| 2 | 施工组织方式及其优缺点 | 合理性 | 10 | |
| 3 | 施工准备工作的内容 | 翔实、准确 | 10 | |
| 4 | 施工程序 | 切合实际 | 10 | |
| 5 | 土石工程的施工顺序 | 细致、翔实 | 10 | |
| 6 | 管线工程的施工顺序 | 细致、翔实 | 10 | |
| 7 | 土建工程的施工顺序 | 细致、翔实 | 10 | |
| 8 | 设备设施安装工程的施工顺序 | 细致、翔实 | 10 | |
| 9 | 绿化工程的施工顺序 | 细致、翔实 | 10 | |
| 10 | 施工平面图绘制 | 细致、翔实 | 10 | |

## 复习提高

本任务主要通过对园林工程项目管理基本知识的简单介绍，归纳总结出园林工程项目管理的含义、作用、内容、分类以及程序等基本知识。

图9-17为一张园林工程施工图，要求编制该工程的项目管理方案。

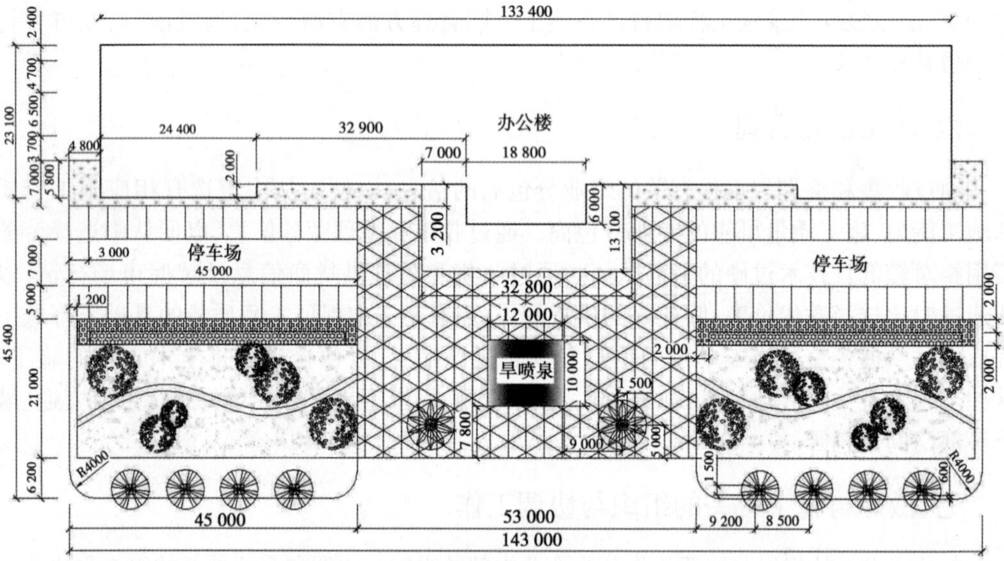


图9-17　园林工程施工图

# 任务三　园林工程竣工预验收

**能力目标**

能够灵活运用园林工程竣工预验收的依据及标准，正确有效地进行园林工程竣工预验收。

**知识目标**

理解园林工程竣工预验收的概念、作用，明确园林工程竣工预验收的依据和标准，掌握园林工程竣工预验收的准备工作以及验收程序。

## 任务描述

园林工程竣工预验收是一项重要的园林工程内容，它的内容无外乎对园林土建、园林绿化以及设备安装工程等方面的验收。

图9-18是某园林工程概况表格式，某建设管理公司受某市城市建设开发投资有限公

司的委托，对该园林工程实施监理工作。项目监理部对该园林工程进行监理，在建设单位、设计单位、质监单位、监理单位、施工单位的共同努力下，该园林工程已按设计要求及施工验收规范标准全部竣工，目前需要对该园林工程进行竣工预验收。

**园林工程概况表**

<table>
<tr><td>工程名称</td><td colspan="2"></td></tr>
<tr><td>工程地点</td><td colspan="2"></td></tr>
<tr><td>建设规模</td><td colspan="2"></td></tr>
<tr><td>主要工程数量</td><td colspan="2"></td></tr>
<tr><td>建设单位</td><td colspan="2"></td></tr>
<tr><td>勘察单位</td><td colspan="2"></td></tr>
<tr><td>设计单位</td><td colspan="2"></td></tr>
<tr><td>施工单位</td><td colspan="2"></td></tr>
<tr><td>监理单位</td><td colspan="2"></td></tr>
<tr><td rowspan="8">项目监理部人员组成</td><td>姓名</td><td>职务</td></tr>
<tr><td></td><td>总监</td></tr>
<tr><td></td><td>总监代表</td></tr>
<tr><td></td><td>绿化专监</td></tr>
<tr><td></td><td>实验专监</td></tr>
<tr><td></td><td></td></tr>
<tr><td></td><td></td></tr>
<tr><td></td><td></td></tr>
</table>

**图 9-18　某园林工程概况表格式**

## 任务分析

通过分析我们知道，要做好该项工程的竣工预验收工作，现场施工员在具有较强管理能力、协调能力和责任心的基础上，还必须掌握丰富的园林工程施工经验。

该工程位于某市主干道旁，是该地段重点及亮化工程之一，园林工程包括种植土工程、树木种植工程、景观桥涵及停车场工程等内容。

# 任务咨询

## 一、园林工程竣工预验收的概念及作用

### (一)园林工程竣工预验收的概念

园林工程竣工预验收是园林工程按设计要求完成全部施工任务,在施工单位完成自检自验,并认为符合正式验收条件,在申报工程竣工验收之后和正式验收之前的这段时间内进行的。一般实行委托监理的园林工程项目,总监理工程师应该组织其所有各专业监理工程师来完成竣工预验收。竣工预验收要吸收建设单位、设计单位、质监单位的人员参加,施工单位也必须派人配合竣工预验收工作。

### (二)园林工程竣工预验收的作用

园林工程竣工预验收是接受正式验收之前进行的必要手续,通过对园林工程的竣工预验收,对工程建设成果的质量、经济效益等进行全面系统的考核评估,有利于其成功通过正式的竣工验收。

## 二、园林工程竣工预验收的依据和标准

### (一)园林工程竣工预验收的依据

(1)上级主管部门已批准的计划任务书、可行性研究报告,以及各种设计文件、施工图纸和设计说明书等。

(2)工程有关招投标文件和双方签订的各类工程承包合同。

(3)施工设计图样和技术说明书、图纸会审和技术交底记录、施工过程中的工程变更鉴证和技术核定单、工程中间交工验收鉴证单等;有关工程施工记录(包括监理记录)及其施工过程中所使用的各种材料、构件、机具设备等的质量合格文件及其验收文件等。

(4)国家及行业颁布的现行各种园林工程施工验收标准。

(5)符合交工条件的已完工程竣工图,有关施工记录和构件、材料等合格证明书。

(6)园林管理条例及各种设计规范。

### (二)园林工程竣工预验收的标准

园林工程施工项目涉及多种门类、多种专业,而且要求的标准也各异,加上其艺术性较强,故很难形成国家统一标准。因此,对于园林工程竣工预验收,可分解成若干部分,再选用相应或相近工程的标准进行。一般园林工程可分解为园林土建工程、园林绿化工程以及设备安装工程。

1. 园林土建工程的验收标准

凡是园林建筑、游憩、服务及娱乐设施等园林土建工程都应按照设计图纸、技术说明书、验收规范及建筑工程质量检验评定标准验收,并应符合合同所规定的工程内容及合格的工程质量标准。

不论是游憩建筑还是生活、娱乐设施建筑,在预验收时,不仅建筑物室内工程要全部完工,而且室外工程的明沟、踏步斜道、散水以及应平整的建筑物周围场地都要清除障碍

物,达到水通、电通、道路通。

2. 园林绿化工程的验收标准

园林绿化工程内容、技术质量要求及预验收规范一定要达到设计要求、验收标准的规定及各工序质量的合格要求。如大树的成活率,草坪铺设的质量,花坛的品种、纹样等。

(1)园林绿化工程施工环节较多,为了保证工作质量,做到以预防为主,全面管理质量,必须加强施工材料(种植材料、种植土、肥料)的验收。

(2)必须强调中间工序验收的重要性,因为有的工序属于隐蔽性质,如挖种植穴、换土、施肥等,待工程完工之后无法进行检验。

(3)工程竣工后,施工单位应进行施工资料整理,做出技术总结,提供有关文件,于一周前向验收部门提请验收。提供有关文件如下:土壤及水质化验报告;工程中间验收记录;设计变更文件;竣工图及工程预算;外地购入苗木检验检疫报告;附属设施用材合格证或试验报告;施工总结报告。

(4)验收时间。乔灌木种植原则上应在当年秋季或翌年春季进行。因为绿化植物是有生命的,种植后须经过缓苗、发芽,长出枝条,经过一年生长周期,达到成活方可验收。

(5)绿化工程竣工后是否合格,能否移交建设单位,主要从以下几方面进行验收:树木成活率达到95%以上;强酸、强碱、干旱地区树木成活率达到85%以上;花卉植株成活率达到95%;草坪无杂草,覆盖率达到95%;整形修剪符合设计要求;附属设施符合有关专业验收标准。

3. 设备安装工程的验收标准

设备安装工程遵循相关国家验收标准。

总的来说,园林工程竣工预验收应符合完工、达标,各种设施验收合格,竣工验收资料齐全、归档等方面的要求。竣工预验收标准应遵循现行规范、标准,借鉴行业标准,一些工程依据现行的工程施工及其验收规范,如园林绿化种植,区分强制性标准与推荐标准。采用将工程分解成若干部分,再选用相关、相应或相近工种的标准进行。

## 三、园林工程竣工预验收的准备工作

园林工程竣工预验收的准备工作是竣工正式验收工作顺利进行的基础,施工单位、建设单位、设计单位和监理工程师均应尽早做好准备工作,其中以施工单位和监理工程师的准备工作尤为重要。

### (一)施工单位的准备工作

1. 园林工程档案资料的汇总整理

园林工程档案资料是园林工程的永久性技术资料,是园林工程项目竣工验收的主要依据。它包括以下内容:有关部门对该园林工程的相关技术决定文件;工程项目一览表,包括名称、位置、面积、特点等;地质勘察资料;工程竣工图,工程设计变更记录,施工变更洽谈记录,设计图样会审记录;永久性水准点位置坐标记录,建筑物、构筑物沉降观测记录;新工艺、新材料、新技术、新设备的试验、验收和鉴定记录;工程质量事故发生情况和处理记录;建筑物、构筑物、设备使用注意事项文件;竣工验收申请报告,工程竣工验收报告,工程竣工验收证明书,工程养护与保修证书等。

2. 施工单位竣工预验收前的自验

自验是施工单位资料准备完成之后,在项目经理组织领导下,由生产、技术、质量、预算、合同和有关的工长或施工人员组成预验小组。相关人员根据国家或地区主管部门规定的竣工标准、施工图和设计要求、国家或地区规定的质量标准要求以及合同所规定的标准和要求,对竣工项目按工程内容,分段、分层、分项地逐一进行全面检查,预验小组成员按照自己所主管的内容进行自检并做好记录,对不符合要求的部位和项目,要制定修补处理措施和标准,并限期修补好。施工单位在自验的基础上,对已查出的问题全部修补处理完毕后,项目经理应报请上级再进行复检,为正式验收做好充分准备。

园林工程竣工预验收检查的主要内容包括:对园林建设用地进行全面检查;对场区内外邻接道路进行全面检查;临时设施工程;整地工程;管理设施工程;服务设施工程;园路铺装工程;运动设施工程;游戏设施工程以及绿化工程等。

3. 编制竣工图

竣工图是如实记录园林工程各种地上、地下建筑物及构筑物,水、电、暖、通信管线等情况的技术文件。它是竣工验收的主要文件。园林施工项目在竣工前,应组织人员根据记录和现场实际情况进行测定和绘制,以保证工程档案的完整,并满足维修、管理养护、改造或扩建的需要。

1)竣工图编制的依据

竣工图编制的依据是园林施工中未变更的原设计施工图、设计变更通知书、工程联系单、施工洽谈记录、施工放样资料、隐蔽工程记录和工程质量检查记录等原始资料。

2)施工图编制的内容要求

施工中未发生设计变更,按图施工的项目,应由施工单位负责在原施工图纸上加盖竣工图标志,可将其作为竣工图使用。

施工工程中有一般性设计变更,没有较大结构性的或重要管线等方面的设计变更,而且可以在原图纸上修改和补充的施工项目,可不再绘制新图纸,由施工单位在原图纸上注明修改或补充后的实际情况,并辅以设计变更通知书、设计变更记录和施工说明,然后加盖竣工图标志,也可作为竣工图使用。

施工工程中凡有重大变更或全部修改,如结构形式改变、标高改变、平面布置改变等,不宜在原施工图上修改补充的,应重新绘制实测改变后的竣工图。由设计原因造成的,由设计方绘制;由施工方造成的,由施工方绘制;由其他原因导致的,由建设单位自行绘制或者委托设计单位绘制。施工单位负责加盖竣工图标志,并附以有关记录和说明,作为竣工图使用,然后还要经过主要技术负责人审核签字。

4. 进行工程与设备的试运转和试验的准备工作

准备工作包括:安排各种设施、设备的试运转和考核计划;检查各种游乐设施尤其是关系到人身安全的设施,如缆车设施的安全运行;对电气工程做全面试验,对各种设备、电气、仪表和设施做全面的检查和校验,如管网工程的试水、试压试验,喷泉工程的试水试验;编制各运转系统的操作规程。

（二）监理工程师的准备工作

园林工程建设项目的监理工程师，应做好以下竣工预验收的准备工作。

1. 监理竣工预验收的工作计划

园林监理工程师首先应提交预验收计划，计划内容包括竣工预验收准备和竣工预验收内容及标准要求。该计划应事先征得建设单位、施工单位及设计单位的同意，取得一致意见。

2. 整理、汇总各种经济与技术资料

总监理工程师在预验收时，指示其所属的各专业监理工程师，按照原有的分工，对各自负责监理的项目进行一次认真清理技术资料的工作。大型的园林工程施工期往往很长，因此必须借助以往收集的资料，为监理工程师在竣工预验收中提供有益的数据和情况。

3. 拟订竣工预验收条件、验收依据和验收必备技术资料

监理单位应将拟订好的竣工预验收条件、验收依据和验收必备技术资料发给建设单位、施工单位、设计单位及现场的监理工程师。

## 四、园林工程竣工预验收的程序

园林工程竣工预验收在整个园林工程竣工验收（见图9-19）过程中有着举足轻重的作用。由于园林工程竣工预验收的时间长，又有各方面派出的专业技术人员，因此对验收中发现的问题多能在此时解决，为正式验收创造条件。为做好竣工预验收工作，总监理工程师要提出一个预验收方案，这个方案含预验收需要达到的目的和要求、预验收的重点、预验收的组织分工、预验收的主要方法和检测工具等，并向参加预验收人员进行必要培训，使其明确以上内容。

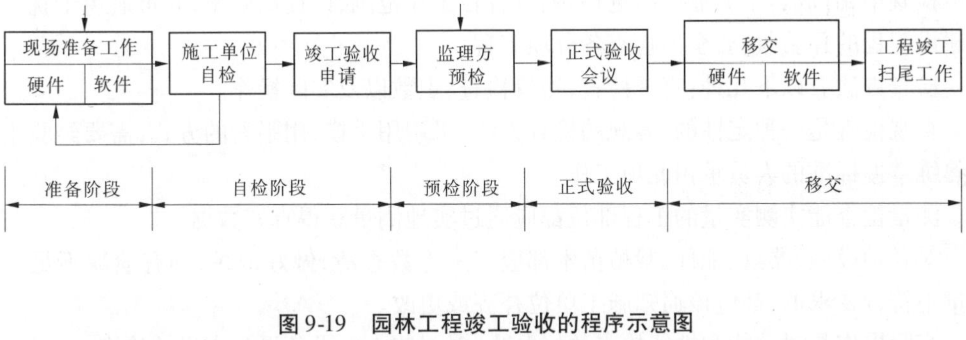


图9-19　园林工程竣工验收的程序示意图

园林工程竣工预验收工作大致可分为以下两大部分。

（一）竣工验收资料的审查

认真审查技术资料，不仅能满足正式验收的需要，也为工程档案资料的审查打下基础。

1. 技术资料的审查内容

技术资料的审查内容主要有：工程项目的开工报告；工程项目的竣工报告；图纸会审及设计交底记录；设计变更通知单；技术变更通知单；工程质量事故调查和处理资料；水准点、定位测量记录；材料、设备、构件的质量合格证书，试验、检验报告；隐蔽工程记录；施工日志；竣工图；质量检验评定资料以及工程竣工验收有关资料。

2. 技术资料的审查方法

审阅：边看边查，把有不当的及遗漏或错误的地方记录下来，然后再对重点内容仔细审阅，作出正确判断，并与施工单位协商更正。

校对：监理将日常监理工程所收集记录的数据、资料与施工单位提交的资料一一校对，凡是不一致的地方都记录下来，然后与施工单位商讨。如果仍有不能确定的地方，再与当地质量监督站及设计单位的佐证资料进行核定。

验证：若出现几个方面的资料不一致而难以确定时，可重新测量实物予以验证。

**（二）工程竣工的预验收**

园林工程竣工的预验收从某种意义上说，比正式验收更为重要。因为正式验收时间短促，不可能详细、全面地对园林工程项目一一查看，而主要依靠对工程预验收来完成。因此，要求所有参加预验收的人员要以高度的责任感，并在可能的检查范围内，对工程数量、质量进行全面确认，特别对那些重要部位和易于遗忘的内容都应分别登记造册，作为预验收的成果资料，提供给正式验收的验收委员会参考和施工单位进行整理。

1. 组织与准备

参加预验收的监理工程师和其他人员，应按照专业或区段分组，并指定负责人。预验收检查前，先组织相关人员熟悉验收资料，制订检查方案，并将检查项目的各子目及重点检查部位以表或图列示出来。同时，准备好工具、记录本、表格，以供检查中使用。

2. 组织预验收

检查中，分成若干专业小组进行，划分各自工作范围，以提高效率，并可避免干扰。园林建设工程的预验收，要全面检查各分项工程。

检查方法有以下几种：直观检查、测量检查、点数以及实际操作。

直观检查是一种定性的、客观的检查方法，采用用手摸、用眼看的方式，需要经验丰富和熟练掌握标准的人员承担此项工作。

测量检查能实测实量的工程部位都应通过实地测量获得真实数据。

对各种设施、器具、配件、栽植苗木都应一一点数查清，做好记录，如有遗缺不足的或质量不符合要求的，都应该通知施工单位补齐或更改。

实际操作是对功能和性能检查的好办法，对一些水电设备设施应启动检查。

上述检查后，各专业组长应向总监理工程师报告检查验收结果。如查出问题较多，则应指令施工单位限期整改并再次进行复验，如存在问题仅属一般性的，除通知施工单位抓紧整修外，总监理工程师还应编写预验收报告一式三份：一份交施工单位整改用；一份备正式验收时转交验收委员会；一份由监理单位自留。这份报告除文字论述外，还应附上全部预验收检查的数据。与此同时，总监理工程师应填写竣工验收申请报告送项目建设单位。

## 任务实施

### 一、收集园林工程预验收依据文件

**(一)国家法律、法规、部门和地方规章**

《城市绿化条例》《城市绿化工程施工及验收规范》《中华人民共和国合同法》《建设工程质量管理条例》和某市城市绿化管理条例等。

**(二)技术规范与标准**

《城市绿化工程施工及验收规范》(CJJ/T 82—99)。

**(三)工程勘察及设计文件**

勘察报告,施工图纸及标准图集,设计交底资料、设计变更文件。

**(四)合同**

施工承包合同,监理合同。

**(五)监理文件**

监理规划,监理实施细则,有关工程质量的会议纪要。

**(六)质量验收规范**

与各项工程相关的质量验收规范。

### 二、达到竣工预验收条件

**(一)园林工程施工单位基本情况**

本园林工程由某园林景观有限公司承建,该公司具备承建类似工程的项目经理,各管理层人员配备齐全,资格资质符合要求。各专业施工人员持证上岗。岗位证书齐全,符合要求,机械机具满足工程工序及质量工期要求。各类设备的规格、型号、数量满足施工需要;工程材料、成品、半成品、构配件能够按使用计划予以落实,并严格进行用前检测、取样复检。不合格材料,严禁使用并及时清场。

**(二)园林工程施工基本情况**

本次园林工程自开工以来,得到了相关单位、部门的大力支持。施工单位能够严格地按照施工组织设计及工程进度计划施工,施工过程中能够严格地按照合同及规范要求施工。目前园林工程已基本完工,已具备了预验收条件。

园林绿化景观工程和设备安装工程已全部完成;质量保证资料基本齐全,并整理装订成册。各种管线设备已完成并已进行通水、试压、通电和照明线路绝缘测试;水池、水箱已通过盛水试验。建筑垃圾等杂物已清理干净。备有单位工程及各分部、分项工程企业自评资料。

### 三、成立园林工程竣工预验收小组

本园林工程由施工单位自检达竣工验收条件后,报本项目监理部,竣工预验收主要由监理公司工程竣工预验收小组组织，建设单位参加，施工单位项目经理（包括施工单位有关人员）及现场有关人员参与。

园林工程竣工预验收小组成员名单及分工表格式见图9-20。

| 组别 | 序号 | 姓名 | 单位名称 | 工作内容 |
| --- | --- | --- | --- | --- |
| | 1 | | | |
| | 2 | | | |
| | 3 | | | |
| | 4 | | | |
| | 5 | | | |
| | 6 | | | |
| | 7 | | | |
| | 8 | | | |
| | 9 | | | |
| 注：施工单位配合人员和参加验收的建设单位代表，设计单位代表和其他有关人员也填入表中。 | | | | |

**图9-20　园林工程竣工预验收小组成员名单及分工表格式**

## 四、技术资料验收

技术资料验收主要审核施工单位报送的质量保证资料、分部分项工程情况表、观感项目、实测点记录、评分表等各类表格。经核查，资料基本齐全、数据准确，符合验收要求。

## 五、工程实体质量验收

工程实体预验收人员根据平时对工序、分部、分项的验收情况，认真检查工程分项质量、使用功能，并对各个分部工程进行具体详细的验收检查。

该园林工程能够严格地按照施工组织设计及工程进度计划施工，施工过程中能够严格地遵守合同及规范要求。

种植土严格按照施工规范要求进行处理，对不合格的土壤一律进行更换，并进行细整，确保苗木的正常生长。

种植土分项工程质量检验评定表示例见图9-21。

**种植土分项工程质量检验评定表**

工程名称：×××绿化改造工程　　　　编号:001

<table>
<tr><td rowspan="2">保证项目</td><td colspan="10">项目</td><td colspan="5">质量情况</td></tr>
<tr><td colspan="10">种植土壤,必须符合种植植物的生长要求</td><td colspan="5">合格</td></tr>
<tr><td rowspan="4">基本项目</td><td colspan="4" rowspan="2">项目</td><td colspan="10">质量情况</td><td rowspan="2">等级</td></tr>
<tr><td>1</td><td>2</td><td>3</td><td>4</td><td>5</td><td>6</td><td>7</td><td>8</td><td>9</td><td>10</td></tr>
<tr><td>1</td><td colspan="3">土地平整</td><td>√</td><td>√</td><td>√</td><td>√</td><td>√</td><td>√</td><td>√</td><td>√</td><td>√</td><td>√</td><td>优良</td></tr>
<tr><td>2</td><td colspan="3">石砾、瓦砾等杂物含量</td><td>√</td><td>√</td><td>√</td><td>√</td><td>√</td><td>√</td><td>√</td><td>√</td><td>√</td><td>√</td><td>优良</td></tr>
<tr><td rowspan="10">允许偏差项目</td><td colspan="4">项目</td><td>允许偏差（cm）</td><td colspan="10">实测值偏差（cm）</td></tr>
<tr><td rowspan="4">1</td><td rowspan="4">种植土深度和地下水位深度</td><td colspan="2">大、中乔木</td><td>-8</td><td>-4</td><td>-2</td><td>-4</td><td>-2</td><td>0</td><td>0</td><td>0</td><td>-1</td><td>0</td><td>-3</td></tr>
<tr><td colspan="2">小乔木和大、中灌木</td><td>-5</td><td>-1</td><td>1</td><td>-2</td><td>-2</td><td>-2</td><td>0</td><td>-2</td><td>-1</td><td>-3</td><td>-2</td></tr>
<tr><td colspan="2">小灌木、宿根花卉</td><td>-3</td><td>-2</td><td>-1</td><td>-1</td><td>-3</td><td>0</td><td>0</td><td>-2</td><td>-2</td><td>-3</td><td>0</td></tr>
<tr><td colspan="2">草本地被,草坪,一、二年生草花</td><td>-2</td><td>0</td><td>-1</td><td>-2</td><td>0</td><td>0</td><td>-2</td><td>-2</td><td>-2</td><td>-4</td><td>-2</td></tr>
<tr><td rowspan="2">2</td><td rowspan="2">石砾、瓦砾等杂物地径</td><td colspan="2">树木</td><td>+1</td><td>2</td><td>0</td><td>1</td><td>0</td><td>1</td><td>0</td><td>0</td><td>1</td><td>1</td><td>0</td></tr>
<tr><td colspan="2">草坪,地被(草本、木本)、花卉</td><td>+1</td><td>1</td><td>0</td><td>0</td><td>0</td><td>0</td><td>1</td><td>0</td><td>0</td><td>1</td><td>0</td></tr>
<tr><td rowspan="3">3</td><td rowspan="3">地形标高</td><td rowspan="3">全高</td><td><1 m</td><td>±5</td><td>-1</td><td>2</td><td>-5</td><td>-3</td><td>2</td><td>-1</td><td>2</td><td>3</td><td>-2</td><td>5</td></tr>
<tr><td>1~3 m</td><td>±20</td><td>1</td><td>-3</td><td>-2</td><td>4</td><td>-5</td><td>5</td><td>3</td><td>-7</td><td>-6</td><td>0</td></tr>
<tr><td>>3 m</td><td>±50</td><td></td><td></td><td></td><td></td><td></td><td></td><td></td><td></td><td></td><td></td></tr>
<tr><td rowspan="3">检查结果</td><td colspan="4">保证项目</td><td colspan="11">合格</td></tr>
<tr><td colspan="4">基本项目</td><td colspan="11">检查2项,其中优良2项,优良率100%</td></tr>
<tr><td colspan="4">允许偏差项目</td><td colspan="11">实测80点,其中合格80点,合格率100%</td></tr>
<tr><td>评定等级</td><td colspan="3">工程负责人：<br>工长：<br>班组长：</td><td>核定等级</td><td colspan="5">质量检查员：<br>年　月　日</td><td>认定等级</td><td colspan="5">建设（监理）单位意见：<br>代表：<br>年　月　日</td></tr>
</table>

注：地下水位深度项中，种植耐水湿树木树种除外。

**图9-21　种植土分项工程质量检验评定表示例**

树木栽植过程中，严格按照栽植苗木技术规范施工，确保不死苗或少死苗。树木种植分项工程质量检验评定表示例见图9-22。

**树木种植分项工程质量检验评定表**

工程名称：×××绿化改造工程　　　　编号:001

| | 项目 | | 质量情况 | | | | | | | | | | 等级 |
|---|---|---|---|---|---|---|---|---|---|---|---|---|---|
| 基本项目 | 1 | 放样定位 | √ | √ | √ | √ | × | √ | √ | × | √ | √ | 合格 |
| | 2 | 树坑 | √ | √ | × | √ | √ | √ | √ | √ | √ | √ | 优良 |
| | 3 | 定向及排列 | √ | √ | √ | √ | √ | √ | √ | √ | √ | √ | 优良 |
| | 4 | 种植深度 | √ | √ | × | √ | √ | √ | √ | √ | √ | √ | 优良 |
| | 5 | 土球包装物、培土、浇水 | √ | √ | √ | √ | √ | √ | √ | √ | √ | √ | 优良 |
| | 6 | 垂直度、支撑和绕杆 | √ | × | √ | √ | √ | √ | √ | √ | √ | √ | 优良 |
| | 7 | 修剪 | √ | √ | √ | √ | √ | √ | √ | √ | √ | × | 优良 |
| | 8 | 数量 | √ | √ | √ | √ | √ | √ | √ | √ | √ | √ | 优良 |
| 检查结果 | 基本项目 | | 检查8项，其中优良7项，优良率87.5% | | | | | | | | | | |
| 评定等级 | 工程负责人：<br>工长：<br>班组长： | | 核定等级 | 质量检查员：<br>年　月　日 | | | | 认定等级 | 建设（监理）单位意见：<br>代表：<br>年　月　日 | | | | |

图 9-22　树木种植分项工程质量检验评定表示例

施工过程中，确保进场苗木的质量，对不符合合同的苗木坚决予以清退出场。植物材料分项工程质量检验评定表示例见图 9-23。

**植物材料分项工程质量检验评定表**

工程名称：×××绿化改造工程　　　　编号:001

| | 项目 | | | 质量情况 | | | | | | | | | | 等级 |
|---|---|---|---|---|---|---|---|---|---|---|---|---|---|---|
| 保证项目 | 项目 | | | 质量情况 | | | | | | | | | | |
| | 植物材料的品种必须符合设计要求，严禁带有病、虫、草害 | | | 合格 | | | | | | | | | | |
| 基本项目 | 项目 | | | 1 | 2 | 3 | 4 | 5 | 6 | 7 | 8 | 9 | 10 | 等级 |
| | 1 | 树木 | 姿态和生长势 | √ | √ | √ | √ | √ | √ | √ | √ | √ | √ | 优良 |
| | | | 病虫害 | √ | √ | √ | √ | √ | √ | √ | √ | √ | √ | 优良 |
| | | | 土球和裸树根系 | √ | √ | √ | √ | √ | √ | √ | √ | √ | √ | 优良 |
| | 2 | 草块和草根茎 | | √ | √ | √ | √ | √ | √ | √ | √ | √ | √ | 优良 |
| | 3 | 花苗、草本地被 | | √ | √ | √ | √ | √ | √ | √ | √ | √ | √ | 优良 |

图 9-23　植物材料分项工程质量检验评定表示例

| | 项目 | | | | 允许偏差(cm) | 实测值偏差(cm) | | | | | | | | | |
|---|---|---|---|---|---|---|---|---|---|---|---|---|---|---|---|
| 允许偏差项目 | 1 | 乔木 | 胸径 | <10 cm | -1 | 0 | 0 | -1 | 0 | 0 | -1 | -1 | 0 | -1 | -1 |
| | | | | 10~20 cm | -2 | -2 | -1 | -1 | 0 | 0 | -1 | -1 | 0 | 0 | -2 |
| | | | | >20 cm | -3 | | | | | | | | | | |
| | | | 高度 | | +50<br>-20 | 2 | -8 | 9 | 4 | 2 | 5 | -3 | 0 | 4 | 3 |
| | | | 蓬径 | | -10 | 0 | -3 | -2 | 4 | -2 | -1 | -5 | 5 | 0 | -3 |
| | 2 | 灌木 | 高度 | | +50<br>-20 | -6 | 1 | 5 | -5 | 7 | 2 | -4 | 2 | 0 | 2 |
| | | | 蓬径 | | -10 | -2 | -3 | 0 | 0 | 0 | -1 | -3 | -2 | -9 | 0 |
| | | | 地径 | | -1 | -1 | 0 | -1 | 0 | 0 | 0 | -1 | -1 | 0 | 0 |
| | 3 | 球类 | 蓬径和高度 | <100 cm | -10 | | | | | | | | | | |
| | | | | 100~200 cm | -20 | -3 | 0 | -2 | -3 | 0 | -3 | 0 | -4 | -3 | 0 |
| | | | | >200 cm | -30 | | | | | | | | | | |
| | 4 | 土球和裸根树木根系 | 直径 | | $+0.2\phi$<br>$-0.1\phi$ | 0.1 | -0.1 | 0 | 0 | 0 | 0 | 0 | 0.2 | -0.1 | 0 |
| | | | 深度 | | $+0.2D$<br>$-0.1D$ | 0 | 0.2 | 0 | 0 | 0 | 0 | 0 | -0.1 | 0.2 | -0.1 |

| | | | | | |
|---|---|---|---|---|---|
| 检查结果 | 保证项目 | 合格 | | | |
| | 基本项目 | 检查3项,其中优良3项,优良率100% | | | |
| | 允许偏差项目 | 实测100点,其中合格100点,合格率100% | | | |
| 评定等级 | 工程负责人:<br>工长:<br>班组长: | 核定等级 | 质量检查员:<br>年　月　日 | 认定等级 | 监理单位意见:<br>代表:<br>年　月　日 |

注:$\phi$ 为土球和裸根树木根系的直径;$D$ 为土球和裸根树木根系的深度。

**续图** 9-23

草坪、花坛、草本地皮种植分项工程质量检验评定表示例见图9-24。

**草坪、花坛、草本地皮种植分项工程质量检验评定表**

工程名称：×××绿化改造工程　　　　编号：001

<table>
<tr><td rowspan="8">基本项目</td><td colspan="3">项目</td><td colspan="10">质量情况</td><td>等级</td></tr>
<tr><td>1</td><td colspan="2">种植放样</td><td>√</td><td>√</td><td>√</td><td>√</td><td>√</td><td>√</td><td>√</td><td>√</td><td>×</td><td>√</td><td>优良</td></tr>
<tr><td>2</td><td colspan="2">土地平整及施肥</td><td>√</td><td>√</td><td>√</td><td>√</td><td>√</td><td>×</td><td>√</td><td>√</td><td>√</td><td>√</td><td>优良</td></tr>
<tr><td rowspan="3">3</td><td rowspan="3">草坪</td><td>籽播和植生带</td><td></td><td></td><td></td><td></td><td></td><td></td><td></td><td></td><td></td><td></td><td></td></tr>
<tr><td>草块移植</td><td></td><td></td><td></td><td></td><td></td><td></td><td></td><td></td><td></td><td></td><td></td></tr>
<tr><td>散铺</td><td></td><td></td><td></td><td></td><td></td><td></td><td></td><td></td><td></td><td></td><td></td></tr>
<tr><td>4</td><td colspan="2">切草边</td><td></td><td></td><td></td><td></td><td></td><td></td><td></td><td></td><td></td><td></td><td></td></tr>
<tr><td>5</td><td colspan="2">花坛、草本地被</td><td>√</td><td>√</td><td>√</td><td>√</td><td>√</td><td>×</td><td>√</td><td>√</td><td>√</td><td>√</td><td>优良</td></tr>
<tr><td>检查结果</td><td colspan="3">基本项目</td><td colspan="11">检查 3 项，其中优良 3 项，优良率 100%</td></tr>
<tr><td rowspan="2">评定等级</td><td colspan="2"></td><td rowspan="2">核定等级</td><td colspan="5"></td><td rowspan="2">认定等级</td><td colspan="5"></td></tr>
<tr><td colspan="2">工程负责人：<br>工长：<br>班组长：</td><td colspan="5">质量检查员：<br>年　月　日</td><td colspan="5">建设（监理）单位意见：<br>代表：<br>年　月　日</td></tr>
</table>

**图 9-24　草坪、花坛、草本地皮种植分项工程质量检验评定表示例**

## 六、工程竣工预验收遗留的整改问题及商定解决方法

工程竣工预验收遗留的整改问题及商定解决方法，见表 9-6。

**表 9-6　工程竣工预验收遗留的整改问题及商定解决办法**

| 序号 | 遗留整改问题 | 商定解决办法 |
| --- | --- | --- |
| 1 | 雨水井疏通造成的苗木死亡 | 后期补植工作需等到来年，因为现在的气候不适合种植任何植物 |
| 2 | 绿化苗木在栽植后，经浇水使少量苗木出现倾斜、倒伏现象 | 由绿化施工单位短期内进行校正 |
| 3 | 绿化带中出现少量小苗木干枯现象 | 由绿化施工单位在短期内进行更换 |

根据现有情况，各分部工程质量均已通过验收。遗留问题整改完成后，工程具备竣工条件，可申请正式竣工验收，正式验收合格后方可投入使用。

## 任务考核标准

| 序号 | 考核项目 | 考核内容 | 评价标准 | 得分 |
|---|---|---|---|---|
| 1 | 情感态度、团队协作 | 出勤、分工、合作、积极性等 | 10 | |
| 2 | 验收依据和标准 | 规范性、合理性 | 15 | |
| 3 | 验收的准备工作 | 翔实、准确 | 15 | |
| 4 | 验收的内容 | 切合实际、细致、翔实 | 30 | |
| 5 | 验收的程序 | 细致、翔实 | 30 | |

## 复习提高

本任务主要通过对园林工程竣工预验收基本知识的简单介绍，归纳总结出园林工程竣工预验收的概念、作用、验收依据及标准、准备工作以及验收程序等基本知识。

图 9-25 为一张园林工程施工图，要求编制该工程的竣工预验收方案。

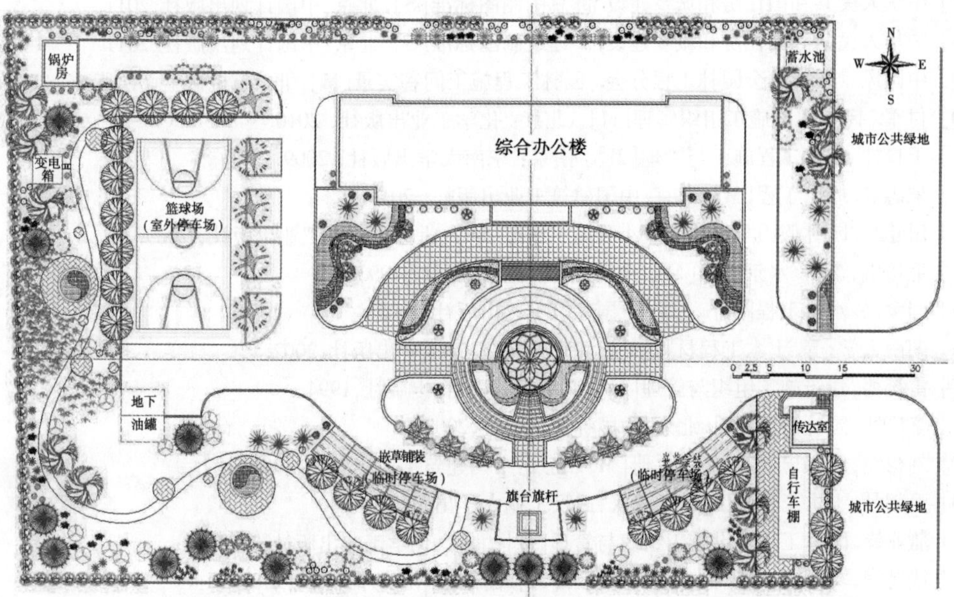


图 9-25　园林工程施工图

# 参考文献

[1] 中华人民共和国住房和城乡建设部. 房屋建筑制图统一标准[S]. 北京:中国计划出版社,2011.
[2] 于立宝,等. 园林工程施工[M]. 武汉:华中科技大学出版社,2010.
[3] 孟兆祯,等. 园林工程[M]. 北京:中国林业出版社,1996.
[4] 董三孝. 园林工程施工与管理[M]. 北京:中国林业出版社,2004.
[5] 吴为廉. 景园建筑工程规划与设计(上、下册)[M]. 上海:同济大学出版社,2003.
[6] 陈科东. 园林工程施工技术[M]. 北京:中国林业出版社,2007.
[7] 吴戈军,田建林. 园林工程施工[M]. 北京:中国建材工业出版社,2009.
[8] 易新军,陈盛彬. 园林工程施工[M]. 北京:化学工业出版社,2009.
[9] 梁伊任. 园林建设工程[M]. 北京:中国城市出版社,2000.
[10] 张建林. 园林工程[M]. 北京:中国农业出版社,2002.
[11] 陈祺,杨斌. 景观铺地与园桥工程图解与施工[M]. 北京:化学工业出版社,2008.
[12] 韩玉林. 园林工程[M]. 重庆:重庆大学出版社,2006.
[13] 孙晓刚. 草坪建植与养护[M]. 北京:中国农业出版社,2002.
[14] 董丽. 园林花卉应用设计[M]. 北京:中国林业出版社,2003.
[15] 张吉祥. 园林植物种植设计[M]. 北京:中国建筑工业出版社,2001.
[16] 赵研. 建筑识图与构造[M]. 北京:高等教育出版社,2006.
[17] 中华人民共和国住房和城乡建设部. 总图制图标准[S]. 北京:中国计划出版社,2011.
[18] 中华人民共和国住房和城乡建设部. 建筑制图标准[S]. 北京:中国计划出版社,2011.
[19] 中国风景园林学会园林工程分会. 园林工程施工问答实录[M]. 北京: 机械工业出版社, 2009.
[20] 付军. 园林工程施工组织管理[M]. 北京: 化学工业出版社, 2010.
[21] 王良桂. 园林工程施工与管理[M]. 南京: 东南大学出版社, 2009.
[22] 朱志红. 假山工程[M]. 北京:中国建筑工业出版社, 2010.
[23] 田建林. 园林假山与水体景观小品施工细节[M]. 北京: 机械工业出版社, 2009.
[24] 毛培琳,李雷. 水景设计[M]. 北京:中国林业出版社, 1993.
[25] 闫宝兴. 水景工程[M]. 北京:中国建筑工业出版社,2005.
[26] 湖南大学,等. 土木工程材料[M]. 北京:中国建筑工业出版社,2002.
[27] 雷统德. 建筑施工组织与管理[M]. 北京:高等教育出版社,1994.
[28] 李广述. 园林法规[M]. 北京:中国林业出版社,2003.
[29] 刘祖绳,唐祥忠. 建筑施工手册[M]. 北京:中国建筑工业出版社,1997.
[30] 毛鹤琴. 土木工程施工[M]. 武汉:武汉工业大学出版社,2000.
[31] 蒲亚锋. 园林工程建设施工组织与管理[M]. 北京:化学工业出版社,2005.
[32] 钱昆润,葛耆圃. 建筑施工组织与设计[M]. 南京:东南大学出版社,1989.
[33] 汉尼鲍姆. 园林景观设计实践方法[M]. 沈阳:辽宁科学技术出版社,2003.
[34] 石振武. 建设项目管理[M]. 北京:科学出版社,2005.
[35] 唐来春. 园林工程与施工[M]. 北京:中国建筑工业出版社,1999.
[36] 汪琳芳,赵志绍. 新编建设工程项目经理工作手册[M]. 上海:同济大学出版社,2003.

[37] 张长友. 建筑装饰施工与管理[M]. 北京:中国建筑工业出版社,2002.
[38] 本书编委会. 园林施工工程师手册[M]. 北京:中科多媒体电子出版社,1996.
[39] 周初梅. 园林建筑设计与施工[M]. 北京:中国农业出版社,2002.
[40]《园林工程》编写组. 园林工程[M]. 北京:中国林业出版社,1999.
[41] 曹露春. 建筑施工组织与管理[M]. 南京:河海大学出版社,1999.
[42] 陈科东. 园林工程施工与管理[M]. 北京:高等教育出版社,2002.
[43] 杜训,陆惠民. 建筑企业施工现场管理[M]. 北京:中国建筑工业出版社,1997.